此书为国家社科基金2019年一般项目（19BMZ112）结项成果

# 中国生态博物馆实践与理论研究

◎吴秋林/著

ZHONGGUO SHENGTAIBOWUGUAN
SHIJIAN YU LILUNYANJIU

## 图书在版编目（CIP）数据

中国生态博物馆实践与理论研究 / 吴秋林著. --北京：中央民族大学出版社，2025.3. --ISBN 978-7-5660-2396-4

Ⅰ. Q14-28

中国国家版本馆CIP数据核字第202464XC70号

### 中国生态博物馆实践与理论研究

| 著　　者 | 吴秋林 |
| --- | --- |
| 策划编辑 | 舒　松 |
| 责任编辑 | 舒　松 |
| 封面设计 | 布拉格 |
| 出版发行 | 中央民族大学出版社 |
|  | 北京市海淀区中关村南大街27号　邮编：100081 |
|  | 电话：(010) 68472815（发行部）　传真：(010) 68932751（发行部） |
|  | 　　　(010) 68932218（总编室）　　　(010) 68932447（办公室） |
| 经 销 者 | 全国各地新华书店 |
| 印 刷 厂 | 北京鑫宇图源印刷科技有限公司 |
| 开　　本 | 787×1092　1/16　　印张：27.5 |
| 字　　数 | 440千字 |
| 版　　次 | 2025年3月第1版　2025年3月第1次印刷 |
| 书　　号 | ISBN 978-7-5660-2396-4 |
| 定　　价 | 98.00元 |

**版权所有　翻印必究**

# 目 录

**绪论** / 001
　一、概念 / 002
　二、挪威与中国 / 009
　三、深度思考和生态博物馆研究 / 017
　四、理论与方法论 / 022
　五、中国的实践和中国的贡献 / 024

**第一章　新博物馆学实践和理论** / 030
　第一节　现代性、国家、博物馆 / 030
　第二节　生态博物馆的发生背景 / 042
　第三节　欧洲的生态博物馆实践 / 047
　第四节　欧洲以外的生态博物馆实践 / 055
　第五节　生态博物馆理论建树 / 065

**第二章　贵州时代** / 082
　第一节　一块纪念碑后面的"缘起" / 082
　第二节　中国最早的生态博物馆 / 095
　第三节　贵州生态博物馆 / 107
　第四节　贵州时代的意义 / 124

**第三章　后生态博物馆时代** / 136
　第一节　后生态博物馆时代缘起 / 136
　第二节　广西后生态时代生态博物馆 / 149
　第三节　中国南方后生态时代生态博物馆 / 167
　第四节　后生态博物馆时代的意义 / 184

## 第四章　"第三代"生态博物馆时代　/ 193

第一节　"第三代"生态博物馆时代缘起　/ 194

第二节　中国东南部城市社区生态博物馆　/ 201

第三节　中国东南部和北方农村社区生态博物馆　/ 206

第四节　中国"第三代"生态博物馆的"群"和"社区"　/ 218

## 第五章　中国生态博物馆的多元化实践　/ 225

第一节　林业主题的生态博物馆实践　/ 225

第二节　农业遗产主题的生态博物馆实践　/ 230

第三节　蔬菜瓜果主题的生态博物馆实践　/ 234

第四节　地质、环保主题的生态博物馆实践　/ 238

第五节　其他异形生态博物馆　/ 243

第六节　多元生态观与生态博物馆"进化"　/ 248

## 第六章　生态博物馆类型和发展简史　/ 258

第一节　交融与自生的生态博物馆　/ 258

第二节　走向"民族表征"的生态博物馆　/ 264

第三节　社区博物馆的发展和开拓　/ 273

第四节　农业遗产型生态博物馆　/ 280

第五节　自然生态型的生态博物馆　/ 284

第六节　中国生态博物馆发展简史　/ 288

## 第七章　生态博物馆理论建设与本土化发展　/ 293

第一节　中国的生态博物馆实践　/ 293

第二节　"六枝原则"　/ 300

第三节　"六枝原则"的理论贡献　/ 309

第四节　中国生态博物馆三个时代的理论背景　/ 315

## 第八章　生态博物馆的"生命"思考　/ 323

第一节　生命态度与生态思考　/ 323

第二节　中国生态博物馆的"生态"　/ 329

第三节　中国生态博物馆的"博物馆"　/ 340

第四节　文化发明和文化实验　/ 346

# 目　　录

**后记** ／353

**参考文献** ／354

**附件一：中国分省区生态博物馆名录表** ／367

**附件二：中国生态博物馆图志** ／376

# 绪 论

在现代社会中，博物馆是一个显著的标志性的存在，因为工业化的社会生产生计方式需要大型，或者超大型的城市群落，只有这样的群落形式才能支撑起具有全球性产品生产的生产实践和生产体系，以及生产关系。而要形成一个城市，图书馆、体育场、博物馆、艺术馆、展览馆、广场等基本要件，没有这些，就很难被人们定义为一个"现代化"的城市，而反过来说，人们工业化的生计方式，最后的结果就是要建立这样的城市，并与之相适应，这样才能代表一个社会的进步与发展。在现代生存中，图书馆、体育场、艺术馆、展览馆、广场等都有着各自的社会功能。其中博物馆在一个城市里自然是一个具有历史文化标识的建筑，它的存在也具有一定的社会功能。一般而言，博物馆具有以下四个功能：征集、典藏、陈列、研究来自于自然和人类文化遗产的实物，目的是为公众提供自然、社会历史知识，提供教育和欣赏的过程。这是一个依托于建筑群，容纳一系列"自然和人类文化遗产的实物"的非营利的永久性机构，对公众开放具有一定的学习、教育、娱乐的功能，为社会发展提供服务。

世界上的博物馆大致被分为艺术、历史、科学、特殊等四类。中国的博物馆分类也根据自己的实际情况大致遵循了这样的分类原则，目前中国已经有3500个以上的各类博物馆。随着博物馆的建立，博物馆学出现了。博物馆学研究的视角主要有宏观和微观，宏观主要研究的是博物馆的性质、特征、功能、方法、组织管理、事业发展规律，等等。微观研究主要是深入博物馆系统内部的研究，是博物馆学研究的主要类别。从传统博物馆学的角度而言，生态博物馆的研究与特殊类别的博物馆关联，是博物馆学深化和外化的研究。

## 一、概念

生态博物馆概念的出现先于实践，在有了生态博物馆（ecomuseum）概念之后，再形成一系列与生态概念有关的博物馆实践，才最后展开了生态博物馆的研究和理论创立过程。

生态博物馆（ecomuseum）这一词语的产生过程像极基督教文化中的"神迹"，而且是在法国式样浪漫下的"神迹"。在 Wasseman 主编的 *Vagues* 中，有雨果·戴瓦兰对于这一概念的"发明"过程①的表述。在宋向光的《生态博物馆理论与实践对博物馆学发展的贡献》② 一文中亦有比较详细的转述。

这个法国式样浪漫的"神迹"，是这样描述的：在 1971 年春的一天里，有三个人在巴黎的一家餐厅共进工作午餐。这三个人分别是：乔治·亨利·里维埃（Georges-Henri Rivieve）、雨果·戴瓦兰（Hugues de Varine）、SergeAn toine，乔治的身份是国际博协前任秘书长，SergeAn 是法国环境部部长的顾问，雨果·戴瓦兰时任国际博协秘书长。其中谈论了当年 8 月要在巴黎、第戎和 Grenoble 举行的"国际博协第九次全体大会"，第戎市长 Robert Poujade 在这次会议中有个欢迎辞，这个市长又是法国环境部部长，故 SergeAn toine 说道，部长旨意要在致辞中把博物馆与环境联系起来进行表达，第二年，联合国组织会议要在斯德哥尔摩举行，重要议题中有博物馆与环境关系。而 SergeAn toine 认为，仅仅把 museum（博物馆）一词与环境扯在一起是要闹笑话的。希望"……我们可以试着根据博物馆一词来构造一个新词汇。"③ 故 ecomuseum（生态博物馆）的出现，是雨果·戴瓦兰用生态（ecology）与博物馆（museum）缀合而成。当时，雨果自己都以为是一个笑话，但环境部长 Poujade，在几个月之后真的使用了 ecomuseum（生态博物馆）一词。这一词在法语中被写成"écomusée"。

---

① [法] 雨果·戴瓦兰（Hugues de Varine）. 生态博物馆. 载 Wasseman 主编 *Vagues*. 1992：448.

② 宋向光. 生态博物馆理论与实践对博物馆学发展的贡献 [J]. 中国博物馆，2005（3）：63-67.

③ [法] 雨果·戴瓦兰：生态博物馆. 载 Wasseman 主编 *Vagues*. 1992：448.

# 绪　论

1971年9月3日，他在第戎对来自世界各地的500多位博物馆学者和博物馆工作者的讲话中说道："我们正在向一些人所说的生态博物馆方向发展，这是一个动态的路径，通过它，公众，首先是年轻人将能够重新认识人类、人的占有物及人的环境的基本原理的演变。"① 这种"神迹"的出现有些类似于"中国智库"的路径，也让人想起达达主义的"法国故事"，故ecomuseum（生态博物馆）的出现，也是一个新的"法国故事"，也符合科学时代创新精神和原则，先预设，然后论证，最后被证实，走向成功。

这个发明的ecomuseum（生态博物馆）概念确实在现实世界中影响了传统博物馆的发展，成为一个时代在博物馆方面的文化发明和文化发展。所以，宋向光在《生态博物馆理论与实践对博物馆学发展的贡献》一文中有论述："这真是一次必然中的偶然。里维埃和戴瓦兰为法国环境部长的主旨发言而创造的'生态博物馆'一词，却成为了一场博物馆革新运动的标志。生态博物馆是一场解放运动，力图扭转'经验博物馆学'将博物馆限制在学术研究、历史导向和博物馆馆舍中的趋势。生态博物馆是一场复兴运动，努力高扬近现代公共博物馆'科学''民主'的旗帜。其观念是对近现代公共博物馆基本理念的回归。"② 确实，这个词出现，意味着与传统博物馆学对应的"新博物馆学"也出现了。后人对于这个词的出现，以及一系列关于生态博物馆的实践，有一系列的论述，之后笔者还要展开。

有学者认为法国出现了首家生态博物馆。"在1972年9月召开的国际博物馆协会大会上，布加德再次使用'生态博物馆'这一表达。几乎与此同时，世界上第一个'生态博物馆'——'克勒索-蒙特梭矿区生态博物馆'（Ecomusée De La Communauté Urbaine Le Creusot Montceau-les-Mines）在法国诞生。自此，'生态博物馆'作为一个新兴事物正式出现于理论与实践的舞台。"③ 这是当下的普遍认识，但许多学者不这样认为，故有许多关于生态博物馆起源的溯源研究，不过，法国人在此词一出现就积极为其

---

① ［法］雨果·戴瓦兰：生态博物馆. 载Wasseman主编 *Vagues*. 1992：448.
② 宋向光. 生态博物馆理论与实践对博物馆学发展的贡献［J］. 中国博物馆. 2005（3）：65.
③ 王云霞，胡姗辰. 理想与现实之间：生态博物馆法律地位的尴尬［J］. 重庆文理学院学报（社会科学版），2014，33（6）：24.

"定义",这却是事实。但这样的生态博物馆定义天生就是具有发展性的,里维埃本人就对它有过3次定义。1973年强调了生态与环境的关系,1978年关注社区作用,1980年则涉及许多不同方面,实际上这个概念就是一个"筐",把许多他认为可以装进生态博物馆的"东西"都装进去了。"生态博物馆是由公共权力机构和当地人民共同设想,共同修建,共同经营管理的一种工具。"① 这是乔治·亨利·里维埃的最后一次定义的文章中开头的一句话,其题目为《生态博物馆——一个进化的定义》,其旨意就是表达了一个不确定存在和实践过程。这与苏东海在2005年贵州国际生态博物馆会议中的"论坛小结"一个意思。苏东海认为:"这次论坛带来了一些问题,解决了一些问题,又产生了一些问题,我们仍在前进中。这就是我最后的结论。"②

在苏东海的另外一篇文章中,是这样来评价它的:"1973年里维埃制定的生态博物馆定义是强调生态学和环境的存在。1978年的定义则强调了生态博物馆的实验性质,在描述自然公园的进化意义的同时,阐述了地方社区的作用。随着各地实践的发展和新博物馆学理论发展的影响,里维埃不得不第3次也是他生前最后一次来描述生态博物馆的特征。这个写于1980年发表于他逝世后的1985年的最后定义,可以说是他对10年来生态博物馆运动的总的概括。他力图把各种实践成果和思想成果都糅进这个定义中去,因此已经不像一个简洁明确的定义而被称为一篇描述生态博物馆特征的散文。"③ 从这三个定义的不断变化看来,这是生态博物馆创新不断与传统博物馆理论妥协的结果,至少苏东海是这样的观点。他认为:"生态博物馆由于它的前缀词'生态'太宽泛,加之生态博物馆是在对传统博物馆的反叛的冲击中诞生的,因此在思想上、理论上是不成熟的。开始时他们是反对权威的,而在实践中不得不转而承认权威。"④ 从这里不难看

---

① [法]乔治·亨利·里维埃. 生态博物馆——一个进化的定义 [J]. 中国博物馆, 1986(4): 75.
② 苏东海. 论坛小结. [J]. 中国博物馆, 2005(3): 88.
③ 苏东海. 国际生态博物馆运动述略及中国的实践 [J]. 中国博物馆, 2001(2): 3.
④ 苏东海. 国际生态博物馆运动述略及中国的实践 [J]. 中国博物馆. 2001(2): 3.

出,苏东海的"论坛小结"中的观点,比之里维埃要更加开放和低调。另外,苏东海在主持指导建设中国生态博物馆的过程中,其中国化的思想和动机,也与这样的认知密切相关。

其后,1978年,国际博物馆协会建议性定义:"生态博物馆是通过科学、教育或者一般文化的手段,管理、研究和开发特定社区包括自然环境和文化环境在内的整体遗产的机构。因此,生态博物馆是公众参与社区规划和发展的一种工具。归根结底,生态博物馆在管理方面运用所有的方式和方法,致力于使居民以自由和负责任的态度来理解、批评和主宰本社区所面临的问题。从本质上来说,为了实现其意欲的变化,生态博物馆应使用当地的语言、正式的日常生活和具体的情境作为其表现方式。"[1]

1981年,法国政府的官方定义:"生态博物馆是一个文化机构,这个机构以一种永久的方式,在一块特定的土地上,伴随着人们的参与,保证研究、保护和陈列的功能,强调自然和文化遗产的整体,以展现其有代表性的某个领域及继承下来的生活方式"。[2]

这些定义在一些研究者看来不简洁,故勒内·里瓦德1988年提出生态博物馆与传统博物馆简洁的对比公式:传统博物馆=建筑+收藏+专家+观众;生态博物馆=地域+传统+记忆+居民。

1990年,法国文化部长杰克·朗认为:"新一代博物馆将文物保留在它的环境中,使人能够直接目睹某一特定的文化、居民和自然环境。"[3]

2005年,雨果·戴瓦兰还在一篇题为《生态博物馆和可持续发展》的文章中解释了ecomuseum(生态博物馆)的意义,认为"eoc"既不是经济的,也不是泛指生态学的,本意就是社会环境均衡系统……[4]故生态博物馆与环境关系才是其要义。这些生态博物馆定义的演化过程,表现了新博物馆

---

[1] Peter Davis, Ecomuseum. A Sense of Place (and edition) [M]. London and New York: Leicester University Press, 2011: 81.

[2] 苏东海. 国际生态博物馆运动述略及中国的实践 [J]. 中国博物馆, 2001 (2): 4. 此官方定义是根据弗朗索瓦·密特朗(Francois mitterrand)政府官员马克·凯瑞恩(Max Querien)的一份文化改革报告的精神制定的。

[3] 苏东海. 国际生态博物馆运动述略及中国的实践 [J]. 中国博物馆, 2001 (2): 4.

[4] [法]雨果·戴瓦兰. 生态博物馆和可持续发展 [J]. 中国博物馆, 2005 (3): 29.

学不断追求，以及不断修正和发展自己的过程。这样的概念修正和发展也直接影响了世界生态博物馆的实践过程，也明确了生态博物馆发展的意义和方向。在法国人发明了这样的概念之后，其"克勒索-蒙特梭矿区生态博物馆"建设随之而来。

法国的克勒索-蒙特梭矿区生态博物馆实践已经是生态博物馆历史的早期事件，但这些概念的发明和"进化"却距离世界的生态博物馆很近，这在雨果·戴瓦兰对生态博物馆的定义中，更为有趣，他说："生态博物馆是一种物质或数据银行，一个变化着观测台，是实验室和展柜。"① 关于生态博物馆的定义，我在后面还要研究和讨论，因为生态博物馆的实际发生和影响并不是概念的发明那么简单，在肯定法国人的概念发明贡献的同时，生态博物馆的时代和文化意义应该比此还要重要。

法国人为世界贡献了关于生态博物馆的概念，这是世界生态博物馆发展历史上的共识，但法国诺曼底民族艺术博物馆和鲁昂工业遗产博物馆馆长阿兰·茹贝尔（Alain Joubert），却在《法国的生态博物馆》一文中提道："生态博物馆一词诞生于法国……1971年创造了人处于环境中的生态博物馆学的概念，其实早在1968年，他们已经在法国的乌埃尚岛和布列塔尼半岛等地开始试验这一观念。"② 这件事情指的是乔治·亨利·里维埃在此地做的博物馆"实验"。在这里，把几个农村协会合并起来，提供物质财政支持以执行一项经济和文化发展政策，做成了一个"法国地方天然公园"③。"乔治·亨利·里维埃利用这个机会来使斯堪的纳维亚的露天博物馆适合于法国的内容，不同之处是房屋将不被移到人造的地方去，但这些地方将恢复到以前的样子。这些新的博物馆提供的不仅是应付文化实践和建筑式样，而且还安排处理人类及其周围环境的关系的全面的教育。"④ 乔治·亨利·里维埃明显是受斯堪的纳维亚的瑞典斯坎森露天博物馆的启发，有资料表明，他参观过这个"露天博物馆"。这个露天博物馆是把当

---

① ［挪威］陶维·达儿（Torveig Dahl）．生态博物馆原则：专业博物馆学者和当地居民的共同参与［J］．中国博物馆，2005（3）：83．
② ［法］阿兰·茹贝尔．法国的生态博物馆［J］．中国博物馆，2005（3）：52．
③ 在法国，这种著名的公园生态博物馆，有阿雷的蒙特博物馆和巴斯塞纳博物馆。
④ ［法］弗朗索瓦·于贝尔．法国的生态博物馆：矛盾和畸变［J］．中国博物馆．1986（4）：78．

地各个不同时期的建筑做成模型，集中安置为一个露天博物馆，以供人们参观和游览，以保存"社区记忆"。但乔治·亨利·里维埃的"学习"不是模型，而是把房屋"恢复到以前的样子"，以此来实现"人类及其周围环境的关系的全面的教育"。这一"实验"是非常成功的，所以，弗朗索瓦·于贝尔赞赏道："这是把人类和自然景色统一起来的第一次尝试。这些实验不久即获得了很大成功，这些成功具体体现在生态学和地区性思想意识的发展上。在不久以后的1971年出现的这个生态博物馆的名字是与上述实验相吻合的。"① 因此，乔治·亨利·里维埃虽然没有"拼写"ecomuseum（生态博物馆），但也被后世称为"生态博物馆之父"。这还不够，因为此时使用的名称还是地方的天然公园的名称，还没有出现ecomuseum（生态博物馆）一词。雨果·戴瓦兰在1971—1974年间所做的一项博物馆"实验"，才最后确立了法国发明ecomuseum（生态博物馆）概念的实践意义。"另一项实验是在当时的国际博物馆协会的理事长雨果·戴瓦兰的支持下于1971—1974年进行的。在新组成的'克勒索-蒙特梭煤矿城市社会'里，一项关于人类和工业博物馆的工程在整个地区发展起来，这使得同生活在那里的人们的联系最接近可能。这些人都将被拉入到计划、管理、估价等方面中来，他们是在确定协会地点的推动下参加的。1974年，这项实验采纳了生态博物馆的名称，而且该博物馆还对开放的前景产生了更多想法，特别是关于被该博物馆占据的土地和公共投资的想法。从那时起，'生态'这个前缀就在自然界和社会中象征了一种影响。"② 经过数十年的发展，2005年时，阿兰·茹贝尔就说法国博物馆和生态博物馆协会有138个博物馆会员，其中有41个生态博物馆。但阿兰·茹贝尔认为其中一些没有使用ecomuseum（生态博物馆）的博物馆也是生态博物馆，估计有90个③。现在，法国的生态博物馆也许有了更大发展。

在世界生态博物馆发展历史中，一般认为有两个源头，一是法国的社区文化保存和"社区记忆"类型的生态博物馆，二是拉丁美洲的强调政治

---

① [法] 弗朗索瓦·于贝尔. 法国的生态博物馆：矛盾和畸变 [J]. 中国博物馆，1986（4）：78.
② [法] 弗朗索瓦·于贝尔. 法国的生态博物馆：矛盾和畸变 [J]. 中国博物馆，1986（4）：79.
③ 阿兰·茹贝尔. 法国的生态博物馆 [J]. 中国博物馆，2005（3）：52.

和社会目的类型的博物馆，如"邻里博物馆"和"整体博物馆"，产生于拉丁美洲的这两种生态博物馆背后的都是民族、政治、社会的诉求。方李莉说："生态博物馆可以认为有两个起源，一个是拉丁美洲起源，强调的是博物馆的政治和社会目的。另一个起源则是在欧洲，在法国的影响下，强调的是保存社区的文化记忆。"①"此外，20世纪中期，在美国出现了'邻里博物馆'，在墨西哥出现了'综合博物馆'，它们也为生态博物馆的产生提供了理论准备和实践经验。"②

"在美国诞生了'邻里博物馆'。代表性的是阿那克斯亚邻里博物馆，由约翰·肯纳德（John Kinard）创建，他以此贡献给他的在华盛顿特区的非洲裔居住区的伙伴公民，作为工具重建他们的民族自尊心，并解决他们对于社会和文化的紧迫需求。"③"（1972年）国际博协和联合国科教文组织联合在智利首都圣地亚哥召开的圆桌会议，由拉丁美洲博物馆馆长主导，确立了'整体博物馆'的观念，表明博物馆的责任是服务于社会所有成员，包括被忽视的群体，特别是城市内被忽视的边缘群体。"④

推动欧洲和拉丁美洲生态博物馆理论也是世界生态博物馆概念的发明和实践者。这一概念的发明和实践，以工具理性的最大能量，对于现代性国家在建设博物馆方面有着巨大的影响力，它改变了传统博物馆的发展路径并修正了一系列的博物馆理念，使得博物馆学中出现了"新博物馆学"⑤的概念和研究趋势。作为一种以生态博物馆为"工具"的概念，又在很大程度上促进了社区，或者说区域的经济和文化发展，而且关联到民族、政治文化上的平等关系的表达。故生态博物馆的关键，就在于使旧有的文化存在（不管是以社区、民族、遗产、遗址、村落等各种名目），在现代性

---

① 方李莉. 警惕潜在的文化殖民趋势——生态博物馆理念所面临的挑战［J］. 非物质文化遗产保护，2005（3）：7.

② 宋向光. 生态博物馆理论与实践对博物馆学发展的贡献［J］. 中国博物馆，2005（3）：64.

③ ［法］雨果·戴瓦兰. 二十世纪60—70年代新博物馆运动思想和"生态博物馆"用词和概念的起源［J］. 中国博物馆，2005（3）：26.

④ ［法］雨果·戴瓦兰. 二十世纪60—70年代新博物馆运动思想和"生态博物馆"用词和概念的起源［J］. 中国博物馆，2005（3）：26.

⑤ ［德］安德烈亚·豪恩席尔德. 新博物馆学［J］. 宋向光，编译. 博物馆研究，2002（2）：20-26.

发展中获得自身在政治、经济、文化上的理解、尊重和发展。所以，它才是一个"进化的定义"，一个可以几乎无限展示自己形态的具有生命的"博物馆"。

## 二、挪威与中国

在世界生态博物馆发展历史中，其受关注的一直不是城市中的主流博物馆，而是区域、遗址、村落、弱势文化等。瑞典的斯坎森露天博物馆是把各地的旧有建筑为主的"社区记忆"，用模型的方式在斯德哥尔摩的斯坎森复制并展示出来；法国最早的"法国地方天然公园"也是几个村落中把旧有的以建筑为主的情景"原地修复"出来；而在雨果·戴瓦兰的支持下于1971—1974年进行的"克勒索-蒙特梭煤矿城市社会"是在旧有的煤矿工业遗址之上建设的……之后，世界各地的生态博物馆也大致遵循了这样的原则和趋向。但中国在1998年建成第一座生态博物馆——梭戛苗族生态博物馆时，就与世界各国的生态博物馆趋向明显不同，"民族"（是"minzu"，不是"nation"）是中国生态博物馆建设主旨，也是生态博物馆中国化的必然。因为新中国在建立现代性国家的理念中，"民族平等"是一个重要的"政治理想"，诞生于法国的生态博物馆作为一种"工具"，目的是以博物馆的方式促进区域、少数、弱势文化群体的经济、文化发展，即如安德烈亚·豪恩席尔德的《新博物馆学》所言："这一观念的核心是博物馆不是取决于物，而是取决于人民。尽管它被称之为'新'，并被认为是20世纪70年代和80年代的现象，新博物馆学实际上是自19世纪以来服务社会的教育机构的博物馆工作传统的继续。"[①] 这一"新博物馆"的理念，虽然在欧洲和美洲的理解不同，工具理性的趋向不同，但注重区域中物与物的拥有者的利益和均衡关系，却是具有高度一致性的。那"这一观念的核心是博物馆不是取决于物，而是取决于人民"的理解，在新中国，最能够体现这种非主流的新博物馆概念的存在就是民族和民族村落，而且这也是生态博物馆中国化的必然选择，也是世界生态博物馆发展的中

---

① [德]安德烈亚·豪恩席尔德. 新博物馆学[J]. 宋向光, 编译. 博物馆研究, 2002（2）: 20.

国贡献。

中国建立起第一座生态博物馆在1998年，学者进行调研，开始建设生态博物馆是在1995年，但言及生态博物馆并讨论之，是在1986年。"1986年苏东海先生主编的《中国博物馆》开始系统介绍国际生态博物馆信息，同年11月，作为贵州省文物保护顾问的苏东海先生在贵州文物考察座谈会上建议，建立生态博物馆。生态博物馆的名词第一次在贵州出现。"① 从这里看来，贵州学界在1986年就知道了生态博物馆的概念，而《中国博物馆》才刚刚开始介绍生态博物馆的概念。此文章的作者胡朝相先生，他当时为贵州省文化厅文物局的干部，就是他与苏东海一起，促成了贵州生态博物馆群的建设，并且后来成为贵州生态博物馆群实施小组组长。

1995年5月，贵州省官方主管部门，出现了一份题为《在贵州省梭嘎乡建立中国第一座生态博物馆的可行性研究报告》②，在这个报告得到中国有关部门批准之后，中国正式开始了生态博物馆的建设实践。在这份"报告"的"背景"描述中，有以下文字："1994年9月，国际博物馆学会委员会在北京举行年会，其间，中方学术委员会、中国博物馆学会常务理事、中国博物馆学会会刊主编苏东海研究员与国际博物馆学委员会理事、挪威《博物馆学》杂志主编约翰·杰斯特龙先生进行了学术交流，特别是就生态博物馆和国际新博物馆学运动进行了深入的探讨。1995年1月，贵州省文化厅文物处胡朝相副处长来北京与任贵州省文物保护顾问的苏东海先生研究贵州省文博工作，并表示希望在贵州省开发新型的博物馆，苏先生当即表示支持并推荐了在国际上颇有名望的生态博物馆学家杰斯特龙先生，建议成立一个课题小组，对贵州省开发生态博物馆的可能性和可行性进行科学考察和论证。……挪威政府还将本课题列入《中挪1995—1997文化交流项目》中，NORAD（挪威开发合作署）为挪威专家来华提供了国际旅费及必要的财政支持。"③

---

① 胡朝相. 贵州生态博物馆的实践与探索 [J]. 中国博物馆，2005（3）：22.
② 这个文本的署名为"课题组"，估计还应该有一个英文的文本交付挪威国家的有关部门和机构。
③ 贵州省文化厅. 中国贵州六枝梭嘎生态博物馆资料汇编（内部资料）[M]. 贵阳：贵州省文化厅编印，1997：5.

# 绪　论

这是中国生态博物馆建设与挪威和挪威的人（专家）关联的起因。2016年，笔者在贵州省锦屏县的隆里古城生态博物馆调查时，在一棵树下看到了一块石碑，其上有纪念约翰·杰斯特龙先生的碑文："约翰·杰斯特龙是挪威著名的生态博物馆学家，1952年出生于挪威图顿。他是中挪文化合作项目贵州生态博物馆群的科学顾问，……他为隆里生态博物馆的筹划和建设倾注了他的心血……二〇〇一年五月十九日立。"

在这块石碑旁边，确实有一棵生长的很茂盛的雪松树。在树下，还有一个约翰·杰斯特龙先生的汉白玉半身石像。（见"中国生态博物馆图志0092"）

碑文如此出现的意义有二：一是表现村落民众对约翰·杰斯特龙先生于中国生态博物馆建设贡献的褒扬和怀念；二是由于挪威国家通过NO-RAD（文化交流项目的执行机构）的介入，把始于贵州的生态博物馆建设提升到了中国国家国际文化交流的高度，学界的学术交流活动演化为一种国家政治行为，意义重大，这也是国际上流行的生态博物馆建设在中国得到迅速展开和关注的重要原因。另外，笔者在贵州省的四个生态博物馆群调研时，每个生态博物馆的"资料中心"里，都有一棵树，一块刻有约翰·杰斯特龙名字的石碑，石碑或镶嵌于石墙，或立于道旁树下。这也是关于中国生态博物馆建设的一种精神和纪念。

生态博物馆的概念是法国人发明的，但由于约翰·杰斯特龙的努力，对于中国建设生态博物馆的推动，挪威的贡献最大。

在题为《中国贵州六枝梭戛生态博物馆资料汇编》的一本内部资料中，有一个"大事记"，它基本记录了中国第一座生态博物馆出现的全过程。转述如后，并对最初的记录整理者致以深深谢意。

大事记：（笔者进行了一些删节和整理）

1994年9月，国际博物馆学委员会在北京举行年会。（苏东海与约翰·杰斯特龙进行学术交流）

1995年1月6日，胡朝相（贵州省文化厅文物副处长）赴美考察，在京与苏东海交流在贵州建立一种新型的博物馆事项，达成意向有二：在贵州建立中国第一座生态博物馆；邀请挪威生态博物馆学家约翰·杰斯特龙先生来黔考察。

　　1995年2月12日，省文化厅文物处副处长胡朝相向厅长王恒富、副厅长李嘉琪就苏东海先生提出在贵州建立中国第一座生态博物馆的构想作汇报。

　　1995年3月生态博物馆课题组正式成立。省文化厅副厅长李嘉琪任课题组顾问，苏东海先生和杰斯特龙先生任课题组负责人，文物处胡朝相和安来顺先生分别任组织工作和学术考察的协调人，安来顺兼任翻译。

　　1995年4月9日，贵州省文化厅文物处副处长胡朝相赴京汇报工作，与苏东海先生、青年博物馆学家安来顺先生商谈生态博物馆课题组及来黔考察事宜。

　　1995年4月19日生态博物馆课题组苏东海先生、挪威杰斯特龙先生、安来顺先生三人从北京乘机来黔，李嘉琪副厅长宴请课题组专家和外宾。

　　1995年4月20日，课题组在省文化厅文物处胡朝相、张诗莲、张勇等陪同下，考察花溪镇山露天民族博物馆。

　　1995年4月21—22日课题组考察六盘水市六枝特区梭戛乡陇戛寨，文物处胡朝相等同行。市文化局安江副局长、特区党委副书记梁宜章、政府副区长郑学群以及特区文化部门的曾启秀、徐美陵陪同考察，住陇戛寨。

　　1995年4月22日，在六枝特区政府招待所举行座谈会，市局、特区党委、政府有关领导参加。苏东海先生、杰斯特龙先生谈了考察意见。

　　1995年5月1日，在省文化厅二楼会议室召开了建设"六枝梭戛生态博物馆"的论证会。

　　1995年6月8日省文化厅向省政府呈交了《关于在我省六枝梭戛乡建立中国第一座生态博物馆的请示》。

　　1995年6月10日，省文化厅文物处胡朝相等陪同故宫博物院陈列部胡建中、陶冶、阮卫萍等考察梭戛生态博物馆。

　　1995年6月21日贵州省人民政府下达了黔府函〔1995〕106号文件，"批复"了6月18日的"请示"。

# 绪　论

1996年7月23日，省文化厅厅长王恒富、办公室主任赵范奇、文物处副处长胡朝相抵京会见挪威开发合作署高级顾问阿蒙德·辛丁拉森。

1995年7月24日王恒富厅长一行会见了挪威开发合作署高级顾问阿蒙德·辛丁拉森，苏东海先生、王恒富厅长分别介绍了生态博物馆的筹备情况。下午王恒富厅长宴请辛丁拉森，参加宴会的有国际博协亚太地区主席吕济民先生、国家文物局副局长马自树、博物馆司副司长郑广荣。

1996年7月24日，省文化厅厅长王恒富向辛丁拉森转交了贵州省人民政府龚贤永副省长给挪威开发合作署总干事的一封信。

1996年7月28日省文化厅文物处胡朝相、张勇到六枝和特区党委副书记梁宜章、梁光义、特区副区长郑学群、文化局副局长伍贤富、文化馆长徐美陵等到梭戛为生态博物馆资料中心选点。

1996年7月29日，省文化厅文物处胡朝相、张勇、徐美陵到水城，向市政府马义卿副市长汇报生态博物馆选址情况。参加汇报的有市文化局局长黄光荣、副局长安江等。

1996年8月2日，省文化厅文物处胡朝相、张勇、省建筑设计院副总工程师李多扶再次到六枝梭戛就生态博物馆资料中心选址作论证。文化馆馆长徐美陵陪同。

1996年8月2日《中国文物报》记者朱威到六枝梭戛生态博物馆考察。

1996年8月15日，省文化厅文物处胡朝相陪同省建筑设计院副总工程师李多扶到梭戛选择生态博物馆资料中心地点。文化馆徐美陵同往。1996年8月15日省文化厅向省政府呈送《关于六枝梭戛生态博物馆资料中心建设经费报告》。

1996年8月19日，省文化厅文物处胡朝相到省计委、省财政厅联系生态博物馆经费问题。

1996年9月2日，省文化厅文物处胡朝相到省政府三处开具公函到省计委社会发展处办理生态博物馆经费20万元，由该处李微同志办理。

1996年9月9日，省文化厅副厅长李嘉琪、文物处胡朝相、张诗莲、张勇到梭戛生态博物馆考察，并参加该寨"希望小学"竣工典礼。

1996年9月11日，省文化厅文物处、六枝特区文化局组成梭戛苗族文化社区调查组。

1996年9月11日至21日调查组前往梭戛和织金交界的10多个苗族村寨进行调查。获得调查资料3万余字、照片500多张、90分钟的磁带资料。①

1996年9月22日中国博物馆学会常务理事苏东海先生到梭戛认定生态博物馆的选址。并审定了调查材料。

1996年10月3日，在六枝特区党委会议室研究梭戛生态博物馆立项、用地和建设协调小组事宜。由党委副书记梁宜章亲自主持。副书记梁光义、党委办公室主任、政府办公室主任、计委、土地局、经济开发办、文化馆、文化局等负责人参加。

1996年10月11日六枝特区土地局和梭戛乡党委书记毛世忠到陇戛村落实生态博物馆资料中心用地20亩的测量。

1996年10月19日省文化厅文物处简家奎、张勇、省建筑设计院副总工程师李多扶赶到陇戛踏勘地形，拟定设计方案。

1996年10月21日至25日，调查组张勇、伍贤富、徐美陵、黄明友在六枝整理调查资料。

1996年10月28日，六枝特区人民政府以〔1996〕六府请字14号文正式批复《六枝特区人民政府关于六枝文化馆要求使用土地的请示》。

1996年10月29日省文化厅副厅长李嘉琪、文物处副处长胡朝相抵京和苏东海先生交谈了生态博物馆建设进展情况，苏东海先生介绍了挪威方面的援助动态。

1996年10月29日，六盘水市人民政府以〔1996〕78号文下达了《市人民政府关于六枝文化馆申请使用土地的批复》。

1996年11月7日，省建筑设计院副总工程师李多扶完成了中国贵州六枝梭戛生态博物馆资料信息中心设计图，并送北京审查。

1996年11月27日，国家文物局批准建立生态博物馆〔1996〕文

---

① 这个调查报告的文字被许多方面的文章使用，但这个报告本身却没有发表，故笔者把这个报告作为附件，在查重中，报告全线飘红蔚为壮观，特记录之，以感谢为此做出贡献的诸位调查组成员。

## 绪　论

物拨字第1077号《关于中挪合作建设贵州梭戛生态博物馆的批复》，并表示给予必要的指导和支持。

1997年元月31日，六枝特区党委副书记梁宜章、特区政府副区长郑学群到省文化厅文物处与胡朝相同志共商生态博物馆资料中心建设事宜。

1997年4月25日，省文化厅文物处胡朝相陪同中国历史博物馆纪聿绵、王立岩等考察生态博物馆。

1997年5月18日，省文化厅文物处胡朝相、六枝文化馆徐美陵与陇戛寨村民开会；讨论寨容寨貌的整理问题。

1997年6月4日，省文化厅文物处胡朝相到六枝与区委副书记梁宜章、文化馆徐美陵研究生态博物馆资料中心开工问题。

1997年6月10日，中国贵州六枝生态博物馆资料中心正式开工。工程由镇远古建工程公司承担。出席开工仪式的有：省文化厅文物处副处长胡朝相、六枝特区常委副书记梁宜章、梁光义、建行王行长、文化馆馆长徐美陵和梭戛乡党委书记毛世忠等。

1997年6月19日，中国博物馆学会常务理事苏东海先生在省文化厅文物处胡朝相、特区党委副书记梁宜章、文化馆徐美陵的陪同下视察生态博物馆资料中心的施工进展情况。

1997年9月5日，苏东海与挪威驻华大使白山先生就挪威援助中国贵州六枝梭戛生态博物馆项目在北京互换了草签文本。

1997年9月26日省文化厅文物处胡朝相、张勇和省建筑设计院副总工程师李多扶、文化馆徐美陵检查工程。

1997年10月23日，中国国家主席江泽民和挪威王国哈拉尔国王及王后宋雅出席中挪合作项目签字仪式。国家文物局局长张文彬和挪威外交大臣沃勒拜克在《挪威开发合作署与中国博物馆学会关于中国贵州省梭戛生态博物馆的协议》上签字。

1997年11月6日，省文化厅副厅长李嘉琪、文物处胡朝相陪同国家文物局副局长、生态博物馆顾问马自树到梭戛生态博物馆视察，马局长和村寨苗族同胞合影留念。

1997年11月27日—12月，贵州省文化厅胡朝相、张勇和六枝文化馆徐美陵在六枝编制《中国贵州六枝戛生态博物馆资料汇编》，约

10万字。①

《中国贵州六枝梭嘎生态博物馆资料汇编》是在中国第一座生态博物馆资料中心建成典礼时，准备给来宾发放的"资料"，但现在已经成为中国生态博物馆建设的重要的原始档案资料。

在1998年10月31日，中国的"梭嘎生态博物馆"的建立（资料中心）建成之时，备受中国各界关注。当时的典礼是贵州省一个副省长和挪威的来宾一起剪彩，"梭嘎生态博物馆"的建立（参见图志00086），一度成为中国重要的具有国际影响力的文化事件，大大超出了作为一个民族社区的生态博物馆范畴，赋予了许多政治经济文化色彩。

对于此事件，苏东海认为："20世纪开始时，1905年中国引进西方博物馆文化，诞生了中国第一座博物馆。20世纪80年代，中国又从西方引进生态博物馆思想，1995年（指批准时）诞生了中国第一座生态博物馆。博物馆是一种进步的文化形态，它总是为社会的进步所需要。"② 这个自我评价是非常之高的，他把生态博物馆的引进，等同于国家现代性建设的基础来看待，有一定的道理。但对于这样的"引进"，学界也有不同的声音，比如方李莉就有"文化殖民"的担忧，她撰文说："这也许是一次更为深刻的文化殖民。以往的殖民地是地理空间上的，而未来的殖民地却可能是文化心理上的，甚至有可能是隐含的、潜在的、无意识的。这种殖民不仅是一种西方文明对非西方文明的殖民，也包括了精英文化对民间文化的殖民。这就是一个谁拥有文化解释权的问题。以往的民众虽然是文化的弱势群体，但他们还掌管着一套属于自己的完整的地域性的文化体系，但在未来的发展中他们有可能会失去他们文化的全部。即使未来的大众文化也不会属于大众，而是属于文化产业，属于商业化的符号经济。"③ 方李莉的担忧真实存在。中国生态博物馆建设面临的现实，后来的一系列实践过程，以及苏东海等人在中国生态博物馆建设初期的"中国化"争执，在一定程

---

① 贵州省文化厅. 中国贵州六枝梭嘎生态博物馆资料汇编（内部资料）[M]. 贵阳：贵州省文化厅编印，1997：124-128.
② 苏东海. 中国生态博物馆的道路 [J]. 中国博物馆，2005（3）：14.
③ 方李莉. 警惕潜在的文化殖民趋势——生态博物馆理念所面临的挑战 [J]. 民族艺术，2005（3）：11.

度上也反映了方李莉的"担忧"。这一点笔者在之后还要论述。

### 三、深度思考和生态博物馆研究

在20世纪80年代，中国博物馆学界的前辈苏东海等人，开始关注20世纪70年代在法国兴起的新博物馆运动，并在《中国博物馆》等杂志上撰文介绍了国际生态博物馆的理论与实践，使中国的生态博物馆运动实践和理论认知很快与国际接轨，并且在其积极推动下，中国的生态博物馆运动和实践加入了国际生态博物馆探索行列，成为世界生态博物馆运动和实践的一个重要组成部分。其标志是1998年六枝梭嘎苗族生态博物馆的建立。从1995年始，到2005年，约十年，贵州遵循生态博物馆建设的基本原则，并且结合中国实际，建成了中国最早的一个生态博物馆群。其生态博物馆群建成最为重要的意义有二：一是为世界贡献了中国模式的生态博物馆；二是成为中国生态博物馆建设的范本。

这种以民族村落为基本单元的生态博物馆社区（加诸"信息资料中心"），以民族文化保护和展示，以及民族区域（社区）经济文化发展为主旨，在一定程度上强调村社民众参与的中国式样的生态博物馆，意义重大。它基本指导了中国后来的一系列的生态博物馆建设。虽然后来中国也发展了基于自然和生物、植物多样性的"自然生态博物馆"，基于社区记忆的生态博物馆，基于某一农业遗产建立的生态博物馆，基于某一自然景观和人文景观而建立的生态博物馆，基于某一产业的生态博物馆，以及创造发明了基于家庭为单位的"家庭生态博物馆"……但类似贵州省生态博物馆群的生态博物馆，还是中国生态博物馆建设的主流。

对于世界和中国生态博物馆建设更具有贡献的是，2005年，在贵州省最后一个生态博物馆——黎平堂安侗族生态博物馆建成开馆之际，博物馆学界，在中国贵州省贵阳市召开了"贵州省生态博物馆群建成暨生态博物馆国际论坛"，总结和分享了贵州省的经验和过程，也交流了世界生态博物馆的诸多实践和成就，最后讨论和发表了生态博物馆的"六枝原则"，确立了中国生态博物馆理论贡献的国际地位，影响了整个世界的生态博物馆运动及其理论与实践的发展进程。国际和国内，对中国的生态博物馆的实践进行了认真而持久的研究和探讨。大致有以下几个方面：

一是对于生态博物馆理论的探讨；二是对于生态博物馆理论在中国实践的探讨；三是对于生态博物馆中国化的探讨；四是对于生态博物馆建设和发展的探讨；五是对于民族地区社会经济发展的探讨；六是民族文化保护和旅游开发的探讨；七是生态博物馆的个案研究；等等。

对于生态博物馆理论的探讨有：法国乔治·亨利·里维埃（1986）①、法国弗朗索瓦·于贝尔（1986）②、美国南茜·福勒（1993）③、巴西特丽莎·克莉斯汀娜·摩丽塔·席奈尔（Dr. Teresa Cristina Moletta Scheiner）（2005）④、法国雨果·戴瓦兰（2005）⑤、宋向光（2005）⑥、英国杰拉德·柯赛（Gerard Corsane）（2005）⑦、吕建昌和严啸（2013）⑧ 等等。

生态博物馆理论中国实践的探讨有：苏东海（2001）⑨、周真刚（2002）⑩、方李莉（2005）⑪、王云霞和胡姗辰（2011）⑫、刘渝

---

① [法] 乔治·亨利·里维埃. 生态博物馆：一个进化的定义 [J]. 安来顺，译. 中国博物馆，1986（4）：75.

② [法] 弗朗索瓦·于贝尔. 法国的生态博物馆：矛盾和畸变 [J]. 孟庆龙，译. 中国博物馆，1986（4）：78-82.

③ [美] 南茜·福勒. 生态博物馆的概念与方法 [J]. 罗宣、张淑娴，译，冯承柏，校. 中国博物馆，1993（4）：73-82.

④ [巴西] 特丽莎·克莉斯汀娜·摩丽塔·席奈尔. 博物馆，生态博物馆，和反博物馆：解决遗产、社会和发展的思路 [J]. 中国博物馆，2005（3）：39-43.

⑤ [法] 雨果·戴瓦兰. 20世纪60—70年代新博物馆运动思想和生态博物馆用词和概念的起源 [J]. 张晋平，译. 中国博物馆，2005（3）：25-27.

⑥ 宋向光. 生态博物馆理论与实践对博物馆学发展的贡献 [J]. 中国博物馆，2005（3）：63-67.

⑦ [英] 杰拉德·柯赛. 从"向外延伸"到"深入根髓"：生态博物馆理论鼓励社区居民参与博物馆事业 [J]. 中国博物馆，2005（3）：61-62.

⑧ 吕建昌，严啸. 新博物馆学运动的姊妹馆——生态博物馆与社区博物馆辨析 [J]. 东南文化，2013（1）：111-116.

⑨ 苏东海. 国际生态博物馆运动述略及中国的实践 [J]. 中国博物馆，2001（2）：2-7.

⑩ 周真刚. 试论生态博物馆的社会功能及其在中国梭戛的实践 [J]. 贵州民族研究，2002（4）：42-48.

⑪ 方李莉. 警惕潜在的"文化殖民"趋势——生态博物馆理念所面临的挑战 [J]. 民族艺术，2005（3）：6-12.

⑫ 王云霞，胡姗辰. 理想与现实之间：生态博物馆法律地位的尴尬 [J]. 重庆文理学院学报（社会科学版），2011，33（6）：16-25.

(2011)①、唐晓岚和石丽楠（2013）②、金露（2014）③、杜韵红（2018）等。"这一时期的生态博物馆实践虽然是一种强调地方特殊性与文化重要性的尝试，但是其表征民族的倾向同样值得注意。尹凯强调了生态博物馆实践与民族文化的意义，例如："广西民族生态博物馆'1+10'集群化发展模式是博物馆系统的创造性尝试，为我国其他地区民族生态博物馆建设提供了范例。"④

对于生态博物馆中国化的探讨有：王际欧和宿小妹（2007）⑤，陈淑净（2008）⑥，甘代军（2009）⑦，平锋（2009）⑧，张庆宁和尤小菊（2009）⑨，尹绍亭和乌尼尔（2009）⑩，张金鲜、武海峰和王来力（2010）⑪ 等。

对于生态博物馆建设和发展的探讨有：意大利毛里齐奥·马吉

---

① 刘渝. 中国生态博物馆现状分析［J］. 学术论坛，2011（12）：206-210.
② 唐晓岚，石丽楠. 从社会公益属性看生态博物馆建设［J］. 南京林业大学学报（人文社会科学版），2013（2）：69-81.
③ 金露. 生态博物馆理念、功能转向及中国实践［J］. 贵州社会科学，2014（6）：46-51.
④ 吕殖. 浅议民族生态博物馆的集群化发展——对广西"1+10"生态博物馆模式的回顾与思考［J］. 中国博物馆，2018（2）：63.
⑤ 王际欧，宿小妹. 生态博物馆与农业文化遗产的保护和可持续发展［J］. 中国博物馆，2007（1）：91-96.
⑥ 陈淑净. 生态博物馆的拓展或另类：闽南文化生态保护实验区分析［J］. 中国博物馆，2008（3）：95-99.
⑦ 甘代军. 生态博物馆中国化的悖论［J］. 中央民族大学学报（哲学社会科学版），2009，36（2）：68-73.
⑧ 平锋. 生态博物馆的文化遗产保护理念与基本原则——以贵州梭戛生态博物馆为例［J］. 黑龙江民族丛刊（双月刊），2009（3）：133-137.
⑨ 张庆宁，尤小菊. 试论生态博物馆本土化及其实践困境［J］. 理论月刊，2009（5）：89-91.
⑩ 尹绍亭，乌尼尔. 生态博物馆与民族文化生态村［J］. 中南民族大学学报（人文社会科学版），2009，29（5）：28-34.
⑪ 张金鲜，武海峰，王来力. 生态博物馆的特点、意义和角色——基于"中国模式"下的生态博物馆建设［J］. 黑龙江民族丛刊（双月刊），2010（2）：175-177.

（2005）①、张誉腾（2005）②、安来顺（2011）③、潘守永（2013）④、Lee Jeong-Hwan（2013）⑤ 等。

对于民族地区社会经济发展的探讨有：周真刚和胡朝相（2002）⑥、周真刚和唐兴萍（2004）⑦、周真刚（2006）⑧、张瑞梅（2011）⑨、张涛（2011）⑩ 等。

民族文化保护和旅游开发的探讨：余青和吴必虎（2001）⑪、黄晓钰（2007）⑫、肖星和陈玲（2008）⑬、周俊满（2008）⑭、陈燕（2009）⑮、张

---

① [意] 毛里齐奥·马吉. 世界生态博物馆共同面临的问题及怎样面对它们 [J]. 张晋平, 译. 中国博物馆, 2005（3）: 31-33.

② 张誉腾. 台湾的生态博物馆：发展背景与现况 [J]. 中国博物馆, 2005（3）.

③ 安来顺. 国际生态博物馆四十年：发展与问题 [J]. 中国博物馆, 2011.

④ 潘守永. "第三代"生态博物馆与安吉生态博物馆群建设的理论思考 [J]. 东南文化, 2013（6）: 86-93.

⑤ Lee Jeong-Hwan, Yoon Won-keun, Choi Sik-ln, et al. Conservation of Korean Rural Heritage through the Use of Ecomuseums [J]. Journal of Resources and Ecology, 2016（3）: 163-169.

⑥ 周真刚, 胡朝相. 论生态博物馆社区的文化遗产保护 [J]. 贵州民族研究, 2002（2）: 95-101.

⑦ 周真刚, 唐兴萍. 浅说生态博物馆社区民族文化的保护——以梭戛生态博物馆为典型个案 [J]. 贵州民族研究, 2004（2）: 33-37.

⑧ 周真刚. 生态博物馆社区民族文化的保护研究——以贵州生态博物馆群为个案 [J]. 广西民族研究, 2006（3）: 192-196.

⑨ 张瑞梅. 生态博物馆建设与民族旅游的整合效应 [J]. 广西民族大学学报（哲学社会科学版）, 2011, 33（1）: 104-108.

⑩ 张涛. 生态博物馆、旅游与地方发展 [J]. 西南民族大学学报（人文社会科学版）, 2011（10）: 115-120.

⑪ 余青, 吴必虎. 生态博物馆：一种民族文化持续旅游发展模式 [J]. 人文地理, 2001, 16（6）: 40-43.

⑫ 黄晓钰. 生态博物馆：对传统文化的保护还是冲击 [J]. 文化学刊, 2007（2）: 66-70.

⑬ 肖星, 陈玲. 基于生态博物馆的民族文化景观旅游开发研究 [J]. 广州大学学报（社会科学版）, 2008, 7（2）: 43-46.

⑭ 周俊满. 生态旅游：生态博物馆生态保护与旅游发展的平衡点 [J]. 广西民族大学学报（哲学社会科学版）, 2008, 30（3）: 41-44.

⑮ 陈燕. 论民族文化旅游开发的生态博物馆模式 [J]. 云南民族大学学报（哲学社会科学版）, 2009, 26（2）: 52-55.

成渝（2011）①、文海雷和曹伟（2013）②、黄亦君（2014）③ 等。

生态博物馆的个案研究有潘年英（2002）④、雷内·里瓦德（2005）⑤、胡朝相（2005）⑥、意大利毛里齐奥·马吉（2005）⑦、刘艳（2006）⑧、方李莉（2010）⑨、单霁翔（2011）⑩、赵洪雅（2012）⑪ 等。

从以上学术梳理来看，其在生态博物馆各个方面都展开了一定的研究，并且成果丰硕，但相对于中国的生态博物馆实践，仍然有许多方面的研究未及展开，特别是中国生态博物馆运动的总体梳理和评价，以及在世界生态博物馆理论和实践的方面，需要一个总体的研究和把握来体现它的意义和价值。这就是该课题的研究的基本学术价值。而且，随着这一研究的展开，会进一步促进中国生态博物馆运动的深入发展，对于民族区域发展、文化教育、非遗保护、博物馆体系建设……都有一定的理论指导作用。

---

① 张成渝. 村落文化景观保护与可持续发展的两种实践——解读生态博物馆和乡村旅游［J］. 同济大学学报（社会科学版），2011，22（3）：35-44.

② 文海雷，曹伟. 生态博物馆与民族文化的保护与传承——以贵州与广西生态博物馆群为例［J］. 民族论坛，2013（3）：47-50.

③ 黄亦君. 贵州生态博物馆文化保护与旅游开发关系研究［J］. 理论与当代，2014（6）：29-30.

④ 潘年英. 矛盾的"文本"——梭嘎生态博物馆田野考察实录［J］. 文艺研究，2002（1）：104-111.

⑤ ［加］雷内·里瓦德. 魁北克生态博物馆的兴起及其发展［J］. 苑克健，译. 中国博物馆，1987（1）：44-47.

⑥ 胡朝相. 贵州生态博物馆的实践与探索［J］. 中国博物馆，2005（3）：22-24.

⑦ ［意］毛里齐奥·马吉. 关于中国贵州省和内蒙古自治区生态博物馆考察报告［J］. 张晋平，译. 中国博物馆，2005（3）.

⑧ 刘艳. 生态博物馆发展创新初探——以贵州地扪侗族生态博物馆为例［J］. 淮海工学院学报（社会科学版），2006，4（3）：53-55.

⑨ 方李莉等. 陇戛寨人的生活变迁——梭嘎生态博物馆研究［M］. 北京：学苑出版社，2010.

⑩ 单霁翔. 关于浙江安吉生态博物馆聚落的思考［J］. 中国文物科学研究，2011（1）：1-8.

⑪ 赵洪雅. 生态博物馆参与性结构对比研究：以加拿大上比沃斯和中国梭嘎生态博物馆为例［J］. 东南文化，2012（4）：113-122.

## 四、理论与方法论

就本课题研究的学术依据而言，自然是新博物馆学的理论，但新博物馆学是一个什么样的理论，它与传统博物馆学区别在哪里？它们二者之间的关系是什么？这都是需要厘清的重要问题。从本质上而言，传统博物馆学是一种重视物的存在的学问，研究、展示、回答的多是物所蕴含的历史知识和性质，以表述一个现代性国家的历史文化的意义和历史的延续性、发展性等等。但新博物馆学着重理解的不是一种物的存在，而是某些物的关系，即物在其历史中与使用和保存它们的人的关系，表明物在这样的关系中是"活态"的。当然，于此还被赋予了许多时代意义的表述，比如政治、弱势文化发现与表达、区域性的历史记忆等等。

雨果·戴瓦兰对于传统博物馆是不屑一顾的："雷同化的传统博物馆中观众群体为社会精英和组织者组织来的观众。传统历史遗址、纪念碑和博物馆，越来越多地被保护起来，文物藏品大量增加，将文物藏品和人民群众隔离开来，为了筹集经费，开展大规模修复保护，扩展博物馆的展厅和藏品，其实质是变成了富人和受过教育的人的休闲之地，也成了学校教育的助手，'必须'来的观众漫无目的地在此散步。"[1] 这种对于传统博物馆的批评也许不完全符合客观实际，但新博物馆学和新博物馆运动对于传统博物馆的挑战却是客观存在的，这也引起了生态博物馆与传统博物馆是对立关系还是互补关系的讨论。雨果·戴瓦兰否认传统博物馆存在意义，但认为两者是一种互补关系的学者亦有，并认为生态博物馆的出现是对现代性国家博物馆体系的一种完善和补充。比如中国学者宋向光认为："生态博物馆的理论和实践丰富了一般博物馆学的理论和方法，同时也是现代博物馆学具有动态、发展、联系、系统、包容、创新特色的重要思想来源，特别是当代博物馆工作'以人为中心'的理念更要归功于生态博物馆的冲击和影响。""生态博物馆是一场解放运动，力图扭转'经验博物馆

---

[1] [法]雨果·戴瓦兰.欧洲社区发展高级顾问.二十世纪60—70年代新博物馆运动思想和"生态博物馆"用词和概念的起源[J].张晋平译,中国博物馆,2005(3):26.

学'将博物馆限制在学术研究、历史导向和博物馆馆舍中的趋势。生态博物馆是一场复兴运动,努力高扬近现代公共博物馆'科学''民主'的旗帜。其观念是对近现代公共博物馆基本理念的回归。"①

宋向光的观点是具有极大的现实意义的,因为在笔者的田野调查中,中国的成熟的,或者不太成熟的,再或者成功不成功的生态博物馆,出现的起因都基本是传统博物馆学者的倡导和努力,都源于传统博物馆国家机构的认定和开拓与管理,这是其一。其二是,中国生态博物馆的建设都基本遵循了一个生态博物馆区域的认定,即一个资料中心的建设和展示,而这样的"资料中心"其形态就是一个区域性的文化博物馆,完全是一个传统博物馆的"化身"。好像传统博物馆"化身"为社区的"资料展示中心",再加上对一片区域的"游览式的改造",就可以获得生态博物馆的"生命形式"了。而这样的生态博物馆存在时,自然与传统博物馆是一种互补关系,而不可能是一种对立关系。

在新博物馆学中,"模式"是一个不被赞成的观点,即新博物馆学理论中,不会强调某一种生态博物馆的模式,但传统博物馆的"展示"技术和精神,就是一种模式,通过生态博物馆资料中心,像楔子一样揳进了生态博物馆中。这也是它们互补关系的一种表现。

新博物馆学作了许多界定,但它不会规定每个地区的生态博物馆状态,这是一个开放式的理论认知系统。新博物馆学理论认为,只要强调展示物与人的关系,并且使用一定的形式表示所展示物的存在区域和状态,未隔断物与生活中人的关系,那就具有表现新博物馆学的意义了。另外,新博物馆学还在一定程度上,支持区域经济与生态博物馆发展关联性,以及注重政治、文化权利的表述和维护,明确地支持发展的变化,以及旅游开发与生态博物馆建设的直接关系。

这些,都与传统博物馆有很大的不同,当然,传统博物馆学的一系列理论也一直是新博物馆学的基础,因此,本研究也一样需要传统博物馆学的理论作依据。

就中国生态博物馆的实践而言,它是深植于国际新博物馆学理论的一

---

① 宋向光.生态博物馆理论与实践对博物馆学发展的贡献[J].中国博物馆,2005(3):65.

个过程，虽然一开始就具有中国化的特色，但我们在其中随处可见新博物馆学理论的影响和作用。

在研究过程中，民族学、人类学的相关理论和研究方法亦是其理论和方法论的重要方面具有一定的指导作用。这主要体现在对于中国生态博物馆的调查，笔者以参与式的调查，将足迹覆盖绝大多数中国已经建成的生态博物馆，并且以民族、村落、社区、遗址、项目为调查对象产出相关调查报告。

文献调查亦是本研究中重要的环节，搜集并查阅相关文章、历史文件、地方志、各地生态博物馆文献……都为本研究提供了重要的参考依据。

总归而言，本课题在新博物馆学理论和方法论指导下，通过大量的民族学、人类学田野调查，了解中国生态博物馆当下的状态；通过一系列的文献梳理，尽可能地还原中国生态博物馆几十年实践的历史过程；在此基础上梳理世界近50年的生态博物馆运动历史过程，以及新博物馆理论的发展和实践应用，进而探寻出中国生态博物馆的实践与理论研究。

## 五、中国的实践和中国的贡献

中国的第一座生态博物馆是在1995年开始建设的，于1998年10月31日建成开馆，苏东海先生在评价这一历史事件时，把1995年作为中国生态博物馆实践的开始，并且把这一开创性的举动等同于1905年中国建设的第一座博物馆，这成为中国博物馆国家现代化建设的另一个重要开端。这个开端如苏东海在2005年6月召开的国际论坛小结中所说的那样，没有结论，但过程很重要，我们无疑是开拓了一个新的博物馆表述的形式，以及其发展变化的无限性。

从1995年开始，中国生态博物馆实践就进入了自己的时间表。大致可以分为这样几个发展时期：一是国际生态博物馆概念、思想输入发展时期，二是民族区域发展主题时期，三是多概念多主题发展时期。

**国际生态博物馆概念、思想输入发展时期**

这一时期主要指1995—2005年间，中国与挪威共建中国生态博物馆时期。在这个时期里，以挪威与中国的文化交流项目为契机，中国的生态博物馆建设，引进了挪威国家的文化援助资金，也引进了国际上流行的新博物馆学运动的思想、理论和概念，并且挪威的生态博物馆专家亦直接介入

绪　论

其中，从调查到立项建设都有充分的参与和指导。这一发展时期的生态博物馆建设成果主要有四个①，与苗族、布依族、侗族、汉族相关的各 1 个。这里有一个细节，即在 1995 年 5 月出现的《在贵州省梭戛乡建立中国第一座生态博物馆的可行性研究报告（中文本）》（安来顺执笔）、贵州省文化厅 1996 年 6 月 12 日的"请示"、贵州省人民政府 1995 年 6 月 21 日的"批复"等文件中，只有"生态博物馆"和"苗族（长角）资料中心"等关键性字眼，没有明确的"六枝梭戛苗族生态博物馆"的称呼。在 1998 年的梭戛生态博物馆建成挂牌的牌子上，依然是"六枝梭戛生态博物馆"②，没有"苗族"二字，但在后来的发展和演化中，"六枝梭戛生态博物馆"慢慢就变成了"六枝梭戛苗族生态博物馆"……这个细节反映了在这一时期里，具有"社区记忆"生态博物馆传统的挪威专家，关注点不在区域中的"民族"，而在于"社区"，面对这样具有如此浓郁异样色彩的农业"社区"，这些外国专家是非常兴奋的。但以苏东海为代表的中国专家非常清楚，在中国建设生态博物馆一定要中国化，否则建设将非常困难，具体就是建设这样的生态博物馆一定是体制内的国家行为，不可能只是国际文化交流项目和民间建设的行为，而且一定要与民族区域性发展的国家战略吻合。对此，笔者之后还要讨论。在苏东海先生等人的坚持下，使得这一时期的中国生态博物馆建设取得巨大成功，十年间，计划中的四个生态博物馆建成，国际生态博物馆学界认可了中国实践操作的有效性，也认可了中国生态博物馆第一个建设项目所产出的理念，后来在名称上的逐渐变化，是意料之中的事情。另外一方面，还影响了广西、云南、内蒙古等省区的生态博物馆建设，虽然没有国际合作背景，但他们也有所跟进。广西有南丹里湖白裤瑶生态博物馆（2004）、三江侗族生态博物馆（2004）。内蒙古有敖伦苏木蒙古族生态博物馆（2005）③。这样的跟进正好完成了第一

---

① "六枝梭戛生态博物馆""镇山布依族生态博物馆"（参见图志 00087）、隆里古城生态博物馆（参见图志 00088）、堂安侗族生态博物馆（参见图志 00090）等。

② 在近期拍摄的照片中，依然为"梭戛生态博物馆"。可见，"梭戛苗族生态博物馆"是外界给予它的名字。

③ "敖伦苏木蒙古族生态博物馆"，在笔者的实地（达茂旗）调查中被证实为"只有名称和愿望"的"虚假陈述"，实际上并没有这个生态博物馆的存在，但它已经名声在外了。

个发展时期与第二个发展时期的历史连接。由于这一时期的生态博物馆群建设与实践，主要发生在贵州省，所以笔者又称其为中国生态博物馆实践的"贵州时代"。

**民族区域发展主题时期**

在民族区域发展主题时期，广西的"1+10 工程"民族生态博物馆建设最具代表性。其生态博物馆建设一开始就明确地以民族区域文化表达为要旨，而且明确地完善了传统博物馆形式与生态博物馆的关系。在笔者的调查中，现今广西壮族自治区民族博物馆有专门的机构管理 10 个生态博物馆，从各个生态博物馆建成之时，每年有 20 万—40 万元不等的经费来具体支持各个生态博物馆的运行。广西的以民族、村落社区为主的生态博物馆实践，在继承了前一个生态博物馆时期的民族主题的同时，对于第一个时期出现的一些问题，有具体和明确的修正，比如其生态博物馆的运行管理等等。这些，是中国生态博物馆的中国化发展的显著成果。这一时期的中国生态博物馆发展，对于后来的民族文化类生态博物馆的发展影响很大。由于其民族表征显著，又是中国生态博物馆"贵州时代"的发展，故笔者称其为"后生态博物馆时代"。

**多概念多主题发展时期**

在民族文化类生态博物馆成为中国化生态博物馆建设和实践主流的同时，多概念多主题发展的时期也到来了。在中国生态博物馆多概念多主题发展时期，有以下几种生态博物馆实践：一是"家庭生态博物馆"的创新；二是由生态人类学理念的介入而来的生态博物馆实践；三是中国式样的社区博物馆实践；四是自然生态博物馆理念的介入导致的实践。

"家庭生态博物馆"的创新，主要为云南大理诺邓黄霨昌家庭生态博物馆，它的出现，在世界生态博物馆实践中属特例。但在一些地方，类似的事物也有出现，比如贵州省的西江景区，也有家庭博物馆的运用，但没有用"生态"之名。

云南在西双版纳州勐海县章朗村建成的西双版纳布朗族生态博物馆、昆明的滇池流域生态文化博物馆、云南元阳的哈尼族梯田文化生态博物馆等都属于生态人类学理念指导下的生态博物馆实践。

2011 年，国家文物局以文物博发〔2011〕15 号的文件，命名了五个社区生态博物馆，① 为首批生态（社区）博物馆示范点。其"社区记忆"得到强调，这也是中国生态博物馆实践"消化"源于欧洲生态博物馆建设的社区理念的具体体现。它的出现，在一定程度上也是对于中国生态博物馆实践中民族、村落类型生态博物馆实践的一种补充和修正，中国社区记忆类型的生态博物馆建设起到了一定的推动作用。

在多概念多主题发展时期，不但原来生态博物馆建设的主体部门，即原文化部、国家文物局、国家博物馆、国家民族事务委员会等，参与了中国生态博物馆建设的过程，而且在生态博物馆概念和理论影响力越来越大的情况下，与自然生态关联的国家林业、地质、环保、农业部门也在使用和建设自然生态类型的生态博物馆，这也是中国生态博物馆建设的一个组成部分。对于这一时期的生态博物馆实践，笔者称为"社区生态博物馆时代"。纵观其发展历程，三个时代相互连接，为中国生态博物馆实践的"主线风景"，而由其他因素介入的生态博物馆实践，笔者称其为"支线风景"。

于此，可以说中国生态博物馆的实践，从村落、民族、社区、遗址、人文遗产到自然遗产等方面，都进行了全面的开拓和发展，对于世界生态博物馆实践运动的贡献是全方位的。这并不局限于实践层面，同样地，其在理论层面也产生了显著的影响。

"六枝原则"② 就是这一贡献的具体表现之一。这一理论产生于梭戛生态博物馆的后期建设中，是中国、挪威学者，以及当地文化人士、村民共

---

① 《国家文物局关于促进生态（社区）博物馆发展的通知》，命名：浙江省安吉生态博物馆、安徽省屯溪老街社区博物馆、福建省福州三坊七巷社区博物馆、广西龙胜龙脊壮族生态博物馆、贵州黎平堂安侗族生态博物馆等五个生态博物馆为"社区生态博物馆"。

② 苏东海主编．中国生态博物馆（纪念画册）[M]．北京：紫禁城出版社，2005：18。具体内容为：1. 村民是其文化的拥有者，有权认同与解释其文化；2. 文化的含义与价值必须与人联系起来，并应以加强；3. 生态博物馆的核心是公众参与，必须以民主的方式管理；4. 当旅游和文化保护发生冲突时，应优先保护文化，不应出售文物但鼓励以传统工艺制造纪念品出售；5. 长远和历史性规划永远是最重要的，损害长久文化的短期经济行为必须被制止；6. 对文化遗产进行整体保护，其中传统工艺技术和物质文化资料是核心；7. 观众有义务以尊重的态度遵守一定的行为准则；8. 生态博物馆没有固定的模式，因文化及社会的不同条件而千差万别；9. 促进社区经济发展，改善居民生活。

同努力的结果。这一成果在 2005 年贵阳市举行的"生态博物馆国际论坛"中被讨论并确认。

在"六枝原则"中，中国生态博物馆的基本原则，得到了明确、具体、细化，因为中国生态博物馆实践基础良好。对此，笔者将于后述进一步讨论和研究。

由此观之，中国生态博物馆实践与理论经验的总结，对于国际新博物馆学的理论贡献是非常显著的。聚焦其实践层面，中国的博物馆体系建设、民族文化发展、文化多样性表达、民族区域社会发展、遗产保护等方面影响更是深远而巨大的。

基于以上的过程和背景，本研究大致要从以下五个方面展开。

第一个方面是"新博物馆学实践和理论"。其中包含了现代性、国家、博物馆、生态博物馆的由来和意义、生态博物馆在某些范围内的实践，它的实践过程对博物馆现代性表述的影响是什么，以及我们在生态博物馆研究方面涉及了哪些内容，这些涉及的内容对于文化的进程有何影响。

第二个方面是"中国生态博物馆的早期实践"。在世界上，已经拥有了数百个生态博物馆，中国的生态博物馆建设基本上跟随了这一兴起于 20 个世纪 70 年代的潮流，在为世界生态博物馆建设做出自己贡献的同时，诸多方面都有巨大的发展。在这一部分，内容大致包含：中国生态博物馆的缘起、中国最早的生态博物馆群、中国生态博物馆的"贵州时代"等。

第三个部分是中国的"后生态博物馆时代"。这个方面的内容包含了后生态博物馆时代缘起、广西生态博物馆群、中国南方生态博物馆建设、中国北方生态博物馆建设、后生态博物馆时代的意义等一系列内容。

第二和第三个部分会较为完整地表述中国生态博物馆实践的历史过程和意义。

第四个部分是中国生态博物馆理论建设与本土化发展。它包含生态博物馆实践的中国化、"六枝原则"的理论贡献、"六枝原则"与中国后生态博物馆时代的关系等内容。它将在新博物馆学的理论基础上阐释中国生态博物馆实践过程的意义与价值。

第五个方面是中国生态博物馆的理论探索和思考。有生态博物馆实践与民族文化保护、与民族区域社会发展、与国家博物馆建设、文化发明和文化实验等内容。中国生态博物馆实践对于中国改革开放时期的民族文化、区域发展、遗产保护、自然生态等方面都有一定的影响，并体现了生态博物馆"生命"意义的理解和应用。最终促使笔者与"文化发明和文化实验"等议题结合起来思考，使中国生态博物馆建设和实践的意义上升到一个更高的层次，给中国这个富于创新与发展的时期提供更多的有意义的文化策略和参考。

# 第一章
## 新博物馆学实践和理论

在世界生态博物馆实践中,有这样一个现象,即博物馆变革的出现主要是由博物馆学界来推动的,这是传统博物馆学的革命自觉,也是传统博物馆发展的内在需求。1986年前后,《中国博物馆》杂志主编苏东海就大力地介绍新博物馆学的一系列理论和概念,推动中国生态博物馆建设的进程,并且一开始就力求把中国生态博物馆的建设和发展与世界接轨。从微观角度看,这是对传统博物馆建设的一种创新,但从宏观体系看,其从未脱离过国家的博物馆系列,这在中国生态博物馆建设的业务管理体系上得以窥见。所以说,尽管生态博物馆实践中介入了人类学、生态学、民族学、历史学、管理学、遗产学等方面的研究理论和方法,但基于生态博物馆理论而形成的新博物馆学依旧属于博物馆学的范畴。

## 第一节 现代性、国家、博物馆

中国出现现代博物馆是1905年的事情,这是中国走向现代性国家的起点之一。现代博物馆与图书馆、体育馆、艺术馆、展览馆、文化广场一样,都是现代性国家的一种象征性事物。

"现代性"一词是在"现代"一词基础上的应用。"现代"一词(modern)源于拉丁语(modernus)。但使用"现代性"一词始于波多莱尔,他使用"现代性"一词来表述社会中人与物关系的状态和性质,比如"短暂性、瞬间性、偶然性"①等等。但"现代性"一词成为一个世界性特征的表述，源于世界工业化起始之时的启蒙运动，因为这个时候资本主义的时代到来了。世界变了，现代化过程开始，所以，"现代性是对整个现代化进程的理论表征，在马克思和恩格斯看来，资本主义的现代性必然包含三个方面的要素：工业化、全球化和城市化。"②对于这个过程，"马克思恩格斯指出，资本主义的产生和发展过程，既是一个'脱域'的过程，即同封建社会的生产关系相决裂的过程，同时也是一个'新生'的过程，革新了整个社会的生产组织形式以及与之相适应的生活方式。在这一发展过程之中，资本主义的发展使资本生产逻辑实现了对整个世界生产和交换系统的控制与支配，与之相伴随的是工业时代的到来、世界市场的建立以及现代城市的涌现"③。在这样的时代里，"生产的不断变革，一切社会状况不停地动荡，永远的不安定和变动，这就是资产阶级时代不同于过去一切时代的地方……一切等级的和固定的东西都烟消云散了，一切神圣的东西都被亵渎了。人们终于不得不用冷静的眼光来看他们的生活地位、他们的相互关系"④。"工业社会变化悄无声息地在未计划的情况下紧随着正常的、自主的现代化过程而来，社会秩序和经济秩序完好无损，这种社会变化意味着现代性的激进化，这种激进化打破了工业社会的前提并开辟了通向另一种现代性的道路。"⑤故，这样的"相互关系"就是"现代性"。

"现代性"在当下，已经是一个世界性的根本词语，因为现代性表现的是现代社会的缩影和特质，解读和理解这个世界，非"现代性"莫属，所以，"现代性"被人们广泛关注，并且有非常多的研究和解读。为此，

---

① 周来顺. 现代性危机及其精神救赎 [M]. 北京：人民出版社，2016：245，272.

② 陈振航.《共产党宣言》中的现代性思想及其当代价值 [J]. 哈尔滨学院学报，2020，41（1）：22.

③ 陈振航.《共产党宣言》中的现代性思想及其当代价值 [J]. 哈尔滨学院学报，2020，41（1）：22.

④ 马克思恩格斯选集（第1卷）[M]. 中央编译局，译. 北京：人民出版社，1995：275.

⑤ [德] 贝克等. 自反性现代化 [M]. 赵文书，译. 北京：商务印书馆，2001：6.

Latour（拉图）说："有多少思想家和新闻记者，就有多少现代性版本，然而，不管以何种方式来界定这个概念，它们最终都指向时间维度。就时间而言，'现代的'这一形容词所指的是时间中一种新的体制、一种加速前进、一种断裂、一场革命。"①

对于"现代性"一词，学界有多种表述。

"现代性这一概念从其源点就是作为对现代生活之属性的理论描绘，所以，在很大程度上而言，对于现代性的研究其实是对现代性这一概念体系所表征的现代生活的社会样态与社会属性的探究。"②

"从现代性的现象学定义层面而言，现代性可以具化为若干细则或标准，诸如生产方式上的机器化、工业化生产，精神层面的理性主义，交往方式的全球主义，社会生活方式的都市化、城市化，等等。"③

"从根本上说，现代性是传统宗教和形而上学解体后必然出现的问题。我们的文化、文明、社会、集体和自我为什么是这样，而不是那样，我们是'别无选择'，还是去想象另一种文明、另一种全球化，诸如此类问题，虽已难有确切的答案，但也不是无关紧要的。"④

也有学者认为，现代性"就是人类自由反对邪恶、愚昧势力所取得的胜利。这如同技术进步的发展进程一样，也是必然的发展进程"⑤。"现代性研究有许多切入口，宗教、哲学、政治、社会、艺术、科学的每一个都可以作为理解现代性的线索和历史坐标。"⑥"现代性面向未来，追新逐异，

---

① Latour, B. 1988, The Pasteurization of France, trans. by Alan Sheridan, John Law [M]. Cambrigei Harvard University Press. 1993, We Have Never Been Modern, Harvard University Press：10.

② 张明. 现代性问题及其中国语境——中国现代性的特殊阐释及其学术争论 [J]. 中国矿业大学学报（社会科学版），2019（6）：13.

③ 张明. 现代性问题及其中国语境——中国现代性的特殊阐释及其学术争论 [J]. 中国矿业大学学报（社会科学版），2019（6）：14.

④ [波] 科拉科夫斯基. 经受无穷拷问的现代性 [M]. 李志江，译. 哈尔滨：黑龙江大学出版社，2013：5.

⑤ [美] 华勒斯坦等. 自由主义的终结 [M]. 郝名玮，张凡，译. 北京：社会科学文献出版社，2002：126.

⑥ 汪行福. 复杂现代性与拉图尔理论批判 [J]. 哲学研究，2019（10）：62.

可谓前所未有，但它只能在自身内部寻求规范。"①

现代性的实践就是现代化，故学界认为："现代化的本质是现代性，现代性是现代化的精神气质，是现代社会一些特征的集中反映，主要包括理性、自由、主体性等。人们用理性精神，反对封建迷信，发展科学技术；用自由精神和主体性反抗宗教压迫和专制统治，追求人人平等和政治民主，追求个性发展与自我实现。工业化、市场化、城市化、民主化、科层化、法治化、科学化，等等，都是现代性外化的结果，是现代性的外在有形特征。"②

归总而言："在规范意义上，现代性是一个负载着诸多价值的概念，经济发展、物质富裕、自由、平等、民主和个性等，都是现代性追求的价值，而这些价值往往与'进步'概念联系在一起。无论在理论上还是在实践上，进步都是现时代的自我画像和殷切希望。"③

"现代性"是一个源于西方的词语，其理论思想也源于西方，历史悠久，故有学者总结了西方现代性理论发展的四个阶段。①启蒙时期的初始现代性。②工业化时期的经典现代性。③后工业化时期的后现代性。④现当代反思的现代性。

第一个阶段特征是："启蒙现代性"的两大根基是理性和人（主体），以理性对抗愚昧，以主体性对抗神性，以自由为核心价值，追求"科学精神"和"人文精神"的统一。

第二个阶段特征是："经典现代性"的两大支柱是"大写的人"和"大写的理性"，以理性人为起点，以合理性为目标，理性日益工具化和世俗化。

第三个阶段特征是：现代性在经历了近3个世纪的建构过程之后，批判的锋芒转向了现代性本身。"后现代性"是对现代性的全面反叛，解构现代性的一切规定，代之以一副反中心、反传统、反本质、反基础的面目，主张个性化、多元化、边缘性、平面化。

---

① [德]哈贝马斯.现代性的哲学话语[M].曹卫东等，译.北京：译林出版社，2004：49.

② 褚宏启.杜威教育理论中的现代性：历史地位与现实意义[J].教育史研究，2020，2(1)：102.

③ 汪行福.复杂现代性与拉图尔理论批判[J].哲学研究，2019(10)：67.

第四个阶段特征是:"反思的现代性",也称之为第二次现代性、新现代性,它以多元理性为根基,以人本—价值理性为轴心,承认现代性的基本价值,但批判经典现代性的"固化""简单性""刚性",力图在现代性的框架内拯救现代性,是对经典现代性的改革、修复和完善。①

陈曙光还认为:"现代性起于西方,是全人类未竟的规划,也是当代中国无法回避的事业。随着'人类和地球的欧洲化'成为世界历史的主导逻辑,……然而,实践不会迁就任何先验的逻辑,西方现代性话语不是'终极词汇',……中国道路的成功代表了一种新的现代性文明的出场。"②他还分析了从 1840 年到 1919 年间中国的"以器卫道的现代性之路""制度牵引的现代性之路""文化改造的现代性之路"等三次"现代性之路"都没有成功的原因,认为在 1980 年后,中国实现了这样的"现代性之路"。

他认为:"'回到中国自身',这是中国现代性建构的唯一选择。现代性是在现代社会条件下开创更好生活的历史—实践筹划。中国有自己的世界,中国应当成为现代性的一个肯定陈述。中国的文化传统、历史命运和现实国情不同于西方,新教伦理滋养了资本主义的现代性文明,中国的文化传统与新教伦理存在着结构性、本质性区别,这只能说明中国不能发展出西方的现代性文明,绝不意味着中国被剥夺了通往现代化的权利,中国文化传统不能被简单地视为现代性的文化阻滞力。"③

中国现代性发展之所以成功有四点:一是"超越西方的现代性逻辑。现代性不等于西方性"。二是"注入中国的原创性内涵。中国新现代性不是西方的翻版,现代中国本身并不是西学东渐的成果,中国现代性也不属于西学东渐的范畴"。三是"承载复杂的现代性使命。相较于西方现代性,中国新现代性解答的时代课题不一样,承载的历史使命也不一样。中国社会不是完全意义上的现代社会,准确地说处于'半现代'阶段"。四是:"开创壮丽的现代性前景。中国新现代性是一个辩证的过

---

① 陈曙光. 现代性建构的中国道路与中国话语 [J]. 哲学研究, 2019 (11): 22-23.
② 陈曙光. 现代性建构的中国道路与中国话语 [J]. 哲学研究, 2019 (11): 22.
③ 陈曙光. 现代性建构的中国道路与中国话语 [J]. 哲学研究, 2019 (11): 26.

程，它有须臾不可分开的两面。"① 陈曙光认为："任何国家，现代性建构的理论逻辑与现代化展开的历史逻辑，二者总体上步调一致、共同成长。缺乏现代性文明支撑的现代化进程是盲目的，离开现代化实践的现代性文明是漂浮的。"②

这些对于现代性的理论解释，对于博物馆在现代国家中存在的意义非常重要，因为一个具有现代性的国家才需要博物馆这样的事物来表征自己的存在意义，故博物馆和国家的存在是一种互为表里的关系。但是，现代性的发展性和不确定性，对于生态博物馆实践和理论也非常重要，因为生态博物馆的出现就是以现代性的发展性和不确定性为背景的，而生态博物馆中的新博物馆学出现，也对应西方现代性的几个演化阶段。西方新博物馆学对于中国生态博物馆建设的影响，也反映了西方生态博物馆发展与西方现代性演化的关系。另外，生态博物馆中国化的一系列表现，也与中国现代性发展的特色道路有密切关联，并且凸显了中国生态博物馆实践对于世界生态博物馆建设的贡献的意义。

在现代发展中，现代国家建构的要件包含了博物馆，要成为完整的现代国家，博物馆的出现是有其强烈的政治诉求的，比如非洲的一些博物馆建设就"深陷"其中。但国家是什么？

国家的表述多种多样，而且是一个最为迷惑人的论题，比如现代学术中讨论的"民族国家"和"多民族国家"，多数时候都包藏着某些意识形态目的。国家的本质就是一个群体形式，自古以来人们就因为各种各样的原因聚合在一起，成为某种群体，其中有一种群体就叫"国家"。

对于国家是什么，人们数千年前就开始探索，因为这也是回答人们为什么需要国家的问题。人们从多个角度来界定国家。

古希腊的亚里士多德认为："国家为若干家庭和村坊的结合，由此结合，全城邦可以得到自足而至善的生活。""国家是最高最广泛的一种社会团体，一切社会团体的目的都在于达到某些善业，国家的目的就是为了最高的善。"③

---

① 陈曙光. 现代性建构的中国道路与中国话语 [J]. 哲学研究，2019 (11)：26-28.
② 陈曙光. 现代性建构的中国道路与中国话语 [J]. 哲学研究，2019 (11)：24.
③ ［古希腊］亚里士多德. 政治学 [M]. 北京：商务印书馆，1996.

西塞罗认为："不是人的某种随意聚合的集合体，而是许多人基于法的一致和利益的共同而结合起来的集合体。这种联合的原因不在于人的软弱性，而在于人的某种天生的聚合性。""由许多社会团体基于共同的权利意识及利益互享的观念而结合的组织体。"①

韦伯认为："在一既定领土内成功地要求物质力量的合法使用、实行垄断的人类社会。"②

达尔认为："由特定领土内的居民和政府组成的政治体系就是国家。"③

恩格斯认为："这种从社会中产生但又自居于社会之上并且日益同社会相异化的力量，就是国家。""社会创立一个机关来保护自己的共同利益，免遭内部和外部的侵犯。这种机关就是国家政权。"④

国家的定义实际上包含了人们希望的国家是什么的政治愿景，而且也包含了政治学中法理问题，符合一定的法理精神，国家就是合法的，否则相反，即人的规则性限制了人们组成国家的愿望。比如，进入现代国家时代，对于国家的法理性认知主要就集中在民族和民族国家概念上，因为欧洲的资本主义形态影响了全世界的政治格局，而它们的国家形式就是在中世纪形成的民族国家。美国的汉斯·摩根索认为："严格意义上讲，民族国家最早是指出现在欧洲那种摆脱中世纪和教权控制过程中所诞生的现代主权国家。民族的形成与国家的创立齐头并进，并且具备了民族与国家的统一形态，因此被称为'民族国家'。"⑤ 最为重要的是，这样的国家形态成为现代国家的一种法理基础，即只有这种形式的国家才是现代国家，并且成为"最为显著的特征"。"民族和国家的融合最初源于西欧并且逐渐成为了组织社会一种'常规化的'方式，这种融合是在现代化历史进程中最

---

① [古希腊] 西塞罗. 论共和国，论法律 [M]. 王焕生，译. 北京：中国政法大学出版社，1997.
② 吴志华主编. 政治学原理新编 [M]. 上海：华东师范大学出版社，1998.
③ [美] 罗伯特·达尔. 现代政治分析 [M]. 上海：上海译文出版社，1987.
④ 马克思恩格斯选集（第4卷）[M]. 中央编译局译. 北京：人民出版社，1972.
⑤ [美] 汉斯·摩根索. 国际纵横策论——争强权，求和平 [M]. 卢明华，时殷弘等，译. 上海：上海译文出版社，1995：16.

为显著的特征。"① 最初这样的认识可能就是一种理论，但后来就渐渐成为一种"强权"政治表达的"借口"，即以此来否定一个国家的法理性，认为不如此它就不是一个"合法国家"。这样的尴尬在中国的历史，尤其是新中国的发展历史中比比皆是。所以，在中国，民族国家理论研究关注度亦很高。

这一研究的主要焦点在于民族国家在工业化背景下，成为现代性国家的一个基本的理论范式，即"（国家）无非就是民族权力的世俗组织"②。这样，民族国家（nation-state）就成为西方政治学界对于现代国家的基本表述，西方民族主义古典理论因此认为，人类最为理想的共同体形式就是民族国家，每个民族应建立本民族的国家，否则将因民族间的冲突导致国家的动荡乃至毁灭。最为重要的是，这种观点还成为了现代国家合法性的重要根源。中国在进入现代性国家的建立时，就深受这种理论的影响。在这些研究中，比较重要的有郑大华和周元刚的《"五四"前后的民族主义与三大思潮之互动》③、赵环宇的《"政治化"还是"文化化"：晚清时期西方民族国家理论对中国的影响》④、许小青的《1903年前后新式知识分子的主权意识与民族国家认同》⑤、敖福军的《对民族国家理论的反思》⑥、李大龙《对中华民族（国民）凝聚轨迹的理论解读——从梁启超、顾颉刚到费孝通》⑦、张淑娟的《关于民族国家的几

---

① Elisa P. Reis, The Lasting Marriage between Nation and State despite Globalization [J]. International Political Science Review, Vol 25, No. 3, The Nation -State and Globalization: Changing Roles and Functions, Jul., 2004:251.

② ［德］马克斯·韦伯：民族国家与经济政策［M］. 北京：生活·读书·新知三联书店，1998：93.

③ 郑大华，周元刚. "五四"前后的民族主义与三大思潮之互动［J］. 学术研究，2008（7）：5-15.

④ 赵环宇. "政治化"还是"文化化"：晚清时期西方民族国家理论对中国的影响［J］. 黑龙江民族丛刊，2010（2）：46-52.

⑤ 许小青. 1903年前后新式知识分子的主权意识与民族国家认同［J］. 天津社会科学，2002（4）：126-144.

⑥ 敖福军. 对民族国家理论的反思［J］. 经济学导刊，2009（33）：208-209.

⑦ 李大龙. 对中华民族（国民）凝聚轨迹的理论解读——从梁启超、顾颉刚到费孝通［J］. 思想战线，2017，43（3）：46-55.

点思考》①、张继焦等人的《换一个角度看民族理论：从"民族—国家"到"国家—民族"的理论转型》②、李静玮的《流动的共同体：论族性变化的解释路径》③、潘志平的《民族问题与民族分立主义——评 nation 的国家、民族一体理论》④、杨志娟的《民族主义与近代中国民族觉醒——以近代中国北部、西部边疆危机为例》⑤、高翠莲的《孙中山的中华民族意识与国族主义的互动》⑥、扈红英的《修辞学视野下"民族国家"理论与"多民族国家"理论辨析》⑦ 等等。

这些学者的理论探讨的主要关注点在于：中国的国家认知是如何从一个"王朝帝国"走向现代性国家的过程。我们在这个过程中深受西方经典民族国家理论的影响，但又从多个角度认识到这个理论背后的危机，我们的国家理论历史经历了许多调适和适应性探索，也认识到在中国的民族国家理论困境，最后明确地提出了自己的特有的统一的多民族国家理论，形成认为中国是自秦汉以来就确立了统一的多民族国家的现实和理论认知。

多民族国家的理论研究是中国在 21 世纪初国家理论研究的重点，它的起点是回应西方的民族国家理论在中国国家现代性法理上的困局，以及国家现代社会中的极端民族主义的危机，但其理论探讨已经大大超越了这样的理论范畴，已经逐步建立起了自己的国家理论和开拓了多民族国家实践的中国经验。"统一的多民族国家"的理论提出，就是这样的理论果实。在这些研究中，衍生了多元议题。比如王建娥的《族际政治民主化：多民

---

① 张淑娟.关于民族国家的几点思考 [J].广西民族研究，2009（4）：29-36.
② 张继焦等.换一个角度看民族理论：从"民族—国家"到"国家—民族"的理论转型 [J].广西民族研究，2015（3）：1-13.
③ 李静玮.流动的共同体：论族性变化的解释路径 [J].云南民族大学学报（哲学社会科学版），2017，34（4）：23-29.
④ 潘志平.民族问题与民族分立主义——评 nation 的国家、民族一体理论 [J].世界民族，1997（1）：1-13.
⑤ 杨志娟.民族主义与近代中国民族觉醒——以近代中国北部、西部边疆危机为例 [J].兰州大学学报（社会科学版），2005，33（3）：59-64.
⑥ 高翠莲.孙中山的中华民族意识与国族主义的互动 [J].中央民族大学学报（哲学社会科学版），2012，39（6）：14-20.
⑦ 扈红英.修辞学视野下"民族国家"理论与"多民族国家"理论辨析 [J].西北师大学报（社会科学版），2015，52（5）：77-83.

族国家建设和谐社会的重要课题》①、《民族分离主义的解读与治理——多民族国家化解民族矛盾、解决分离困窘的一个思路》②、《多民族国家包容差异协调分歧的机制设计初探》③、常士訚的《"两个共同"与当代中国多民族国家政治整合》④、马俊毅的《论现代多民族国家建构中民族身份的形成》⑤、马德普和柴宝勇的《多民族国家与民主之间的张力》⑥、周平的《多民族国家的国家认同问题分析》⑦ 等。

王建娥在《民族研究》上的三篇文章分别讨论了多民族国家的族际关系，民族分离主义的理论根源以及族际协调中的制度建设等。

马俊毅探讨了现代多民族国家建构中的民族身份问题。常士訚讨论了当代中国多民族国家政治整合。在政治学的研究中，马德普、柴宝勇和周平分别涉及了多民族国家的民主问题和国家认同问题。

在这些研究中，均是从多民族国家理论的多角度研究，但明确的"统一的多民族国家"研究少。这种状态说明，中国的国家理论学界对于多民族国家理论关注多，而对于"统一的多民族国家"的理论重要性认识不足。其实，这才是中国多民族国家理论最需要表述的重点。

在《中华人民共和国宪法》序言中有"中华人民共和国是全国各族人民共同缔造的统一的多民族国家"的国家定义，但我们的多民族国家研究很少关注这一特定的历史事实，国家理论的归属感不强。以至于《人民日报》1999 年 9 月仍然要发表一篇长达两万多字的文章，来表明"统一的多民族国家"的意义，作出一系列的理论回应。这篇文章说："中国自古以

---

① 王建娥. 族际政治民主化：多民族国家建设和谐社会的重要课题 [J]. 民族研究，2006（5）：1-11、106.

② 王建娥. 民族分离主义的解读与治理——多民族国家化解民族矛盾、解决分离困窘的一个思路 [J]. 民族研究，2010（2）：13-25、107.

③ 王建娥：多民族国家包容差异协调分歧的机制设计初探 [J]. 民族研究. 2011.01.

④ 常士訚. "两个共同"与当代中国多民族国家政治整合 [J]. 民族研究，2014（2）：1-13、123.

⑤ 马俊毅. 论现代多民族国家建构中民族身份的形成 [J]. 民族研究，2014（4）：1-12、123.

⑥ 马德普，柴宝勇. 多民族国家与民主之间的张力 [J]. 政治学研究，2005（3）：65-74.

⑦ 周平. 多民族国家的国家认同问题分析 [J]. 政治学研究，2013（1）：26-40.

来就是一个统一的多民族国家。公元前221年，中国建立了第一个统一的多民族的中央集权国家——秦朝。"① 言下之意即是我们从2000多年前就是一个统一的多民族国家，中华人民共和国不过是这一国家政治体制的从未间断的延续……即我们不是可以称为"中华民族"的"民族国家"，而是一个"自古以来就是一个统一的多民族国家"。但是，这个政治性的宣言并不可以替代我们学术和学理上的国家理论的研究，中国在国家理论建设中的薄弱情况仍然存在。这些研究说明，中国现代性国家的建立，既有历史的继承关系，也有现代性表述和国家转型的努力。

在1905年，中国建立第一座博物馆的时候，就是一种希望通过博物馆的建设来表征中国走向现代性国家的努力。但彼时的社会制度、文化习俗、生产方式乃至国家体制并非与时俱进的，其阻碍了中国向现代性国家的转变，在历史缝隙的不断摸索中，直到20世纪80年代，随着政治、经济体制的变革，文化发展进入了加速期，中国生态博物馆的建设迎来了新的契机。与此同时，"统一的多民族国家"理论被明确提出中国以数千年的历史文化为基础，确立了与西方民族国家完全不同的国家法理性。这也成为中国生态博物馆建设与实践的国家理论基础，也是中国生态博物馆建设一开始就走上了中国化道路的关键所在。

博物馆在世界上出现的时间很早，即古希腊、罗马时期，但那个时代的博物馆一般指供奉缪斯（Muses）神的寺庙，之所以称供奉缪斯（Muses）神的寺庙为博物馆，是因为那里九个活泼可爱的缪斯女神分别掌管着史诗、音乐、爱情诗、雄辩术、悲剧、喜剧、舞蹈、历史和天文。并且其位于久经战乱的亚历山大城，侵略者将从欧亚非各地掠夺来的"文化产物"汇集于此，并成立了专门的研究机构，使其具备了博物馆的收藏、知识传播以及教育的功能。因此，现代的博物馆（Museum）一词是由拉丁文（希腊文为Mouseios）即缪斯（Muses）演变而来。在西方的文化历史中，认为最著名的博物馆建于公元前3世纪埃及的亚历山大城（Alexandria）。到了中世纪，西欧开始有了明确的关于博物馆的观念。17世纪后半叶，博物馆开始趋向公众化。

汉语中，"博物"有多识事物之意。《汉书·楚元王传》赞曰："博物

---

① 新华社北京9月27日电，《人民日报》1999年9月28日第2版。

洽闻，通达古今。"西晋张华撰有《博物志》一书，杂录诸事诸物。

对于博物馆的定义性认知多种多样。"一座博物馆就其最简单的结构而言，就是一幢放着许多供人们鉴赏和研究的收集品的房子。"①

美国博物馆协会在一份发展全国性博物馆的设想方案中所下的博物馆定义是："博物馆是一个有组织的，永久性的，非营利性质的机构。它以教育和美育为根本宗旨，拥有可资利用的实物并由专业人员保管和定期地向公众展出"。②

中国《辞海》的"博物馆"条："博物馆是陈列、研究、保藏物质文化和精神文化的实物及自然标本的一种文化教育事业机构。"《苏联百科辞典》有："博物馆是收集、保存、研究和展览各种介绍自然和人类社会发展及现代情况的纪念物、文件和资料的科学文化教育机构。"

国际博物馆协会的博物馆定义："博物馆是一个为社会及其发展服务的、向公众开放的非营利性常设机构，为教育、研究、欣赏的目的征集、保护、研究、传播并展出人类及人类环境的物质及非物质遗产。"③但这个定义在2019年7月22日巴黎召开的2019年国际博物馆协会执行董事会会议中被"讨论和争议"。

不管博物馆定义如何，在中国的文博界，博物馆具有收藏文物、陈列展览、科学研究等三大特征是基本认识。

通过对三者概念的梳理，可以得知，现代性是一个现代化国家发展的基本属性，但它也具有多样性。国家是博物馆出现的根基，没有这样的形式，博物馆也就没有依托基础，但同时，博物馆也是一个国家之所以成为一个现代性国家的重要表征之一，所以，博物馆的存在对于现代的任何一个国家都很重要。

在中国，理解博物馆，以及继续建设当下的生态博物馆，需要了解上述的国家体制即深刻背景，这是我们理解中国博物馆和生态博物馆须具备的基本的国家理性。在前述陈曙光的中国国家现代性研究中，他认为："相较于西方现代性，中国新现代性解答的时代课题不一样，承载的历史使命也不一

---

① 爱丁堡苏格兰国家博物馆馆长道格拉斯·阿伦（DouglasAllan）语。
② [美] 爱德华·P. 亚历山大. 什么是博物馆——博物馆的概念 [J]. 刘硕，译. 文博，1987（2）：94.
③ Museums Definition. Statutes of ICOM, 2007：1.

样。中国社会不是完全意义上的现代社会，准确地说处于'半现代'阶段。"① 即中国的现代性是在包容了历史传统、包容了多种政治体制、包容了多种国家认识、包容了多民族文化形态、包容了多种意识形态、包容了多种经济发展形态等的"'半现代'阶段"的现代性，这样，在中国的博物馆发展中，出现多形态的博物馆，都是很正常的事情，即中国的国家现代性，使中国的各种博物馆都可以得到发展和开拓的理由。

这也是我们在后续如何看待中国生态博物馆实践中的多种多样表现的理论基础。

## 第二节 生态博物馆的发生背景

国际上，生态博物馆的发生在中国博物馆学前辈苏东海那里，是这样描述的："国际生态博物馆运动发端于1972年。这个运动是国际博物馆界的一种新思维和改革传统博物馆的强烈愿望相结合而形成的一种思潮以及这种思潮的实践运动。"② 在苏东海的认识中，他认为世界上的生态博物馆运动发祥于法国。"法国博物馆的思想史是非常丰厚的，就连法国博物馆现代化改革都可以远溯到二战期间的维希政权时期。可见生态博物馆思想和之后的新博物馆学诞生在法国就不足为奇了。"③ 苏东海先生认为法国具有博物馆改革的思想动力，在法国建造生态博物馆的创新之举，是历史发展的必然结果。法国在20世纪30年代就出现了博物馆现代化的一系列改革，而且这些改革深受法国乡村主义学派和地方主义运动的影响。在此时，乔治·亨利·里维埃创办了法国国家民间艺术和传统博物馆，而这样的博物馆是按照"户外博物馆"的理念建立的。20世纪40年代，在法国就有"活的博物馆"的主张和实践，比如"1943年建在昂贝尔的博物馆

---

① 陈曙光. 现代性建构的中国道路与中国话语 [J]. 哲学研究，2019 (11)：26-28.
② 苏东海. 国际生态博物馆运动述略及中国的实践 [J]. 中国博物馆，2001 (2)：2.
③ 苏东海. 国际生态博物馆运动述略及中国的实践 [J]. 中国博物馆，2001 (2)：2.

就是在一间经过修复的古旧的磨坊里建立的硬纸板手工作坊,并演示传统技术以抢救被遗忘的工艺"①。战后,在《法国后工业时期文化概览》展览中,就已经明确呈现了"将展品置于与之相关的环境中"的思想,而这样的理念就是"生态学的"思想和方法。这时,"战后60、70年代出现的现代环境意识和现代生态意识的觉醒,为生态博物馆的诞生提供了时代条件。在后工业社会里,环境科学的崛起和生态观念的传播,震撼人心,成为全球关注的热门问题"②。苏东海认为,正是这些历史背景,促成了生态博物馆概念在法国的出现和发生。当然,在"活的博物馆"和"生态的"理念出现之后,法国也还没有后来生态博物馆概念,它还需要一个"发明"它的机会。

在概念和实践之间,多数是实践之后才有概念的归纳和总结,但法国的生态博物馆(ecomuseum)一词的出现,在形式上却是先有"词"然后才有对应的实践过程。这是形而上之后的形而下,在2005年于中国贵阳召开的关于生态博物馆国际论坛中,与会的一些国家就有在本国的博物馆实践中"寻找"相应的事物来表述自己国家的某一类博物馆"属于"生态博物馆(ecomuseum)的论述。这似乎为生态博物馆(ecomuseum)理论形而上的又一次实践中的形而下,但不管如何说,它确实也在一定程度上推动了国际博物馆事业的前进。

在2005年的国际论坛上,生态博物馆(ecomuseum)的"拼写者"雨果·戴瓦兰提供了一篇《20世纪60—70年代新博物馆运动思想和生态博物馆用词和概念的起源》③的文章,文中提出了新博物馆学出现的六个"时代背景":一是前殖民地国家的独立,在建立自己民族新国家时,产生的强烈的民族意识;二是在白人统治国家的非洲裔、拉丁美洲裔的寻根运动;三是拉丁美洲国家的自由民主运动,重新发现被殖民前的民族历史与文化;四是1968年欧洲兴起的青年学生创新运动;五是重新发现地方性文

---

① 苏东海. 国际生态博物馆运动述略及中国的实践[J]. 中国博物馆,2001(2):2.

② 苏东海. 国际生态博物馆运动述略及中国的实践[J]. 中国博物馆,2001(2):2.

③ [法]雨果·戴瓦兰. 20世纪60—70年代新博物馆运动思想和生态博物馆用词和概念的起源[J]. 张晋平,译. 中国博物馆,2005(3):25-27.

化的价值和意义的思想意识的产生;六是博物馆的雷同化、精英化,脱离群众等弊端显现等。① 这一切都是第二次世界大战给全球发展变化带来的影响,接下来,笔者将以这六个时代背景为框架加以分析生态博物馆的源头活水。

在第一个背景中,前殖民地国家的独立后的民族意识出现和民族文化的复兴,在利用博物馆这一工具性质时,拓展了许多关于博物馆的新的领域。这样的意识不仅仅是在非洲和亚洲出现,在欧洲也有这样的意识。在贵阳市某高校举行的一次国际讲坛上,一位在法国担任过法国国家博物馆馆长的学者,就在其学术报告中说到这样的问题。他说,法国的博物馆举办文化和历史展览时,大量的展品确是来源于非洲的博物馆藏品,这使得他们非常尴尬。这种尴尬也说明了雨果·戴瓦兰所说的第一个历史背景的意义和真实性,以及此思想意识对于独立国家博物馆建设的深刻影响。故在这些国家建立的国家博物馆都具有民族主义的印记,都有与旧有的博物馆不一样地方。这种不一样,也有后来生态博物馆解读中的一些趋向,比如中国建立的民族博物馆都深受这种意识的影响,并且与后来中国生态博物馆的建设息息相关。

第二个背景中,非洲裔、拉丁美洲裔的寻根运动,也是旧有文化价值的再发现,他们也以博物馆作为工具,展示他们曾经拥有过的文化。在这里,他们与博物馆的关系很明确,例证即产生于美国的"邻里博物馆",这种博物馆就被明确地认为是早期的生态博物馆之一。

第三个背景中,拉丁美洲国家的自由民主运动的兴起的主体是拉丁美洲人混血后代,他们在这样的运动中所争取的权利,比之文化和历史权利和意义要复杂得多,但利用博物馆这样的文化工具为自己达到相应的目的,亦是他们的选择之一。他们与生态博物馆连接的部分为"整体博物馆"概念,这样的博物馆概念也被认为是现代生态博物馆概念的源头之一。

第四个、第五个背景中,均为欧洲地区文化的自我反思,是在一定时期与生态博物馆关联的某些观念和意识。创新的路径可能很多,但反传统

---

① [法]雨果·戴瓦兰. 20 世纪 60—70 年代新博物馆运动思想和生态博物馆用词和概念的起源 [J]. 张晋平,译. 中国博物馆,2005 (3):25-27.

是欧洲文化运动比较喜欢的方法，其时，现代主义、超现实主义、达达主义等都是西方流行的创新，但这样的反传统的思想和意识，确实是欧洲生态博物馆发生的某种"动力"，因为传统博物馆的僵化和保守，亦不是新生力量所喜欢的。

第六个背景中，传统博物馆作为现代国家的一种标志和象征，随着现代国家的发展所呈现的一系列弊病，比如对于世界人文和自然生态的破坏，博物馆一时成为"破坏"文化活态，以及僵化文物，影响文化多样性发展的"替罪羊"。当然，随着地方性文化价值被重新定位，博物馆也需要一种新的形态。这些，都会激起对于传统博物馆精英化、僵化的批判。

"当时代背景因素综合在一起，使青年的博物馆学者对于传统的博物馆模式形成了几分不满，直接表现在国际博物馆协会上。他们不是有组织的，也没有在博物馆学家中占很大比例，但是他们积极投身于新的尝试。"①

这些"新的尝试"主要指在1964年到1971年发生于全球的新博物馆实践。

1964年9月，在墨西哥举行的博物馆周中有6个博物馆建成开馆。这个"博物馆周"举行有几个特征：一是此"博物馆周"是与当时其他政治活动一样重要的活动；二是这些博物馆包含了一些新的博物馆类型，本土人士自己讲解他们文化的人类学博物馆。这为墨西哥学者在国际博物馆学界表述"整体博物馆"概念提供了坚实的基础。

由约翰·肯纳德（John Kinard）创建的阿那克斯亚邻里博物馆，也在这一时期诞生。建立这样的博物馆是为了使在美国生活的非洲裔、拉丁美洲裔重建他们的民族自尊心，获得文化尊严。这种"邻里博物馆"也被认为是世界生态博物馆发生的源头之一。

在北欧，基于社区文化的户外博物馆出现。法国一些地方也出现小型的户外博物馆。非洲国家的民族博物馆出现，多民族的文化价值在这样的博物馆里获得相应地位和表现的机会。

这些博物馆的出现均可视为生态博物馆的前奏。1971年时，生态博物

---

① ［法］雨果·戴瓦兰. 20世纪60—70年代新博物馆运动思想和生态博物馆用词和概念的起源［J］. 张晋平，译. 中国博物馆，2005（3）：26.

馆一词被发明出来，很快在博物馆学界引起了一系列的"举动"，最后确立了生态博物馆的概念。这样的"举动"被雨果·戴瓦兰总结为"新概念的形成：1971—1973年，发生了几件大事。（1）1971年国际博物馆协会大会在巴黎举行。做出了修改博物馆定义的决定，将博物馆是公共机构的一部分的观念增加了进去。从非洲和拉丁美洲来的代表强烈表达了他们对于自己国家和人民的文化特点，要求建立发展非欧洲式博物馆模式的愿望。（2）在国际博物馆协会大会上，'生态博物馆'一词被认可，为了在博物馆机构中涵盖与自然和人类生态相关的博物馆，以此响应了在瑞典首都斯德哥尔摩1972年召开的联合国人类环境大会的国际辩论主题。（3）1972年召开的国际博协讨论会上对生态博物馆的概念确定了更准确的解释，并且和区域性或社区性博物馆相关联。此定义称为'里维埃定义'。（4）同年，在国际博协和联合国科教文组织联合在智利首都圣地亚哥召开的圆桌会议，由拉丁美洲博物馆馆长主导，确立了'整体博物馆'的观念，勾勒出了博物馆的责任是服务于社会所有成员，包括被忽视的群体，特别是城市内被忽视的边缘群体。（5）在1971至1973年内，我关注了建立于半工业、半农业区域内法国克勒索（Le Creusot）和蒙锡（Montceau）社区的新型博物馆，也就是我们今天称作的法国克勒索－蒙锡的生态博物馆。"①

生态博物馆实践可能缘起于多个国家，但法国人的生态博物馆概念的发明是得到全球的认可和尊重的，所以，法国作为生态博物馆缘起的历史荣誉不容置疑。

概念被确定之后，之前的新博物馆实践被确立，生态博物馆实践从法国开始，实践和理论的建设在世界各地展开。从20世纪60年代开始，到如今已经约60年，生态博物馆实践尝试涉及了许多领域，比如历史原址、社区、城市贫民社区、工业区、工业遗址、自然遗址、农业遗产、民族村落、古村落、家庭、自然生态区域……甚至蔬菜、瓜果、茶叶、桑蚕、非遗、化石等等，人们利用生态博物馆这一工具，展开了生态博物馆许多方面的实践。

---

① ［法］雨果·戴瓦兰. 20世纪60—70年代新博物馆运动思想和生态博物馆用词和概念的起源［J］. 张晋平，译. 中国博物馆，2005（3）：26.

## 第三节 欧洲的生态博物馆实践

生态博物馆的想象力和创新精神，受到世界各地文化界和博物馆界的推崇，在世界范围内迅速展开和发展起来，成为20世纪末期的一种世界性的博物馆文化潮流。"据挪威生态博物馆学家约翰·杰斯特龙（John Aage Gjestrum）1995年介绍：世界上已有300多座生态博物馆，西欧和南欧约70座（集中于法国、西班牙和葡萄牙）；北欧约50座（集中于挪威、瑞典和丹麦）；拉丁美洲约90座（集中于巴西和墨西哥）；北美洲约20座（集中于美国和加拿大）。"① 1995年5月出现《报告》② 中，使用的也是这样的数据，并且说："此外，其它许多国家和地区也有生态博物馆存在。"意思是，实际的世界生态博物馆存在比约翰·杰斯特龙所说的还要多。当然，也有认为世界上的生态博物馆没有300个以上，而只有250个左右。③

在中国的生态博物馆建设和实践了20多年后，中国新增的各种名目的生态博物馆不少于100座，这样，21世纪30年代来临之际，世界上的生态博物馆应该不下500座了。

欧洲，是生态博物馆概念和实践体现得非常充分的一个地区，许多国家和地区都建立了众多式样的生态博物馆，生态博物馆理论也深刻地影响着欧洲地区的博物馆事业的发展。

### 法国

从1994年到21世纪初，法国的生态博物馆有了极大的发展。在2005年时，法国的阿兰·茹贝尔④说："今天的法国博物馆和生态博物馆协会有

---

① 苏东海. 国际生态博物馆运动述略及中国的实践 [J]. 中国博物馆，2001（2）：4.

② 《在贵州省梭戛乡建立中国第一座生态博物馆的可行性研究报告》（中文本）。

③ 毛里齐奥·马吉（Maurizio Maggi）. 世界生态博物馆共同面临的问题及怎样面对它们 [J]. 中国博物馆，2005（3）：41.

④ 诺曼底民族艺术博物馆和鲁昂工业遗产博物馆馆长。

138个博物馆会员，其中有41个生态博物馆。我们认为有一些博物馆具有生态博物馆性质，遵从生态博物馆理论，但没有用生态博物馆的名称，加上这些，我认为法国有85—90个生态博物馆。"① 据此，法国30年间新增的博物馆基本为生态博物馆，而且博物馆中的"生态"概念也普遍影响了传统博物馆的建设和展览，成为法国博物馆的"生态"之一。对于法国的生态博物馆，阿兰·茹贝尔有一个基本的分类：第一类是存在于中心地带的生态博物馆。代表有巴黎区的克勒索（Le Creusot）生态博物馆、魁北克（Quebec）生态博物馆。还有位于法国勃艮第大区约讷省的弗雷斯纳（Fresnes）社区的都市生态博物馆。② 这样的博物馆，"尽管数量较少，却是生态博物馆发展的先驱，正像戴瓦兰先生定义的以社区发展为中心的生态博物馆。""第二类生态博物馆，是与区域经济发展项目有关的生态博物馆。可以这样解释：通过区域性丰富的传统遗产吸引旅游者项目或文化项目，他们通过解释、展出、建筑物、出版物、遗留物为中心的生态博物馆。"代表为法国北部的富尔米（Fourmies）生态博物馆。这样的生态博物馆展示的多为地区性质的传统工艺，以及日常生活状态的记忆等等。第三类生态博物馆为动植物保护和区域性科学研究的生态博物馆。法国南部的塞文山脉（Cevennes）国家公园，就是这种生态博物馆的代表③。从阿兰·茹贝尔对法国生态博物馆实践的认识看，第一类生态博物馆为社区，第二类为区域项目发展，第三类为自然生态，这大大超出了人们对于生态博物馆的概念界定，几乎囊括了所有与社区记忆、区域经济发展、自然生态保护与研究等行为带来的、具有一定博物馆展示行为的存在。但这样的生态博物馆概念，符合了开放的生态博物馆发展进化的原则。这样一来，在中国的许多类似的实践活动，也是具有一定的生态博物馆理论依据的。比如新疆的新疆林业自然生态博物馆，云南的滇池流域生态文化博物馆，青海湖生态博物馆，湖南靖州苗族侗族自治县的中国杨梅生态博物馆，宁夏的六盘山生态博物馆，贺兰山生态博物馆，等等，都可以作为中

---

① ［法］阿兰·茹贝尔. 法国的生态博物馆 [J]. 张晋平，译. 中国博物馆，2005（3）：52.
② Peter Davis. Ecomuseums：A Sense of Place, Leicester University Press 1999.
③ ［法］阿兰·茹贝尔. 法国的生态博物馆 [J]. 张晋平，译. 中国博物馆，2005（3）：52-53.

国生态博物馆实践的范畴。这些生态博物馆，既有法国生态博物馆分类中的第二类的内容，也有第三类分类中的内容，既有研究的意义，也有区域经济发展项目的意义。

**挪威**

挪威的生态博物馆实践也许不是世界上最有影响力的实践，但它对于中国生态博物馆建设的推动却是最为直接和有力的。挪威的生态博物馆实践大致有三个来源，一类是户外博物馆；一类是专题性质的博物馆；一类是在原有传统博物馆（私人）的基础上改造而来的生态博物馆。

马克·摩尔（Marc Maure）认为："19世纪的挪威是以乡村为基础的农业经济，民族特性建立在乡村遗产上，或者说，农民的传统文化中。在过去一百多年中，乡村民族博物馆和户外博物馆构成了挪威博物馆体系。"[1] 也就是说，在挪威的博物馆发展体系中，本来就有户外博物馆和乡村民族博物馆的存在，如果这些要素可以纳入生态博物馆的范畴，那么，挪威的生态博物馆就发展得比较早。

生态博物馆的第二个来源出现在世界生态博物馆概念诞生之后。"在20世纪80年代，新型的博物馆出现了，他们是海事博物馆、工业博物馆和少数民族文化遗产博物馆。也就是我们所说的生态博物馆。"[2] 这样的专题性质的博物馆是生态博物馆另外一个概念上的博物馆，但它依然符合生态博物馆是"一个进化的定义"的概念。这样的生态博物馆针对的不是农业和乡村，针对的是海洋、工业遗产以及民族文化。这些博物馆是明确地在生态博物馆理念中建立起来的博物馆。

生态博物馆的第三个来源是对传统博物馆改造而来的，比如挪威的图腾生态博物馆（Toten Ecomuseum）。它的前身是一家私人博物馆，1881年由收藏家吉尔（E. Gihle）建立。最初的这家私人博物馆主要有农业文物、古硬币、古文物、自然历史文物（鸟类、昆虫类标本和档

---

[1] [挪] 马克·摩尔（Marc Maure）. 生态博物馆：是镜子，窗户还是展柜？[J]. 中国博物馆, 2005 (3): 37.

[2] [挪] 马克·摩尔. 生态博物馆：是镜子，窗户还是展柜？[J]. 中国博物馆, 2005 (3): 37.

案)、宗教文物等。1934年就进行了户外展览活动。1949年,由冯德瓦尔先生(Johs. Sivesind)扩建博物馆,将地区历史文物并入博物馆包括整个图腾区域的历史遗址,变成了无边界博物馆。1976年,杰斯特龙先生任馆长,使之成为挪威著名的生态博物馆。在杰斯特龙先生的引导下,"1991年,图腾博物馆从思想到活动都全面进入生态博物馆时代。形成了可操作的理论,产生了新博物馆定义;志愿者更系统化地参与;表现更广泛各种形式的知识:档案、自然、文化、艺术、工业历史、口头传统、地方工艺技术、示范和解释;定义了(催化性)作用;建立了资料信息中心,图腾历史记忆数据库(拥有11 000本书,130 000张照片,1800盘口述史料录音带,400米的档案盒,所有这些都来自私人,文化产权归私人);解释风景地的变化,采取方案保护和解释;博物馆专家,其他专家与当地志愿者通力合作;社区是整体博物馆,工作人员是社区居民;从宏观和微观角度集中于环境生态的可持续性"[1]。从这里开始,图腾生态博物馆就成为挪威国家一个典型的地区性质的博物馆,并且服务于图腾地区社会和民众,建立了图腾社区的社会记忆,以及促进图腾地区的文化、经济的发展。

另外,2002年时,挪威专家运用生态博物馆理论在坦桑尼亚,帮助建设了欣延加环境博物馆(Shinyanga Mazingira Museum)。陶维、达儿阐明了其建设的过程与方法:"1996年,开展当地出现的森林死亡生态灾难的挽救计划,第一步根据生态博物馆发展理论,进行资料搜集和记录。1997—2002年,7次实地考察当地情况,以确定参与方式,在快速变化和现代化过程中重建地方对遗产重视计划和日常事务。博物馆学家经常将所应用的方法称为'催化剂',也就是给予另一种文化我们生态博物馆所采用的方法和工具。"[2] 这与挪威国家帮助中国建设生态博物馆的时间接近,故在"给予另一种文化我们生态博物馆所采用的方法和工具"这一点上,对中国的国际文化交流很有启示作用。

---

[1] [挪] 陶维·达儿(Torveig Dahl). 生态博物馆原则:专业博物馆学者和当地居民的共同参与 [J]. 中国博物馆, 2005 (3): 84.
[2] [挪] 陶维·达儿. 生态博物馆原则:专业博物馆学者和当地居民的共同参与 [J]. 中国博物馆, 2005 (3): 84.

## 瑞典

瑞典是世界生态博物馆缘起的重要区域之一，它早年注重遗产保护而建设的"斯堪森露天博物馆"，就是生态博物馆中露天博物馆表现得最为重要的源头，法国的生态博物馆创立，就深受其影响。位于瑞典首都斯德哥尔摩的斯堪森露天博物馆，由一位叫阿图尔·哈左勒斯（Artur Hazelius）的著名的人类学者所创立。他在20世纪早期的时候，主要是为了当地的农业遗产保护，在斯德哥尔摩建立了一个遗产保护机构。他以新的和坚实的方式解释和保护受威胁的遗产，他不仅仅收藏各种文物，同时也将房屋和农场搬到了瑞典首都斯德哥尔摩。这种新博物馆的方式，从露天博物馆方式、环境要素和关系、遗产保护等方面对于后来的世界生态博物馆建设的影响是显著的。其模型的布展方式，对博物馆建设产生了广泛影响，现今，不管什么式样的博物馆布展，模型布展已经是一种常见形式，在生态博物馆建设中应用尤其多见。

在生态博物馆建设成为博物馆建设的世界性潮流之后的20多年中，瑞典建立的生态博物馆约有12个。从内容上来看，瑞典的生态博物馆也可以分为四类。第一类是表现工业遗产；第二类是表现传统农业和历史遗迹；第三类是表现环境、动物、植物；第四类是表现瑞典少数民族文化。第一类、第二类博物馆各有数个，第三类有三个，第四类有一个，表现的是萨米人（Sami people）昨天和今天的日常生活的生态博物馆。

对于瑞典的生态博物馆，瑞典柏格斯拉根生态博物馆前馆长伊娃·贝格达尔（Ewa Bergdahl）评价称："总之，瑞典生态博物馆想要表现人类长期利用和改变自然，由此形成的自己文化的路程。以当地居民的方式和居民的历史去表现生态博物馆的文化遗产。生态博物馆意味着对传统博物馆长期居于解释遗产的领先地位的挑战。一个真正的生态博物馆是一面镜子，使本地区的人可从镜子中看到本地区的文化遗产。这是应用历史去创造未来的一种方式。"[1]

从瑞典的生态博物馆发展历史来看，遗产保护和环境关系的理解是其

---

[1] ［瑞典］伊娃·贝格达尔. 瑞典的生态博物馆 [J]. 中国博物馆, 2005 (3)：55.

生态博物馆建设的主要追求，这也是它的一个传统，其中的农业遗产和工业遗产又是其遗产保护的重点，但他们的遗产保护又是与其生产方式和居民日常生活联系在一起的，这在瑞典少数民族文化（萨米人）生态博物馆中亦有呈现。另外，其动机表述也很明确，即"这是应用历史去创造未来的一种方式"。

瑞典的生态博物馆理念对于中国生态博物馆建设与实践的影响也很大，特别是露天博物馆模式，以及遗产相关方面的影响尤为大。

## 意大利

意大利的生态博物馆的建设和实践，在欧洲亦是开展得比较早的地区之一，在2006年，他们已经形成一个具有联盟性质的欧盟"地方世界"①意大利分支，具有21个生态博物馆成员。这21个生态博物馆主要分布在意大利北部的特兰托，被承认的生态博物馆有4个②。据知，还有一些由各种背景推进的生态博物馆建设发生。③ 意大利北部皮埃蒙特区的生态博物馆也有5个④。

在这21个意大利生态博物馆中，科尔泰米利亚（Cortemilia）生态博物馆的实践具有典型意义。

科尔泰米利亚是意大利位于海岸和高地之间的一个小镇，因为农业产品高质量而闻名，它在历史上遭遇了工业污染、经济衰退、自然灾害等灾

---

① "地方世界"是欧盟部分成员国为了深度了解、交流生态博物馆活动及其研究而形成的一种泛欧洲生态博物馆网络。
② 它们是：凡诺生态博物馆（Vanoi eco-museum）、瓦尔·第·皮卓生态博物馆，"小的阿尔卑斯山的世界"（Val di Pejo eco-museum, "Small Alpine world"）、朱第卡利亚生态博物馆"从道罗麦特至加达"（Judicaria eco-museum, "From the Dolomites to Garda"）、威利·德·蔡斯生态博物馆，"特兰托的门廊"（Valle del Chiese eco-museum, "Gateway to Trentino"）等。
③ ［意］玛葛丽塔·科古（Dr. Margherita Cogo）. 生态博物馆：政府的角色[J]. 中国博物馆，2005（3）：48.
④ 分别为：加南巴生态博物馆（Ecomuseo della Canapa）、艾尔乌生态博物馆（Ecomuseo della Valle Elvo e Serra）、阿蒂西亚生态博物馆（Ecomuseo dell'Ardesia）、阿吉拉生态博物馆（Ecomuseo dell'Argilla）、美尼艾诺生态博物馆（Ecomuseo delle Miniere e della Valle Germanasca）等。

难。1996年，此镇希望通过建立生态博物馆的方式，保护地方遗产，修复自然和文化资源，重建地方自信。其实践路径大致为："(1) 通过参与性活动和解释性主题展览的方式，充分理解当地的遗产资源，以创造并培养社区共同价值和意义。(2) 通过恢复小镇广场、葡萄园、果园附近的农场以及烘焙栗子房等传统建筑，赋予旧式建筑物新的生命。(3) 围绕旨在为游客展示干石墙、面包制作、果园修剪等技术的特殊经历，社区重建了手工艺、节日、舞蹈、音乐和歌曲等核心地方性知识。这种方式不仅强化了地方经济，而且使得当地人获得了社区归属感的社会文化资本。"[1] 这样的社区类型的生态博物馆实践，以及功能性指向，示范作用很大，而且生态博物馆的建设作为区域经济发展的工具性质，也非常明显。"显然，经过污染和衰弱的黑暗过去，生态博物馆活动在形塑科尔泰米利亚可持续性的地方发展上发挥了策略性作用。在这一过程中，科尔泰米利亚经历了以往当地人对地方和社区漠视到新型社会关系的形成。他们不仅对自己的遗产获得了深刻的理解，而且逐渐认识到遗产的当代文化经济价值。"[2]

意大利的生态博物馆实践，是社区发展的典型，它的最显著的表征就是生态博物馆的经济和产业的发展意识。在意大利的生态博物馆成为"地方世界"意大利分支时，他们在2007年即向商务部注册了Mondi Locali（意大利语，地方世界）商标。建立品牌意识，生态博物馆之间共享资源，形成产业联盟。这样的发展举措被学者认为是一种"超级生态博物馆"的出现。"该工作模式主要是以社区发展为关注点，通过现代高速发展的网络将欧盟各成员国的生态博物馆联系起来，以定期举办研讨会的方式，交流与反馈生态博物馆经验以及社区发展实践活动的效度，以此形成社区发展的经常性工作交流与监督机制。"[3]

该生态博物馆类型中的许多理念，在中国浙江省生态博物馆群建设

---

[1] Donatella Murtas Peter Davis. The Role of the Ecomuseo Dei Terrazzamenti E Della Vite (Cortemilia, Italy) in Community Development [J]. Museum and Society, 2009, 7 (3): 150-186.

[2] 谢菲. 生态博物馆社区发展实践及其困境——基于意大利和日本生态博物馆的思考 [J]. 三峡论坛, 2015 (5): 76.

[3] 谢菲. 生态博物馆社区发展实践及其困境——基于意大利和日本生态博物馆的思考 [J]. 三峡论坛, 2015 (5): 76.

中，得到很好的学习与实践。其社区生态博物馆中的遗产价值发现和开发、社区经济发展理念等，在中国"第三代"社区生态博物馆实践中获益最多，这在之后将有更为详细的论述。

### 英国

英国的生态博物馆实践是从两个方面着手的，一是工业遗址性质的博物馆，二是地方性民俗的博物馆，这两类博物馆都具有生态博物馆建设实践的意义。这些博物馆没有生态博物馆的名义，但它们保存的英国工业的集体记忆、技术、工艺还有地方民俗中的历史文化遗存和记忆等，符合生态博物馆的基本指向。这些要素是20世纪60年代出现的，基本上与以后工业化时代为背景的生态博物馆运动同步，故亦可视为生态博物馆运动在英国的早期行为。

### 德国

德国也有博物馆被认为是前生态博物馆的实践，这就是德国的祖国博物馆（heimatmuseum, homeland museum）。这样的德国博物馆在1933—1945年出现，德国博物馆最多的时候达到2000家。有学者在评价"祖国博物馆"时说："虽然，由于政治意识形态的影响，祖国博物馆最终走向了为种族主义服务的歧路，但是它所彰显的博物馆哲学为后来生态博物馆的诞生提供了启蒙与滋养，甚至被称为'真正的现代博物馆'的创新先驱"。①

在欧洲，如葡萄牙、西班牙、冰岛等国家也有一些生态博物馆建设的实践。另外，作为生态博物馆的主要起源地，其理念在欧洲博物馆建设中具有普遍性的发展意义。

---

① Doninique Poulot. Identity as Self-Discovery: The Ecomuseum in France. Museum Culture: Histories, Discourse, Spectacles. Minneapolis: University of Minnesota Press, 1994: 70.

## 第四节　欧洲以外的生态博物馆实践

拉丁美洲的生态博物馆实践具有区域的联动性质，几乎每一个国家的生态博物馆实践都具有区域性的影响力。

### 美国

美国最初没有生态博物馆建设的实践，1967年，约翰·金纳德（John Kinard）在华盛顿特区成立了安纳克西亚邻里博物馆（Aancosita Neighborhood Museum）。这个博物馆为史密森研究院所建，主要探讨社区历史、黑人社会地位，强调社区民众参与，其目的是"回忆"和展示非白人文化的价值和意义，以获得美国"非洲裔""拉丁美洲裔"的文化尊严。这被后来认为是生态博物馆的理念发生的源头之一。这种"邻里博物馆"应该是美国的前生态博物馆时期的作为，虽然对于世界生态博物馆概念的形成有一定的影响，但其并不是真正的生态博物馆建设实践，其真正的生态博物馆实践是类似于亚利桑那州亚克钦印第安社区生态博物馆的建设。南茜·福勒在自己的文章中，比较详细地讲解了亚克钦印第安社区生态博物馆是如何建设起来的"故事"。"亚克钦印第安社区有500人，他们生活在亚利桑那州21 840亩的荒原上。在25年间他们改变了自己的生活，经济上取得独立，并为自己继续发展壮大创造了新的工具。"① 这个"新的工具"大致指的是生态博物馆。在这里建立生态博物馆起因于1984年，在这里有一次考古，出土了300多所地下房屋、700箱日用器具、21具印第安人的骨骸。加上其他一些因素，引发在这里建立社区博物馆的愿望。这样的愿望得到官方和一些研究机构的支持，于是在1986年8月，在这里建立了一个"临时博物馆"，两个参与挖掘工作的亚克钦居民参加了博物馆的培训课程。1987年10月，董事会举行首次会议，随后寻求建设博物馆的各种可能路径和方案，寻找专家顾问，派出30多个亚克钦人，到加拿大等地区考察和学习，制定一系列的博物馆建设计

---

① ［美］南茜·福勒. 生态博物馆的概念与方法——介绍亚克钦印第安社区生态博物馆计划［J］. 罗宣、张淑娴，译，冯承柏，校. 中国博物馆，1993（4）：73.

划。随后，有关机构为亚克钦人举办了一系列培训项目。最后确定建立一个生态博物馆。1990年用博物馆模型征求所有亚克钦人的意见。这个博物馆计划投资100万美元。亚克钦印第安社区生态博物馆于1990年11月7日举行建筑的奠基典礼，1991年7月29日建成开放。

对于这个生态博物馆，作者这样总结："亚克钦项目所取得的成就适用于任何民族、性别、年龄的人们，适用于多种环境中，其中最得到肯定的内容是：①提供了基础广泛而持续支持的联合建筑。其力量根源在于，群体作用，辅导策略，交叉学科方法以及对现存资源的共同使用。②构成有意义学习基础的直接的个人经验（包括对过去专门知识的认识）。③为思考和相互间交流提供时间，从而使合作意见一致及对话得以建立。正是通过为解决社区问题而进行的学习，生态博物馆才成为转变生活方式的手段，从合作关系中产生的力量导致了社区成员的广泛参与以及满足他们的人类需求。"①确实，在亚克钦印第安社区生态博物馆建成开馆时，所有的亚克钦人都参加庆祝仪式，并把亚克钦印第安社区生态博物馆称为"亚克钦西姆达克"。"西姆达克"意为"生活之路"，有"新生活"的意思。

美国的亚克钦印第安社区生态博物馆的"故事"，应该视为生态博物馆的美国模式，也符合美国的国情和文化构成，以及精神观念，确实是利用生态博物馆工具，改善和发展社区状态的典型。但作者总结中"亚克钦项目所取得的成就适用于任何民族、性别、年龄的人们，适用于多种环境中……"的判断，笔者认为不尽然。

这种类型的博物馆在美国还有，同时，其他的一些类型的生态博物馆也存在。

## 加拿大

加拿大的生态博物馆主要出现在加拿大的魁北克地区。"1970年以前，加拿大魁北克地区几乎没有什么公共博物馆，该地区也没有研究博物馆学

---

① [美]南茜·福勒. 生态博物馆的概念与方法——介绍亚克钦印第安社区生态博物馆计划 [J]. 罗宣、张淑娴，译，冯承柏，校. 中国博物馆，1993（4）：82.

第一章　新博物馆学实践和理论

的传统，在自然资源和历史文物保护方面很少或者说毫无措施。"[1] 但该地区在发展自己博物馆系统时，一开始就从法国引进了生态博物馆的理念。1974年时，该地区就与法国的一些青年学者建立了民间交流关系。"乔治·亨利·里维埃（George-Henri Riviere）为促进这种关系发展，起了积极的推动作用。由于法国和魁北克地区通用法语，不久，大量有关生态博物馆的资料和信息便从法国越过大西洋迅速传递到魁北克。"[2] 后来，在有关机构的帮助下，法国还为加拿大魁北克建设生态博物馆举办了为期一个月的培训班。

到1979年时，加拿大魁北克地区，在皮埃尔·梅兰德的倡导和支持下，建立了"上比沃斯博物馆和地区讲解中心"，这个中心后来成为加拿大魁北克地区的第一个生态博物馆。到1983年时，加拿大魁北克地区各地根据自己的实际情况，已经相继建设了六个生态博物馆，而且这样的博物馆与法国的生态博物馆不同，即加拿大魁北克地区生态博物馆师于法国，但一些情况却与法国的生态博物馆不尽相同，有自己的特点，因为这些生态博物馆建设的起因都不相同。[3] 它们分别是，上比沃斯生态博物馆——为防止一位自修人种史学者收藏的地方文化遗物外流而兴建的；"全社会之家"生态博物馆——因工人住宅区的房屋合作社需要适当的文化设施和防护措施而兴建的；"岛上居民之家"生态博物馆——是一位从事古代遗产文化研究的学生看见一个易遭破坏的自然文化区，因盲目开发旅游业而日益受到破坏时，提出兴建的；洛格山谷生态博物馆——由一个与讲解活动和社团活动有关的历史遗产研究会发起成立的；圣康斯坦特生态博物馆——是根据一个生态学教育中心提供的计划兴建的；德塞河生态博物馆——继1984年召开的大众博物馆学讨论会之后，由一个1979年成立的文化中心改建而成的。在这六个生态博物馆中，遗产和区域是最为重要的主题，而且民间性质浓厚，博物馆学方面专家介入的程度很

---

[1] [加]雷内·里瓦德著，苑克健译. 魁北克生态博物馆的兴起及其发展[J]. 中国博物馆，1987（1）：44.

[2] [加]雷内·里瓦德著，苑克健译. 魁北克生态博物馆的兴起及其发展[J]. 中国博物馆，1987（1）：44.

[3] [美]南茜·福勒. 生态博物馆的概念与方法——介绍亚克钦印第安社区生态博物馆计划[J]. 罗宣、张淑娴，译，冯承柏，校. 中国博物馆，1993（4）：82.

低。正如雷内·里瓦德所说："魁北克地区生态博物馆既是多学科的又是无学科的。法国生态博物馆下面通常设一个科学委员会，而魁北克地区生态博物馆没有沿袭这种做法，这并非意味着对严格科学态度的恐惧和蔑视，而是想把专业研究人员和地方居民结合起来，成立一个使用者委员会，以便使专业研究人员不会脱离生态博物馆为他们研究工作提出的民众奋斗目标。"① 这一点可能是在世界生态博物馆实践中，比较重要的贡献之一。

## 巴西

巴西的生态博物馆实践主要关注遗产保护和社区发展。在巴西生态博物馆学界看来，社区的生态博物馆是为了遗产的多样性保护，因而，他们把其称为"人性化遗产行动策略"。

"地方遗产面对世界性强势文化建立的不正当游戏规则的矛盾现实，所进行的运动是寻找有效的解决方法，世界遗产正在引起人们的重视。这样可能提供一种真正的生存，特别是对于小的社区，他们的社会经济结构和他们的价值观和行为动力相关联——确保可持续地发展他们的经济。地方社区才能对全部遗产的博物馆化作出反应。当我们考虑现在范例的时候，博物馆就可作为一种可持续发展的工具，以更加人性化的行动保护全部遗产。"②

1990年，里约热内卢的圣克鲁斯生态博物馆建立。另外，在巴西的萨尔瓦多市，也建有这样的社区生态博物馆。圣克鲁斯生态博物馆的建立是为了保护地方文化遗产，故在十多年间，这里已经建立起了一份"地方文化遗产清单"。萨尔瓦多市的生态博物馆是为了保护宗教遗产而建立的，他们把这样的宗教遗产视为社区的重要文化遗产。

1990年时，在巴西南部的（Projecto Identidade）社区博物馆出现。这

---

① ［加］雷内·里瓦德. 魁北克生态博物馆的兴起及其发展 [J]. 苑克健, 译. 中国博物馆, 1987 (1)：46.

② ［巴西］特丽莎·克莉斯汀娜·摩丽塔·席奈尔（Teresa Cristina Moletta Scheiner）. 博物馆, 生态博物馆, 和反博物馆：解决遗产、社会和发展的思路 [J]. 张晋平, 译. 中国博物馆, 2005 (3)：39.

个社区博物馆保护的是意大利先民留下的社区记忆，呈现了意大利威尼托区方言、传统的森林保护、传统农业种植技艺以及其他地方性文化等等。它没有生态博物馆之名，但有生态博物馆的理念，故被巴西的学者认为也属于巴西的生态博物馆实践。

巴西的生态博物馆建设实践深受遗产保护的影响，所以："巴西，第一个在国家水平实行遗产政策的国家，同时也建立了国家遗产研究所，现在正在发展遗产和博物馆的国内联系网络。"①

## 墨西哥

墨西哥、厄瓜多尔、委内瑞拉、阿根廷布宜诺斯艾利斯市等拉丁美洲国家和城市，亦注重遗产与博物馆的关系。墨西哥的生态博物馆实践与墨西哥的人类学博物馆的存在直接关联，比如墨西哥城的卡萨博物馆。

1973年，墨西哥有一个名为"aLa Csadel Musoo"的七年计划，要在五个州建立52所"新社区博物馆"。② 起因是国家人类学博物馆因大规模改革而关闭。据知，这一"新社区博物馆"计划没有得到很好的执行，但之后，墨西哥在城市贫民区、学校、社区等地方还是建立了一些相应的博物馆。

在墨西哥的生态博物馆实践中，其提出的"综合博物馆"概念，对于世界生态博物馆概念的发生和发展影响很大。"20世纪中期，在美国出现了'邻里博物馆'，在墨西哥出现了'综合博物馆'，它们也为生态博物馆的产生提供了理论准备和实践经验。"③

## 日本

在亚洲，日本亦有较多的生态博物馆实践。

---

① ［巴西］特丽莎·克莉斯汀娜·摩丽塔·席奈尔. 博物馆，生态博物馆，和反博物馆：解决遗产、社会和发展的思路［J］. 张晋平，译. 中国博物馆，2005（3）：43.

② Departamento de Servieios Edu-eativos Museos Eseolares y Comunitarios Coordinaeion National de Museos y Exposiciones. ln Memoris, 1983-1988.

③ 宋向光. 生态博物馆理论与实践对博物馆学发展的贡献［J］. 中国博物馆，2005（3）：64.

日本的学者认为其生态博物馆的词根为"民家"(民俗),所以,在早些时候,日本就有了类似生态博物馆的"民俗博物馆"的实践存在。"日本第一个户外民俗博物馆是日本民家聚落博物馆,建立于1956年。在这一时期,户外博物馆开始出现在各个地方,重新配置和保存具有重要建筑意义的传统房屋,以便作为紧急状态下保护它们面临破坏危险的措施。直到20世纪80年代,随着爱知县民俗博物馆三州足助屋敷的建立,人们的生存环境被修复并从博物馆学的角度上作积极的展示。就日本而言,生态博物馆并不是来源于前面所说的户外博物馆。"[①] 之后,有学者在日本介绍过关于生态博物馆的概念,但被认为是"环境的博物馆",并没有得到普遍的重视。在20世纪80年代后,生态博物馆概念才被重新介绍到日本。

1987年6月,日本推出了《旅游景区法(综合保养地域整备法)》,以便发展乡村旅游。1988年,日本农林水产省就出台了"乡野环境博物馆"计划(日本的田园空间博物馆),准备在50个地方来建设与生态博物馆具有密切关联性的博物馆。这个规划的要点是:(1)忠实于当地的历史和传统文化;(2)核心设施、临近设施或者是环绕核心设施,分散在该区域的展示设备将被有组织地通过小道相联系;(3)展示是露天的,例如传统农业设施的再生产以及美丽的乡野景观的修复。在必要时可以规划建筑物的户外展览;(4)乡野环境博物馆将启发当地人对景观和日常生活的重要性认识,将促进他们的积极参与;(5)根据各个地方的情况,市政府或者是半公共的企事业机构将被委托运作这些博物馆,并努力使其能够存活下去,而且成为一个有效的机构。[②] 大原一兴认为这个计划没有起到实质性的作用,但认为:"通过提出乡野环境的发展问题,这个计划对于生态博物馆的形成起了一个触发器的作用。虽然有许多误解,但是这个计划也在提高公众对生态博物馆的意识和兴趣方面有很大影响。"[③] 这样的计划中提出的"乡野环境博物馆"概念,已经非常接近生态博物馆的基本概念,

---

① [日] 大原一兴 (Kazuoki Ohara). 当今日本的生态博物馆 [J]. 张伟明,译. 中国博物馆, 2005 (3): 56.

② [日] 大原一兴. 当今日本的生态博物馆 [J]. 张伟明,译. 中国博物馆, 2005 (3): 57.

③ [日] 大原一兴. 当今日本的生态博物馆 [J]. 张伟明,译. 中国博物馆, 2005 (3): 57.

同时亦具有日本自己的类似生态博物馆的历史印记。这样的"乡野环境博物馆"又被称为"田园空间生态博物馆",在大原一兴介绍此实践的今天,这样的生态博物馆在日本已经基本完成。"迄今为止,日本农林水产省所公布的田园空间博物馆的数量达到了56处,包括北海道地区3处、东北地区8处、关东地区7处、北陆·中部地区12处、近畿地区9处、中国·四国地区9处、九州·冲绳地区8处。"①

日本的生态博物馆实践是比较复杂的,因为他们在自己的民俗博物馆建设中,早就具有创造"户外博物馆"的历史,对于民族民俗文化历来也比较重视,在其中使用博物馆的工具来表现民族、民俗也有自己的历史。但从其新博物馆学的生态博物馆理念而言,他们也比较深入地接受了国际生态博物馆的理念,建立了一系列的生态博物馆。在建立这些生态博物馆中,主要有几种推动力量:一是生态旅游的力量,二是地方感认知的力量,三是区域和地方性发展的力量。

日本因为第一种力量而出现的生态博物馆为巴塞那生态博物馆。巴塞那地区有5.5万人,有54个社区。巴塞那生态博物馆由17个触媒(Antenna)点构成。② 实际上这就是生态博物馆公园,但它亦符合"探索区域资源的历史文化价值,通过了解在生活生产过程中形成的各种资源的价值,引起居民对区域的热爱和自豪,以向来访者展示该区域的魅力,使他们能够愉快地了解和学习该区域的相关知识"③ 这样的生态博物馆理念。比如其"'蜜蜂之家'是将原有的苹果库改造成养蜂屋,开展蜂蜜采集体验和蜜蜂生态知识的学习活动,使这些小触媒既实现了环境与经济的融合,又达到了传播生态知识的目的"④。这样的生态博物馆类型在中国的生态博物馆实践中也有出现,比如广西的靖西旧州壮族生态博物馆,其生态博物馆就是"旅游与生态博物馆互助运营"的。其"触媒(Antenna)点"

---

① 石鼎. 从生态博物馆到田园空间博物馆:日本的乡村振兴构想与实践[J]. 中国博物馆,2019(1):47.

② 主要有自然发现中心(环境教育专门机构)、"蜜蜂之家""面包烤房""石风车"等触媒点。各个触媒区都有自制商品销售店(博物馆商店)。

③ [日]井原满明. 生态旅游与生态博物馆:日本的经验[J]. 田乃鲁、李京生,译. 小城镇建设,2018(4):50.

④ [日]井原满明. 生态旅游与生态博物馆:日本的经验[J]. 田乃鲁、李京生,译. 小城镇建设,2018(4):50.

的形式在陕西"宜君旱作梯田农业生态博物馆"（参见图志00056）中就得到广泛应用。

因为第二种力量而出现的生态博物馆为"日本平野（Hirano-cho）生态博物馆"。平野位于日本大阪，这样的生态博物馆建设的目的就是"地方感"和地方文化价值的认识的培育。"在生态博物馆实践中，平野依托地方遗迹，通过传统民居的开放和建立糖果、自行车、地方报纸和电影等小型博物馆的方式，鼓励地方民众、社会群体的参与以及民众与游客之间的交流。需要说明的是平野生态博物馆这一系列活动的重点在于关注当地人对地方历史认知的意义，而不是以吸引游客为主要目标。"[1]

因为第三种力量而出现的生态博物馆为日本旭町（Asachi-machi）生态博物馆和日本三浦半岛（Miura Peninusla）生态博物馆群。旭町在日本的山形县，"旭町不仅因当地的苹果园而闻名，又因拥有高山景观而吸引了众多冬季运动的爱好者。为了充分挖掘地方特色，地方政府围绕当地的主要产业——苹果园，陆续开发了苹果博物馆、苹果水疗（SPA）以及用苹果制作的地方特色美食。此外，借助旭町作为酒产区的优势，生态博物馆将地方葡萄园和酿酒厂纳入管辖范围。值得一提的是与平野生态博物馆不同，旭町生态博物馆的运行是由地方政府组织管理并获得其财政支持"[2]。旭町生态博物馆的建设和运行，实际上就是地方政府的一个区域经济发展"项目"，它的内涵仍然也是具有"地方感"的，其地方文化价值被政府用来发展地方经济了。地方社区虽然没有参与这样的生态博物馆实践，但这一生态博物馆作为地方文化的"代言人"的行为是被当地认可的。安吉生态博物馆群中的一些生态博物馆与其非常类似，也是基于产业发展而构成的生态博物馆，比如其竹产业生态博物馆和茶叶产业生态博物馆，而且形态比此要丰富得多。

日本三浦半岛生态博物馆群也是这样的生态博物馆。三浦半岛位于神奈川县东南部，与东京、横滨的都市圈相邻，以传统农业和渔业为主要经济支柱。"在该半岛上，生态博物馆群建设与运行主要由神奈川学术与文

---

[1] 谢菲. 生态博物馆社区发展实践及其困境——基于意大利和日本生态博物馆的思考[J]. 三峡论坛，2015（5）：77.

[2] 谢菲. 生态博物馆社区发展实践及其困境——基于意大利和日本生态博物馆的思考[J]. 三峡论坛，2015（5）：77.

化交流组织为其提供财政支持（如为会议和训练提供设施）。譬如位于横须贺的城市博物馆便是生态博物馆中的一员，已成为当地民俗收集物的主要设施，并运行着'海底生物园'这一博物馆支系。这一小型博物馆由于临近海滩，已发展成为展示传统捕鱼和造船的主要场所。其他博物馆还包括子安武村的传统农业区、柴崎水下呼吸器博物馆等等。从某种意义上而言，三浦半岛生态博物馆群如同一个松散的联邦组织，使得地方行动者认识并基于共同工作的益处，共同分享专业训练、共同推销企业产品和分享数据库。"[1] 这样的生态博物馆群实践，在中国四川省的安仁博物馆小镇也有类似的存在，但其没有使用生态博物馆群的概念。

除了日本的生态博物馆实践，亚洲还有一些国家出现了一定的生态博物馆实践。

菲律宾有普里兰桑·艾西多·拉博拉多（San Isidro Labrador）生态博物馆。该生态博物馆于1997年12月27日建成开放。这个生态博物馆建成开放之后，开展了一系列的活动，取得了很大的成效，在菲律宾博物馆界很有影响力。为此，菲律宾学者这样总结："生态博物馆提供了最丰富的原址展示，以他们所生存依赖的自然条件，展品包括：房屋、河流、森林、文物、节日和传统。桑·艾西多·拉博拉多生态博物馆持续进行的社区活动、节日庆典、河流清淤、森林保护、电脑网络、青年领导的培训受到社区的广泛支持和赞扬，也是最重要的可持续发展的社区特性。"[2]

韩国有一些实践，比如保护一些传统民居的计划，以及他们认为韩国的清州可以建成一个生态博物馆。"清州城内的很多博物馆都建立于属于清州居民的遗产和文物。清州城的长远目标是将整个城区变为生态博物馆，以延续和保持清州文化。"[3]

在印度，也建立了一些生态博物馆。考莱社区博物馆（Korlai Commu-

---

[1] Peter Davis. Ecomuseums and the Democratisation of Japanese Museology [J]. International Journal of Heritage Studies, 2004, 10（1）：93-110.

[2] [菲] 埃里克·巴博·罗如杜（Dr. Eric Babar Zerrudo）. 地方感觉、力量感觉和特性感觉：菲律宾普里兰桑·艾西多·拉博拉多生态博物馆实践 [J]. 张晋平，译. 中国博物馆，2005（3）：75-77.

[3] [韩] 崔孝升，郑镇周，申铉邀. 体验实践型博物馆 [J]. 张晋平，译. 中国博物馆，2005（3）：80.

nity Museum），1999 年在马哈拉施特拉邦（Maharashtra）建成开放，是印度建设的第一座生态博物馆。另外，印度还有位于拉贾斯坦邦（Rajasthan）阿尔瓦市（Alwar）的莫述米·查特伊（Moushumi Chatterjee）生态博物馆和位于古吉拉特邦（Gujarat）的古吉拉特邦生态博物馆。

中国的生态博物馆实践在世界是有目共睹的，这将于专章论述。

在非洲，民族主义视野下建立的博物馆都具有地方性和民族性，所以，非洲的独立国家在恢复地区和民族文化自信时，使用了生态博物馆的工具性概念。

在尼日尼亚，有尼亚美（尼日尔共和国首都）国家博物馆。这样的博物馆是国家统一和独立，发展自身民族文化的重要依托。

坦桑尼亚在挪威帮助下建设的欣延加环境博物馆（ShinyangaMazingira Museum），也是这样的博物馆。欣延加环境博物馆建立之后，登记了历史遗迹，建立了历史遗迹保护和解释的全面系统、记忆数据库，其内容包括音乐、舞蹈、传统和森林……它已经成为坦桑尼亚国家博物馆体系的重要组成部分。

另外，在非洲的一些国家的博物馆，虽然没有使用生态博物馆的名称，但它们使用了生态博物馆的概念和方法。比如南非学者杰拉德·柯赛（Gerard Corsane）就认为："在南非的开普敦有六个博物馆没有用'生态博物馆'一词，但它们遵从了生态博物馆的原则。"[1]

纵观世界生态博物馆实践，有一个总的趋势，即欧洲生态博物馆理念影响了全球。在法国学者描述的生态博物馆的世界文化背景中，欧洲的"户外""环境""社区"等都只是世界生态博物馆发生的部分因素，促使生态博物馆发生的前殖民地独立国家民族主义因素也是生态博物馆发生的重要存在，但是，毋庸置疑的是，欧洲创造了生态博物馆的概念，并且得到众多学者的认可，成为后生态博物馆时代人们遵循的"准则"。比如日本，他们本来在生态博物馆概念出现之前，也有类似的"民俗博物馆"的具体实践，而且明确地说，这样的博物馆与现今的生态博物馆没有关系。

---

[1] ［南非］杰拉德·柯赛. 从"向外延伸"到"深入根髓"：生态博物馆理论鼓励社区居民参与博物馆事业［J］. 张晋平根据杰拉德·柯赛先生讲演稿整理编译，中国博物馆，2005（3）：62.

但在后来的日本生态博物馆发展中，却也遵循了生态博物馆的基本理念，发展了自己国家的生态博物馆系统。美国的情形也一样，"邻里博物馆"作为生态博物馆发生的源头之一，也没有出现生态博物馆的概念。在生态博物馆的概念被"发明"之后，也遵循了生态博物馆原则，建立了类似亚克钦印第安社区生态博物馆这样的一批美国生态博物馆。并且其对细节的把控和理解，大大超越了生态博物馆理念的一些范畴。

在这样总的趋势中，又有两个基本的特征：一是社区形态的生态博物馆建设是主流；二是区域经济发展型的生态博物馆建设是主流。还有，源于传统博物馆的展示和原址区域性保护和展示的生态博物馆原则，形成了世界生态博物馆的一种基本模式——资料中心+展示区域划定。

## 第五节　生态博物馆理论建树

世界生态博物馆运动的发展，给传统博物馆带来一系列的变革，"其结果是，博物馆理论，博物馆方法和技术发生了变化：从传统的建筑物—收藏品—展示，转变为另外一种模式，地域—遗产—居民。由多种要素组成的博物馆，以集体对地方社区的人类遗产负责的概念，广泛利用展览，展示地，参与性观察等博物馆新的实践形式"[1]。

生态博物馆的版图是全球性的，在近60年的生态博物馆的发展历史中，几乎影响了全球绝大多数国家的博物馆建设，即60年间，利用博物馆建设现代性国家的努力中，多多少少都有生态博物馆的影响在其中，因为生态博物馆的工具理性，很多时候其理念和精神，都包含了对于传统博物馆秩序的"反抗"和革命，这样，新的发展中国家更喜欢这样的新博物馆理论。因此，生态博物馆在全球许多国家得到发展是一种历史趋势。

在前一节的叙述中，全球估计中的300多个生态博物馆，有2/3的生态博物馆在欧洲。更为重要的是，世界生态博物馆的理论建树，也绝大多

---

[1]　[法]雨果·戴瓦兰．新博物馆学和去欧洲化博物馆学[J]．中国博物馆，2005（3）：28.

数发生在欧洲。当然，世界其他国家的生态博物馆学者也在60年间有不俗的理论建树，比如中国、日本、墨西哥、美国、加拿大等学者。

在这些世界生态博物馆理论中，大致展开了以下7个方面的讨论：

1. 户外（露天、原址）生态博物馆理论。
2. 社区（地方感）生态博物馆理论。
3. 区域（项目、经济、旅游）发展生态博物馆理论。
4. 文化多样性（民族主义、地方性）生态博物馆理论。
5. 遗产保护（遗址、非遗）生态博物馆理论。
6. 自然环境（动植物）生态博物馆理论。
7. 生态博物馆理论中的发展研究。

1. 户外（原址）生态博物馆理论

生态博物馆的出现与传统博物馆最显著的区别在物的外显形式上，即传统博物馆都是在室内的展示中完成自己的目的，而生态博物馆却在户外，故"户外"是生态博物馆理论探寻的第一个要点。1891年的时候，瑞典一个著名的人类学者阿图尔·哈左勒斯（Artur Hazelius）在瑞典一个叫斯堪森（Skansen）的地方，建立了世界上第一座户外博物馆，把300多座全国各地的传统建筑做成模型，展示在这里。后来，这个博物馆被称为"微缩版的瑞典"①。

瑞典柏格斯拉根生态博物馆前馆长伊娃·贝格达尔这样评价："他发展了一种新博物馆模式，史堪森露天博物馆，将瑞典不同地区的建筑和相关环境搬到斯德哥尔摩，以老的风格原样复建装饰，并向观众开放。"②

这种户外博物馆的概念给予了关于"反对"传统博物馆概念的第一种形式，所以，"户外"概念就成为生态博物馆理论认知的第一块"基石"，即后来的生态博物馆一个最为显著的特征一定是户外的。"随后，欧洲与美国在此影响下诞生了一系列的户外博物馆。"③

---

① Peter Davis. Ecomuseum：A Sense of Place. London and New York：Leicester Univer-sity Press, 1999：48.

② ［瑞典］伊娃·贝格达尔（Ewa Bergdahl）. 瑞典的生态博物馆［J］. 张晋平，译. 中国博物馆，2005（3）：54.

③ 尹凯. 生态博物馆在法国：孕育与诞生的再思考［J］. 东南文化，2017（6）：98.

户外生态博物馆理论是最早发展起来的生态博物馆理论。阿图尔·哈左勒斯（Artur Hazelius）的贡献最大。学界认为其有三个贡献。一是让人们了解国家遗产和历史传承，唤醒其文化意识，认识自我。[1] 二是摒弃了传统展示手段，采取场景再现、图像造景、实物模型等博物馆技术。三是通过手工艺、音乐、节日、舞蹈等活动将其变成一个活态场所，使得博物馆的展示过程是一个活态的过程，而不是传统的静态展示。[2] 阿图尔·哈左勒斯（Artur Hazelius）的生态博物馆实践被后代学者认为是"户外博物馆理念"。比如中国学者尹凯就认为："哈氏的户外博物馆理念已经开始动摇传统博物馆的根基，并为生态博物馆哲学带来一丝曙光。"[3]

但仅仅是户外不足以支撑生态博物馆理论的完整内涵，故"原址"概念就被很快纳入生态博物馆的概念之中。

"生态博物馆提供了最丰富的原址展示，以他们所生存依赖的自然条件，展品包括：房屋、河流、森林、文物、节日和传统。"[4]

"生态博物馆理论家已经指出生态博物馆的几个特点，包括原地保护、分区诠释和扎根于社区居民。"[5]

"生态博物馆是西方后工业社会生态运动和民主化浪潮的产物，是对传统博物馆模式的超越。其核心理念是文化遗产的整体保护、原地保育和社区参与。"[6]

"原址"概念，实际上是生态博物馆理论在概念内涵中的一种发展。像斯堪森（Skansen）这样的依靠模型来进行博物馆展示的户外博物馆，并不是一种符合生态博物馆发展现实的博物馆形式，因为在现实中，模型并

---

[1] ［美］爱德华·波特·亚历山大. 哈左勒斯与斯堪森户外博物馆［J］. 李惠文，译. 博物馆学季刊，1996：1.

[2] Peter Davis. Ecomuseum：A Sense of Place［M］. London and New York：Leicester University Press, 1999：48.

[3] 尹凯. 生态博物馆在法国：孕育与诞生的再思考［J］. 东南文化，2017（6）：98.

[4] ［菲律宾］埃里克·巴博·罗如杜（Dr. Eric Babar Zerrudo）. 地方感觉、力量感觉和特性感觉：菲律宾普里兰桑·艾西多·拉博拉多生态博物馆实践［J］. 中国博物馆，2005（3）：77.

[5] ［英］彼特·戴威斯（Peter Davis）. 生态博物馆价值评估［J］. 张晋平，译. 中国博物馆，2005（3）：34.

[6] 王云霞，胡姗辰. 理想与现实之间：生态博物馆法律地位的尴尬［J］. 重庆文理学院学报（社会科学版），2014, 33（6）：16.

不是户外博物馆展示最好的选项，而"原址"上的生态博物馆建设，才符合客观实际。在区域性概念中的生态博物馆建设，原址建立生态博物馆，可能更符合新博物馆的活态原则，以及生态精神，社区的参与性才可能更有效地实施和呈现，才能最充分地显示出它存在的状态和意义。

在生态博物馆理论中，不管是户外，还是原址概念，它都还需要一个区域，这个区域的概念被认为是地方性的社区。

在原址保护的概念上，生态博物馆与生物考古科学中的原址保护发生了连接，因为在古生物考古中，也会建设一些在原址基础上的"古生物科学博物馆"，比如建设于贵州省关岭县的"龙化石博物馆"。再比如位于北京周口店的"北京人遗址博物馆"。当然，位于沈阳铁西区的中国工业博物馆（参见图志00102）就是在原址上建立起来的。

### 2. 社区（地方感）生态博物馆理论

社区是工业化时代人们"结群"的一种具有普遍性质的方式，也是工业化时代功能精细化的一种结果。在工业化时代，社区的区域性功能主要是居住和生活，但是，每一个生活区域由于历史积淀，会带有不同的性质和色彩。这种以社区为社会结群基本单位的划分，类似于中国农耕社会的"结社"，以及游牧文化中的"旗"，前者在历史上有许多遗存，比如村、寨、屯、堡、庄、勐、那，等等，后者在今天的内蒙古地区依然存在为一个行政单位（旗相当于县）。在中国工业化的区域划分的"社区化"已经相对普及，多数地方都已经由传统的村寨变化为具有现代性的社区管理了。村寨依然，但社区不管是历史上的村寨，还是今天的社区，它们也都是一个国家中的某一个局部的行政管理单位。而世界生态博物馆的发生和建设，多数是建立在社区为单位的区域概念之上的行为。故社区在生态博物馆理论中是一个非常重要的概念，因为源于欧洲的生态博物馆概念，多数都与社区有关，都是建立在社区基础上的博物馆，都是为了成为社区文化记忆、遗产保护、经济发展工具的博物馆，所以，世界上在社区概念基础上的生态博物馆理论研究比较多。它们大致可以分为生态博物馆理论中的社区参与研究、生态博物馆理论中的地方感研究、以及社区的文化记忆和经济发展研究等三个方面。

在生态博物馆理论中的社区参与研究中，学者们普遍认为，社区参与是生态博物馆建设和运行的主要指标，没有社区参与的生态博物馆是不完善的生态博物馆。

彼特·戴维斯（Peter Davis，英国生态博物馆学家）在他的《生态博物馆：一种地方感》一书中指出："尽管学者架构生态博物馆的各种模型并不令人满意，但是他们每个人都强调区别传统博物馆的关键是社区参与。在生态博物馆中，地方首要和根本的职责在于对生态博物馆负责，即当地人是生态博物馆的管理者。一旦这个标准没有达到，也就不称其为生态博物馆。"[1] 故"生态博物馆是一个与社区可持续发展有关的，保护、解释和珍视自己遗产的动态过程。生态博物馆基于社区居民共同意愿"[2]。

这种理念对于后世生态博物馆建设的影响非常大，甚至被认为是生态博物馆建设与存在的"正当性"问题，是一个基本的社会法理的认知，因为在这样的理念中，涉及社区中的地方性文化遗产的归属权问题。文化、遗产、记忆也是一种社会资源，在文化中也是可以被"资本化"，并且成为一种发展要素的东西。所以，谢菲就认为："由此可见，区分生态博物馆与传统博物馆的界线在于社区参与。唯有社区所在地的民众关注并参与生态博物馆发展实践，才能维系其生存的正当性与可持续性。"[3]

在关于社区的生态博物馆理论研究中，社区性质的生态博物馆还具有一定的教育和培训功能，也是社区教育的一种工具。"所以我们需要一种教育工具，在地区和全球范围，教育现在和将来一代怎样认识、尊重、利用、传承和发展人类精华。这样一种工具可以在博物馆中找到，更普通地说，在展览表现技巧中。然而，如果博物馆想承担遗产教育的角色，在展览中必须采取新技术、新语言，也就是说，生态博物馆要做到渊源于它所在社区的展览，真正使博物馆展览属于所在社区。"[4] 雨果·戴瓦兰的这个论述给予了生态博物馆在教育培训方面非常高的肯定，这也是新博物馆理论的一个重要表述。有时候，这样的理论表述强调，在生态博物馆建设

---

[1] Peter Davis. Ecomuseums: A Sense of Place [M]. Leicester University Press, 1999: 75.

[2] [意] 玛葛丽塔·科古（Dr. Margherita Cogo）. 生态博物馆：政府的角色 [J]. 张晋平，译. 中国博物馆，2005（3）：49.

[3] 谢菲. 生态博物馆社区发展实践及其困境——基于意大利和日本生态博物馆的思考 [J]. 三峡论坛，2015（5）：75.

[4] [法] 雨果·戴瓦兰. 生态博物馆和可持续发展 [J]. 张晋平，译. 中国博物馆，2005（3）：29.

中，过程比最后的成功运行，以及发展更为重要，因为它可以使得社区民众在这样的过程中获得文化自信。

在今天，"'生态博物馆'术语已经标准化，它泛指表现地方文明的区域性社区博物馆"①。但同时，基于社区认知的生态博物馆理论也不是一个封闭的理论，反而是一个具有巨大开放性的理论。

挪威博物馆学家，前国际博协执委马克·摩尔（Marc Maure）就认为："生态博物馆究竟是什么？事实上，我们所提问的正是生态博物馆本身。生态博物馆是社区发展的博物馆？也就是说，定义基础是博物馆的社会和文化作用。或者说，是分散型博物馆，没有围墙的博物馆，旨在向旅游者表现全部的博物馆？也可以说，定义基于博物馆的基本物质结构。现实是：生态博物馆没有'圣经'，没有固定模式，他们之所以不同是由于他们所代表的社会和文化的情况不同而决定的。"② 这一论述说明，生态博物馆基于社区的理论前提是地方性、地方感，在新博物馆理论中如果生态博物馆能够反映地方性的所有形式，都是可以被"接纳"的。这在后来世界性的新博物馆运动中，确实也是这样来认知的。其中，中国的情况更是如此，并且一开始就是生态博物馆中国化的历程，为世界新博物馆学界所认可。故在这一方面，中国的学者也有自己的见解，比如安来顺先生。

"国际'生态博物馆现象'……，可以说是欧洲传统博物馆反思其社会职能的产物和推动传统博物馆变革的一种创新性努力。它的核心理念为不少人接受缘于其'以社区为中心'的价位取向、对整体遗产概念的意识和认知、对社区公共记忆的动态维护、对原地原貌文化的信息联结以及世俗化方法论下的民主参与机制等非传统博物馆要素的引入。需要强调的是，哪怕所遵循的基本理念乃至方法具有共性，不同国家、不同条件下的生态博物馆实践也存在着巨大差异性和复杂性。"③ 安来顺的理论认知为中国化的生态博物馆建设打下了良好的理论基础。

在生态博物馆理论中的地方感研究里，主要从哲学、思想和时代的高

---

① ［法］阿兰·茹贝尔. 法国的生态博物馆［J］. 中国博物馆，2005（3）：53.
② ［挪］马克·摩尔. 生态博物馆：是镜子，窗户还是展柜？［J］. 张晋平，译. 中国博物馆，2005（3）：38.
③ 安来顺. 国际生态博物馆四十年：发展与问题［J］. 中国博物馆，2011（合刊）：15.

度探讨为什么要在生态博物馆建设中寻找"地方感"意义。

凯文·沃什（Kevin Walsh）："'地方感'丧失而带来的现代性焦虑，工业化、后工业以及都市化的议题让人们无法理解或欣赏地方的建构过程，过去被形塑为一种制度理性化的形态，这种陌生化之旅导致了人们的茫然无知，进而丧失地方意识。"① 这种"丧失地方意识"正是全球化危机中的一个负面的影响，我们在走向全球化的时候，我们失去了地方感，失去了多样性的具体的依存感。在旧时代传统中，乡土是我们的记忆和可以依存的地方，而全球化之后，可能我们就没有了这样的地方感和依存感。而在社区基础之上建立生态博物馆，就是解决这种全球化负面影响的最好的工具之一。在中国梦的"乡愁"中，其基础就是这样的地方感。

谢菲的论述就表达了这样的观点："通过上述生态博物馆社区参与理念以及国外生态博物馆社区参与实践及其困境的梳理，可得知社区参与是生态博物馆通过社区民众关注与其依存、栖息的自然和文化环境的可持续发展的能动性保护实践得以实现的。唯有通过社区民众对社区发展的共建共享实践，才能维系社区民众的地方归属感和自豪感，真正实现生态博物馆保护传统和发展地方的价值目标。"②

在社区的文化记忆和经济发展研究中，生态博物馆理论关注了地方性历史和文化表现的基本要素，即地方记忆。"随着文化后现代主义的兴起，打破唯理主义的新兴博物馆形式——生态博物馆便担当了承载一定地理区域民众记忆和情感的集聚器，社区民众的自我管理和参与便成为延续生态博物馆生存与发展的生命线。"③ "这种通过居民共同参与和管理，创新的博物馆的理论，将记忆社区和地区历史的想法贯彻于社区中。"④ 记忆文化和历史本来就是人类生存于斯的最为基本的法理，国家性质的传统博物馆记忆国家的整体性的历史和文化，而基于社区和地方的生态博物馆记忆的

---

① Kevin Walsh. The Representation of the Past: Museums and Heritage in the Post-modern World[M]. London and New York: Routledge, 1992: 176.
② 谢菲. 生态博物馆社区发展实践及其困境——基于意大利和日本生态博物馆的思考[J]. 三峡论坛, 2015 (5): 79.
③ 谢菲. 生态博物馆社区发展实践及其困境——基于意大利和日本生态博物馆的思考[J]. 三峡论坛, 2015 (5): 75.
④ [意]毛里齐奥·马吉. 世界生态博物馆共同面临的问题及怎样面对它们[J]. 张晋平, 译. 中国博物馆, 2005 (3): 31.

是地方的历史和文化，但是只有国家记忆的记忆是不完整的，所以，地方记忆亦是一种国家记忆。这也就是生态博物馆理论关注地方性历史、文化记忆的基本原因。当然，这样的理论也关注社区的文化和经济的发展。故法国的学者雨果·戴瓦兰认为："生态博物馆，或者社区博物馆，必须有明确的政治和文化目标：可持续发展既是政治性挑战，又是文化性方法。这些目标的实现必须发挥各部分力量的积极作用，它的领导者，它的管理者，它的教育者，它的参与者，所有这些地区作用者将变成生态博物馆和发挥其日常教育作用的积极因素。另一个结论是：在我看来，社区博物馆一定是保持社区原有的表达方式和渊源于内在文化的产物，被社区居民普遍认可的属于他们的财产和器具；因此，必须以社区的语言来表达它们，必须根植于属于社区人们活的文化中。关于语言，我所说的不仅仅是指说和写的语言，而是指在社区内可以互相理解的相互交流，因为这种交流贯穿社区日常生活。"①

3. 区域（项目、经济、旅游）发展生态博物馆理论

生态博物馆运动主要是对于传统博物馆的"变革"，但经过一系列的发展之后，人们赋予了生态博物馆太多的希望。2020年初，笔者在进行中国广西的生态博物馆调查时，一个村里的生态博物馆的兼职管理员说："希望博物馆建立起来之后，有更多的人来我们村旅游，把我们村的经济发展起来。"但数年过去，这位村民希望的"情景"并没有到来。但看得出来，村民在参与建设这座生态博物馆时赋予的期望。所以，生态博物馆实践中的这些问题，也反映在生态博物馆理论表述中。比如中国的学者黄春雨就认为：

"追溯生态博物馆产生的历史背景，在一定程度可以说它是对工业文明和传统博物馆反思和批判的产物，是一些致力于寻求博物馆：是应该成为社会经济发展的因素，还是作为一个可有可无仅仅与公益设施有关的机构；是为了增进人类不同集团之间的相互认识，还是作为较广范围的整体经济发展的又一个有价值和坚固的柱石；是应该成为一个仅仅为最有教养的人提供娱乐的特殊场所，还是一个教育人民

---

① [法] 雨果·戴瓦兰. 生态博物馆和可持续发展 [J]. 张晋平，译. 中国博物馆, 2005 (3)：30.

的机构；它应该成为一个文化活动中心，还是一个专门为旅游者观光的机构之答案的人们思考的结果。在随后的发展中，尽管不少学者和机构给出了多种生态博物馆为何物的解释，但基本是以社区博物馆理念为核心，在制度上以公众参与削弱传统博物馆专业、专家的特权并使之民主化；在结构上还原被传统博物馆生硬分离了的物的原生环境，使之具有整体认知感；在宗旨上试图超传统博物馆，使之成为居民参与社区规划和发展的一个工具箱。"①

不过，生态博物馆的实践中，这样的发展是正常的，其本来就是新博物馆运动理论中原有的东西，因为人们一开始就认为："生态博物馆与社区生存、发展与变化息息相关，成为其是否存在的一个重要标尺。反之，这一尺度深刻地烙上了以一定地理区域为界线的社区印记，具有明显的地方性。"② 如何在生态博物馆建设中寻求区域社会的发展，最常见的方式就是把生态博物馆建设与地方性的旅游开发结合起来，因为地方文化中的遗产和民俗是具有先天的旅游资源性质的，只要在生态博物馆建设中稍加处理即可实现生态博物馆建设与生态旅游的双重目标。所以，在生态博物馆早期的发展历史中，就有这样的相关概念。

"其中，较为典型的是大部分生态博物馆鉴于地方现有自然文化遗产的赋存，选择了文化旅游与生态旅游作为社区生存发展的路径（亦称'斯堪的纳维亚'模式）。基于该模式的观点，生态博物馆是建立在文化与旅游之间的关系之上，且生态博物馆与旅游的经济利益密切相关。围绕生态博物馆旅游开发，原本是成熟的旅游目的地且依赖社会团体、公益性组织运营的生态博物馆社区充分依靠当地人的地方知识，通过展示与展演的方式，吸引了众多对地方传统文化感兴趣的游客参观与体验，如法国、美国的生态博物馆。"③

在这些方面，日本的生态博物馆学者也是这样认识的，他们认为生态

---

① 黄春雨. 理想与现实：生态博物馆必须的对接 [J]. 中国博物馆，2005（3）：46.
② 谢菲. 生态博物馆社区发展实践及其困境——基于意大利和日本生态博物馆的思考 [J]. 三峡论坛，2015（5）：76.
③ 谢菲. 生态博物馆社区发展实践及其困境——基于意大利和日本生态博物馆的思考 [J]. 三峡论坛，2015（5）：78.

博物馆是一种旅游发展的工具。① 日本的生态博物馆发展有自己的前期认知，故在遵循和理解生态博物馆与旅游发展关系时，会有自己的理论认知与心得，这对于世界生态博物馆理论自然是一种发展。

在这一方面，这样的发展还会以另外的一种面目出现，即关于乡村的某一种发展项目的建设，其包含了生态博物馆的建设，把生态博物馆也作为区域发展的一种工具来使用。比如日本的美丽乡村建设，墨西哥的地方性社区发展建设，美国的一些印第安社区的生态博物馆建设，等等。

这些，也会反射到生态博物馆理论的认知中来。

4. 文化多样性（民族主义、地方性）生态博物馆理论

地方性、民族主义、文化多样性概念与生态博物馆理论也有千丝万缕的联系，因为在生态博物馆建设中，表现文化多样性、民族主义、地方性，其生态博物馆亦是非常好的工具。法国博物馆学家雨果·戴瓦兰就说："我认为，这一系列事件是'新博物馆学'产生的根源，虽然在那时没有使用这一词语。在国际博物馆协会代表大会上，很多成员激烈反对任何对传统博物馆学说的修改。国际博物馆协会也没有试图鼓励所有这些孤立的案例。这是一场悄悄发生的运动，源于对博物馆的政治功能的认识，以此提升地方社区和少数民族地区文化意识。"② 在生态博物馆理论中，地方性、少数民族文化，一直都是重要的理论表述之一。故有的学者认为："'生态博物馆'的理念是在于如何保护人类文化多样化，努力地探求人类未来的可持续发展方式，包括如何阻止不同地方文化的退化。生态博物馆发展到今天，它已经不仅仅是一个理念，一个想法，一个学院式的理论探讨，而是一系列的行动与实践。"③

在这样的生态博物馆理论的影响下，绝大部分生态博物馆都有一个"资料中心"，或者说"展示中心""认知中心"，以展示地方的环境要素、民俗、生活方式、地方传统、手工技艺等内容。

---

① [日] 井原满明. 生态旅游与生态博物馆：日本的经验 [J]. 田乃鲁，李京生，译. 小城镇建设，2018（4）：51.

② [法] 雨果·戴瓦兰. 20世纪60—70年代新博物馆运动思想和"生态博物馆"用词和概念的起源 [J]. 张晋平，译. 中国博物馆，2005（3）：27.

③ 方李莉. 警惕潜在的文化殖民趋势——生态博物馆理念所面临的挑战 [J]. 非物质文化遗产保护，2005（3）：6.

在这样的生态博物馆理论中，大方面体现在一些前殖民地国家独立之后的国家民族博物馆的建设之中，小的方面则主要表现在地方和少数民族聚居的村寨和社区。比如在意大利的地方政府文化机构中，意大利特兰托市政府颁布的"生态博物馆法规"中就规定："将农村地区的历史性进步位于中心位置，保留农业转型过程中留存的痕迹，包括基础结构和居民聚集区。从所留存的有形和无形文化遗产中，可以没有偏见地，通过研究历史和文化资源，读到人类历史。重建这一地区走向文明的过程是一项非常重要的任务。"① 所以，重建地方性文明和文化都是生态博物馆建设的必备主题。

雨果·戴瓦兰还说："在全世界范围的反殖民运动和解放斗争背景下，联合国教科文组建立了像国际博物馆协会这样的非政府国际论坛。国际博物馆协会以少数民族和各地方社区为基础，主导了近 10 年的民族化和地区的博物馆文化活动，无论是在工业化国家，还是发展中国家，无论是在农村，还是在城市，积极致力于保护、利用和传承他们的文化和自然遗产。"②

5. 遗产保护（遗址、非遗）生态博物馆理论

从遗产保护的角度来理解生态博物馆理论，也是生态博物馆理论的一个重要方面，因为生态博物馆实践中，有许多地方的生态博物馆都与历史上的各类文化遗产有关系，并且生态博物馆理论本身与遗产理论也需要有自己的话语方式和理论对话机制。

对于生态博物馆的遗产认知和遗产范畴，意大利学者玛葛丽塔·科古论述道："无疑，为了地区发展的需要，生态博物馆能够集中发挥文化潜力，基于所在环境支撑我们的进步，社会和文化遗产能够被正确欣赏认识。遗产不仅仅包括有形遗产，例如历史建筑、艺术品和当地其他传统的物品，而且包括所有我们生活中能够保持的，有价值的，应用着的所有一切。以知识为基础的多元性社会已经给予了我们无穷好处，知识伴随我们的生活而增长，使得我们更好地理解和欣赏我们的无形遗产。正是在这些

---

① 转引自［意］玛葛丽塔·科古（Dr. Margherita Cogo）. 生态博物馆：政府的角色［J］. 张晋平，译. 中国博物馆，2005（3）：48.

② ［法］雨果·戴瓦兰. 新博物馆学和去欧洲化博物馆学［J］. 张晋平，译. 中国博物馆，2005（3）：28.

小环境中，非常不确定和复杂的区域，生态博物馆可以生长和运转，可使我们观察到所有无形遗产，例如传统、记忆、科学研究、相关事物、作用、过程、社会模式和管理统治形式。"[1]

在生态博物馆理论中，地方性遗产之所以被强调，是全球性的强势文化所致，因为强势文化规则在很大程度上压制了地方文化遗产的意义和存在。巴西学者特丽莎·克莉斯汀娜·摩丽塔·席奈尔认为："地方遗产面对世界性强势文化建立的不正当游戏规则的矛盾现实，所进行的运动是寻找有效的解决方法，世界遗产正在引起人们的重视。这样可能提供一种真正的生存，特别是对于小的社区，他们的社会经济结构和他们的价值观和行为动力相关联——确保可持续地发展他们的经济。地方社区才能对全部遗产的博物馆化作出反应。当我们考虑现在范例的时候，博物馆就可作为一种可持续发展的工具，以更加人性化的行动保护全部遗产。"[2] 这样的生态博物馆理论与新博物馆学运动，与传统博物馆的"革命"精神是不谋而合的。

对于生态博物馆理论中的遗产概念，中国学者认为这是一种"文化遗产民主化的手段"。谢菲说："作为二十一世纪全球化的一个重要应对——文化遗产民主化的手段，社区通过生态博物馆建设的参与，逐渐认识到遗产的多重价值并自觉通过恢复、重建以及糅合等手段，积极投身于遗传资源的收集整理、保护与传承。"[3]

有的学者还把这样的生态博物馆理论，延伸到关于农业遗产保护的认知中。比如有学者认为："生态博物馆建设不仅可以保护农业文化遗产，而且可以扩大应用到更大范围的乡村文化遗产保护。因此，可以说乡村生态博物馆建设不仅有助于农业文化遗产的保护，而且对其周边地区的资源保护也具有不可忽略的作用。另外，生态博物馆建设还可以增强社区认同

---

[1] ［意］玛葛丽塔·科古（Margherita Cogo）. 生态博物馆：政府的角色［J］. 张晋平，译. 中国博物馆，2005（3）：48.

[2] ［巴西］特丽莎·克莉斯汀娜·摩丽塔·席奈尔（Teresa Cristina Moletta Scheiner）. 博物馆，生态博物馆，和反博物馆：解决遗产、社会和发展的思路［J］. 张晋平，译. 中国博物馆，2005（3）：39.

[3] 谢菲. 生态博物馆社区发展实践及其困境——基于意大利和日本生态博物馆的思考［J］. 三峡论坛，2015（5）：75.

感，促进当地经济的发展。"①

在生态博物馆理论中，与遗产的关联性很强，许多人类文化遗产的概念都可以与生态博物馆理论发生对话，前述的农业遗产就是，而且包含的方面还比较广泛，凡是基于农业社区中的生态博物馆都有关于农业遗产的影子。在遗产学概念与生态博物馆理论之间，非物质文化遗产概念在中国与生态博物馆概念就发生着极为显著的联系，中国学界于此有比较多的论述，笔者会在后续讨论中论述。

6. 自然环境（动植物）生态博物馆理论

在生态博物馆中，自然性质的博物馆建设认知，一开始就纳入了生态博物馆理论范畴。这在生态博物馆理论中，主要体现为环境关系的理解和认知。博物馆对于自然的理解主要为自然科学博物馆的建设实践，但这里面也包含环境关系，即自然生态。② 另外，大部分的自然史博物馆建立的是自然的标本秩序化的谱系而进行展示。③ 还有，社会对自然环境的关注，环境保护主义、保护伦理、价值以及相关活动和机构都对博物馆有深远的影响。④

生态博物馆理论也包含了基于自然和环境，以及生物多样性表现的传统，把一些自然、动植物保护性质的博物馆建设，也视为生态博物馆的实践内容。故从一开始生态博物馆就有关于自然和环境，动植物的生态博物馆概念，但这样的生态博物馆概念往往与自然、动物、植物等博物馆混淆。

7. 生态博物馆理论发展的研究

对于生态博物馆发展的研究，在于生态博物馆理论对短暂实践历史的讨论和关注。学者们认为，生态博物馆已经经过了好几个阶段的发展，形成了生态博物馆的发展历史。比如法国的博物馆学家就认为："许多第三代的生

---

① Lee Jeong-Hwan, Yoon Won-Keun, Choi Sik-In, et al. 通过生态博物馆建设保护韩国乡村农业文化遗产 Conservation of Korean Rural Heritage through the Use of Ecomuseums[J]. Journal of Resources and Ecology, 2016, 7(3): 163-169.

② Paula Findlen. Possessing Nature: Museums, Collecting, and Scientific Culture in Early Modern Italy. . Berkeley: University of California Press, 1996: 1.

③ Peter Davis. Ecomuseum: A Sense of Place. . London and New York: Leicester Univer-sity Press, 1999: 7.

④ Peter Davis. Ecomuseum: A Sense of Place. . London and New York: Leicester University Press, 1999: 7.

态博物馆（'法国地方天然公园'中的博物馆是第一代，克勒索博物馆是第二代）已经把这个矛盾推上极端，这使得法国的《解放报》把它们说成是'衰退的博物馆'。"① 第三代博物馆被认为是"衰退的博物馆"，即已经没有第二代生态博物馆那样的活力和影响力，受到外界力量的干扰比较严重，赋予了生态博物馆许多不切实际。这种"衰退的博物馆"，乔治·亨利·里维埃在一篇文章中表示了他的担忧："生态博物馆像一座失火的房屋一样出现了！但是令人吃惊的是，它一方面取得了进展，另一方面有两三个名人在看风使舵和力争使它成为一个体系。这种观点是如此之引人注意，以致它吸引了如此多的人们。"② 如今，这样的利用生态博物馆名义的行为仍然在生态博物馆实践中发生。

这样的担忧在中国学者中也有更深刻的认知。尹凯先生就认为：开放式的生态博物馆概念"严重侵蚀了生态博物馆的哲学内涵"③。

对于生态博物馆的发展阶段，日本的学者有自己的判断。比如最早把生态博物馆理论介绍到日本的学者新井重三就认为，生态博物馆发展有四个阶段。第一阶段首先发展了"具有丰富区域资源的乡村"；第二阶段是发展了"曾经给区域带来繁荣的工业遗产的复兴"；第三阶段是"地方文化复兴的生态博物馆"；第四阶段是"以流域或轨道交通为轴的区域交流与协作"。④ 这第一阶段的生态博物馆对应的是欧洲的前生态博物馆时代的生态博物馆；第二个阶段对应的是以工业遗址为主的遗产保护和利用类型的生态博物馆；第三个阶段对应的是地方文化、历史类型的生态博物馆；第四个阶段对应的是超越区域和社区的博物馆群类型的生态博物馆。它深化了生态博物馆发展理论的认识。

法国学者亦有自己的生态博物馆发展理论，分列了几种发展类型：发现型生态博物馆、发展型生态博物馆、专业性生态博物馆、"对抗性"生

---

① [法] 弗朗索瓦·于贝尔. 法国的生态博物馆：矛盾和畸变 [J]. 中国博物馆，1986（4）：79.
② 见"也可创造生态博物馆的作曲家的博物馆记录器"，《世界报》1979年7月8—9日。
③ 尹凯. 生态博物馆在法国：孕育与诞生的再思考 [J]. 东南文化，2017（6）：97.
④ [日] 井原满明. 生态旅游与生态博物馆：日本的经验 [J]. 田乃鲁，李京生，译. 小城镇建设，2018（4）：51.

态博物馆①等类型。这些对于生态博物馆发展阶段的理论表述,都可以在世界各地的生态博物馆实践中找到对应的生态博物馆例证。

中国的生态博物馆学家在生态博物馆的演化形式上,也有这样的理论表述:"在演化形式上,生态博物馆具有单体和群体两者形式,如上述的意大利科尔泰米利亚生态博物馆和日本三浦生态博物馆群、中国安吉生态博物馆群。"② 这样的生态博物馆形式在中国和国际上都有出现。

在生态博物馆发展与传统博物馆的关系上,生态博物馆的发展理论认为:"生态博物馆彻底削弱了普通博物馆限于时间和空间的观点。作为一种选择,生态博物馆提供了一些特殊的方式,通过这些方式,每一个微型社会都可以真实地展示其遗产,可以把1972年圣地亚哥圆桌会议的精神的某些方面付诸实践……"③ 这里的"1972年圣地亚哥圆桌会议的精神"指的是:"博物馆是为社会服务的工具,它构成了这个社会不可分离的一部分,在其本身的特性之中包含了使之有助于模制它服务的社会的意识的成份。"④ 这一理念正是生态博物馆改变传统博物馆理念和精神的基石之一。

生态博物馆理论在文化思想根源的研究中也有不俗的表述。

一般认为:"(生态博物馆)是作为对传统博物馆落后观念和实践局限性的超越,同时也是作为西方后工业社会生态运动和民主化浪潮的结果而出现的。"⑤

在尹凯先生的论述中,他认为法国生态博物馆发展的思想根源有三个方面:一是传统农民生活和历史书写;二是法国国立民俗博物馆;三是法

---

① 这是法国生态博物馆学家瑞伍·里瓦德的观点。他认为第一种类型为"传统、整体性模式",第二种类型关注社区、文化认同、经济复兴和国家政治目标,第三种类型为表现工业性遗址,第四种类型致力于解决都市地区突出的社会问题。

② 谢菲. 生态博物馆社区发展实践及其困境——基于意大利和日本生态博物馆的思考 [J]. 三峡论坛, 2015 (5): 78.

③ [法] 弗朗索瓦·于贝尔. 法国的生态博物馆:矛盾和畸变 [J]. 孟庆龙, 译. 中国博物馆, 1986 (4): 81.

④ 见《博物馆》杂志, 1973年第3号第15卷。

⑤ 刘世风, 甘代军. 生态博物馆运动的社会思想根源探析 [J]. 东南文化, 2011 (5): 96.

国地区性的文化遗产被长期忽视。① 故他认为："作为生态博物馆哲学的理论摇篮和实践试验地，法国自身的学术与历史传统需要被重新进行体察，以此来探寻生态博物馆诞生的哲学、历史与谱系。"

这样，"重回过去的乡愁叙事与边缘文化的社会史思潮深刻撕裂着传统博物馆的固有结构，并成为生态博物馆孕育与诞生的动力；重回传统的历史叙事在博物馆形态上体现为北欧的户外博物馆；而强调边缘文化价值的历史叙事则集中体现在英国的工业博物馆和美国的社区博物馆"②。

这些论述，深刻地揭示了新博物馆运动发生的思想文化根源，无疑是我们认知生态博物馆理论的基础。

生态博物馆与博物馆差异性有以下对比：

传统博物馆藏品——展台——物化；

生态博物馆藏品——原地——环境关系（建筑、自然、景观、地点、文化认同、集体记忆、传统习俗、人）；

传统博物馆教育——权威教化；

生态博物馆教育——体验式学习；

学者认为生态博物馆藏品具有广延性和包容性③。体验式学习拓展了博物馆的教育理念④。生态博物馆哲学则突破了博物馆教育的狭隘性和单向性，出现了自我认知和自我教育。⑤

生态博物馆理论的哲学根基由此而建立，也完成了生态博物馆实践到理论建树的过程。

---

① 尹凯. 生态博物馆在法国：孕育与诞生的再思考 [J]. 东南文化，2017（6）：97.

② 尹凯. 生态博物馆在法国：孕育与诞生的再思考 [J]. 东南文化，2017（6）：97.

③ 李子宁. 从殖民收藏到文物回归：百年来台湾原住民文物收藏的回顾与反省 [M]//王嵩山主编. 博物馆、知识建构与现代性. 台中：台湾自然科学博物馆，2005：29.

④ 尹凯. 博物馆教育的反思——诞生、发展、演变及前景 [J]. 中国博物馆，2015，32（2）：1-11.

⑤ 潘守永. 生态博物馆自我认知与教育：第三代生态博物馆认知中心的实践探索 Pan Shouyong. Self-cognition and Self-education at Eco-museum: From "Information Center" to "Cognition Center" [J]. 科学教育与博物馆，2015，1（1）：35-38.

"按照肯尼斯·哈德森（Kenneth Hudson）的观点，博物馆的哲学理念在历史维度下经过了四个阶段的发展：继承过去文明遗产证明自身合法性，民族主义的浪漫主义思潮，重回乡土的现代性反思，以及最近倡导边缘历史贡献的社会史运动。"①

生态博物馆理论中，特性有三个。

"独特性：在建设官方国家文化形象的时候，多元文化（的稳定）已经被人们'忘记'。新博物馆学正是在人类学和少数民族的文化丰富区域，因其独特性受到赏识。

社会均衡体系：从地球观念和动态方面，探讨与人类有关的自然、社会、历史和文化环境。

参与性：社区成员不是被动地接受来自专家的广播消息，而是要在博物馆活动中承担活动角色，和博物馆专家共同讨论生态博物馆事宜。"②

---

① [英] 肯尼斯·哈德森. 有影响力的博物馆 [M]. 徐纯, 译. 屏东：台湾海洋生物博物馆, 2003：134-136.
② [挪] 马克·摩尔. 生态博物馆：是镜子, 窗户还是展柜？[J]. 中国博物馆, 2005（3）：37.

# 第二章
# 贵州时代

贵州时代表明，中国生态博物馆实践从贵州省开始，这与几位先驱者的努力分不开，第一位是苏东海，第二位是胡朝相，第三位是安来顺，还有一位是来自挪威的约翰·杰斯特龙。苏东海时为《中国博物馆》杂志的主编，胡朝相时为贵州省文化厅（现贵州省文化和旅游厅）文物处的副处长、处长，安来顺时为《中国博物馆》杂志的编辑、海外留学归来的博物馆学博士，约翰·杰斯特龙时为挪威著名的生态博物馆学专家，是他们在20世纪90年代的一系列努力，创建了中国生态博物馆的新纪元。当然国家的大力支持使得这一文化事件，上升为挪威王国与中华人民共和国国家文化交流的历史过程之一，亦是促进中国生态博物馆创建的根本动力和源泉。

## 第一节　一块纪念碑后面的"缘起"

笔者在2015年到锦屏隆里生态博物馆调研时，看见一幽静处（状元祠）有一块石碑、一棵树、一座汉白玉人像，碑上有碑文。这一石碑上的落款为：二〇〇一年五月十九日立。这是当地政府代表隆里人民对挪威著名的博物馆学家约翰·杰斯特龙的感谢和纪念。在这石碑旁边，还有一座汉白玉的约翰·杰斯特龙塑像，一棵已经长成大树的常青雪松。这样的纪念行为在后来的四个与约翰·杰斯特龙有关的贵州省生态博物馆中都出现了，但仅仅有纪念树和一块标记为约翰·杰斯特龙树的石碑，没有纪念碑和塑像。

## 第二章 贵州时代

所以，透过这块记念碑阐述中国生态博物馆的缘起，会有一种善良和友好的情感油然而生，也是对约翰·杰斯特龙这位国际友人的一种怀念吧！因为在贵州省的生态博物馆建设与实践中，从一开始的调查和选址，整个建设过程几乎都有约翰·杰斯特龙的身影，包含了这位国际友人的心血。

"生态博物馆"（ecomuseum）一词在1972年被法国人创造出来，很快被学界所接受，并且以这个词汇为中心，逐步建立起了后来称为新博物馆学的理论，而围绕这一理论进行博物馆建设的一切尝试，都可以称为生态博物馆的实践。这一历史过程使得世界的博物馆发展异彩纷呈，多种多样。中国是在20世纪80年代之后的改革开放中，才打开通向世界大门的，而中国的博物馆界，是在20世纪80年代时才开始介绍生态博物馆的理念和概念的，但在国内，"接触"这些新博物馆学理论的，贵州省的文物和博物馆系统的管理者，当是最早的一批……故在中国的贵州省开始创建新型博物馆，也是历史的必然。

2005年时，胡朝相在自己名为《贵州生态博物馆的实践与探索》文章中说："1986年苏东海先生主编的《中国博物馆》开始系统介绍国际生态博物馆信息，同年11月，作为贵州省文物保护顾问的苏东海先生在贵州文物考察座谈会上建议，建立生态博物馆。生态博物馆的名词第一次在贵州出现。"[①] 文中所说的此"建议"，在胡朝相后来出版的一本名为《贵州生态博物馆纪实》[②] 中，有比较翔实的记载。

也就是说，1986年，《中国博物馆》杂志刚刚开始介绍国外生态博物馆理论，当年11月苏东海就在贵州省宣讲国际上最前沿的新博物馆学的理论。这种影响可以说直接导致了胡朝相1995年与苏东海的一次会谈。这次会谈对于中国生态博物馆的创建，应该是历史性的。

"笔者整理苏东海先生的录音讲话，其中的'生态博物馆'一词也就深深地印入了笔者的脑海里。"这样的话语应该不是谦虚之词，而是后来胡朝相先生的一系列的行动起点。主要有两个方面：一是开始留意生态博物馆选点的问题；二是国外考察的问题。第一个问题在内好解决，确实在

---

① 胡朝相. 贵州生态博物馆的实践与探索 [J]. 中国博物馆，2005（3）：22.
② 胡朝相. 贵州生态博物馆纪实 [M]. 北京：中央民族大学出版社，2011.

那以后，各种关于乡村民族村寨的文化信息陆续进入胡朝相的脑海里，得益于此，在后来的贵州省建立生态博物馆的实际考察中，所选择考察的5个点，有4个都建成了生态博物馆，这样的前期工作是在数年的准备之下完成的。这样的准备在其《贵州生态博物馆纪实》一书中也有记录："1993年，笔者在贵阳西南21公里的地方发现了一个布依族村寨——镇山，想以此为依托，建生态博物馆，但对如何建生态博物馆没有理论上的依据，只好写信求教于苏东海先生，在给他的信中，笔者仍持审慎的态度，没有敢冠以生态博物馆之名，只是说要将镇山建成一座露天民俗博物馆，苏东海先生回信说建镇山露天民俗博物馆很有创意，但他也没有涉及生态博物馆的问题。1994年，笔者从一份梭戛苗族村寨的材料中，发现梭戛这支贵州西部的苗族很有特色，特别是苗族妇女的长角头饰区别于贵州境内其他的苗族妇女头饰，她们的生活习俗、节日庆典等都保存得十分完整，能否作为生态博物馆的一个初选的文化社区？"① 这就是胡朝相在选点中的思考和努力的一个写照。

第二个是国外的考察，这在1994年的时候，胡朝相先生也得到了机会。"1995年初，笔者同中国社会科学院工业经济研究所的几位学者前往夏威夷进行了为期一个月的文化旅游经济考察，其中对该岛上的波利尼西亚文化中心将环境和原住民文化的保护及利用感触很深，心里萌发以梭戛苗族社区建立生态博物馆的想法。"②

作为实干家的胡朝相先生，这次考察坚定和验证了在贵州省建立生态博物馆的可行性和意义，所以，胡朝相从国外回到北京，立即与苏东海相约见面。对于这次历史性的会面和会谈，在《贵州生态博物馆纪实》中如此记载："1995年2月9日，笔者从夏威夷回到北京，第一件事是想面见苏东海先生。笔者虽然是第一次面见苏东海先生，但有一见如故的感觉，便开门见山地说：'苏先生，请您帮助我们在贵州建一种新型的博物馆。'此时笔者没有说建生态博物馆，只说建新型的博物馆。苏先生很高兴，很爽快地对笔者说：'好啊，我是贵州省的文物保护顾问，我应该关心贵州，为贵州出一点力。'他接着又说，'我们就先在贵州建中国第一座生态博物

---

① 胡朝相. 贵州生态博物馆纪实 [M]. 北京：中央民族大学出版社，2011：3.
② 胡朝相. 贵州生态博物馆纪实 [M]. 北京：中央民族大学出版社，2011：3.

馆吧。'"①

胡朝相、苏东海两位主角出场，但很快，苏东海又引出了那位隆里纪念碑上的人物，挪威的约翰·杰斯特龙。"苏先生说：'1994年9月，在北京召开的国际博协联会上我结识了国际上很有名望的挪威生态博物馆学家约翰·杰斯特龙先生，他在挪威做了15年的生态博物馆馆长，欧美一些生态博物馆都是在他的帮助下建立的，我们请他作为贵州生态博物馆课题组的科学顾问，他一定会同意的。如果贵州方面能提供国内的机票和食宿的话，我4月份就可以请他到贵州来。'我当即承诺说：'外宾在国内的费用请苏先生放心，由贵州负责。'苏先生说：'4月份我一定请约翰·杰斯特龙先生到贵州来。'"②当时在这里所确定的事情，在后来很快就成了现实，但在这些话语之后，苏东海先生还引出了另外一位非常重要的人，这就是安来顺③。"当时苏先生办公室在座的还有中国博物馆学会的安来顺先生，高个子，国字脸，30多岁，给人精明能干的感觉。苏先生把他的情况简单地给我说：'小安是一位年轻的博物馆专家，他的英语很好，约翰·杰斯特龙先生来可以请他作翻译。'"④但在后来的贵州省生态博物馆建设中，安来顺可不仅仅是翻译，也是重要的参与者之一，特别是后期的国际会议，贵州生态博物馆建设中的国际交流，中国生态博物馆的理论总结，"六枝原则"的理论贡献等等，其人都功不可没。

这次会谈约两个小时，所确定的事项有一个关键之处，即邀请挪威专家约翰·杰斯特龙的意见。这事一直到1995年3月25日才最后确定下来，因为，直到3月25日，苏东海才从北京发来传真，确定了以下调研工作设想：

  调研工作设想：1. 建立贵州建立生态博物馆可行性课题调研小组，由四人组成：苏东海，约翰·杰斯特龙，胡朝相，安来顺。2. 请王厅长或李副厅长担任调研组顾问。3. 胡朝相、安来顺协调调研工作。4. 调研活动：（1）考察镇山民俗露天博物馆及其他可供选择的地

---

① 胡朝相. 贵州生态博物馆纪实 [M]. 北京：中央民族大学出版社，2011：3.
② 胡朝相. 贵州生态博物馆纪实 [M]. 北京：中央民族大学出版社，2011：4.
③ 现今安来顺先生已经就职于上海大学，不在博物馆系统内工作了。
④ 胡朝相. 贵州生态博物馆纪实 [M]. 北京：中央民族大学出版社，2011：4.

点，确定其中一处进行重点研究；（2）与贵州文博界进行学术交流；（3）提出在贵州建立生态博物馆的规划及其可行性报告。

这些设想均在后来落实，其中最后落实下来的考察点为：六枝梭戛、花溪镇山、榕江摆贝、锦屏隆里、黎平堂安。① 但奇妙的是，在贵州省有1万多个村寨的背景下，这5个点除了榕江摆贝，全都建成了中国最早的生态博物馆，而且全部是挪威王国与中华人民共和国的国际文化援建项目。

为此，胡朝相他们把这5个点的情况整理成了一个考察文本，并且得到厅领导的批准。这个"考察文本"的主要内容为：

梭戛是贵州六枝特区境内的以长角为头饰的苗族文化社区，这支苗族生活在贵州西部的崇山峻岭之中，由于长期交通闭塞，很少与外界接触，他们的语言、服饰、工艺、音乐、舞蹈等与其他苗族有很大的区别，保持得非常完整，而且只有4000余人②，在贵州众多的苗族文化分支中是一支独具特色的苗族文化。

镇山布依村地处贵阳省城的郊区，在城市现代化生活的包围之中能保持布依族文化特色的村寨实在是不多见。它又是民族融合的一个典型，明朝万历二十八年（公元1600年）因"平播"③，江西庐陵县籍（今江西吉安市）的将军李仁宇奉命入黔，"平播"后李仁宇将军屯兵于石板哨（今贵阳市花溪区石板哨村）一带，后入赘镇山（今贵阳市花溪区镇山村），与布依族女班氏结秦晋之好，婚后生二子，分别为班、李二姓，传至今已有17代，村寨形成了布依族和汉族文化和谐共存的局面。笔者1993年对镇山进行考察后，拟建为"镇山露天民俗博物馆"，就此问题写信向苏东海先生请教。故苏先生在他的电报中特别提及"考察镇山露天民俗博物馆及其他可供选择的点。"

榕江县摆贝村的苗族文化区别于雷山、剑河、台江等县的苗族文化，在居住环境上也有所不同，摆贝苗寨坐落在高山上的一片枫树林里，寨子

---

① 胡朝相. 贵州生态博物馆纪实 [M]. 北京：中央民族大学出版社，2011：7.

② 这里的苗族大致有12个本寨，被称为梭戛12寨，有五个在毕节市的织金县，七个在六盘水市的六枝特区，加上少数杂居于附近其他民族村寨中的苗人，现今有6000多人了。其文化最为独特处有三：一是服饰，二是婚丧仪式，三是器乐艺术。

③ 播州（今黔北遵义地）土酋杨应龙举兵反叛明廷，明廷调集六省兵力平定了叛乱。

的民居全系木质建筑，屋面多数盖杉树皮。在服饰上颇有特色，不但妇女穿裙，男人也穿裙，人们称之为鸡毛裙，手工制作很精美，在苗族服饰上堪称一绝①。

锦屏隆里古城在明代是一个"千户所城"，我是在20世纪90年代初听贵州省考古所所长熊水富先生跟我谈及隆里的，印象最深的是他说隆里的碑刻很多，有历史厚重感，因此隆里在我的脑子里打下了较深的烙印。隆里古城是明洪武初年在贵州推行卫所制的历史见证，600余年来隆里人仍然固守着他们的汉文化，民俗学家称之为"文化飞地"，这种活态的汉文化保持得非常完整。②

黎平县的堂安，位于侗族南部方言区的中心地带，地处于黔、桂、湘三省区交界，这个方言区的区域面积毗连三省，他们的语言、服饰、习俗相同。此外堂安有很好的区位优势，从堂安到桂林只有300多公里，从配合发展旅游的角度来说，前景可观，可将桂林方面的游客引至广西龙胜、三江，再到贵州黎平，形成一条侗族文化旅游线。③

在这五个点中，明显，梭戛和镇山这两个点胡朝相早就已经做了许多"功课"，情况有所了解，而另外的三个点有一个都柳江地域苗族，一个北侗地区汉族，一个南侗地区侗族，都是各自地区报告上来的资料。在黎平县的报告中，其实还有一个点，兰寨，但经过筛选，留下了堂安。

选点确定后，胡朝相还亲自去了一趟北京。"4月9日，我再次到北京，和苏东海先生第二次见面。他仔细看了我提供的考察方案，很满意。接着他又问了一下天气情况，驾驶员的技术情况，反正问得很详细。"④

这次考察如期进行，在《贵州生态博物馆纪实》记载为："以苏东海先生为'课题组'组长的中挪文博专家一行，自1995年4月19日至29日，为在贵州进行生态博物馆选址，冒着绵绵的春雨，先后考察了贵

---

① 此支苗族属于都柳江流域的苗族，与雷山一带的清水江流域苗族在诸多文化表现上有明显区别。其特别著名的为服饰中的"百鸟衣"。还有其地的敲牛祭祖仪式和过程与清水江流域苗族大不相同。
② 现今的隆里已经成为一个成熟的民族文化旅游区域，其生态博物馆资料中心就在隆里古城内，成为景点的一个重要组成部分。其有编制，运行正常。
③ 胡朝相. 贵州生态博物馆纪实 [M]. 北京：中央民族大学出版社，2011：7-8.
④ 胡朝相. 贵州生态博物馆纪实 [M]. 北京：中央民族大学出版社，2011：8.

阳市花溪区的镇山、六盘水市六枝特区的梭戛、黔东南苗族侗族自治州榕江的摆贝、黎平堂安、锦屏隆里五个不同文化的社区。"① 即最先去考察的地方是贵阳市花溪区附近的镇山村,随后第二站才是六枝特区的梭戛乡陇戛寨。一个是布依族村,一个是贵州省的西部苗族②的一个支系,这是胡朝相先生建立生态博物馆的"心理排序",但奇怪的是,在其《贵州生态博物馆纪实》一书中,只有关于他们一行考察陇戛寨的记载,而没有关于镇山村的记载,是后来在陇戛寨的考察"颠覆"了胡朝相的这个"心理排序"。

关于陇戛寨的考察,被胡朝相描述为"世纪奇遇"。"梭戛乡毛世忠乡长和几个乡干部早已等候在去陇戛的路口,在他的引领下,我们直驱陇戛。因路又陡又滑,我们只好换乘吉普车,到陇戛还有两公里的路程,而且一直是上坡。吉普车绕了两个大弯后,再经过两座石山岔口,就看见陇戛的寨门了。来迎客的苗族村民大多穿着节日盛装,寨门及两边的高坡上站满了村民,鲜艳的服装仿佛像满山盛开的鲜花一样。我们的到来使苗寨沸腾了,村民的目光一下都投向约翰·杰斯特龙先生,村民们没有看到过外国人③,今天外国人来到了他们的面前。约翰·杰斯特龙先生被眼花缭乱的场面镇住了,他被苗族头饰、服饰、项圈和鲜艳的服饰色彩震撼了,他兴奋不已,激动不已,他的嘴唇在颤动。当一个人来到异国他乡的时候,最大的痛苦莫过于语言不通,不能交流自己的感情,他只好用微笑和招手来表示他的心情,苗民们也不断地向他招手,他和村民们互相对看,好像相互之间总有看不完的东西。"④ 这样子描述约翰·杰斯特龙先生的心理感受,几乎在一瞬间决定了贵州省六枝特区梭戛乡的陇戛寨注定要成为中国第一座生态博物馆的"宿命"。还有,约翰·杰斯特龙先生看到织布机的情景,自己去试着画蜡的情景……

---

① 胡朝相. 贵州生态博物馆纪实 [M]. 北京:中央民族大学出版社,2011:9.
② 西部苗族属于苗族西部方言区苗族,有十几个支系。主要聚居在贵州西部,部分居住在云南、四川南部,以及东南亚的老挝一带。
③ 这个说法是不对的,笔者1993年就对该村进行了调查,在这之前,法国的国家的旅行者就进入过该村,并且在法国的杂志上有许多篇幅的介绍,1995年时,该村已经为外界所知晓了。
④ 胡朝相. 贵州生态博物馆纪实 [M]. 北京:中央民族大学出版社,2011:9.

第二章　贵州时代

在考察中，其一些记录也会成为最为真实的历史记载，成为凝固的历史描述："'课题组'先是考察陇戛寨的自然环境和民居建筑。陇戛寨并不大，只有百来户人家，寨子坐落在半山腰上，民居建筑顺山势呈横排依次而上，建筑高低错落，布局比较灵活自由。建筑大致分三种类型：木房盖茅草、夯土墙盖茅草、水泥砖墙平顶。苏东海先生的目光投向了木房，因为从木房的风化程度可以看出该建筑的年代比较早，至少也有100年的历史，整个寨子也仅有10栋，它的结构和汉族的民居相差无几，一般为四列三间，堂屋前有'吞口'，'吞口'两侧开月门；屋面覆盖的是茅草，墙壁是用木板横装着，装板的做工比较粗糙，可见当时的社会经济和建筑工匠的手艺不是很高。"① 这样的建筑在1995年以前都还存在，但在笔者后来的调查中，基本上都不见了，多数的建筑都改造成另外的样子，只留下了一两栋做样子的草房。

在关于陇戛的考察记录中，可以说事无巨细，胡朝相先生都有记录，并且把它们放到了他后来的《贵州生态博物馆纪实》一书中，而后来考察的三个点，却在此书中没有一丁点记录，或者有，只是没有放到《贵州生态博物馆纪实》一书中，因为只有陇戛寨的考察记忆才真正与中国第一个生态博物馆的历史意义相符合。

4月29日，考察组回到贵阳，经过两天的比较和讨论，其成果就是《报告》② 的呈现。这个《报告》的执笔者为安来顺。

"《报告》全文8320字，共分四个部分，关于什么是生态博物馆的问题，《报告》说：'生态博物馆是建立在这样一个基本观点之上，即文化遗产应原状地保护和保存在其所属社区及环境之中，从这种意义上讲，社区的面积等同博物馆的面积；在生态博物馆中，文化遗产、自然景观、建筑、可移动实物、传统风俗等一系列文化因素均有特定的价值和意义；传统博物馆被清晰地界定为拥有一定藏品和特定的博物馆建筑，而生态博物馆则被看作保存和理解某一特定群体的全部文化内涵（包括物质的，也包括非物质的文化因素）的长效工作方法。生态博物馆概念中，包括以下关

---

① 胡朝相.贵州生态博物馆纪实［M］.北京：中央民族大学出版社，2011：11.
② 《在贵州省梭戛乡建立中国第一座生态博物馆的可行性研究报告》。

键词：社区区域、遗产、社区人民、参与、生态学和文化特征。'"① 这是在胡朝相的《贵州生态博物馆纪实》一书中的表述，如果确实是在《报告》中有这样的关于生态博物馆概念的描述，那这就是中国学界第一次对于生态博物馆概念下的定义。该报告是 1995 年的 5 月初出现的，胡朝相的《贵州生态博物馆纪实》一书是在 2011 年出版，其间 16 年之久。回查当年的《报告》（参见附件 1），《报告》中实际上没有这样完整具体的关于生态博物馆定义的内容，只有一些相关的表述，故可以说，当时的《报告》叙述了关于生态博物馆是什么的一些见解，而这样的定义是后来胡朝相先生总结的。但即便这样，也对中国的生态博物馆建设是一个贡献。

在这个《报告》中，关于梭戛乡建立中国第一座生态博物馆的"文化依据"有如下表述：

梭戛社区居住着一个稀有的、具有独特文化的苗族分支。这一分支有 4000 多人，分布在附近 12 个村寨中。他们常年居住在高山之中，与外界很少联系。在他们之中存在着和延续着一种古老的、以长牛角头饰为象征的独特苗族文化。目前，仍相当完整地保存和延续着他们的这种文化传统。这种文化非常古朴；有十分平等的原始民主；有十分丰富的婚嫁、丧葬和祭祀的礼仪；有别具风格的音乐舞蹈和十分精美的刺绣艺术。他们过着男耕女织的自然经济生活。课题组对其中的陇戛村寨进行了初步的考察，大致有六个方面：

1. 自然环境。②
2. 历史。③

---

① 胡朝相. 贵州生态博物馆纪实 [M]. 北京：中央民族大学出版社，2011：19.
② 整个村寨隐蔽在高山上，距公路有 4 公里之遥，从外面完全看不到村寨。村寨的后面是一片原始森林。对面山上，建有石头营盘。很显然，他们是出于战争的考虑而选定了这个易守难攻的寨址。其他 11 个村寨也同样建在高山隐蔽处。这个群体很可能是被战争驱赶或其它迫害逃避到深山中并定居下来的。如今陇戛村寨的自然环境仍然保持着几百年前的面貌。只有一条 1994 年才开通的公路通到山上，成为封闭的村寨与外界联系的唯一通道。
③ 据年已 70 的寨老熊振清先生回忆，其祖父说，这个寨子已有 200 多年的历史。200 多年前，其先辈由外地被驱赶到此定居，最初只有 5 户人家，现已传至第 10 代。目前，全寨共 97 户，490 人。陇戛寨还有一些老人，通过他们的口碑历史，参考当地的方志，我们大体可以理清此村寨 200 多年历史的脉络。

3. 经济。①

4. 文化。②

5. 宗教。③

6. 管理。④

这样的"论证",可能在当时的文件中出现时,并没有认识到它的重要性和示范性,但在后来的中国少数民族村寨类的生态博物馆建设中,这几乎是一种模式,是一种中国少数民族村寨型社区建设的依据和基本原则。

在这个《报告》中,还有"(长角)苗族资料信息中心""陇戛苗寨的原状保护""梭戛社区生态博物馆""组织结构""资金筹措"等一系列

---

① 陇戛村寨仍然处于自然经济状态。由于山高水资源匮乏,寨民们开垦旱地种粮,且产量很低。每年中有近三个月要到山下背水,以解决饮水、用水问题。人们的生活非常艰苦。寨中养有猪、牛、旱鸭等家禽家畜。由于牛是农业生产的主要畜力,所以备受寨民的崇敬,牛角也就成了崇拜物戴在头上。衣服为各家自制,从种植到织布,到染色,到刺绣均在家庭内完成。所以,陇戛村寨基本上处于男耕女织的自然经济状态。

② 音乐、舞蹈有独特的风格。长筒三眼箫吹奏的音乐,低沉徘徊,如同诉说着战争给他们带来的苦难。芦笙、木叶吹奏的欢快调子,仍显得不够高亢,不像其他苗族那样短促、明快。礼仪比较丰富。男方向女方求婚的仪式要进行一两天。丧葬仪式隆重,遇有死人,12个寨子都来送礼致哀,寨老在竹杆上刻画符号,记载礼品数量,以便日后还礼。蜡染和刺绣。蜡染以天然植物为染料,质量甚高,每家都有染缸。刺绣是女孩子从小就开始学习的课程,她们的聪明才智都灌注在其刺绣作品上。这些刺绣精品争奇斗艳,是陇戛村寨的文化瑰宝。教育。目前,寨子里有一座简陋的学校,设有苗语、汉语两种课程。据称,寨子中最高文化程度已达初中。多数女孩仍不上学,以刺绣和家务劳动为主。古老的刻竹记事的文字,只有寨老和少数人才能识别。建筑。全寨仍然是草顶泥墙房屋,还没有现代建筑出现。每户三间草房,在左手第一间设一常年不熄的火炉,做饭、取暖、煮蜡都靠这个火炉。它象征着这户人家的生活红火。因此,全家人都保护这个火炉,使其常年不熄。

③ 苗族信奉多神教。陇戛村寨信奉山神,所以每年祭山。鬼司是寨子的宗教领袖,也是精神领袖。他给寨民们算命、治病、看风水,还主持祭山、驱鬼,是全寨的精神支柱,享有很高的威望。

④ 陇戛村寨由三个领袖管理,一是寨主,二是寨老,三是鬼司。寨主是行政管理领袖,寨老是道德领袖,鬼司是精神领袖。这三位领袖都不是选举产生的,而是在长期生活中自然形成的,其权威地位的产生不需要任何形式。这种管理方式是非常原始的,但又是非常公平的,既不需要竞选,也不需要任命。当地政府在陇戛村寨也任命一名村主任,以便与政府保持联系,而这位村主任也恰恰是寨主,自然会得到寨民的认可,不过人们不把他称为村主任,仍认为他是寨主。

内容。

在这个《报告》中，还有这样的内容：

"随着项目建设的结束，生态博物馆的组织结构中心和管理权将逐渐向梭戛社区转移，在本阶段应建立一个管理委员会，保留经过调整的科学咨询小组。

（1）管理委员会。负责资料信息中心建设的日常运作和管理，协助陇戛村寨的原状保护和寨内有关演示活动的管理。管理委员会由区级文化文物主管部门的代表、12个苗寨的公认代表和具有相应资格的管理人员和财会人员组成。在管理委员会中，当地苗族代表应占多数。

（2）科学咨询小组。主要负责博物馆学科方面的学术咨询和指导，协助在国内外的宣传和推广，推动出版活动。本科学咨询小组由中国博物馆学会、贵州省和挪威的专家组成。在开放一段时间后，科学咨询工作主要由贵州省专家承担。"（参见附件1）

这些内容都是中国生态博物馆实践最不好评说的部分，在实践中往往是期望与实际的距离较大的部分，而且原因复杂多样。

这个《报告》最后有一个"展望"，为后来的贵州省生态博物馆群建设留下了"伏笔"。

"课题小组除对在梭戛社区建立生态博物馆的可行性进行了科学考察论证外，还考察了许多各具民族特色的民族村寨，其中发现，在贵阳市花溪区镇山村、黎平县肇兴镇堂安村、锦屏县隆里古城，均具有开发生态博物馆的巨大潜能。这些地方的人民具有强烈的民族文化自豪感，希望外界了解他们独特的文化，各级政府亦有开发这些民族文化资源的强烈愿望。同时，上述三处村寨（古城）的民族文化资源与陇戛苗族相比，都已被不同程度地加以开发，在向生态博物馆的发展过程中均不需要大量的硬件投入。鉴于此，课题小组认为，一个分别代表着苗、侗、布依和汉四个民族的生态博物馆群在贵州省的形成有着令人乐观的前景，应在梭戛社区生态博物馆的建设经验基础上，对其它三处村寨（古城）建立生态博物馆的可行性做出规划和研究。"

在贵州生态博物馆建设考察之初，苏东海他们就认识到在中国引进和建设生态博物馆要走符合中国国情的道路，所以在一开始，就把此事引入为国家体制的行为，这一点与国外的一些生态博物馆建设大不相同，但它非常符合中国的实际。这样的思路在《报告》中亦有显露。在《报告》的"附言"中这样说："本课题研究始终得到贵州省人民政府和其他有关方面领导的大力支持和帮助。贵州省副省长龚贤永先生始终关心和支持这一课题的研究，贵州省人民政治协商会议副主席常征先生、贵州省人民政府副秘书长曹新忠先生专门听取了课题研究的详细汇报，充分肯定了开发梭戛生态博物馆的重大价值并表示将推动本项目的实施。中国博物馆学会和挪威政府作为合作双方也对本课题的研究给予了学术和财政支持，并表现出对本项目进一步开发的浓厚兴趣。各个考察点上的各级领导，特别是黔东南州、贵阳市花溪区、六盘水市、六枝特区、榕江县、从江县、黎平县、锦屏县的领导为本课题的研究提供了大量具体的帮助和便利。贵州省文化厅文物处的张诗莲女士、张勇先生和马启发先生做了大量的组织安排工作，付出了艰辛的劳动。课题小组愿借此向上述单位和个人表示最诚挚的谢意。"

《报告》出现于1995年的5月和6月上旬，贵州省文化厅就以"关于在我省六枝梭戛乡建立中国第一座生态博物馆的请示"黔文物〔1995〕15号的"请示报告"，上报贵州省人民政府。

这一请示报告的主旨是："在我省建立中国第一座生态博物馆旨在保护、抢救、弘扬和利用有重大价值的文化遗产和国际先进的博物馆门类接轨，加强国际之间的生态博物馆学的研究合作项目，增进与各国人民的文化交流和发展我省的文化旅游事业。"

6月21日，贵州省人民政府就以"贵州省人民政府黔府函〔1995〕106号"的形式，发布了"省人民政府关于同意在六枝特区梭戛苗族彝族回族乡陇戛村建立生态博物馆的批复"。这个文件还抄送：国家文物局、中国博物馆学会（现更名"中国博物馆协会"）。同时下发：省计委（现为贵州省发展和改革委员会）、民委、财政厅、建设厅（现为贵州省住房和城乡建设厅）、旅游局（现为贵州省文化和旅游厅）、六盘水市人民政府，六枝特区人民政府。其中最为重要的字句是："有关建馆具体事宜，请你厅与有关部门联系办理。"《报告》中的建设资料中心的预算为人民币90万元，此批示意味着，最初的钱"有着落了"。

但在约翰·杰斯特龙先生4月份从挪威到中国时，实际上挪威的国家机构已经在一定程度上介入此事。《报告》（中文本）中就有这样的字句："根据贵州省文化厅的要求，苏东海先生代表中国博物馆学会正式邀请杰斯特龙先生参与本课题的研究。挪威政府和NORAD（挪威开发合作署）及专家本人均对本课题表示出浓厚的兴趣，挪威政府还将本课题列入《中挪1995—1997文化交流项目》中，NORAD为挪威专家来华提供了国际旅费及必要的财政支持。"即约翰·杰斯特龙先生到贵州省来参与调查是在挪威政府机构支持下而来的。

1995年，贵州省人民政府批文下来后，对六枝梭戛的苗族区域文化调查，民族文物的收集整理工作开始，这是建立生态博物馆必备的前期工作。进入1996年，在中国博物馆学会的推动下，国家文物局和挪威开发合作署也直接介入了此生态博物馆的建设之中。

1996年11月1日，中国博物馆学会有一个二次会谈的《报告》①，上报给国家文物局。在这个报告中，该生态博物馆项目总投资额约为340万元人民币，其中直接资金186.7万元，其它方式投入折合价值157.5万元；中方投入占资金总数的四分之三；挪威开发合作署赞助四分之一。其中的直接资金投入186.7万元，占总投资额的54%（国家文物局9%；贵州省人民政府17%；六盘水市人民政府3%；挪威方面赞助26%）。挪威方面的投入体现在一个协议②中，协议提道："本合作的目的是在梭戛建立一座生态博物馆。""协议"的第三条规定："挪威开发合作署将在国会所属经费中，根据有关条款和手续向中国博物馆学会提供不超过70万挪威克朗的财政资助，专用于本项目的部分财政支出。"

最后，中国与挪威的这一协议是1997年10月23日在北京签字的。"中挪两次会谈之后，于1997年10月23日，中国国家主席江泽民和挪威国王哈拉尔五世、王后宋雅在北京人民大会堂出席了《挪威开发合作署与中国博物馆学会关于中国贵州梭戛生态博物馆的协议》签字仪式。中国国家文物局张文彬局长和挪威外交大臣沃勒拜克分别代表中国和挪威政府在协议上签字。出席签字仪式的还有国务院副总理钱其琛、全国人大常委会

---

① 名为《中国博物馆学会与挪威开发合作署官员关于合作建设贵州梭戛生态博物馆第二次会谈的报告》。

② 《挪威开发合作署与中国博物馆学会关于中国贵州省梭戛生态博物馆的协议》。

副委员长王汉斌、全国政协副主席朱光亚、国家科委副主任朱丽兰、中国驻挪威大使朱应鹿、挪威驻华大使白山等。"①

这次签字仪式把中国生态博物馆建设的一个普通的文化事件，提升到国家与国家的国际文化交流与协作的高度，对于中国第一座生态博物馆建设的聚合效应非常明显。

缘起完毕，序幕拉开。

## 第二节　中国最早的生态博物馆

"六枝梭戛苗族生态博物馆"（参见图志00085、00086）是中国的第一座生态博物馆，这是不可替代和质疑的历史，但在以上的种种经历之后，它的出现却还有许多艰难和苦痛。它们，既是生态博物馆实践的重要过程，亦是认知和理论总结的基础。

在胡朝相的《贵州生态博物馆纪实》书里，"梭戛生态博物馆的建设"这个部分中，他一共梳理了：1. "课题组"的成立；2. 考察前的安排；3. "课题组"在梭戛的考察；4. 对在梭戛建立中国第一座生态博物馆的论证；5. 如何建立梭戛生态博物馆；6. 梭戛生态博物馆项目获得政府批准；7. 梭戛社区的文化调查；8. 资料信息中心的选址；9. 资料信息中心的建筑设计；10. 中挪文化合作项目——梭戛生态博物馆达成协议；11. 中挪文化合作项目协议内容；12. 中挪文化合作项目——梭戛生态博物馆正式签字；13. 梭戛生态博物馆建设会议；14. 资料信息中心破土动工；15. 梭戛生态博物馆开馆前的准备；16. 梭戛生态博物馆举行开馆仪式；17. 梭戛生态博物馆总结会；18. "课题组"第二次到梭戛考察；19. "课题组"与贵州省政府有关领导座谈；20. 梭戛生态博物馆现场会等历程。②

---

① 胡朝相. 贵州生态博物馆纪实 [M]. 北京：中央民族大学出版社，2011：38.
② 这是关于"梭戛生态博物馆"建设过程的最为原初的记录，由于是当事人胡先生的早年回顾与记录，比任何民族志的访谈资料都全面与真实。在一定程度上说，后世所有的关于梭戛生态博物馆的民族志记录，都不会超过这一文本的可靠性。再次向胡朝相先生致意、致谢。

在第 7 个部分之前，都是中国生态博物馆建设实践的缘起，待贵州省政府批准这一文化项目建设之后，"梭戛生态博物馆的建设"就开始了。

"梭戛社区的文化调查"是建立这一生态博物馆的前提，完成了这一调查任务之后，才会有相应的建设规划和设计出现，才会把生态博物馆理论落实到具体的实践中来。

这个"梭戛社区的文化调查"是在 1996 年的 9 月中旬开始，到 10 月上旬结束，调查组跑遍了属于六盘水市六枝特区的 7 个"长角苗"村寨，属于毕节地区织金县的 5 个"长角苗"村寨。调查组成员有省文化厅文物处张勇（任调查组组长）、六枝特区文化局副局长伍贤富（任副组长）、文管所所长徐美陵、文化馆原馆长黄明友、梭戛乡成员包括党委书记毛世忠，副乡长刘晓林、刘景学，乡干部何向东，陇戛村村长杨洪祥①（苗族）等 9 人组成。为此，贵州省文化厅拨款 5 万元作为"梭戛社区文化调查"专项经费。10 月底时，调查组张勇、伍贤富、徐美陵、黄明友写出了 3 万余字的社区社会调查报告。

报告共分 12 个部分②。此外，还附了一张六枝、织金交界分布图。

这个"社区社会调查报告"就成为了后来设计和安排生态博物馆建设的基础性文件。

对于建设"梭戛生态博物馆资料信息中心"选址也在 1996 年的下半年进行，最后确定在今天人们所见的地方，过程颇费周章，是苏东海先生在 1996 年的 9 月 22 日，亲自来到陇戛看了，才最后定的地点。

这种具有国际背景的文化事件，在地方就是一件很大的事情，所以，在苏东海先生亲自定点之后，10 月 28 日，六枝特区政府就以〔1996〕六府字 14 号文的形式，正式批准了资料信息中心的用地。10 月 29 日，六盘水市政府〔1996〕78 号文，亦批准了该中心的用地。

对于"梭戛生态博物馆资料信息中心"的设计，由贵州省建筑设计研

---

① 此人在当时并不是陇戛村的村长，而是原来小乡时候的乡干部（工作人员），还任过小乡时候的副乡长，由于某种原因回到陇戛，类似于今天的包村乡干部。此人在此村很有威望，被外界称为"小苗王"。

② 即：一、概况；二、建筑；三、生产生活；四、工艺技术；五、头饰服饰；六、文化教育；七、社会结构；八、风俗习惯；九、节日活动；十、宗教礼仪；十一、音乐舞蹈；十二、民间文学。

究院的李多扶副总工程师来承担。他的陇戛寨的建筑文化调查在 1996 年的 8 月初就开始了。也是在 10 月之后，他拿出了自己的"梭戛生态博物馆资料信息中心"的设计图，设计中自然有许多陇戛寨民居的元素，因为《报告》要求："资料中心的建筑材料应符合防火要求，建筑外观应与陇戛苗寨的建筑风格相一致"，所以其设计外观确实是草房。但本质上还是一种符合博物馆对于"资料信息中心"性能要求，符合某一种建筑理念的现代设计。这样的资料中心在梭戛建成后，形式上对于中国后来的生态博物馆"资料中心"的建设影响很大，形成了基于本地建筑文化的形态，又符合现代博物馆资料展示基本功能要求的模式化建筑，即"外土内洋"。

这个时候，苏东海先生在北京与挪威国家开发署的会谈也紧锣密鼓，希望实现挪威王国的参与和援助。其目的不仅仅是经费问题，还有"国际合作"的愿景和光环效应的考虑。在其中，计算中方投资比例的"辛苦和无奈"无以言说，但最后协议签署比预想的要好，两个国家的领导人都出席了签字仪式。

在 1997 年 1 月，一共 80 万元①全部到位。"梭戛生态博物馆资料信息中心"设计图纸有了，建筑施工队伍为贵州镇远古建筑工程队。

1997 年 6 月 10 日，举行了开工仪式。对此，胡朝相有描述："1997 年 6 月 10 日是一个阳光灿烂的日子，村民们都云集到这不到 4 亩宽的辣椒地上，工程队正在用石灰画房屋基线。上午 11 点钟，工地上摆了长条桌和条凳，这些都是为来参加资料信息中心开工的有关领导安排好的座位。11 点半，省实施小组组长胡朝相，六枝特区党委副书记梁宜章、梁光义，建设银行王行长，梭戛乡党委书记毛世忠，文化馆长徐美陵等，整整齐齐地坐在前排。开工仪式由乡党委书记毛世忠主持。"②

这样的历史瞬间早就已经定格。在举行开工仪式 9 天后，苏东海又来到施工现场，这也会被定格为历史的。

一年多后，1998 年 8 月梭戛生态博物馆资料信息中心竣工。开馆的日期经苏东海同意，定在 10 月 31 日。如何布展是件重要的事情。在胡朝相

---

① 国家文物局 20 万元、省政府 20 万元、文化厅 20 万元，挪威 70 万挪威克朗（折合人民币 80 万元，已拨到国家文物局），先期拨付 20 万元。

② 胡朝相. 贵州生态博物馆纪实 [M]. 北京：中央民族大学出版社，2011：40.

的《中国生态博物馆纪实》中说："展览是开馆的重要内容,陈列如何定位,是一个学术问题。《在梭戛建立中国第一座生态博物馆可行性研究报告》中指出:'作为一个信息中心,它利用一个小型的展览向观众介绍即将参观的特定文化的基本情况,并告诉人们作为一名观众(或客人)的行为要求,以及他们将要看到和经历什么,这些工作通过视听媒介来完成。'"① 胡朝相说这是《报告》中的要求,但对照原始文件,实际上《报告》中没有这样的原文,故这是胡朝相先生借此对于如何布展的"理解"。所以,他由此推导出来的布展应该是:"因此,生态博物馆资料信息中心应该由文字资料、影像资料、图表等内容组成。"② 而且解释为什么要这样做:"虽然生态博物馆是对传统博物馆反思的结果,这种反思是建立在对传统博物馆研究的基础之上,可以说,没有传统博物馆的历史沉淀,就不会出现新博物馆学和生态博物馆,生态博物馆的展览和传统博物馆是一种继承关系,不是一种对立关系,它是属于技术层面的工作,继承和借鉴传统博物馆的陈列手法显得特别的重要。"③ 这样的归纳和总结实际上是在梭戛生态博物馆建设实践中的理论发现,即生态博物馆原生于博物馆的发展,有许多东西既是一种发展关系,也是一种继承关系。

但布展人员为了更好地完成任务,布展前还专门到了四川的"三星堆博物馆"参观学习。

最后,"资料中心"分为三个部分来安排:第一部分是苗族村民生活场景的复原。第二部分是展示社区图。第三部分反映箐苗(长角苗亦可称为箐苗,两者都是他称)精神和物质文化方面的图片和实物。

苗族村民生活场景的复原是由专家和村民共同完成,即"资料中心"一定程度上是民居的"复原",里面的东西按照原来居民的习惯如何放置由村民安排和提出意见,但对于生态博物馆的概念介绍是文字性的,这是专家的事情。

第二个部分的"社区图"即使用图的方式表明此生态博物馆保护的区域状态,这梭戛生态博物馆的区域就自然包含了"长角苗"12寨的全部区

---

① 胡朝相. 贵州生态博物馆纪实 [M]. 北京:中央民族大学出版社,2011:41.
② 胡朝相. 贵州生态博物馆纪实 [M]. 北京:中央民族大学出版社,2011:41.
③ 胡朝相. 贵州生态博物馆纪实 [M]. 北京:中央民族大学出版社,2011:41.

域，即包含了织金县的5个村寨，是一个跨行政区域的保护区，但这只是一个学术上的概念，而毕节地区的织金县基本没有在这一生态博物馆建设实践中出现过。《在梭戛建立中国第一座生态博物馆可行性研究报告》中指出："生态博物馆是建立在这样一个基本观点之上，即文化遗产应原状地保护和保存在其所属社区及环境之中，从这个意义上讲，社区的区域等于博物馆的面积。""以长角为头饰的梭戛苗族社区包括12个村寨，其中有5个村寨在与六枝交界的织金县境内，这个文化社区已经打破了行政区划的概念，是有共同的生存环境、共同的语言服饰、共同的生产生活习俗和信仰、共同的文化心理的文化社区。它不局限于一个村寨，陇戛苗寨仅是梭戛苗族文化社区的一个中心寨，因此，梭戛生态博物馆的面积等于梭戛文化社区的面积。让村民和观众认识到生态博物馆不是村寨博物馆，更不是一个以公共建筑为标志的传统博物馆。"① 这段文字的情形同前述，里面所表达的意思在《报告》中确实有类似的文字。但是，在后来的实践中，社区面积等同于生态博物馆的面积实际上并不能实现，因为这12个村寨的面积实际上很大，有一次笔者从陇戛到织金的一个村寨，汽车跑了整整两个小时。而且，12个村寨中的其中5个村寨与另外一个县的行政隶属关系，不是此报告能解决的问题。

第三个方面是反映箐苗精神和物质文化方面的图片和实物。在实物的布展和图片的放置中，村民也积极参加了这样的过程，因为其中有许多布展的实物就是村民自己提供的。这样，第三个方面的布展内容也在一定程度上反映了村民的理解和看法，特别是图片和实物之间的对应关系，专家往往要听取村民的意见。"从理念上应坚持生态博物馆是村民的博物馆，村民是文化的主人，村民不但要参与生态博物馆的陈列展览工作，而且要让他们用自己使用过和正在使用的生产生活实物参展。村民们积极性更高，他们将自己亲手制作的精美的服饰、蜡染、刺绣、手工工艺品等踊跃拿来参展，他们对此感到十分荣耀。在陈列展览过程中，村民是真正的艺术家，服饰和手工制品如何摆放才凸显出艺术效果，他们最内行，特别是整个梳头过程的10多张照片，如何摆放，博物馆的专业人员还得请教他

---

① 胡朝相. 贵州生态博物馆纪实 [M]. 北京：中央民族大学出版社，2011：43.

们。最重要的不是展览做得如何的精彩，而是村民的直接参与。"① 当然，这些最初参与展览的展品，最后村民在展览一段时间后，又都重新拿回去了。

对于信息中心的资料建设，胡朝相先生也有描述："生态博物馆信息中心的资料有两大部分，一是实物和文字资料，二是影像资料。开馆之前曾作了一次社区文化调查，仅文字调查就达3万余字，还有照片、录像、录音等。这些调查材料为开馆前建立'箐苗记忆'数据库奠定了基础。"② 笔者有机会被允许看过他们的资料库信息，确实如此，从一开始的"社区社会调查报告"到后来的一系列的图文和音、影资料，至今仍然可以说是中国生态博物馆信息资料最完备的一个地方了。

10月31日，梭戛生态博物馆的开馆仪式如期举行。"梭戛生态博物馆定于1998年10月31日举行开馆仪式。上午10点钟，在陇戛寨寨门处响起了三声铁炮③声，炮声响彻山谷，预示着苗寨大喜将至。村民们身穿节日盛装，欢迎光临开馆仪式的各方客人。参加开馆仪式的有国家文物局马自树副局长，中国博物馆学会副理事长李文儒先生，中国博物馆学会常务理事、贵州生态博物馆项目领导小组组长苏东海先生，中国博物馆学会、课题组协调人兼翻译安来顺先生，挪威生态博物馆学家、贵州生态博物馆科学顾问约翰·杰斯特龙先生，贵州省政府领导龙超云副省长为主的省市领导和佳宾，盛况空前。资料信息中心的院坝里站满了人，他们很多是来自附近村寨的村民，有苗族、彝族、布依族，他们身穿民族盛装前来参加开馆仪式。会场的喇叭里传来了《甜蜜的事业》《在希望的田野上》等歌曲。在办公室上方悬挂了一条横幅，'梭戛生态博物馆开馆仪式'。"④

这样的生态博物馆开馆仪式，可能在中国生态博物馆建设实践中，仅此一次，绝对不会重现了，这样的开馆仪式体现的是中国官方政治文化存在，并不意味着中国生态博物馆学术意义的展开，但这种呈现对于中国生

---

① 胡朝相. 贵州生态博物馆纪实 [M]. 北京：中央民族大学出版社，2011：43.
② 胡朝相. 贵州生态博物馆纪实 [M]. 北京：中央民族大学出版社，2011：44.
③ 这是中国少数民族地区多民族都使用的传统响器，为一铁管，置于地上，管内为黑色火药，铁管下有一引线，点燃，火药爆炸，声响巨大，是村民传统报信工具。多用于丧事等重要事件报信中。
④ 胡朝相. 贵州生态博物馆纪实 [M]. 北京：中央民族大学出版社，2011：46.

态博物馆的发展非常重要，它至少说明，从现在开始，生态博物馆建设实践符合中国的文化发展需求，符合中国政治、经济、社会、文化发展的方向，中国的政治家们认同生态博物馆发展的理念。这场"盛宴"过后，关于梭戛生态博物馆的学术推展又逐次展开。

在这次梭戛生态博物馆开馆仪式上，有三个人的讲话和发言透露了大量信息：一是贵州省副省长龙超云，二是国家文物局副局长马自树，三是陇戛寨的村民熊华艳。

龙超云讲话："梭戛生态博物馆的建成开馆，是贵州文化建设史上的一件大事，是新中国成立以来贵州的第一个国际文化合作项目……梭戛生态博物馆的建立，必将推动贵州民族村镇的自然和文化遗产的保护，为贵州民族文化的保护注入了全新的理念和方法。梭戛生态博物馆是建在社会经济十分落后和文化又非常独特的苗族社区，它的建立本身就有现实意义和挑战意义，对贵州贫困地区如何保护民族文化是一种大胆的尝试。梭戛生态博物馆的诞生正处在国家实施西部大开发的重要时期，我们一方面要保护梭戛生态博物馆自然环境和文化遗产，一方面要关注梭戛苗族社区的社会经济发展，只有富裕起来的村民才能投入社区的文化保护事业中。"这与生态博物馆关于社区发展的理念吻合，说明生态博物馆理念与官员关注的点是可以重合的。还有，"新中国成立以来贵州的第一个国际间文化合作项目"，也是贵州省如此重视这个项目的重要原因，因为它是具有开创性的。

马自树讲话："梭戛生态博物馆的建成开馆在中国博物馆领域具有里程碑意义，是中国博物馆专家学者对新博物馆学的勇敢探索和大胆尝试的成果。梭戛生态博物馆的建成开馆，为中国的博物馆领域增加了新的门类。……梭戛生态博物馆成为中国第一座生态博物馆。……生态博物馆毕竟是属于西方文化，在中国建生态博物馆如何将国际生态博物馆的理念与中国的国情相结合，成为具有中国特色的同时又被国际所认可的生态博物馆。这将是一个长期探索和实践的过程，在实践中，生态博物馆还将面对来自各个方面的挑战，我国处在社会主义初级阶段，生态博物馆不但要关心自然和文化遗产的保护，同时也要关注生态博物馆所在社区的社会经济的发展。"这是从专业定位上对于梭戛生态博物馆的肯定，以及他代表的中国博物馆学界的学术发展思考。

熊华艳讲话:"梭戛生态博物馆的建成开馆,是我们长角苗族人的一件大喜事。为什么有从挪威来的、从北京来的、从省里和市里来的这样多的领导和专家参加开馆仪式,说明了我们的长角苗族文化非常有吸引力,我们自己感觉不出我们的文化好在哪里,是生态博物馆的专家发现了我们长角苗族文化的价值,我们才认识到长角苗族文化的独特性。"①

笔者在 1993 年的调查期间就住在熊华艳家,太理解她的话语,以及胡朝相对于她的话语的整理,这些话语是实话。对于陇戛寨村民的理解和反应,笔者在后续中还有论述。

在开馆仪式结束的第三天,梭戛生态博物馆建设实践的专家、主要参与者们,在贵阳有一个小范围的总结会。在总结会上,苏东海先生对此有 4 点评估:(1) 第一座生态博物馆在中国成功建立;(2) 中国生态博物馆的模式成功确立;(3) 梭戛生态博物馆在中国引起了广泛关注;(4) 唤起了梭戛人民保护文化的热情,要进一步激发他们民族自豪感。

但与会者也有些进一步思考和担忧:"在贵州贫困的苗族社区建立生态博物馆旨在使这些独具特色的苗族文化在现代化的过程中不会丧失自己。但是,生态博物馆思想是后工业时代的产物,是一种深刻的理念,它不可能在距离这个时代都非常遥远的中国山村自发产生,要使村民接受生态博物馆,需要走很长的路,村民重视眼前的利益,所以我们首先做的是运用挪威政府的捐款和中国政府的拨款,进行引水上山、引电上山的工程,并修筑出山的路,使村民的生活、生产得以改善,村民很快就接受了生态博物馆项目,村民同时又参与资料信息中心的建设,增加了他们的收入,又盖起了自己的文化活动中心。博物馆对村里的年轻人进行培训,他们运用照相、摄像、录音等技术开展'文化记忆工程',这样一来生态博物馆的价值开始逐步得以实现。"②

从 1998 年到如今,已经过去 20 多年,梭戛确实也发生了许多变化,有的变化是意料中的,有的变化是始料未及的。比如在开馆仪式上发言的漂亮的苗人媳妇熊华艳(杨洪祥的儿媳妇),约 10 年前就已经改嫁到毕节

---

① 胡朝相. 贵州生态博物馆纪实 [M]. 北京:中央民族大学出版社,2011:47-50.

② 胡朝相. 贵州生态博物馆纪实 [M]. 北京:中央民族大学出版社,2011:53.

去了。这表面上没有什么，但如果理解 20 年前梭戛苗族人的婚姻关系和极为严格的禁忌，就可以理解熊华艳离婚改嫁的意义了。

一年以后，1999 年的 8 月，创建中国第一座生态博物馆的群体又开始了另外一个历史征程，对梭戛生态博物馆进行第二次全面调查。这次考察为期 10 天，1999 年 8 月 1 日至 10 日，几乎是原班人马。

"课题组"成员翻山越岭，徒步考察走访了 7 个村寨，与 16 个村民委员会主任座谈，基本摸清了梭戛社区的综合情况：梭戛箐苗社区共 12 个村寨，有 996 户人家，人口为 4069 人。居住于海拔 1400 米至 2200 米的大山中，生产和生活条件十分艰苦。……

"这次考察活动的任务是：（1）更全面地了解梭戛整个箐苗社区的综合情况，以便明确资料信息中心所在的陇戛寨在整个社区中具有典型性。（2）通过与不同村寨的领导人直接交流，了解他们从社会及文化角度对生态博物馆现状的看法，特别是对生态博物馆的作用的态度。（3）启动'箐苗记忆'项目，对村民进行培训，使箐苗村民用本民族的语言记录下自己的口碑历史及传说。（4）为中挪文化合作项目——贵州生态博物馆（第二阶段）建设制定文件。"[1] 可见，他们在梭戛生态博物馆建成之后，又在着力于贵州生态博物馆群建设的下一步行动。

对于这次考察有如下收获：（1）生态博物馆是保护传统文化遗产的工具；（2）生态博物馆是促进社区发展的工具；（3）生态博物馆为整个箐苗人民提供了一个社区活动中心。在生态博物馆建成之前，他们缺少这样的中心；（4）箐苗人民在希望保护自己的文化传统的同时，期望社会经济发展，以改善生活水平。[2]

但这一次考察还有一个收获，即促成了梭戛生态博物馆后续运行的一些条件和规则的实现和确立，比如在后来确立了梭戛生态博物馆的地位，即编制问题，使梭戛生态博物馆属于六枝特区的一个政府编制内机构，有编制 3 人，每年都有正常的运行经费和任务考核。即纳入国家文化机构管理体制。

---

[1] 胡朝相. 贵州生态博物馆纪实 [M]. 北京：中央民族大学出版社，2011：58-59.

[2] 胡朝相. 贵州生态博物馆纪实 [M]. 北京：中央民族大学出版社，2011：60.

1999年9月10日，苏东海先生由北京飞抵贵阳，主持在贵阳云岩宾馆召开与贵州省龙超云副省长关于梭戛生态博物馆开馆后管理和运作为内容的座谈会。在这个会议上，苏东海有六点意见。为后续的梭戛生态博物馆的管理和运行奠定了基本的路线。

这六点意见是：

第一，生态博物馆不是一般的旅游景点，它是一个特殊的博物馆，不能当成一般的博物馆和一般的旅游景点。生态博物馆社区居民应该以主人的角色和主人的姿态接待来访者，应该热情好客，将自己优秀的文化奉献给客人。具体措施是在资料信息中心开辟一个叫博物馆商店或者叫服务部的部门，把一切商业行为和接待行为都集中到服务部来。生态博物馆不收门票，可设捐赠箱，在捐赠箱上写"请帮我们建设"，把村寨的"简介"免费送给客人，表示主人的心意。

第二，设计梭戛的卡片作为礼物赠送客人，如果是两张以上可以收费。

第三，将寨老、寨主、祭司的照片和织布机、刻竹记事、苗族盛装、风景照片定价出售，另外，村民使用的东西不能卖，能卖的是手工艺品。手工艺品要标明制作者的姓名，而且要高价出售。

第四，可以制作一些文物复制品，如刻竹记事，是谁刻制的要刻上名字。要把自己手工艺品的文化品位提高，不要低价出售，对个人可以赠送，总之，要考虑的出发点是维护主人的自尊。出售的工艺品要精心制作，价格一定要高。为了出售而制作的工艺品才是商品，因而要保证质量，保持品牌。出售的工艺品水平要超过大众的纪念品，但也可以有一些大众纪念品，原则上，商业行为必须统一，文物必须保护。

第五，和旅游部门要共存、共融，保护与开放相结合，保护是为了可持续发展，为了开放。通过开放，使文化得到更好的保护和弘扬。

第六，希望大家想一些具体办法，保护民族文化，增加村民经济收入，与旅游部门保持良好的关系，使梭戛生态博物馆朝着健康的方向发展。[1]

无意间，这也成为今后中国生态博物馆运行必须遵循的原则，虽然现

---

[1] 胡朝相. 贵州生态博物馆纪实 [M]. 北京：中央民族大学出版社，2011：61.

今于此上已经有许多"突破",但总体的精神仍然存在。①

在这次会议上,贵州省副省长龙超云表述的在后续建设生态博物馆群的政府安排,是一个兴奋点。"贵州下一步的基本打算,就此问题说四点:(1)要把生态博物馆作为一个系统工程来抓。昨天跟分管旅游的副省长开会研究古镇和民族村寨保护问题,要在贵州列出一批古镇和民族村寨进行保护,村寨的道路、自来水、公厕、排污问题要逐一解决,标志性建筑要维修,包括绿化问题都要作出规划,4个生态博物馆列为第一批。所以,生态博物馆的建设可以在省政府的统一领导下协调完成。(2)建立一个新的管理模式,准备成立贵州生态博物馆群管理委员会,管委会成员有各部门参加,当地政府和村寨也应参加,文化部门是主管部门,通过管委会形式,对贵州生态博物馆群实行有效管理。(3)关于立法问题,今年搞调研,明年出台民族村寨保护管理办法。鉴于生态博物馆群的特殊性,由村寨搞乡规民约进行自我管理。但仅此不够,要应用地方法规来管理好生态博物馆,防止有损于生态博物馆的事情发生。(4)继续巩固和完善梭戛生态博物馆的建设。梭戛的迫切问题是饮水,文化厅要会同地方政府搞好引水工程的规划,并付诸实施。省政府准备今年年底在六枝召开梭戛生态博物馆现场会,通过现场会,研究如何解决梭戛饮水、道路、绿化、村民看电视等问题,可以通知花溪、锦屏、黎平等县的县长开现场会,为生态博物馆群的建设做好准备。"②

对于这次会议,苏东海先生作了小结,一共四点:

第一,我们的共识是梭戛生态博物馆的建设已经取得了成功,为建立贵州生态博物馆群预示了良好的前景。

第二,第二阶段项目经费预算在资金分配上,北京、贵州包括挪威在内取得了一致的意见。这个预算仅是一个初步的预算,国家文物局、中国博物馆学会请安来顺先生到挪威完成项目文本,之后,在中挪双方认可的条件下,正式签署文件。约翰·杰斯特龙先生虽然是挪威政府聘请的项目文件的科学顾问,但他是中国同行的老朋友、好朋友,贵州生态博物馆注

---

① 对于苏东海先生的这些条款,笔者有深切体会。笔者早年出版了一本名为《梭戛苗人文化研究》的小书,送了几十本给村里,嘱咐他们出售给需要和喜欢的人,收入为他们自己安排。

② 胡朝相. 贵州生态博物馆纪实[M]. 北京:中央民族大学出版社,2011:63.

入了他的思想，我们向他表示诚挚的谢意。

第三，龙超云副省长传达了贵州省人民政府和她个人对该项目作出的决策和措施，是非常有远见的，是非常有力量的。

第四，我们所遇到的问题是前进中不可避免的问题，把保护文化遗产和发展经济，把优秀的民族文化提供给全国和全世界人民，是一件引以为豪的文化事业，我们一定要作出百般的努力。预祝贵州生态博物馆群的建设不断地取得新的进展！①

于此，贵州生态博物馆群的建设实践又开始了新的征程。所以，胡朝相高度评价了此次会议："这次座谈会，是继1995年5月对《在贵州省梭戛乡建立中国第一座生态博物馆的可行性研究报告》论证会之后的又一次重要的会议，它是一次有贵州省政府分管副省长参加的高规格的会议。这次会议是在梭戛生态博物馆建成开馆近一年后出现的旅游和文化冲突的情况下，在开启贵州生态博物馆群第二阶段建设的关键时刻召开的；这次会议是为花溪镇山、锦屏隆里、黎平堂安三座生态博物馆的建成，和最终实施贵州生态博物馆群项目的建设举行的预备会议，是贵州生态博物馆群建设史上一次重要的记录。"②

在这些历史记录中，看得出贵州省政府官员的政治智慧，巧妙地把贵州省生态博物馆建设实践与政府的"古镇和民族村寨保护"问题结合起来考虑和实施，也在一定程度上利用国家文物部门对于生态博物馆建设与实践的过程，推进贵州省的"古镇和民族村寨保护"工作。并且使用政府的常规手段来促进多方面工作的开展，故12月的由贵州省在六盘水市召开的全省"梭戛生态博物馆现场会暨贵州民族村镇保护与建设会议"如期举行。这样把生态博物馆的建立和推进与贵州民族村镇保护与建设结合起来，对于贵州省生态博物馆群的建设无疑是一次全省的"动员令"。苏东海参加了这次会议，他们在贵州省的行动得到如此回应，应该是苏东海始料未及的，它肯定为后来的其他生态博物馆建设铺平了道路。但苏东海在会议上发言还是表现了他对于生态博物馆发展的担忧，故他在讲话中非常强调生态博物馆的性质，强调与旅游的关系，希望其在文化保护与旅游之

---

① 胡朝相. 贵州生态博物馆纪实［M］. 北京：中央民族大学出版社，2011：64.
② 胡朝相. 贵州生态博物馆纪实［M］. 北京：中央民族大学出版社，2011：65.

间找到一个平衡点。其实，这就是政府推进和学者推进生态博物馆建设与实践的最大不同点。

"生态博物馆作为传播知识和社会教育的终身课堂是不能收门票的，收门票就不是生态博物馆，而是一般的大众旅游景点。鉴于此，生态博物馆必须控制游客人数，如果大量地涌入游客，就会造成对环境的污染和文化遗产的损坏，会直接干扰社区村民的生产生活。

生态博物馆更能适合一些特殊的人群，即专家学者型的游客，如环境学者、生态学者、人类学者、民族学者、民俗学者、文化学者、博物馆学者等，当然也不排斥一般的游客，只是说要控制一般游客的数量。如果将生态博物馆当成一般的开放的旅游村寨，为旅游团队搞歌舞表演，也就失去了建生态博物馆意义，生态博物馆只能降低到一般的旅游村寨。"

这是他在此次会议上的讲话内容中的一个部分，从中不难看出，苏东海担心什么。

## 第三节 贵州生态博物馆

梭戛生态博物馆建成之后，镇山生态博物馆项目建设，也就进入了贵州省生态博物馆建设的日程。如果说梭戛生态博物馆是中国第一座生态博物馆，是开创性的生态博物馆事业，那么，这第二阶段的镇山和第三阶段的隆里、堂安等地的生态博物馆建设，就可以说为贵州生态博物馆建设与实践的另外一个重要组成部分，是贵州时代的深入发展。

### 一、镇山布依族生态博物馆

镇山是贵阳市花溪区附近的一个布依族村寨，位于花溪水源地花溪水库中部，是一个邻水秀丽的村寨。笔者对于镇山布依族村寨的调查在第一次[①]对于贵州省5个调查点进行调查的时候就基本完成。这个点距离贵阳

---

① 在2016年时，受麻国庆先生"指南针项目"的委托，笔者就对贵州境内的5个生态博物馆进行了一个比较全面的调查，故此有第一次之说。

比较近，交通比较方便，前期政府已经在此地进行了一系列的民族村寨旅游开发和保护工作，已经具有了一定的资料基础。基本情况、图片、影像、一些基本设施的修缮等已经完成，已经进行一定程度的民族文化旅游活动，是贵阳市近郊有名的乡村旅游点了。

对于镇山生态博物馆建设，在梭戛生态博物馆建设经验的基础上，应该是比较熟练的一个进行过程，但在建设过程中，也有一系列新的问题出现。

按照时间顺序，镇山生态博物馆（参见图志00087）建设与实践，分三个部分叙述：一是时间表；二是文化基础概述；三是镇山生态博物馆实践的新问题。

**镇山生态博物馆建设与实践时间表**

1999年3月16日，协议签订①。

1999年3月19日，挪威环境大臣古露·弗耶兰格等一行考察镇山村。在与贵州省官员座谈会上，她说，"镇山布依族村民对她的热情接待给她留下了深刻的印象。她认为镇山的自然环境和文化都十分独特，建立生态博物馆更加有利于促进它的整体保护。"②

1999年8月，贵州生态博物馆科学顾问约翰·杰斯特龙先生到镇山了解资料信息中心的选址情况。

1999年9月，"课题组"协调人兼翻译安来顺先生，赴挪威起草《中国贵州生态博物馆群项目文件》③。

1999年11月底，贵州省文化厅向省政府呈送了《关于申请建立镇山等三座生态博物馆的请示》，12月9日省政府作如下批复："经研究，同意在花溪区镇山村、锦屏县隆里镇、黎平县堂安寨分别建立贵州花溪镇山布依族生态博物馆、贵州锦屏隆里古城生态博物馆、贵州黎平堂安侗族生态

---

① 中国博物馆学会与挪威开发合作署签署了《关于贵州省文化遗产活动的意向书》，决定在1999—2001年，挪威开发合作署提供150万元挪威克朗，以资助建立贵阳市花溪区镇山村、锦屏县隆里古城、黎平县肇兴乡堂安生态博物馆的规划；帮助梭戛生态博物馆的进一步开发。

② 胡朝相.贵州生态博物馆纪实[M].北京：中央民族大学出版社，2011：81.

③ 这是一份未经签署的中挪文化合作项目文件。文件的主要内容就是梭戛生态博物馆完成，启动第二阶段和第三阶段的贵州省三个生态博物馆建设，而镇山布依族生态博物馆列为中挪文化合作项目（1999—2001）第二阶段必须完成的项目。

博物馆。建馆具体事宜，请与有关部门联系办理。"①

2000年1月，制订了《镇山布依族生态博物馆的建设方案》，经项目领导小组批准，同意按照此方案实施。其中的工作安排时间为：

2000年6月30日之前完成镇山生态博物馆的总体规划，规划应遵循以下原则："自然和文化遗产整体保护的原则""对具有历史、科学、艺术价值的建筑物（包括屯墙、屯门、武庙、古民居、古巷道等）实行'整旧如旧，不改变原状'的原则""对村寨的规划实行'可持续发展'的原则"。规划可分为以下三个区：文化遗产保护区、传统农耕文化保护区、村民新区。

2000年6月30日前完成生态博物馆资料信息中心用地13亩的征地手续；完成环境测评报告。

2000年6月30日前完成资料信息中心的设计任务。7月初送北京项目领导小组审批。

2000年6月，贵州省建筑设计研究院完成了资料信息中心的全部设计，并获得了生态博物馆项目领导小组的批准。

设计图为总平面图、一层平面图、正门立面图和侧立面图、施工图，占地面积为5900平方米、建筑面积790平方米。平面布局为长方形。展厅和多功能厅不在一个面上，展厅和多功能厅面积达150平方米，均满足了相关功能的需求。在侧立面设计有碉楼一座，它是贵州西部屯堡建筑的重要标志。

2001年4月3日举行奠基仪式。但由于种种原因，该项目一直到9月2日才真正破土动工。

2002年7月15日，举行镇山布依族生态博物馆开馆仪式。

**镇山生态博物馆建设与实践文化基础概述**

镇山生态博物馆建设与实践的文化基础是多方面的，在1995年4月，约翰·杰斯特龙先生一行人对镇山进行考察调研时，就充分认识它的文化意义和内涵，由于早期保护工作的开展，认为此地已经初步具备了"露天博物馆"的形态，接下来将从物质文化和非物质文化两个方面阐述。

---

① 胡朝相．贵州生态博物馆纪实［M］．北京：中央民族大学出版社，2011：82.

1. 物质文化

屯堡，周长约 700 米、高 2 米至 3 米不等，全系石头砌成，依山势而建，高低错落，均不在一个等高线上，形成不同高度的"落差美"。有屯门两洞，成为进寨唯一的两道门户，现存有约一半的残墙和一个保存完好的屯门。屯堡的始建年代不详，这种军事防御设施缘起明代洪武年间在贵州推行的卫所制度。镇山的屯堡与明万历二十八年（公元 1600 年）"平播"事件后李仁宇将军入赘镇山屯兵有一定的渊源关系，现已成为镇山的一道历史建筑景观。

古墓葬：主要有镇山班、李氏始祖李仁宇将军墓，在镇山对面的李村西侧，还有在小关苗寨左侧山上李仁宇将军两个儿子的墓葬，被明廷封为德武将军和振武将军。历史和考古价值最高的是李仁宇将军墓：此墓墓碑清楚地镌刻墓主人的籍贯、职务、入黔以及入赘镇山的史实，是镇山建寨历史和汉、布依联姻的实物见证。

民居建筑：镇山布依寨不同于一般的自然村寨，首先在选址上独具匠心，其地在明清时期是贵阳府通往广顺州（今长顺县广顺镇）的重要粮道。寨脚濒临花溪河，顺水路可通贵阳府，交通便利。镇山下寨的建筑风格以及由此而形成的建筑空间则与上寨迥然不同。下寨之所以叫下寨，是因为在历史上它本也不在屯兵的范围。1958 年建花溪水库以前，下寨是在花溪河畔。1958 年修花溪水库时民居从河边搬到了屯墙下面，形成了三级梯级状态，仍称之为下寨。

上寨则是历史上镇山建筑平面布局的原型。屯墙依山势而建，唯有上下两道屯门可以通向屯外，是一个完全封闭的具有防御功能的系统工程。而屯内的民居亦然，是封闭观念的产物。武庙则占据了上寨的中心位置，始建于明万历年间，清咸丰年间毁于战火，光绪三十四年（公元 1908 年）重建，这是李仁宇将军尚武的实物见证。通往上寨的路是一条狭长而幽深的巷道，让人感到神秘莫测，望而却步。民居多为三合院，多数民居都有朝门，它和大门形成两条不同的中轴线。倘若关上朝门，使人感到安全和宁静，它的建筑理念和北京的四合院，安徽、江西、湖南等省的封火墙"一颗印"建筑是一脉相承的，这是汉族建筑的一大特点。另一方面，在选址上，充分吸收了布依族村寨选址的特点，民居的朝向也是依山势而选择的，而不像北方的民居建筑，是千篇一律的坐南朝北，因而上寨的民居建筑各抱地势，形成了丰富的建筑空间。

民居的装修主要体现窗棂方面，木雕精工，刀法娴熟，线条也比较流畅。多数民居的窗棂不失为木雕的精品。

上寨民居的大门一般都设有腰门。它的作用是什么呢？有两种说法：一是不让家里的财源外流，二是为了安全，不让小孩往外跑。此外，在大门的上方都安有门簪，它除了起到装饰作用以外，还体现祈求富贵的思想观念。一般门簪上都写有"福禄寿喜"四字，可惜现在保留下来的不多了。

在上寨的民居中，最为突出的是家家户户堂屋里设置的神龛，现在还遗存上百年的神龛，木雕的花纹十分讲究，做工精细，是镇山木雕的上乘，可见对祖先的崇敬，镇山人不惜请最好的工匠和最好的材料来打制祭祖神龛。

镇山布依族村寨的石头建筑是贵州中西部石头建筑的代表，有所不同的是，在门窗的式样和雕刻艺术上融入了汉族建筑的元素。汉族、布依族建筑文化的交融在镇山的民居建筑中得到了完美的体现。

服饰：主要体现在妇女服饰上有自己的特点，它没有特别的节日盛装，也没有其他一些民族服饰的鲜艳夺目的色彩和华丽的装饰，比较简朴大方，适应生产和劳作。服饰的色调为青色、藏青色和蓝色。布依族女青年的服饰有头帕、绣花青布衣服、绣花长裤、绣花围腰等。银饰品一般在节日期间才佩戴。布依族姑娘的着装显得朴素、简洁、清爽。男装多为对襟短衣。

2. 非物质文化

工艺技艺：镇山布依族的刺绣工艺主要体现在围腰上，围腰绣花部件的图案中多用花鸟图案，最常见的图案有喜鹊、公鸡、蝴蝶、鲤鱼、狗牙瓣、水草、辫子、水仙、牡丹、竹、梅、荷。

镇山妇女的聪明才智都集中体现在挑花和刺绣上，她们的挑花刺绣手法常见的有：平绣、贴绣、十字挑花、抽纱、窜纱、缠绕、盘绣、架纱、吊十三针、绲边、抛纱等。一套有挑花刺绣工艺的布依族女子服装有很高的艺术价值和审美价值。

节日：在镇山，由于400多年来民族文化的碰撞和交融，节日活动方面不是单一的，而是多元的。如在镇山社区的布依族、苗族也同样和汉族一样过春节,汉族的端午节、七月半、重阳节等,镇山的布依族和苗族也过。而汉族、布依族也同样过苗族的跳花节。汉族和苗族也同样过布依族的"三月三""六月六",总之,一年四季的节日比较多。

每年农历正月十二、十三、十四这三天,镇山的苗族、布依族都要举行"跳花节"活动,场上盛况空前,布依族、苗族青年男女身着节日盛装,会集在一起,青年男女围着花树唱歌、跳芦笙舞。每年"六月六"是镇山布依族的传统节日,插秧完毕,要包粽子,还要举行对歌活动。

信仰:镇山村民的信仰和禁忌也是多元的,但祖先信仰为主体。

口头文学:镇山还是民族民间文学和艺术的宝库。镇山的布依族和其他的民族一样,由于没有自己的文字,都是口传心授,民歌、民间故事、传说等都是口传文化的重要内容。镇山的民歌是以惠水布依族的《好花红》的曲调为主调,歌词是随口编唱,非常灵活,充分显示镇山布依人的聪明才智。镇山流传着许多动人的故事,在没有电视的时代,讲故事是镇山人的一项重要的文化活动。现在镇山流传的故事有:蚩尤战黄帝、半边山的由来、半边山的万马奔腾、半边山三岔河跳花场的由来、盘古开天地、伏羲兄妹造人类,这些故事内容丰富,情节生动,引人入胜。

器乐曲:镇山的民族民间乐器也比较多,有芦笙、唢呐、姊妹箫、箫筒。曲调有芦笙调和唢呐调,曲调悦耳动听。[①]

这些镇山村布依族文化,应该是1995年时候的事情,现今已经过去20多年,此地的布依族文化变化比较大,使约翰·杰斯特龙先生和苏东海先生兴奋不已的自然文化表现,已经难于见到,商业化、娱乐化、审美化的东西和表演居多,对于镇山村的布依族传统文化影响很大,虽然在其信息资料中心还可以看到这些资料和情景,但生态博物馆希望保护的东西还是在一步一步地远去。

**镇山生态博物馆实践的新问题**

2002年7月15日,镇山生态博物馆开馆,标志着贵州省生态博物馆建设与实践的第二阶段的任务完成,但在镇山生态博物馆的布展问题上,出现了贵州省生态博物馆建设与实践中的一个新的问题,即镇山生态博物

---

① 此资料主要来源于胡朝相. 贵州生态博物馆纪实[M]. 北京:中央民族大学出版社,2011:74-78. 使用时有删节。也结合了一些笔者的民族志调查资料。

馆的信息资料中心的布展是仅仅限于镇山布依族文化,还是表现整个贵州省布依族文化?

布展要对布依族文化做调查以及对相关文化实物和资料的收集整理,但如何做这样的调查,当时有两种不同的意见。第一种意见认为,镇山是贵州首座布依族文化生态博物馆,是贵州布依族人民的自豪和骄傲,布依族文化的调查和陈列不应该局限于镇山一个村寨,应该把调查拓展到贵州境内的布依族生活的社区,使镇山成为贵州省布依族文化的研究中心。第二种意见认为,布依族在贵州分布比较广泛,虽然同属布依族,但由于居住的地理环境的差异形成了文化的差异,服饰上就有很大的区别,如果都集中在贵州进行展示,就失去了镇山布依族文化的特点。因为现在所建的是"镇山布依族生态博物馆"而不是"贵州布依族生态博物馆",生态博物馆的理念是保护和传承镇山布依族的文化生活。生态博物馆并不是单纯的文物陈列,如果仅是陈列贵州布依族文化的实物,那就不是生态博物馆,而是传统博物馆。生态博物馆是表现村民们真实的生活,而贵州省各地布依族的生活需要在他们生活的社区才能得到很好的展现,而不能搬到镇山来展现,因此,镇山生态博物馆只能展现镇山的布依族文化和他们的生活,而不能展现其他地区布依族的文化和生活。[1]

苏东海是赞成第二种观点的。他在后来与雨果·戴瓦兰先生交流时说:"(布朗族生态博物馆)文化交流展示中心,征集和展示的不仅是本村的文物,而且有很多别的村寨的文物,是向布朗族历史博物馆的方向发展,这显然是政府的愿望和行为,本村没有能力做到这一点的,而且也不一定有兴趣做,如果政府撤除,这个交流中心是无法存在和发展的,为此黄映玲(云南省西双版纳傣族自治州宣传部长)建立了指导委员会以保证政府和专家行为的连续性,并聘请我为总顾问。我对这种把遗产的区域化保护扩大到民族化的做法是怀疑的,因为贵州镇山布依生态博物馆这样做已经失败了。"[2]

---

[1] 胡朝相.贵州生态博物馆纪实[M].北京:中央民族大学出版社,2011:92.
[2] 胡朝相.贵州生态博物馆纪实[M].北京:中央民族大学出版社,2011:92.文中的"是向布朗族历史博物馆的方向发展"的文字,指的是当时西双版纳州在布朗山做的一个"布朗族生态博物馆"项目。该项目作为中国"少小民族文化扶贫建设"的一个组成部分,苏东海先生亦是该生态博物馆的顾问。

这是苏东海先生的意见，认为镇山布依族生态博物馆是一个失败的生态博物馆建设。不过，他对于自己这样的认知还不是太有把握，所以，才有这样的讨教。但有意思的是，雨果·戴瓦兰先生回信是这样的："我认为这样一个博物馆可以（甚至应当）演化为整个民族的研究中心（我们在贵阳会议上见到了其他的一些博物馆可能也是这样），这样一个中心将来可能会辐射到各个村寨催生一些更小的社区博物馆，或其他的分支机构，当然这一切都要以当地人的意愿和文化的演进水平为转移。"①

明显，雨果·戴瓦兰先生与苏东海的意见相反，他不反对把"镇山布依族生态博物馆"做成"贵州布依族生态博物馆"。

在镇山信息资料中心的布展中，实际上是兼顾了二者的意见。所以，其布展分为：

第一部分"镇山村沿革"，介绍布依族的分布状况。布依族语分为三个土语区，没有古文字，1956年创制字母文字。这一部分实际上包含了布依族的基本概况。

第二部分"镇山民族融合"讲李、班家族的由来历史。用家谱、谱系、李仁宇将军墓葬照片作为汉族、布依族融合的证据。

第三部分"镇山文明形态"，分为物质和非物质两大部分。在展厅复原了家庭生活场景，主要凸显房屋中的堂屋部分的复原陈列。有神龛、八仙桌、条凳、靠椅。此外还复原了卧室一间，有床、衣柜、火盆等。在堂屋雕塑有布依族妇女劳作的造型，形态逼真。反映生产方面的实物主要有农具、酿酒工具模型、纺车、犁、锄、镰等。非物质文化通过音响和影像设备来记录布依族的音乐、舞蹈，如《好花红》《酒歌》。表现民间文学有镇山民间文学复印本；手工工艺品有蜡染、刺绣、竹编、雕刻、银器、服饰。

这已经是典型的传统博物馆的布展手法和理念，即已经把如今的镇山布依族人的生活，"博物馆化"了。一边是动态的生活，一边是静态的仿制的生活，因此，苏东海说这样的布展是失败的，也有一定的道理。

第四部分"前进中的镇山"，表现为生态博物馆不同于传统博物馆的理念，生态博物馆不但要表现过去，而且要表现现在和未来。

---

① 胡朝相. 贵州生态博物馆纪实［M］. 北京：中央民族大学出版社，2011：92.

陈列的结束语说："镇山的故事没有完结，她的生命根植于多民族的土壤中，她的成长来源于民族融合，它的发展得益于开放的空间和包容的情怀。一个民族，保存了最多的传统，就最具有民族性和世界性；一个民族，不固守传统，就最富有生机活力，镇山为世界展示了这样的民族文化生态的风采。"

其实，镇山生态博物馆的出现，在名称上就有一些变化，即在梭嘎生态博物馆建设与实践时，一直都是"梭嘎生态博物馆"，而不是后来的"梭嘎苗族生态博物馆"，但在镇山生态博物馆出现之始，其名称就是"镇山布依族生态博物馆"（参见图志 00087）。这就是苏东海先生说的"是向布朗族历史博物馆的方向发展，这显然是政府的愿望和行为。"也就是说，在镇山生态博物馆建设与实践中，"民族"一词的加入，已经开始呈现"政府的愿望和行为"了。这种情况，自然要影响后两个生态博物馆的建设与实践。

## 二、隆里古城生态博物馆

在镇山布依族生态博物馆信息资料中心建设的过程中，2001 年 10 月 5 日，中国博物馆学会、贵州生态博物馆项目协调人安来顺先生与国家文物局外事处主任莱顿·维阿女士、挪威驻华使馆参赞雷朗铎先生在北京进行了约一个小时的工作会晤，挪威方面希望在 2002 年 1 月启动第三阶段的贵州生态博物馆建设项目，挪威无偿援助 300 万元人民币，时间从 2002 年到 2004 年。挪方表示希望将协议的签署纳入 2002 年 1 月下旬挪威首相对中国国事访问的正式日程。希望双方都为协议的签署做好前期准备工作。

2001 年 11 月 27 日，贵州省政府以黔府函〔2001〕560 号文件，批复了其生态博物馆的建设。批复说："经研究，同意对中挪合作项目贵州生态博物馆群第三阶段项目（建设黎平堂安侗族生态博物馆、锦屏隆里古城生态博物馆）配套 500 万元资金……"

2002 年 1 月 21 日，在挪威王国首相访华的背景下，中挪贵州生态博物馆群合作项目（第三阶段）签字仪式在北京中国大饭店举行。中方代表苏东海先生和挪方代表托弗·斯特兰德女士在贵州生态博物馆项目（第三阶段）协议书上签字。

2002 年 9 月，项目科学顾问、挪威国家文物局副局长达格先生到隆里古城考察。达格先生是杰斯特龙先生去世后，挪威派出的继任的科学顾问。达格先生对原来的隆里古城总体规划提出了许多意见，改变了规划的许多方面，使其更符合生态博物馆的理念和要求。

对于隆里古城的文化概述，亦基本上源于1995年的调查资料，亦参照了笔者的2016年的调查资料，以及后来的一些民族志调查资料。

1. 自然环境和古城历史

隆里古城位于云贵高原东部边沿的锦屏县南部。其坐落在群山环抱的田畴之中，东有五璁山、文笔山、洪钟山、长庚山、凌云山、禹门峰、状元桥，加之跃龙潭形成的隆里"八景"，西有龙溪河绕城流过，形成一条天然的"护城河"，风光绚丽。

隆里在明洪武十八年（公元1385年）置隆里千户所，留丁兵300人驻所城，后陆续有汉民移入，有72姓，全系汉族。古城现有居民834户，3400多人，形成了一个汉族聚居地。

2. 物质文化

有600年历史的隆里古城，是一座亦兵亦农、能战能防的军事城池。设东、西、南、北四门，东、西、南三门建有"勒马回头"（即瓮城）。"勒马回头"在建筑手法上不同于北方城池的"瓮城"，瓮城是两道城门均在一条轴线上，而"勒马回头"的城门是由两条轴线相交，构成一组四合院，进入四合院如同进入了迷宫，给人以震慑，不敢久留，只好策马回头。这种明通暗堵，虚虚实实，暗设机巧，是隆里古城在防御功能上的独创，在全国古代营造城池的瓮城上是少见的。但唯北门闭而不开，为能在战时紧急撤退，故在北门城墙内建有一条长100米的暗沟通向城外。

城内以千户所"衙门"为中心，向东、西、南三个方向建三条街，为城内交通的主要干线。三条大街又分为六条巷道，街道的交叉处不为"十"字形，而呈"丁"字形，因"十"与"失"谐音，为军事城池所忌讳，"丁"则可寓意人丁兴旺、城池永固，故为"丁"字形街。街道将城内划分为相对独立的九个居民区，当地称为"三街六巷九院子"。街道均用鹅卵石墁成龟背形路面，南街用鹅卵石铺成形如蜈蚣的路面，其他的街道镶嵌有古钱图案。

隆里民居建筑具有典型的"徽派民居"特点，为砖木结构，三面砖砌围墙，两山墙为封火墙，当街而立。一般为两进四合院，少许有后花园。

大门均为石库门，雀替雕工精细。石库门两边安放有石凳，可供主人休憩。在大门的上方用砖镶砌有凹形横框，为矩形，内施白粉，上书主人的名望或地位，这是明初设立卫所城中民居建筑的文化现象。据考证，早期的封火墙建筑当街面不开窗，其目的是增强民居的防御能力。隆里古城民居建筑与其他城镇民居建筑的区别在于处处考虑攻和守的关系，因此户与户之间的后门相通，遇战事紧急情况时则可以从后门撤退。

隆里人称封火墙建筑为"窨子屋"，山墙（隆里人称为马头墙），墙角凌空，近看如笏板朝天，有展翅欲飞之感。不论民居的正面墙还是山墙，墙的边缘都是白粉框边，其上绘有花鸟虫鱼，或勾勒山水人物水墨画，非常淡雅。

著名的建筑景点还有龙标书院和状元桥。龙标书院在城北隅，据《开泰县志》载："隆里之有龙标书院，创自唐昌龄公，客家（指汉族人）子弟教书授学场所。"清雍正三年（公元1725年）隆里人张应诏捐资重修，光绪二十五年（公元1899年）再修。书院大门为排楼式建筑，中轴线上有荷花池、祭祀厅、教馆等，新中国成立后改名为隆里小学。

状元桥在城西北约1公里处，为纪念唐代诗人王昌龄而建。始建于明万历二十二年（公元1594年），崇祯二年（公元1629年）重修，桥为三拱，横跨龙溪河，高约4米，长34米，全系石料修砌，桥面铺青石板，过桥可达状元祠遗址，状元桥为隆里八景之一。

水井是隆里的一大特色，《龙标志略》载，所城"七十二姓氏，七十二水井，凡食货之所需求无不便"。时一姓一井，各姓各用。隆里人称水井为吊井，井口为料石凿成，呈圆形，也有方形者，一般高出地面30厘米至50厘米不等。因天长日久，井口被索子勒下了一道道深浅不一的痕迹。现仅存十余口井作为历史的见证。

隆里古城的碑刻较多，多数的碑高在1.5米至2米之间，碑石质为青石，坚硬而光滑，为上乘石材。碑刻自秦汉以来为汉文化的一种实物载体，这在隆里表现得较为突出。据初步统计，明清时期的碑刻有70多块，有旌表碑、功德碑和宗祠碑三种，是研究隆里古城的实物资料。

3. 非物质文化

隆里古城居住的汉族是周边少数民族包围之中的"少数民族"，迄今古城居民仍保存汉文化传统，他们的思想观念、生产生活习俗、节日节庆、婚丧嫁娶习俗等都保留在古城之中。

语言为汉语，操湖广口音（历史上曾隶属于湖广行省）。新中国成立以后，特别是改革开放以来由于与周边的少数民族通婚，古城也有少许人操民族语言。

隆里居民保持和传承的汉文化有正月的玩龙灯、演汉戏、迎故事、编对联、猜谜语等。

玩龙灯，亦称舞龙，其龙灯取材源于宋朝立国之初"蓝季子会赵匡胤"的汉戏传统剧目，演员分别按照汉剧的生、旦、净、丑等角色着装化妆，故名"花脸龙"。主要表演技巧有"串花龙""滚地龙""二龙抢宝""金龙抱柱""黄龙吐丝""青龙出洞""五龙相会"等。龙灯制作精巧，表演技术高超，规模气势宏大，隆重时达16条龙之多。舞龙是隆里居民节日庆典和迎接宾客的重要仪式。

演汉戏，最初据说是为龙标书院开展的孔子祭祀活动而得以传承，即"祭丁日"（每年春秋两季干支逢丁日举行）。一年一小祭，三年一大祭，备三猪三牛三羊和自己酿制的米酒作牺牲举行祭典。唱腔为湖南辰河派，唱词优美，扮相逼真，生、旦、净、丑，一应俱全。剧目有《铡美案》《岳飞传》《白蛇传》等几十个传统剧目。

迎故事，是隆里古城居民的一项传统文化活动，每年正月举行，表演形式多样，既有剧目舞蹈，又有魔术杂技。表演时有10多个身强力壮的青年抬着移动的"舞台"流动表演，"台上"演员身披蟒袍、玉带、铠甲、剑袋，边走边表演，前面锣鼓开道，后面鞭炮齐鸣，街道和篮球场上只见人头攒动，热闹非凡。表演剧目主要有《仙女散花》《罗成战山》《三星拱照》等。

节日有春节、元宵节、立夏节、端午节、中元节、中秋节、重阳节。此外隆里居民还要过自己独有的架桥节、寒食节、浴沸节。

最隆重的是春节和元宵节，此期间主要开展玩龙灯、演汉戏、迎故事等活动。正月十五舞龙结束，将龙带到河边焚烧，称"送龙下海"，家家户户制作米花麻叶欢庆。①

---

① 胡朝相. 贵州生态博物馆纪实 [M]. 北京：中央民族大学出版社，2011：109-103.

在胡朝相先生的《贵州生态博物馆纪实》中："隆里古城社区的自然环境、军事所城防御体系格局、历史街区、传统民居和浓厚的汉文化保持得非常完整，具有很高的历史、科学、艺术价值，特别是为研究明代贵州卫所制度的建立提供了实物依据。建立隆里古城生态博物馆有利于对古城活态的汉族文化进行记录和传承，有利于增进古城居民的文化自豪感，有利于推动隆里社区的社会经济的发展，对于加强汉族与周边少数民族的团结和交流都具有重要的意义。"①

在隆里古城生态博物馆（参见图志00090）信息资料中心的选址上，达格先生的选址地点在古城里面，理念与杰斯特龙原来的选址意见不同，杰斯特龙的选址在城外300米处。最后依据达格先生的意见，选址在古城里面的一座废弃的电影院里。信息资料中心的设计者还是梭戛生态博物馆信息资料中心的设计者，但他设计的主要参数是复制了一座宗祠。不过，宗祠建筑在古城中往往是民居中最好的建筑。

由于种种原因，隆里古城生态博物馆资料信息中心奠基仪式，拖延到2003年3月21日才举行。挪威大使叶德宏和苏东海先生等都参加奠基仪式。

布展是以"隆里古城文化记忆"为主题，一是以沙盘复原古城全貌；二是收集古装架子床、写字桌、书柜、书籍、毛笔、砚台、八仙桌、太师椅、条凳、洗脸架、火盆等实物；三是建立多媒体"隆里古城文化记忆库"，主要记录表现隆里古城的非物质文化。

2004年10月15日，隆里古城生态博物馆信息资料中心举行了开馆仪式，贵州省第三座生态博物馆建成。

## 三、堂安侗族生态博物馆

堂安侗族生态博物馆（参见图志00088）建设的可行性资料基础，仍然源于1995年的那一次调查，以及后续的多方面的工作资料。亦参照了笔者的一些民族志调查资料。

---

① 胡朝相. 贵州生态博物馆纪实[M]. 北京：中央民族大学出版社，2011：103.

1. 自然环境：堂安距黎平县城东南约 76 公里，距省会贵阳 500 余公里，贵广（贵阳至广州）高速由此经过，故而从贵阳至堂安生态博物馆花费的时间由原来的 9 小时缩短为 3 小时。堂安坐落在黎平县肇兴镇以东弄抱山的半山腰上，海拔 935 米，地处贵州高原东南边缘的斜坡地带。属浸蚀槽谷地貌，气候属亚热带季风气候区。由于堂安相对高度较高，与地处山间小坝的肇兴侗寨形成了风格各异的地理环境。其天际轮廓线十分开阔而高远，有"一览众山小"的感觉。堂安东临沟壑，每逢雨过天晴的早上，紫气东来，白雾缭绕于寨脚，犹如天上人间。其所背靠的弄抱山顶多见于古木丛林，鸟类较多。寨脚下层层梯田。

2. 历史：堂安的历史可以追溯到中国西南地区古代的"僚"人。其后裔迁徙定居于黔、桂、湘三省交界的地区，形成了侗族南部方言区，称为"南侗"。堂安则属于"南侗"地区。堂安侗族迁徙的历史无文字可考，据口碑材料，堂安有 700 多年历史，152 户，700 多人，赢、陆两姓为大姓，还有潘、蓝、吴、杨、石等姓。

3. 物质文化：鼓楼、戏楼、风雨桥，成为堂安侗寨的标志性建筑。

鼓楼位于堂安寨中部，坐南向北。重建于 1960 年，系九层密檐四角攒尖顶，穿斗结构。通高 27 米，4 根金柱直通第五层，第五层上置中心柱直达冠顶，用瓜柱连接穿枋，共同承担楼冠的静荷载。底层 12 根檐柱用穿枋以杠杆式穿榫连接金柱，组合为逐层收分的木柱架，使鼓楼坚固而稳实，完全符合力学原理，有很高的建筑营造技艺和视觉审美价值。

戏楼的位置布局与鼓楼相对应，同在一个平面上，为上下两层，悬于山顶，戏台专供节日庆典期间演侗戏之用。

风雨桥建于寨脚，横跨沟涧，2001 年重建，屋面左、中、右三个重檐攒尖顶，桥座两侧有"美人靠"坐凳，供人纳凉。

寨门是进寨的标志，一共有七座寨门，为重檐歇山顶，寨门大小不等，有单门，也有"八"字门。由公路进寨的寨门为最大的一栋寨门，为三门，檐下饰如意斗拱，并施以彩绘。

民居建筑是村寨的载体，村寨的平面布局为鲫鱼形，民居建筑分布在东、西、北三个部分，北为下寨，依山势而建，一般为两层或三层吊脚木楼。建筑平面布局十分灵活，外檐柱和金柱的平面距离有 1 米至 2 米、3 米不等。从视角上有楼层悬空的效果。为扩大房屋面积，或吊脚，或加披厦。为扩大二楼、三楼空间，楼出挑 30 厘米至 50 厘米不等的挑枋，挑头悬垂花柱，起到一种装饰效果。民居一楼养家畜和堆放农具、柴草。二楼为饮食起居之地，三楼堆放粮食。

堂安由于地形上下落差大，民居均不在一个平面上，形成了一个立体的侗族村寨。

梯田：从山脚至堂安寨约 700 米的相对高度，坡度约 60 度的斜面上约有 1500 多块梯田，田埂均用大小不等的石块砌筑而成，田埂弯弯曲曲，梯田层层叠叠。在寨的上方又有若干层梯田，其中最大的一块稻田面积约 3 亩，田埂高约 5 米、长 150 米，全系青石砌筑，形如城墙，开造时间尚无记载，据说有 700 多年的历史。梯田展现了侗族先民的伟大创造力，也是堂安特有的稻作文化景观。

墓葬：分布在堂安侗寨内的东西方两个区域，均系清代墓葬。墓葬与村寨"阴阳共宅"，这是少见于其他侗寨的文化现象。墓裙以细凿条石镶砌，墓碑石雕精湛，有浅浮雕和镂空雕，碑门两侧有对联，墓帽为歇山顶。从墓碑的形制和内容来看有汉文化的因素。

服饰：以自纺自织的侗布为料自制衣裤。男子上装为对襟短衣，无领、青、紫色。女子衣着大至可以分为穿裙或穿裤两种。

生产生活用具有织布机、纺车、染缸、捶布棒、草席、刀篓、饭篓、秧篮等。

4. 非物质文化：侗族大歌。堂安的侗族大歌属于黎平侗族大歌的一个组成部分。2009 年黎平侗族大歌已被联合国列入世界非物质文化遗产名录。

大歌在内容上可分 4 类。第一类为"嘎老"，称为一般性大歌，它是以侗族村寨的名称命名。侗寨各村都有自己的歌师，他们各自创造了有本寨特点的侗歌，如堂安大歌。第二类为"嘎所"，曲调旋律优美，有仿蝉声，多声部效果丰富。第三类为"嘎窘"，亦为叙事性大歌，主要演唱侗族民间的传说故事。第四类亦属于叙事歌，但不同于"嘎窘"，因为在齐唱之后就由两名歌手演唱，其余队员都唱一个低音（即主音）的持续音，轮流换气连绵不断，具有明显的吟诵风格。

小歌即"嘎拉"，一般有三种形式，即琵琶歌、牛腿琴歌、渡水歌，是有伴奏的独唱。

拉路歌即"嘎沙困",系无伴奏合唱,是用于寨门迎宾礼仪形式的歌,一问一答,人数在 10 人以上。

踩堂歌即"哆也",为一人领唱众人和的演唱形式,边舞边歌。

此外还有小拦路歌、酒令歌和山歌。

舞蹈:堂安的侗族舞蹈有踩歌堂和芦笙舞两种。踩歌堂侗语亦称"哆也",是侗族的一种集体舞蹈形式。侗族姑娘手拉手,围成圈,正反转圈数转,由歌师领唱众人和,脚步与节奏合拍,此舞多出现于重大节日和迎宾场合。

侗戏:侗戏始创于清嘉庆年间,由黎平茅贡乡腊洞村吴文彩首创,故吴文彩有侗戏鼻祖之称,后逐渐流传于侗族南部方言区。堂安称侗戏为"嘎戏",有戏班和戏师,每逢春节的大年初三至十五,戏班在戏师的主持下,演出传统剧目《珠郎娘美》、《凤姣李旦》等。

5. 节日习俗:节日有春节、祭牛神节、吃新节。侗族也过清明、端午、中秋、重阳等节日。侗族人民特别尊崇"圣母",设有"圣母神坛"和"圣母祠"。

婚姻:一夫一妻制,堂安男女之间选择配偶,一般是寨内同姓不婚,寨外同宗不娶。姑舅婚在新中国成立前较为流行,辈分不同的姨表兄妹不能通婚。女子婚后有"坐家"的习俗,遇有农忙事或重要家事,由丈夫接回家住数日又返娘家住,直到怀孕生子后才落夫家。

丧葬:新中国成立前丧仪式较为隆重,亡者之家鸣铁炮三声,以示通知亲友,亡者入棺后移至屋外搭棚遮盖,择吉日安葬,现已从简。[①]

这样的描述,根据笔者多年在南侗地区的调查研究,在贵州省黔东南侗族地区古老一点的族村落中,是一种基本机制,即多数侗族村寨都是这样的村寨,以上的材料可以使用到多数村寨侗族文化的描述上。笔者多次到过堂安村,这是一个像梦一样的侗族村寨,风光秀丽。在它的山下,是世界闻名的肇兴侗族生态旅游区,从前从肇兴到堂安是很近的,但景区划定之后,就要绕过几座大山才能进到堂安,因此,作为侗族生态博物馆保护区,堂安安静了,但旅游发展的红利也越来越少了。这显然不是堂安侗

---

① 此资料来源于胡朝相. 贵州生态博物馆纪实[M]. 北京:中央民族大学出版社,2011:136-140. 笔者使用时有删节。亦参照了笔者的一些民族志调查资料。

族生态博物馆建设的"社区发展"的初衷。

以上的堂安村侗族文化表述，即为于此建设堂安生态博物馆的文化基础和依据。这也是前面三个生态博物馆建设与实践的基本路线。

关于堂安侗族生态博物馆建设，在2000年时，黎平县就已经在此方面做了一系列的准备工作。

2001年年初，制作"堂安侗族生态博物馆总体规划"，并且开始整治堂安村的村寨卫生、防火、道路交通等。2001年年底新建了生态博物馆接待室一栋。进入2002年，开始为信息资料中心选址。9月，贵州生态博物馆群项目科学顾问达格先生来堂安考察，对选址亦提出了自己的意见。最后选址基本上遵循了村民的意见。信息资料中心设计也请本地侗族人进行设计，请本地的侗族工匠施工建设，使信息资料中心成了堂安侗族社区记忆的一个组成部分。

堂安生态博物馆开工典礼在2004年12月8日举行，因为贵州省要在2005年召开一次关于生态博物馆的国际会议，其中包含了堂安侗族生态博物馆信息资料中心开馆仪式的内容安排。这次开工典礼特殊的是，在官方仪式结束后，侗族工匠们又举行了自己的开工仪式——祭鲁班。"掌墨师在资料信息中心的'正堂'安放了一张小方桌，桌上放一斤刀头肉、一壶酒、一升米、摆上几个酒碗，然后点好了香烛，手里拿着一只公鸡，毕恭毕敬地站着，之前还请了一位德高望重的有身份的老者，由一位村民带到山上的一口清澈的水井取一碗水，掌墨师将取来的清水放于桌子的中间，然后又插上三炷香，在地上烧了一叠纸，口中念念有词，他的徒弟们都分站于两旁，显得非常虔诚。掌墨师将公鸡杀后在空中顺时针绕三圈。祭典仪式完毕。掌墨师高喊：'破土时辰已到，开工！'话音刚落，村民们手拿锄头，在已画好的地基线上进行开挖地基。"[1] 这样的双重仪式，是中国生态博物馆建设与实践中独一无二的，但所有的过程都受到人们非常的尊重和理解。这样的地方性的信息资料中心建设，在堂安侗族生态博物馆中，村民参与的程度已经很深了，基本上没有了外来的"现代设计"。

---

[1] 胡朝相. 贵州生态博物馆纪实［M］. 北京：中央民族大学出版社，2011：150.

2005年6月6日上午，在堂安村举行了隆重的"堂安侗族生态博物馆"的开馆仪式。

中国博物馆学会副理事长兼秘书长马自树先生代表中方讲话，他说："今天是个好日子，堂安生态博物馆正式建成开馆了；今天是个好日子，由中挪合作共建的贵州生态博物馆群因堂安生态博物馆开馆典礼而顺利建成，中挪双方在博物馆领域长达10年的友好合作也告一段落。"

实际上，随着堂安侗族生态博物馆（参见图志00089）的建成和"贵州生态博物馆国际论坛"的召开，贵州生态博物馆建设与实践的一个时代也结束了。

## 第四节　贵州时代的意义

现在贵州正在向建设生态博物馆群发展，云南、内蒙古等省区也出现了筹建生态博物馆的热情和行动。"[①] 上述马自树先生的话语也是这个意思，而且中国与挪威的合作项目也是从1995年起算的。这是一个有意思的历史回顾，1995年4月，约翰·杰斯特龙、苏东海、安来顺、胡朝相等一行人在4月下旬进入镇山村调查研究，中国与挪威合作在中国建设生态博物馆的历程就开始，到2005年6月，堂安侗族生态博物馆建成，有十年经历的中国生态博物馆建设与实践的贵州时代，亦宣告结束。

这种历史的起落划段，是一种惯例，也是一种荣誉，或者说历史的总结。即在梭嘎生态博物馆建成，镇山布依族生态博物馆在建的时候，云南、内蒙古等地已经有所"行动"。这个"行动"指的是2000年内蒙古自治区达茂旗百灵庙北，建立的"敖伦苏木生态博物馆"，以及这时间前后开始建设的布朗山布朗族生态博物馆。"敖伦苏木生态博物馆"的建设，于2000年定名[②]。云南省西双版纳傣族自治州布朗山布朗族生态博物馆，

---

[①] 苏东海. 国际生态博物馆运动述略及中国的实践[J]. 中国博物馆，2001(2): 6.

[②] 不过，据笔者2020年在敖伦苏木的实际调查，当地文旅局否认了它的存在，只说包头市博物馆和当地的某些干部有过这样的想法而已。但这个"敖伦苏木生态博物馆"在网络上有许多表达，至今依然。

苏东海亦是他们的顾问。布朗族生态博物馆的信息资料中心是2006年建成开馆的。但在2005年之前，广西壮族自治区的两个生态博物馆，南丹里湖白裤瑶生态博物馆和三江侗族生态博物馆，于2004年11月已经建成。无疑，这些都是贵州生态博物馆建设与实践影响的结果，是紧接中国生态博物馆贵州时代的中国"后生态博物馆时代"的范畴。

1995年—2005年，这十年是中国生态博物馆建设与实践的贵州时代。

1986年开始，苏东海先生以其学术敏感性，开始在中国介绍比较新颖和前卫的国际生态博物馆的理论和概念，距离法国学者"发明"生态博物馆一词不过十余年。经过十余年的推介和宣传，在贵州省找到实践生态博物馆的志同道合者胡朝相，其间也是十年。引入约翰·杰斯特龙，以及挪威国家的国际文化交流项目，与胡朝相等贵州省人民政府的文化部门官员，在贵州推进生态博物馆实践，又是十余年。在贵州省各界的多方支持下，特别是在时任贵州省副省长龙超云和前任副省长龙志毅的大力支持和理解下，巧妙地把贵州省的生态博物馆实践与国家的民族传统村落的保护工作结合在一起，为贵州生态博物馆的实践创造了良好的政治文化环境，使得贵州省生态博物馆群的建设与实践，在梭戛生态博物馆建成之后，能够比较顺利地进行。这多种因素，促成了中国生态博物馆贵州时代的实现。在这十年间，中国生态博物馆实践，甚至于世界生态博物馆实践的主要目光，都集中在中国，集中在贵州。

在这十年间，贵州省在六盘水市六枝特区的梭戛乡建成了梭戛生态博物馆（后来称为"梭戛苗族生态博物馆"），随后，镇山村（花溪区）、隆里（锦屏县）、堂安村（黎平县），都相继建成了各自的生态博物馆，贵州生态博物馆群形成，意味着世界生态博物馆欧洲文化理念的成功，也意味着世界生态博物馆理念中国化的成功，因为它一定是中国的生态博物馆，而且世界也认为这是世界生态博物馆的一个重要组成部分，这也是中国生态博物馆，贵州时代的根本意义。中国生态博物馆贵州时代后，其发展就进入了"后生态博物馆时代"。

从2005年，"贵州生态博物馆国际论坛"举行之后，迎来了"后生态博物馆时代"，又出现苏东海先生认为的"第三代生态博物馆时代"。这时候，中国的生态博物馆发展，不但在博物馆业界主线中，呈现为社区生态博物馆的状态，而且还在多种状态下，开始进入了"多元生态博物馆时代"。在经过时间积淀之后，如何思考中国生态博物馆贵州时代的定性和定位，在今天仍然是一个比较重要的话题。

在贵州时代的四个生态博物馆中，有三个以"民族"命名，有一个以古城命名。在这样的时空分布中，贵州省的文化和民族存在有一种天然的机趣。贵州地域的核心部分，在秦时，就纳入秦帝国版图，西汉武帝时代，唐蒙与夜郎国王"约为置吏"时，就是现在中国统一的多民族国家中的一个已经设置边防的部分，所以，在南中郡和犍为郡时代汉族进入贵州地域，就以数十万人计。在明代建省后，这一历史地位就更加明确，在隆里有一个"古城生态博物馆"也是贵州地域文化表现的必然。在历史上，东汉以后，氐羌、苗瑶、百越等族群进入贵州地域，构成了后来贵州省少数民族分布的基本格局，并且一直至今。在20世纪50年代的民族识别中，其按照人口多少排序为：苗、布依、侗、彝、水；后来在20世纪80年代新的民族识别进行之后，其排序变更为：苗、布依、侗、土家、彝、仡佬、水，但前三位的排序一直未变，故贵州时代生态博物馆建设选择这三个少数民族文化和村落，也是贵州地域文化的一种自然而然的选择。即三个民族生态博物馆在一定程度上，代表了贵州地域少数民族文化的主要存在。这种贵州时代生态博物馆民族特征表现，起始于最初的调查选点上，可能当时胡朝相先生没有意识到这一点，挪威的项目科学顾问约翰·杰斯特龙和继任者达格先生，可能至今也不明白这其中的含义。但正是这一点，使得时任的龙超云副省长有理由把后续的三个生态博物馆建设，统筹安排在政府的传统民族村寨的保护工作之中，为贵州时代的生态博物馆建设提供良好的政治文化环境。

在这样的历史过程中，四个生态博物馆的实践就具有了不同的状态和性质，也具有不同的历史定位。

梭嘎苗族生态博物馆是中国的第一座生态博物馆，这是它的历史地位和永远不会改变的性质，它的存在最多地体现了中国人在生态博物馆实践中的探索。在最初的关于生态博物馆建设的调查研究中，没有任何一个点是被确定的，但梭嘎苗族人特定的视觉冲击特别大的妇女头饰，影响了约翰·杰斯特龙的情绪，也影响了最后《报告》的定位，所以，梭嘎是幸运的。梭嘎如牛角一样夸张的妇女头饰，以及男女最初都是裙子的传统服饰，还有其鲜艳的服饰色彩，在20世纪90年代初，一些法国人进入这个

## 第二章 贵州时代

地方时，他们就非常惊奇于这样的存在，在欧洲的杂志上出现了数个版面的照片，介绍梭戛苗人的形象和他们的生活。这些消息传回国内的时候，激起了地方旅游部门开发此地旅游的想象，所以，在1995年，约翰·杰斯特龙他们进入陇戛村时，这里已经修通了4公里的通村公路，同时花了30万元修建了一个旅游接待站。笔者也是在那个时候进入梭戛进行调查研究，并且有了后来的《梭戛苗人文化研究——一个独特的苗族社区文化》[1]。在最初的选择中，从一些资料来看，胡朝相先生是非常看好贵阳市花溪区的镇山村，但在约翰·杰斯特龙的出现后，胡朝相的想法就让位于约翰·杰斯特龙的想法了。这也与梭戛的苗族人早就被外界关注有关，因为从20世纪90年代开始，这里每年的春节后的"坐坡"，已经吸引了无数的摄影爱好者和游人，这里的苗族人都会聚集在一起，欢度他们的节日。

如前所叙，胡朝相与苏东海会谈之后，确定贵州要建设"新型博物馆"，并且确定要聘请挪威的约翰·杰斯特龙做科学顾问之后，有两股力量就开始介入到中国最初的生态博物馆实践，一是挪威的国家开发署，二是中国博物馆学会，以及背后的中国国家文物局。这两种力量介入之后，作为学者，一定强调的是文化多样性意义，以及对文化社区主人的尊重和理解，但这样的文化观念，并不能给社区带来直接的生态博物馆建设资金和其他利益。这个问题上升到后来的中国化生态博物馆的高度时，就是国家体制内社区自主建设生态博物馆的问题了。苏东海知道，在中国，不借助国家体制内的力量和资金，生态博物馆是不可能推进的。约翰·杰斯特龙最后理解了苏东海这样的中国化生态博物馆实践的思路，所以，在他们的共同推进下，使中国第一个生态博物馆实践具有了国际文化交流的背景。这个背景很重要，因为这是挪威与中国的国际文化交流项目，贵州省地方的积极性被调动起来，因为这些在那个年代是很有时代精神的事情。所以，第一个生态博物馆实践成功地进入了体制，成为贵州省文化建设的"头等大事"。

在如此国际合作项目的具体操作中，中方所有的前期调查和努力，所

---

[1] 吴秋林.梭戛苗人文化研究——一个独特的苗族社区文化（贵州本土文化2002丛书）[M].中国文联出版社，2002.

使用的土地等，全部折价体现为中方投入，从而体现项目对等投入的精神，这在中国的习惯中比较"弱势"，但这却是国际认可的惯例。这是细节中的智慧。

经过多方努力，梭戛生态博物馆这样一个文化事物成功地"镶嵌"在了梭戛乡的陇戛村。喜悦、喧嚣过后，运行和管理的问题迎面而来，按照西方生态博物馆的观念，这个文化事物是需要社区来自主管理和运行，并且为此社区全体民众服务和发展的"工具"，即希望把一个源于西方民主观念的"组织"再"镶嵌"到这个"工具"里去。所以，按照约翰·杰斯特龙的意思，召开了梭戛苗人12寨会议，成立了一个"管理委员会"，每个村寨出一名代表，参与管理梭戛生态博物馆的运行和管理。但这个"管理委员会"一成立后就烟消云散了，因为这个生态博物馆是相关专家们的生态博物馆，不可能成为具体的梭戛村苗族人的生态博物馆，别的不说，信息资料中心的不动产权就绝对不会是梭戛村民的财产。这一"实验"，一纠结就是一年多，最后还是在苏东海的督促下，使梭戛生态博物馆成为了六枝特区文化局下属的一个独立的股级单位，编制三人。此地距离六枝特区60公里，因此成为六枝文化局需要常备"守摊"的一个地方。

如生态博物馆之父雨果·戴瓦兰先生所说，生态博物馆是一个进化中的概念，这是中国生态博物馆实践的进化过程之一。

梭戛生态博物馆在中国生态博物馆中，属于基于"民族村落"建立起来的生态博物馆，在后来归属于中国文化保护中的两个概念：一是民族文化保护范畴；一是民族传统村落保护范畴。后来在广西为主要代表的后生态博物馆时代，多数建设的就是这样的生态博物馆，即村落+民族+保护，最后都具有旅游开发的愿景。但最初在梭戛生态博物馆建设时，约翰·杰斯特龙等科学顾问不会具有这样的观念，他们关心的是社区的文化和记忆，以及社区主人的文化主权和管理权，以及社区的发展，但这些，在国家体制内力量介入生态博物馆建设之后，这样的权属是不清晰的，也没有必要去厘清它。但对于村落性质的社区发展这一点上，西方的生态博物馆概念、村民的愿望、国家的观念却都有相当的一致性，都希望通过生态博物馆这一工具来发展社区。其实，这也是中国生态博物馆实践给予我们的最大启示，实际上，许多地方政府，都是立足于此来看待生态博物馆的。笔者在后续还将有所论述。

第二章　贵州时代

这也许就是最初的"梭戛生态博物馆",在后来慢慢地修改为"梭戛苗族生态博物馆"的根本原因。这也是中国化生态博物馆建设与实践的一种表现。同时,这样的中国生态博物馆模式,最后成了经典。

在中国的第一座生态博物馆中,这样的实验性质比比皆是,所以,现今对于梭戛苗族生态博物馆的研究也最多。

梭戛苗族生态博物馆建立已经20多年了,它还在那里,现今已经有村人按照苏东海先生的意思,把门票说成是建设生态博物馆的赞助,去的人有,但少。不过,由于梭戛苗族生态博物馆的建设,梭戛苗人的文化自信如苏东海先生他们所说,已经出现。比如,他们现在会纠正外人称呼他们为"长角苗"不对,应该称为"箐苗"。原因是他们后来受到外面观念的影响,说有角者是野蛮人的标志,故说"长角"不好。而这样的看法,最先是黔东南地区一部分苗族文化人的看法,而不是他们自己的看法,但他们接受了这样的看法。其实,这两种称呼都是他称,性质一样。笔者在20世纪90年代进入调查时,他们就一直自豪地说,他们就是长角苗。同时,这里还有一支自称为"蒙恰"的苗族人被他们称为"短角苗"。

之后,村寨里有了30万元投资的自来水管系统,但很少有水。再后来,在陇戛寨的下面建起了陇戛新村,许多村民都分到了国家无偿提供的住房,但此地有没有神树?有没有山神的位置?不知道!还建起了一个像样的小学,道路也修建为柏油马路,车可以直接开到陇戛寨脚……但同时,如果没有村子里寨老们的呼唤,没有明确的报酬安排,绝对不会有人再出来跳舞了。

这,亦是中国生态博物馆典范的一部分。

镇山布依族生态博物馆的建设是中国与挪威王国无偿援助项目的第二阶段项目,挪威出资150万挪威克朗。中方的配资也有要求,但是不是如梭戛苗族生态博物馆的"算法"不得而知,这个项目资金雄厚,所以,镇山生态博物馆信息资料中心的建设完全是一个小型博物馆的设计和建设。在这个生态博物馆建设中,另外一种力量出现了,即布依族群体表现的文化力量,即希望在此生态博物馆建设中,表现贵州省整个布依族文化,以点带面,使之成为布依族历史文化博物馆。在这一点上,与苏东海先生的意见是完全相反的,故,苏东海先生认为这是一个失败的生态博物馆建设的例子。虽然在与雨果·戴瓦兰先生交流中,被告知为"进化",不反对这样的生态博物馆。但苏东海的这个否定的观点，对于镇山生态博物馆的影响很大，后来的一些贵州省的相关人士，在说起镇山布依族生态博物馆时，都小心翼翼的。

从现今镇山布依族生态博物馆的布展来看，它确实又不是一个纯粹的村寨社区的生态博物馆，而是在兼顾整个布依族文化之后建立的镇山布依族生态博物馆信息资料中心。而苏东海的观点是，只能介绍镇山村的布依族文化的生态博物馆信息资料中心。这也有一定道理，因为在贵州省，各地布依族人的服饰有十多种，不同的服饰背后，其文化习俗差异较大。而且，像单一汉族、布依族血统的文化传承村落，在布依族中并不是很多。如果这里要成为一个布依族文化历史博物馆，无法对应镇山村的班氏、李氏宗族文化生态关系，而其中布依族的民族文化力量比较大地影响了这样的布展，这才让苏东海先生有这样的"烦恼"。

现今，镇山村已经比较冷落，原因有三个，一是随着花溪大学城、贵安新区的建设，花溪河上的水源地保护形势越来越紧，所有的旅游娱乐设施全部取缔，最初的旅游开发也逐渐不见了。二是生态博物馆建设，对于镇山村的新的发展建设也有很大影响，许多老的住宅不能翻修，过去的旧貌也不让改变，原来可以收门票的景点由于是生态博物馆了，也不能收了。三是周边具有替代性质的民族村落的旅游开发也逐渐起步，分流了大量的游客。但这些，都可能被算到生态博物馆建设的名义上，所以，它在社区发展上，效果不如以前。

这也是贵州省第二个生态博物馆实践给予我们的启示。但也正因为这样，它亦是中国生态博物馆实验的一种类型。

它在举行开馆仪式之后，也面临梭戛一样的困境，谁来管理，有梭戛的经验，处理上就更直接，根本没有村民"管理委员会"的过程，而是直接划归花溪区文化局文管所管理，但没有人员编制和经费。文管所所长就是镇山布依族生态博物馆的馆长。开始他们也是守摊者，但后来就雇用村民守摊了。不过，这里在出现了镇山布依族生态博物馆之后，国家在新农村建设方面有了很多投入，再由于贵安新区的建设，这里的城市化步伐很快。

隆里古城生态博物馆是一个以汉族文化表现为主的生态博物馆。它的建设是基于一座半遗址性质的古城，反映的是汉族在明代的屯堡文化。但这里更像一个古城历史博物馆。它的信息资料中心就建在古城里面（原来的古城篮球场），并且建设的时候，是按照宗祠的模样来建设的。在信息资料中心，最为重要的就是一个古城的模型，反映了古城完整时期的形象。故它无意中成为古城文化解读的一个中心点。其实，古城民居，五座宗祠、街道、水井、周围的田野……就是其生态博物馆最为有意义的内容。

这个以汉族为名义建设而成的生态博物馆，本质上就是一个遗址生态博物馆，它的性质和意义就是一种社区的历史记忆。但这种历史记忆被"资本化"之后，成为锦屏县一种发展旅游的资源，并且开发和融入得比较好。

隆里古城生态博物馆，人员有编制，管理正常运行。古城进出收门票，但进入信息资料中心不收门票，而且实行博物馆的登记制度，县里的主管部门也以参观登记来管理他们。后来，为了便于管理，此生态博物馆直接就划拨给了古城景区管理委员会领导。

这个生态博物馆就是一个典型的，在一定程度上配合地方旅游开发而建设的生态博物馆，在文化效益和经济效益上都表现不错，所以，在纪念约翰·杰斯特龙上，隆里是给他树立了一尊半身汉白玉雕像的。

以古城、古村之类的遗址为目标，强调社区的历史记忆，隆里古城生态博物馆又为中国的生态博物馆建设与实践树立了一种典范。

堂安侗族生态博物馆的建设与梭嘎类似，都是以民族文化和村落景观为要素而建设的生态博物馆。它是最后一个建成的，但生态博物馆正式建设之前，对于堂安村，黎平县早就开始他们心中的生态博物馆建设了，他们早就觉得这是一种增进侗族村寨民族文化影响力的方式和路径。但在贵州省生态博物馆群的建设规划中，他们自己建设的接待站不是生态博物馆的模样，所以后续还要按照省里的要求建设新的信息资料中心。

由于具有这些背景，其侗族工匠参与其新资料中心建设的程度很深，几乎完全替代了其他三个生态博物馆信息资料中心建设的"现代设计"，在一定程度上体现村民参与生态博物馆建设的意义。

从这里看来，中国生态博物馆贵州时代的四个生态博物馆，都有一个共同的背景，即在生态博物馆理念没有进入之前，都是各地关注和具有一定投入开发的民族文化与村落旅游的地方。梭嘎的关注度最高，但梭嘎苗人每年的"坐坡"还在吗？镇山的旅游也还在，但已经不是热点，旁边的半民族、半生态博物馆相对独立存在，但城镇化的脚步已经很近了。隆里古城生态博物馆已经融入了古城，逐步也会成为古城社区历史记忆的一部分，成为资源，给当地带来文化效益和经济效益，在一定程度上促进了古城社区的发展。堂安侗族生态博物馆因为旅游经济的利益冲突，被边缘化了，祸福难料。

中国生态博物馆贵州时代经历了十年，当年推进它们的人士多已经退居幕后，但历史记录了他们的努力和文化功勋，回顾起来，中国生态博物馆贵州时代的历史意义是什么呢？大致有以下几个方面：一是在中国实践了世界生态博物馆的理念；二是发生了与世界不同文化观念的交流与碰撞；三是实验在一定程度上建立了中国自己的生态博物馆建设理念；四是触发了中国多种生态博物馆的实践。

**在中国实践了世界生态博物馆的理念**

生态博物馆的概念是法国人在1972年的"发明"，之后他们在自己的文化实践中验证和丰富了这一概念，并且逐步确立关于生态博物馆的概念和内涵。这个过程有十余年，但在戴瓦兰三次修订自己的概念之后，得出的结果是：生态博物馆为一个"进化"中的概念，即每一个关于生态博物馆概念都可以具有不确定性，都会根据自己的实践和发展过程发生变化。这个状态的意义很明显，即有什么样的生态博物馆实践，就会出现相应的生态博物馆概念，但这是学术上理性认知的"悖论"，概念就是理性认知的既定，而不是一个可以随便被动摇定义的东西。但生态博物馆的实验性质，在概念上的发展性又是人们无法避免的。故在1995年于中国开展生态博物馆建设实践时，也可以说是世界生态博物馆概念在中国的一个发展和验证过程。而且一开始，约翰·杰斯特龙被"长角苗"的文化形式所震撼，把这种验证和实践的第一站与中国特定的"民族"（minzu），而不是西方的"nation"（族群）"结合"在一起，开始了与西方截然不同的族群文化形态上的交际。最后的结果是梭戛生态博物馆的出现，但在梭戛生态博物馆运行和管理中，国际上生态博物馆理念却遭遇了中国的政治传统制度的硬核，理想中的社区自治和管理没有出现，这不是因为中国国家的反对，其实国家反而默许这样的实验，他们建立了"梭戛生态博物馆管理委员会"，但会议过后即消散了。社区自治与国情不合，无法确立这样的生态博物馆管理和发展的理念。

这种在建设时，获得官方的支持和介入，使得生态博物馆建设与实践进行得相对顺利，而在文化权利归属，以及管理和运行时，所遭遇的问题来源一样，也是国家力量和形式的存在所致。这种中国式样的生态博物馆实践，对于世界生态博物馆实践来说，是非常重要的现实问题，谁参与谁就存在。挪威的国家对于中国的生态博物馆建设有无偿援助，那就由约翰·杰斯特龙表述西方文化认知的存在，中国的国家和地方，以及中国博物馆学界，也会面临同样的情形。但这样的实践对于中国和世界的生态博物馆界，都是很重要的事件，它至少证明，中国也接受了生态博物馆的理念，世界也在中国发展了生态博物馆这样具有现代性意义的文化。而且，中国在实践生态博物馆时，也获得了发展和保护民族传统文化，以及传统村落，促进中国现代化发展的一条文化路径。

**发生了与世界不同文化观念的交流与碰撞**

在中国的 20 世纪 90 年代，中国的改革开放需要全方位的开发和吸收外来的，主要是欧美的先进技术，以及先进的文化发展理念，故生态博物馆这样的理念自然也属于中国的大环境需要推进的事物，所以苏东海先生他们推进此事，恰逢其时。但国际生态博物馆背后的欧美文化观念与认知，与中国的文化观念与认知，在以生态博物馆为媒介进行交流时，就会发生很多碰撞。在这样的过程中，位于"前沿"的苏东海与约翰·杰斯特龙，就有几个关键之处的争论，第一即政府是否介入中国生态博物馆的实践过程，苏的意见是不可避免。而约翰·杰斯特龙的惯性思维觉得这是社区自主的事情。但最后约翰·杰斯特龙"代表"挪威方面（其实为欧美文化观念方），认可了中方的想法，并且在后来的实践中认为这样很好。不过，在克拉克·达格接任约翰·杰斯特龙之后，又觉得这是一个问题，所以才有了后来的"六枝原则"的出现，认为起码要强调一下社区自主的原则问题，使得文本无意间又成为这场生态博物馆的文化交流与碰撞的证明，也在一定程度上促进了中国生态博物馆的发展。也同时协调了各方文化观念和认知上的差异。

这样基于生态博物馆理论与实践的文化交流与碰撞，实际上对于世界范围发展生态博物馆的实践是一件非常好的事情，不但世界受益，中国亦受益。可以说，正是这样的交流，使得中国的学界认识了生态博物馆这样的现代性工具，可以用来促进中国的许多文化事业的发展。比如在自然和生物界，以及遗产部门，都出现了多元的生态博物馆认知和实践。

**实验在一定程度上建立了中国自己的生态博物馆理念**

通过在贵州省建立生态博物馆群的经历，一方面实验了中国如何建立生态博物馆，建立这样的生态博物馆在中国应该从哪几个方面着手。另外一个方面建立了中国自己的生态博物馆理念。不管现今中国有多少种样式的生态博物馆实践和概念，但这两个方面的收获我们是在贵州省生态博物馆群的建设与实践中得到的。在现今，民族，主要是中国的少数民族的文化多样性表现是最为丰富的，而且往往以村落，甚至"古村落"的形式存在，再则，这两种文化形式又是民族文化资本化最好入手的地方，通过民族文化旅游开发，推动地方经济发展是非常现实的路径，如果生态博物馆在发展观念上与其重合，这样的路径选择不失为一种最好的选择。在以广西为主的后生态博物馆时代，有许多例证都是这样选择的结果。

在后一个方面，苏东海的关于生态博物馆的概念理解是最有代表性的，但他在生态博物馆民族文化范畴的理解上是有他比较保守的一面，比如他就以此来认为镇山布依族生态博物馆在布展上是失败的，原因就是其镇山的信息资料中心把布展扩展到整个布依族文化，失去了镇山村布依文化的特殊性和典型性。但笔者认为，他在后期于此还是有很大变化的，因为他在2005年6月的国际生态博物馆论坛上的总结就说，生态博物馆"没有最后的定义"。但这样的中国生态博物馆认知和理论表达，证明中国的生态博物馆概念和认知已经确立了自己的表达方式。

**触发了中国多种生态博物馆的实践**

在贵州省建设生态博物馆群的经历，对于中国业界和学界来说，还触发了中国多种生态博物馆的实践。在今天，笔者已经看到了数种生态博物馆实践。有自然生态博物馆，比如青海湖人文生态博物馆（参见图志00082）、六盘山生态博物馆（参见图志00081）、贺兰山生态博物馆（参见图志00080）等等。有农业遗产部门的生态博物馆，比如陕西凤堰古梯田移民生态博物馆（参见图志00054、00055）等。有林业生态博物馆，比如福建戴云山生态博物馆（参见图志00065）、武夷山森林生态博物院、中国靖州杨梅生态博物馆（参见图志00075）等等。有旅游区自己命名的生态博物馆，比如丹顶鹤湿地生态旅游区博物馆（参见图志00083）、蛇岛生态博物馆、北京南海子麋鹿苑博物馆、长白山生态博物馆"等等。有以"群"的形式建设的生态博物馆，比如安吉生态博物馆群（12个）（参见图志00025—34）、太行三村生态博物馆（参见图志00051—52）、松阳县生态（乡村）博物馆群（参见图志00035—42）等等。有做生意的人自己命名的生态博物馆，比如陕西滕灿原生态种子博物馆、龙胜三门红瑶生态博物馆等等。有以专业来命名的生态博物馆，比如南昌江西蚕桑丝绸生态博物馆（参见图志00084）、定陶蔬菜生态博物馆（参见图志00070）等等。有以家庭为单位建立的生态博物馆，比如诺邓黄遐昌家庭生态博物馆（参见图志00001—2）等等，五花八门，无奇不有。但其充分说明，生态博物馆的影响力和适应性。"生态"和"博物馆"像两只翅膀，使得"生态博物馆"在中国的各界"飞翔"，应该说是利大于弊的事情。

于此回顾2005年6月上旬在贵阳市举行的生态博物馆国际论坛中的观察、总结与评价，对应今天这样的现象，令人感慨。

"总之，类似贵州等地的中国少数民族地区这样的生态博物馆试图整体地保持一种地方性文化的健康发展方向并为后代留下文化记忆的物证。这样一种观念和工具不仅让我们对遗产的权衡、取舍、保护、展示更加科学，也更加注重过程性。生态博物馆是博物馆理念与工具的一个飞跃式的发展。而且可以预见，随着财富的积累，物质消费对于生活必需品所占比例的不断降低，科学观念的深入普及以及社会的进步，人类生活的博物馆化将不可避免，人类也将更有能力更加生态地、连续地处理我们生活于其中的自然环境与文化成就。"[1]

---

[1] 前国际博物馆协会秘书长、欧洲社区发展高级顾问雨果·戴瓦兰（Hugues de Varine），意大利社会和经济研究所教授毛里齐奥·马吉（Maurizio Maggi），中国文物报社副总编辑曹兵武. 遗产·生态·文化：中国生态博物馆观察一组来自贵州生态博物馆国际论坛的参会笔记［N］. 中国文物报，2005-10-14（4）.

# 第三章
# 后生态博物馆时代

2005年6月6日,一群来自"国际生态博物馆论坛"的专家们在堂安侗族生态博物馆信息资料中心开馆仪式上欢聚之后,挪威王国与中华人民共和国在贵州省无偿援助生态博物馆群建设的国际文化交流项目结束,中国生态博物馆建设与实践的贵州时代就宣告结束。

在这之后,受中国生态博物馆贵州时代的影响,中国的生态博物馆又进入了一个新的时代,即后生态博物馆时代。在这个后生态博物馆时代里所出现的生态博物馆有以下几个特征:

一是投资建设全部由中国自主投资,不管以什么样的名目,但都是使用的中国国内的自主资金。

二是在生态博物馆理念上延续了中国生态博物馆贵州时代所创建的理念和路径,民族文化和传统村落仍然是这种生态博物馆建设的主调,并进一步加强了少数民族文化保护和民族地区社会发展的国家政策意向。

三是都有民族文化旅游开发的社区发展愿景。

四是呈发散状态,在全国多个省区发展开来,其中以广西的生态博物馆建设与实践最有代表性,并且在模式上有巨大的创新,而且也是目前运行得最好、仍然在发生作用和影响的地方。

在这些基本特征中,中国的生态博物馆建设与实践进入了一个新的时代,并且成为中国生态博物馆实践的主流形态。

## 第一节 后生态博物馆时代缘起

后生态博物馆时代缘起似乎有两个源头,一个是博物馆学界体制内的

## 第三章 后生态博物馆时代

缘起，比如2000年就有名字出现的内蒙古自治区的"敖伦苏木生态博物馆"，以及广西壮族自治区最早的两座生态博物馆，"南丹里湖白裤瑶生态博物馆"和"三江侗族生态博物馆"的建立。另外一个来自学术界学者，以生态学人类学理念建设的"民族文化生态村"。在20世纪90年代，云南大学教授尹绍亭，在美国福特基金会支持下，在云南省展开的"民族文化生态村"的建设就是第二种实践。

这两个缘起有一个共同的特点，即都是中国的学术界自主的关于生态博物馆和"民族文化生态村"建设与实践。但不同的是，其理论起点不一致，一个是基于新博物馆学中的生态博物馆理论，一个是生态人类学理论，或者说尹绍亭先生更喜欢的"应用人类学"概念，因为他主持建设了"民族文化生态村"，最后尹绍亭在云南大学出版社出版了一套六本的"应用人类学丛书"。

这两个缘起中，第一个缘起之说没有什么可以质疑的，它是受到中国生态博物馆贵州时代的影响而来的生态博物馆建设与实践，但后一个似乎与第一个缘起没有什么直接的联系，不过在生态学的意义上它们似乎具有一定的同质性，故在后生态博物馆时代，有学者认为这是中国生态博物馆建设与实践的一种模式，直接把它们与中国的生态博物馆建设与实践等而观之。比如段阳萍的《西南民族生态博物馆研究》[1]。在这本著作中，段阳萍把尹绍亭的"民族文化生态村"界定为"学术机构主导型"的"生态博物馆"类型。

这种界定不是段阳萍自己的发明，反映的是在2008年，尹绍亭他们主持的"民族文化生态村"项目结束后的一种学术界的普遍认知，因为其时就有学者认为，尹绍亭他们主持的"民族文化生态村"的建设与实践，与在贵州省进行的生态博物馆建设与实践类似。在2009年时，尹绍亭先生就在《中南民族大学学报》发表了一篇题为《生态博物馆与民族文化生态村》[2]的文章，对比介绍了两者的异同。"20世纪90年代中期，贵州省与挪威政府合作，开始了在中国建设生态博物馆的尝试；与

---

[1] 段阳萍. 西南民族生态博物馆研究［M］. 北京：中央民族大学出版社，2013.

[2] 尹绍亭，乌尼尔. 生态博物馆与民族文化生态村［J］. 中南民族大学学报（人文社会科学版），2009，29（5）：28-34.

此同时，云南的一批学者在美国福特基金会的资助下，也开始进行名为'民族文化生态村建设'的应用人类学项目。经过10余年的探索，无论是贵州、广西的生态博物馆还是云南的民族文化生态村，在理论和实践两方面都收获了丰硕的成果。本文介绍了国际生态博物馆的产生及其发展，分析评论了贵州、广西建设生态博物馆的状况，并与云南的民族文化生态村进行比较，肯定了生态博物馆和民族文化生态村建设的积极意义及其产生的广泛深远影响，同时指出了在现实条件下他们共同面临的难题和今后努力的方向。"① 这种类比在严格的学术意义上来说，它们有同质性和"搭界"的地方，比如"生态"的意义，但是，尹绍亭他们的"民族文化生态村"实践，有生态而没有博物馆，但把文化社区看成博物馆的区域时，"民族文化生态村"实践的博物馆性质也是存在的。也可以说，"民族文化生态村"实践没有类似博物馆的"信息资料中心"而已。还有，尹绍亭先生在云南的"民族文化生态村"实践，在生态意义和区域博物馆意义上，对中国的后生态博物馆时代还是有很大影响的，故把尹绍亭先生的"民族文化生态村"实践纳入后生态博物馆时代的缘起关系中，也是可以接受和理解的。

## 缘起一：体制内生态博物馆建设与实践

在1998年10月31日，梭戛生态博物馆举行了开馆仪式之后，中国第一座生态博物馆建成。这一文化事件在中国和世界的影响都比较大，在后期梭戛生态博物馆的一些弊端没有显现时，对于这样的文化创新举动，褒扬多于批评，而且对于少数民族地区的影响更大，因为于此，可以获得一条弘扬民族文化的路径，实现民族文化发展。于是，在一些少数民族地区，就有一些人士在促进以生态博物馆建设为名义的民族文化事业发展，而且基本上都是在国家体制内的生态博物馆建设。从今天的中国生态博物馆历史分期来看，在2005年6月，挪威与中国（贵州）的国际文化项目合作结束，以国际无偿援助，国外的生态博物馆理念直接

---

① 尹绍亭，乌尼尔. 生态博物馆与民族文化生态村 [J]. 中南民族大学学报（人文社会科学版），2009，29（5）：28.

## 第三章　后生态博物馆时代

介入的中国生态博物馆建设时期结束，而在这之后，受中国生态博物馆贵州时代影响而来的生态博物馆建设，也随之到来。在贵州时代第二、第三阶段时就开始建设的生态博物馆，可以称为后生态博物馆时代的缘起，而在2005年6月后的生态博物馆建设，就称为后生态博物馆时代的建设。在后生态博物馆时代的缘起中，约有三个生态博物馆。一是内蒙古自治区达茂旗的敖伦苏木生态博物馆；二是广西壮族自治区的南丹里湖白裤瑶生态博物馆和三江侗族生态博物馆。

1. 敖伦苏木生态博物馆

根据相关记载[①]，内蒙古自治区达茂旗的敖伦苏木，2000年时，就有地方人士在推进"敖伦苏木生态博物馆"的建设，并且他们说是在苏东海先生的支持下，2000年就命名了"敖伦苏木生态博物馆"而且把原来的"敖伦苏木生态园区"视为"敖伦苏木生态博物馆"园区，并开始把生态博物馆的一些理念贯穿在园区的各种建设之中。

敖伦苏木是一个历史遗址，距离达茂旗政府35公里。历史上曾经是成吉思汗"世婚世友"之地（曾先后把八位公主下嫁此地），在元代为德宁路所在地。据资料介绍，他们在2000年命名为"敖伦苏木生态博物馆"之后，就开展了一系列"建设"工作。乌日格庆夫阐述道"为了防止民间艺术和珍贵濒危的文化失传，生态园区加强收集、整理、编辑工作，对其进行了全面的普查、确认、登记、立档，建立了档案卡，实行动态管理，采用录音录像的方式进行分类整理。信息中心主要是对一些依靠口头和行为传承的各种民间文艺、节庆、游艺、游戏进行保护"[②]。

但这个"草原生态博物馆"，在笔者2020年6月的调查中显示，这基本是当地文化人的"想象性描述"，并且通过2005年《中国博物馆》的刊文，以及达茂旗人士参与2005年在贵州省贵阳市举行的"生态博物馆国际论坛"，还有后来网络信息的流布，形成了以上的"敖伦苏木生态博物馆"的"虚假"信息，并且产生了以上描述的系列影响。其实际

---

[①] 后来调查中证明，这些表述为虚假，或者说想象性表述，在实际中是没有的，但这样的说法一直在这一时期存在，并且造成了"草原生态博物馆"的印象，影响中国生态博物馆的历史表述。故仍然留存这样的"说法"，以正视听。

[②] 于·乌日格庆夫. 中国北方第一座蒙古族生态博物馆——内蒙古达茂旗敖伦苏木生态博物馆 [J]. 中国博物馆, 2005 (3): 74.

的情况是，包头市博物馆和达茂旗当地文广局的工作人员，希望在此地建设"敖伦苏木生态博物馆"，但文章中描述的情景并没有在现实中落地。敖伦苏木是一个历史遗址，是一个国家重点文物保护单位，草原禁牧也是国家的政策性安排，但其他在文章和网络中出现的描述，达茂旗的有关人士在2020年的调查中告诉笔者说这些都是不存在的。据当地文化部门的干部介绍，2005年时，宣传"敖伦苏木生态博物馆"的人请了几个外国人过来，希望得到他们的资助建设生态博物馆，但其时草原上刮一阵黄风（沙尘暴），把外国人和生态博物馆都"刮跑"了。

这是一个令人奇怪的事件，但它却迎合了人们对于草原生态博物馆的想象，在中国生态博物馆实践中发挥了一定影响，如果笔者不去实地调查，这样的"历史"便一直是一个缥缈的存在！

在"敖伦苏木生态博物馆"的这种"虚假"建设之际，广西壮族自治区也在酝酿中国民族文化发展的一件大事，以及广西境内整体性的民族文化旅游开发，这就是广西壮族自治区民族博物馆的建设，以及各地的民族文化旅游开发的一系列举措。比如在多个民族文化富集区建设民族文化旅游景区，比如南丹县的里湖瑶族乡，三江县的侗族地区等等。他们也深受生态博物馆理念的影响，开始结合广西壮族自治区民族博物馆建设，南丹县里湖瑶族乡、三江侗族自治县，以及靖西旧州等地的民族文化旅游景区开发建设，根据当地的实际情况，引入生态博物馆的建设与实践，并且先期把这三个点作为广西生态博物馆建设的试点。如果成功，就在全区推广。在这三个点中，南丹和三江两地的生态博物馆在2004年11月建成的，靖西的生态博物馆，于2005年9月建成，故在论述后生态博物馆时，把前两个生态博物馆放到缘起中来叙述，而靖西的生态博物馆放到后来的"1+10"中来论述。

2. 南丹里湖白裤瑶生态博物馆（参见图志00009）

南丹里湖白裤瑶生态博物馆建设在广西的南丹县里湖乡怀里村，并且以蛮降、化图、化桥三个白裤瑶原住民村落为中心，形成瑶族的白裤瑶生态博物馆保护和展示区域。其南丹里湖白裤瑶生态博物馆信息资料中心就建在蛮降和化桥屯之间的山坡上，占地6亩，建筑面积1000多平方米。信息资料中心是在2004年11月26日，正式建成开馆的，以图片、影像、实物等方式，展示白裤瑶的历史、民风、民俗。它是广西第一座瑶族生态博物馆,也是广西第一座少数民族生态博物馆,同时它还是广西民族博物馆的下属工作站。也就是说,该生态博物馆也是在内蒙古敖伦苏木生态博物馆命名启动不久,就开始了自己的生态博物馆建设步伐。现今关于此生态博物馆的介绍都说这是广西民族生态博物馆"1+10"工程建设的起点。

南丹县里湖乡怀里村,距南丹县城33公里,有四级油路直接通达。生态博物馆区主要分为展示馆及原始村落两部分。三个原始村落地属岩溶峰丛地貌,海拔800多米,村寨依山而建。这里的服饰特别,染织技艺与蜡染完全不同,谷仓别具匠心,以猴鼓为中心的铜鼓乐舞、"细话歌"、岩洞葬、基于血缘的"油锅"组织、头人、古朴庄重的砍牛送葬等在这里都保存得比较完整。

中国瑶族支系繁多,文化习俗都有自己独特的表现。白裤瑶自称"布诺",因其男子穿白裤而得名。总人口约3万人,主要分布在广西南丹县里湖瑶族乡、八圩瑶族乡及贵州荔波县等地。

白裤瑶的文化包括以下几方面。

打陀螺。正月初一至初七是最热闹的打陀螺时间。陀螺是用木质坚硬的红青冈树削制而成,特点是头平、脚矮,比圆头高脚型陀螺旋转得久,抗击打性强,很受白裤瑶群众的欢迎。

白裤瑶群众喜欢斗鸟,特别是斗画眉鸟。

白裤瑶习俗中有闹年街。有:"五黄六月过小年,正月十五闹年街。"

每逢年街日,妇女们纺纱、绘制粘膏画,男人们击鼓、打陀螺、斗鸡斗鸟,夜里,男女青年走到山坡上,唱细话歌,互诉衷肠。

白裤瑶族喜欢铜鼓,据统计,在近3万人的白裤瑶人口中,就保存有300多面铜鼓。

传说南丹的白裤瑶源自贵州独山,最后搬到蛮降屯建村已有10余代人了。

据调查,这个生态博物馆建设之前,广西的旅游开发部门就已经在此地建设民族文化旅游开发区了,笔者在早年就看到过此地的旅游开发的总体规划,但其时还没有关于生态博物馆建设的打算,在后来,里湖白裤瑶生态博物馆建设在这里,并且成为了既定的旅游景区中的重要组成部分，同时它们的存在又具有自己的归属系统，属于体制内博物馆的一种存在。

3. 三江侗族生态博物馆

三江侗族生态博物馆也是在这一时间段内建设起来的，属于后生态博物馆时代缘起的一个实践过程。它的生态博物馆区域设立在三江县的独峒镇，具体在独峒镇座龙村至高定村公路沿途15公里范围内的9个侗族村寨，理论上都属于三江侗族生态博物馆的展示区域。理由是：保护区内有侗寨9个，鼓楼28座，廊桥13座，寨门13处。这种超村落概念的博物馆展示区域设置，在中国还是第一次。

9个侗寨概况：

> 座龙寨，始建于1487年，分布于一舒缓的斜坡上，绿树成荫，苗江河从村前而过，自然环境好。远看，山寨分聚两处，形如蟒龙双眼，注视远方。近看，寨中融风景林、寨门、鼓楼、吊脚楼、戏台为一体，是个典型的侗族村寨。全寨共有住户150户，人口688人，风雨桥一座，鼓楼两座，其中风雨桥为单层瓦面，建于1836年。座龙鼓楼始建于1833年，攒尖式，高10.6米，为五层檐瓴。

> 八协寨，始建于1503年，有风雨桥2座，鼓楼1座。八协巩福桥建于1826年。

> 平流寨，始建成于1503年，共有四个基本相连的自然屯，现有风雨桥一座，鼓楼一座，其中平流赐福桥建于1861年，1951年重建，歇山式，为县重点文物保护单位；平流鼓楼建于1987年，攒尖式，高16米，九层檐瓴。

> 华练寨，始建于1504年，现有住户461户，有风雨桥1座，鼓楼3座。

> 岜团寨，始建于1603年，有风雨桥3座，鼓楼2座，其中岜团桥始建于1910年，歇山式，人畜分道，正道是人行往来的通道，副道则是给牲畜通行，是侗族木式立交桥，全长50米，二台一墩三亭十廊，与现代的双层桥有异曲同工之妙。2001年国务院公布为全国重点文物保护单位。

> 高定寨，有500多年的历史，其独柱鼓楼最为著名，有11层。

吊脚楼500多栋，宗族鼓楼有7座，是三省坡下比较著名的村寨。广西民族博物馆工作站就建在这里。

还有独峒寨、牙寨、林略寨等三寨也属于生态博物馆的展示区域。

其生态博物馆的信息资料中心建设在县城，是在三江县侗族文化博物馆基础上把三江侗族生态博物馆的一些功能与原来的三江县侗族文化博物馆合并而形成的，所以这个信息资料中心同时还有一个县侗族文化博物馆的身份。这样一来，其在布展上不是以生态博物馆村寨展示区域为主，而是以侗族文化展示为主体，但由于侗族各个村寨文化的同质性，这些村寨名称不同，但性质是一样的，其文化表达上也基本是一样的。

这个三江侗族博物馆和三江侗族生态博物馆位于三江县城古宜镇河西江峰街。三江侗族博物馆是1992年建设的，是自治县成立40周年的献礼项目。占地面积900平方米，建筑面积1550平方米。建筑集侗族鼓楼、风雨桥等元素于一体，是中国唯一的侗族博物馆。馆内设有游客接待中心和三个陈列展厅，主要为此地的侗族历史文化展览内容。三江侗族博物馆的基本功能是：弘扬侗族文化，让侗族文化走向世界，让世界了解侗族文化。这与生态博物馆信息资料中心的功能有一定区别，但在侗族文化表现上是一致的。

笔者在此博物馆参观时，与一般博物馆无异，包含了侗族文化的所有内容。故该县把三江侗族生态博物馆的功能赋予三江侗族博物馆，把此馆作为生态博物馆的资料展示中心，确实实至名归。展览规范、全面丰富，反映此地侗族文化基本没有问题。从这个角度讲，它实际上就是苏东海所说的"侗族历史文化博物馆"。

同时，笔者也在高定村看见广西民族博物馆工作站的牌子就挂在村口一栋民居门边。这也是一个创新，生态博物馆信息资料中心建在县城的"侗族文化博物馆"，而生态博物馆运行的另外一个意义，也在侗族村寨出现，即在这里，"工作站"与信息资料中心是分离的，而广西的其他9个生态博物馆中，工作站与信息资料中心是一体存在的。

此村是个传统文化保持得较好的村子，有600多户人家，约2800人。有7个鼓楼，据说与村子里的姓氏有关。笔者走访了三个鼓楼区域，其中有两个鼓楼里有烤火的老人，一个火塘里有5个老人，最长者90

岁,最小的72岁,身体都不错。行走在村落里,切身的观察和体会这些话的文化,这便是高定等村寨生态博物馆存在的意义。

该县位于广西北部的黔、桂、湘三省(区)交界处,与贵州和湖南的侗族文化构成了一个"侗族文化圈"。且与贵州地域中的"南侗"文化类似,故在此地的侗族文化表现中,笔者不再对其进行表述,详情可以参见与之类似的堂安村的侗族文化。

但笔者在高定村的调查中发现,高定村的侗族文化与堂安村等为代表的侗族文化还是有一定差别。比如,高定村的村落崇拜和祭祀的对象不是"萨",而是一个叫"威山王"的地方神灵,村里所有人祭祀的地方也不叫"萨坛",而称为"威山王庙",在村里竖立的旅游介绍指示牌上,也写的是"威山王庙"。笔者在村里访谈时,询问村里有没有"萨坛",村人都不知道,当问起村里祭祀的地方时,村人才说有一个叫"威山王庙"的地方。村里的"威山王庙"在村子的路口边的一个山嘴上,有一个水泥做的人像,人像前有三个香炉,村人说,这是他们初一、十五来祭祀的地方。过年时来祭祀的人家多。也就是说,三江县的侗族可能没有如贵州南侗地区的"萨坛",即没有对"萨"的信仰。这是重要的情况,说明他们最初文化建构时的境遇是不同的,这也是两者文化有一定差异性的根本之处。

## 缘起二:"民族文化生态村"实践

这是一个以民族村落为基本单位的文化建设项目。"民族文化生态村的建设,是我们在1997年提出的一个以人类学为主,包括其他学科参与的应用性研究开发项目,是一个以地域和民族文化的保护和传承为主旨,由住民、政府和学者等相关群体参与建设的行动计划。"[1] 其如此建设的目的,本身就是在一定程度上恢复被损害的民族传统文化,以及这种文化的系统生态。在学术上是尹绍亭先生实验和应用人类学的知识和理论

---

[1] 尹绍亭.民族文化生态村——当代中国应用人类学的开拓理论与方法[M].昆明:云南大学出版社,2008:1.

的一个过程,① 而在与国家和政府扶持层面上则是配合云南省在全市范围内建设"民族文化大省"的一系列政策和策略。在民族地区则希望以此唤起村民自身民族文化的自信和自觉精神,并且以此形成民族文化资源,从而发展自身的社区文化、经济和生态……这一项目"搭界"了很多方面,也得到多方面的认可和支持,在云南省,以及全国都是一件颇具影响力的文化建设项目,特别是其生态人类学的实践和理论建树上,多为学界看重。

这个项目起源于20世纪90年代末期,是得到美国福特基金会资助的"扶贫项目",缘起20世纪90年代,尹绍亭先生对于在现代化进程中,民族村落中的传统文化的快速衰落十分担忧,又时逢云南省在建设"民族文化大省"的探寻和思考,于此在实践中提出了建设"民族文化生态村"的概念和想法,而且在1998年,得到福特基金会的资金支持,故从1998年10月开始到2008年

云南民族文化生态村分布图

10月结束,进行了为期十年的云南省"民族文化生态村"的建设,建立了

---

① 他们项目组在该项目结束时,出版了《民族文化生态村——当代中国应用人类学的开拓》(系列丛书)云南大学出版社,2008. 有尹绍亭. 民族文化生态村——当代中国应用人类学的开拓理论与方法;王国祥. 民族文化生态村当代中国应用人类学的开拓探索实践之路;陈学礼. 民族文化生态村——当代中国应用人类学的开拓传统知识发掘;孙琦,胡仕海. 民族文化生态村——当代中国应用人类学的开拓生态村的传习馆;朱映占. 民族文化生态村——当代中国应用人类学的开拓巴卡的反思;曹津永. 民族文化生态村——当代中国应用人类学的开拓走向网络等六种。在此之前,项目组还有《民族文化生态村——云南试点报告》、《云南民族文化生态村暨地域文化建设论坛》(内部资料)等资料总结。

5个"民族文化生态村"①。(见"云南民族文化生态村分布图")② 但尹绍亭先生认为,由同校彭多意教授在弥勒县可邑村(彝族·阿细人)做的试点,也与此类似,应该属于"民族文化生态村"的范畴。这个点2000年开始建设,是以云南大学的名义建设的。这样,在这一时期云南省的"民族文化生态村"就有6个。

对于"民族文化生态村",尹绍亭先生最初的实践定义是:"在全球化的背景下,在中国进行现代化建设的场景中,力求全面保护和传承优秀的地域文化和民族文化,并努力实现文化与生态环境、社会、经济的协调和可持续发展的中国乡村建设的一种新型的模式"。③ 尹绍亭先生在后解释了其中的四个关键词,一是"全球化"和"现代化"、二是"文化保护与传承"、三是"协调与可持续发展"、四是"乡村建设"。第一个关键词对应的是发展性,第二个对应的传统优秀文化的保护和延续,第三个对应的是地域之中的两者之间的协调关系问题,第四个对应的是中国的"社区形态"的特殊性质。对比之下,与生态博物馆建设的角度不同,但指向具有一致性,但客观来说,"民族文化生态村"有类似于村落区域民族文化记忆和保护的"博物馆"概念,这一点与生态博物馆的"博物馆区域"一致,但"民族文化生态村"没有"信息资料中心"这样的源自博物馆传统的"工具"。这应该是中国学者无意之间与生态博物馆建设与实践的"搭界"。把这一点归于中国后生态博物馆时代缘起关系,自然会丰富中国生态博物馆实践和理论发展。

在这一点上,尹绍亭先生在自己的项目总结中都有比较性质的论述:"如果将生态博物馆与民族文化生态村进行比较的话,那么不难发现,两者在一些基本理念上具有相同或相似之处。例如:生态博物馆主张尊重地

---

① 有腾冲县和顺镇(汉族)、景洪市巴卡小寨(基诺族)、石林县月湖村(彝族支系撒尼人)、丘北县仙人洞村(彝族支系撒尼人)和新平县南碱村(傣族)等五个"民族文化生态村"。

② 该图源自段阳萍. 西南民族生态博物馆研究 [M]. 北京:中央民族大学出版社,2013.

③ 尹绍亭. 民族文化生态村——当代中国应用人类学的开拓理论与方法 [M]. 昆明:云南大学出版社,2008:2.

域、社区和住民①的权利；主张依靠地区政府和住民做好当地事业；主张生态博物馆由住民共同构想、共同创造、共同利用，尤其重视村民参与和主导作用；主张把生态博物馆所在地的自然环境和住民的生活方式作为一个不可分割的相互联系的整体；主张对自然遗产和文化遗产进行就地保存、培育、展示和利用；主张生态博物馆是社区发展的'工具'等。生态博物馆的这些原则和理念，值得民族文化生态村学习、参考和借鉴。"② 这之后，尹绍亭又说生态博物馆与民族文化生态村有七个不同③。最后，尹绍亭先生给自己的"民族文化生态村"的评价和定位是："民族文化生态村与生态博物馆是在不同的国家、不同的时空、不同的文化背景、不同的经济基础的情况下的不同的选择和创造。民族文化生态村可以参考借鉴生态博物馆的有益和成功的操作方法和管理经验，然而更需要根据本国的国情走自己的道路。"④

这样的"民族文化生态村"建设，完全是国内人类学者基于生态人类学的相关理论而实践出来的文化建设项目，与生态博物馆建设的新博物馆学理论，没有较多的关联性，但是，它们在学术交际点上都有生态学的学术指向，即生态人类学—人类学—生态学—博物馆学—新博物馆学，都有生态学的"搭界"和"出发点"。故在中国生态博物馆贵州时代出现时，学界对于尹绍亭先生在云南省实践的"民族文化生态村"，产生了很多的自然联想和对比，并且在后来的研究中，就直接把其定义为"学术机构主导型"的生态博物馆建设。在段阳萍的《西南民族生态博物馆研究》一书中就是这样定义的。如果这样的定义成立，那尹绍亭先生在1998年至2008年的"民族文化生态村"建设，宽泛地说，也是后生态博物馆时代中国生态博物馆建设与实践的一种缘起。在中国的后生态博物馆时代，"民

---

① 尹先生在这里使用"住民"来代替一般意义上的"原住民"，有深意，因为源于西方观念的"原住民"有明显的倾向性，会引起多重解读和争议。

② 尹绍亭. 民族文化生态村——当代中国应用人类学的开拓理论与方法 [M]. 昆明：云南大学出版社，2008：23.

③ 两者产生的背景不同、社会经济文化基础不同、倡导者不同、两者的性质不完全相同、要素和功能不完全相同、建设方式不同、住民参与的自觉性存在着差距等。

④ 尹绍亭. 民族文化生态村——当代中国应用人类学的开拓理论与方法 [M]. 昆明：云南大学出版社，2008：23.

族文化生态村"的概念和意义,确实也在现实中产生了很大的影响。

尹绍亭先生项目建设的五个"民族文化生态村"概况如下:

腾冲县(2015年改为市)和顺镇(汉族)——和顺镇属于云南省保山市腾冲县,位于县城之外4公里,是一个典型的汉族文化小镇,汉式民间建筑特色显著。

景洪市巴卡小寨(基诺族)——巴卡小寨是云南省西双版纳傣族自治州景洪市基诺乡巴卡村下属的一个自然村,1999年时人口61户,260人,除5人外,全部为基诺族人。基诺族是中国的人口少小民族。基诺族95%以上的人口都居住在基诺山(约600平方公里)。这里属于亚热带季风气候。

石林县月湖村(彝族支系撒尼人)——月湖村属于云南省昆明市石林彝族自治县北大村乡,1999年时有480户,800余人,彝族撒尼人占80%以上。彝族文化底蕴丰厚。

丘北县仙人洞村(彝族支系撒尼人)——1999年时有村民173户,759人,除了一户为汉族外,全部为彝族撒尼人。为典型溶岩地貌,靠山临湖,风光旖旎。

新平县南碱村(傣族)——南碱村是云南省玉溪市新平县腰街镇曼蚌行政村下属的一个自然村,1999年时有55户,271人,全是傣族,自称"傣卡"。位于元江(红河)上游的漠沙江畔,海拔500米,属于热带河谷气候。

他们在选择这些地方作为"民族文化生态村"建设之前,都拟定了一个标准,一共有五条①。这样的选点条件后来又增加到11条。从这些选点条件中可以窥视其"民族文化生态村"建设的基本条件,即"因地制宜",所以在后来的各个村落点上的建设都是根据具体情况来随机开展的。随机性和相关因素比之生态博物馆建设要复杂许多,但在村民自主建设和以项目为"抓手"推进"民族文化生态村"建设这一点上,他们是做得非常好

---

① 尹绍亭. 民族文化生态村——当代中国应用人类学的开拓理论与方法[M]. 昆明:云南大学出版社,2008:76. 这五条分别是:(1)文化富有特色,文化资源丰富;(2)生态环境较好,风景优美;(3)民风淳朴,村民具有朴素的文化保护意识;(4)交通便利,位于国家、省开发的旅游景区内或附近;(5)当地政府积极支持,地方文化部门工作能力强。

的。在他们的建设中，部分村落点中也有文化传习馆和文化展示的情形出现，这与生态博物馆的信息资料中心非常相似。

本节论述的这两个后生态博物馆缘起，有一点要说明，即其与苏东海在2005年之后所说的云南、内蒙等地生态博物馆实践无关。它说明一个历史事实，云南的"民族文化生态村"实践的理论背景为人类学，广西的生态博物馆实践的理论背景为民族学。在后生态博物馆时代，中国的人类学、民族学理论介入了中国生态博物馆实践，与原来的新博物馆学理论一起，影响后生态博物馆时代的中国生态博物馆实践。

在这两个方面的后生态博物馆缘起之后，中国的生态博物馆建设与实践，就完全走向了自我发展，或者说"自我进化"的道路。一方面继续消化新博物馆学的理论和理念，一方面中国的学界也在自我探索和创造中探寻关于生态博物馆建设与实践的道路，在应用新博物馆学理论上为国家、民族的现代性发展做出一定的贡献，也参与到生态博物馆建设与实践的国际性探索，努力形成生态博物馆的中国话语和方式。

## 第二节　广西后生态时代生态博物馆

在中国的后生态博物馆时代，广西壮族自治区的生态博物馆建设最具有代表性。他们在民族博物馆发展的前提下，融合和引进了生态博物馆建设的理念，并且把生态博物馆建设与广西壮族自治区的民族博物馆建设结合为一体，形成了1+10的创新体系，构建了民族博物馆与生态博物馆的关系，在进行传统民族博物馆建设的同时，亦在广西的10个民族村寨和社区建设10个生态博物馆，乡村的生态博物馆既是独立的生态博物馆，同时又是广西民族博物馆的"工作站"。这就是后来著名的"1+10"的生态博物馆模式。

广西"1+10工程"的生态博物馆建设模式，是在南丹、三江、靖西等地的生态博物馆试点完成后，才开始正式建设的。2005年，他们制订了一个名为《广西民族生态博物馆建设"十一五"规划及广西民族生态博物馆建设"1+10工程"项目建议书》的文件。拟在广西建设十个生态博物馆。从试点的2004年开始实施，到2011年5月，最后一个生态博物馆——金秀坳瑶生态博物馆建成，前后也经历了 8 年时间。

这种生态博物馆模式的建设有以下几个特征：

一是投入资金上自主，其在最初的预算中，10 个生态博物馆总投资为 1300 多万元。这样的自主投资在资金上就不会受一定的理念制约，因为每一种投资背后，都会有投资者的文化理念和观念作影响。

二是由于自主投资建设，故在生态博物馆的理解上就具有观念和学术理解的话语自主权，所以，广西制订相应的生态博物馆发展模式时，考虑更多的是当地民族文化发展和社区发展的可能性和前景。比如在制订 10 个生态博物馆建设规划时，广西就充分考虑了广西壮族自治区各个少数民族的分布和国家在民族发展方面的政策需要。在生态博物馆的民族比例分布上，在国家民族发展的政策倾斜上，以及具体的时段和地域等因素，都有自己特别的安排和灵活处置。比如东兴市的京族博物馆建设和京族生态博物馆建设就是一体化的，因为京族的文化表述在两个博物馆的布展上是可以重叠的，而且京族在与越南边境相邻地区，人口虽不多，但国际影响不容忽视。再比如三江侗族生态博物馆是在原来三江侗族博物馆基础上叠建的，它不但补充划定了其生态博物馆保护区域，也在高定村建设了广西民族博物馆三江侗族生态博物馆工作站。

三是进行了改善生态博物馆建设的后期运行和管理的实验，提出"1+10"的管理模式，这也是在自己的国情下，寻找改善中国生态博物馆建设与实践中后期管理和运行的一个尝试。从当下的调查情况看，这种模式解决了一些过去难于解决的问题，也新出现了一些问题。这些于后笔者还要论述。

这些对于中国生态博物馆的发展影响较大。但其在根本上还是延续了贵州时代生态博物馆建设的基本模式，即民族+村落（社区）要素，信息资料中心+生态保护展示区域设定。信息资料中心建设和其中的文化展示与生态保护区域设定，互为表里。

如"广西民族生态博物馆分布图"所示，在广西的 10 所生态博物馆中，全部是以民族来划分，有壮族 3 所，靖西旧州壮族生态博物馆、那坡黑衣壮生态博物馆（参见图志 00015）、龙胜龙脊壮族生态博物馆（参见图志 00021—22）等，分别表现广西壮族文化的三种子类型的存在。瑶族有 2 所，南丹里湖白裤瑶生态博物馆、金秀坳瑶生态博物馆（参见

## 第三章 后生态博物馆时代

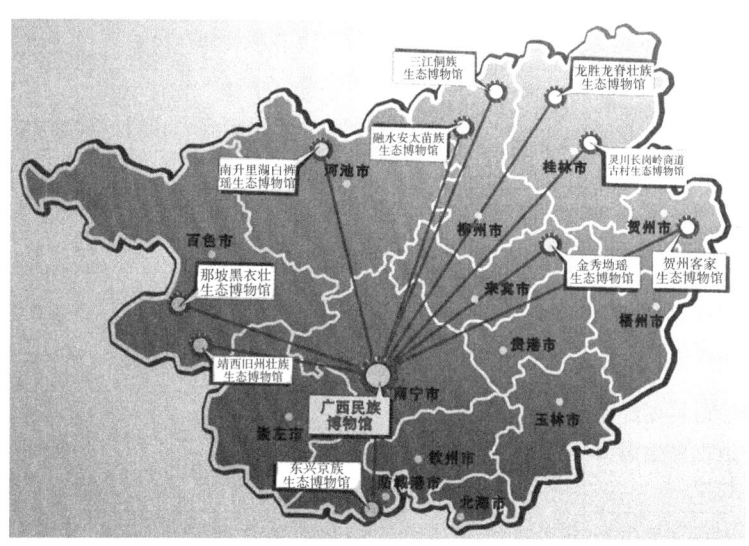

广西民族生态博物馆分布图

图志00023—24），也反映的是广西境内瑶族的多支系分别的情况，以及瑶族内部的文化分野。汉族有2所，贺州客家生态博物馆（参见图志00013—14）、灵川长岗岭商道古村生态博物馆（参见图志00016—17），一是以表现客家建筑遗产为主，一是以表现历史上驿道和商贸文化为主。侗族、苗族、京族各一，其中的京族还包含了国家"少小民族"的概念。从这个分类角度看，这是国家民族平等和共同发展进步的意识体现，这个出发点与中国生态博物馆贵州时代的出发点有着很大的差异，即广西的生态博物馆建设，是在国家总体性民族地区发展的前提下，对于生态博物馆这一"工具"的使用，不完全是为了实现生态博物馆的理念。

### 广西10座生态博物馆表

| 序号 | 名称 | 地点 | 民族 | 文化表现特色内容 | 建成时间 |
| --- | --- | --- | --- | --- | --- |
| 1 | 南丹里湖白裤瑶生态博物馆 | 南丹里湖瑶族乡怀里村 | 瑶族 | 染织、铜鼓、歌谣、制度、婚葬习俗、服饰、谷仓等文化 | 2004年11月 |
| 2 | 三江侗族生态博物馆 | 三江侗族自治县独峒乡 | 侗族 | 鼓楼、风雨桥、服饰、织锦、歌舞、饮食、节日等文化 | 2004年11月 |

续表

| 序号 | 名称 | 地点 | 民族 | 文化表现特色内容 | 建成时间 |
|---|---|---|---|---|---|
| 3 | 靖西旧州壮族生态博物馆 | 靖西市新靖镇旧州村 | 壮族 | 山歌、绣球、节日、婚俗、土司遗存、壮剧等文化 | 2005年9月 |
| 4 | 贺州客家生态博物馆 | 贺州市八步区莲塘镇白花村 | 汉族 | 围屋、饮食、客家历史、客家山歌 | 2007年4月13日 |
| 5 | 那坡黑衣壮生态博物馆 | 那坡县龙合乡共和村达文屯 | 壮族 | 服饰、山歌文化、族内婚恋制度、丧葬文化、干栏建筑、石质用具 | 2008年9月26日 |
| 6 | 灵川长岗岭商道古村生态博物馆 | 灵川县灵田镇长岗岭村 | 汉族 | 古民居、古墓葬、科举文化、宗祠文化 | 2009年5月 |
| 7 | 东兴京族生态博物馆 | 东兴市江平镇万尾村 | 京族 | 服饰文化、哈节、独弦琴、喃字、渔业生活 | 2009年7月29日 |
| 8 | 融水安太苗族生态博物馆 | 融水苗族自治县安太村小桑村 | 苗族 | 服饰、银饰、芦笙、饮食、节日等文化、婚恋习俗、吊脚楼 | 2009年11月26日 |
| 9 | 龙胜龙脊壮族生态博物馆 | 龙胜各族自治县和平乡龙脊村 | 壮族 | 梯田景观、农业生产、服饰、歌舞文化、干栏建筑、寨老制度 | 2010年11月15日 |
| 10 | 金秀坳瑶生态博物馆 | 金秀瑶族自治县六巷乡古陈村 | 瑶族 | 服饰、度戒、饮食、婚恋、石牌制度、黄泥鼓文化等 | 2011年5月26日 |

在广西的10个生态博物馆建设中，都有社区、民族村落等进行民族地区旅游文化开发的发展预设和愿景。在这个角度上，南丹里湖白裤瑶、三江侗族、靖西旧州壮族、贺州客家、东兴京族龙胜龙脊壮族等六个生态博物馆，已经完成了与民族地区旅游开发的融合，景区+生态博物馆区域+信息资料中心（文化展示）三者都具备，而且其中靖西旧州壮族生态博物馆已经直接归属景区管理，生态博物馆区域与景区大致重叠，信息资料中心展示就是景区旅游的重要景观。龙胜龙脊壮族生态博物馆的信息资料中心就在其景区之中，亦是景区旅游的重要景观，但它仍然独立于景区，并且有编制，属于龙胜县文化局管理。南丹里湖白裤瑶生态博物馆的情况也大

第三章　后生态博物馆时代

致如此。东兴京族生态博物馆（参见图志00018）与东兴京族博物馆一个馆两块牌子，它与三江侗族博物馆性质一样，属于民族历史文化博物馆类型，完全属于国家的博物馆体系，但同时兼顾了生态博物馆的概念。东兴京族生态博物馆已经是东兴旅游的重要景观。贺州客家生态博物馆区域的旅游外包于民间，信息资料中心相对独立，围屋是景区，信息资料中心不是，且有人电话告知才会开门。三江县推行的是全域旅游概念，生态博物馆是其文化表现形式之一，它们存在于高定一带的侗族村落中也有一定的影响。

那坡黑衣壮生态博物馆、灵川长岗岭商道古村生态博物馆、融水安太苗族生态博物馆（参见图志00019—20）、金秀坳瑶生态博物馆等四个生态博物馆属于另外的情况，即有区域划定，信息资料中心和文化展示都有，但没有景区开发。不过，在当地干部和住民中，民族文化旅游开发的愿景普遍存在。这四个生态博物馆都在当地的文化部门有具体的"馆长"安排，但基本上是雇人"看摊"的状态。不过，在其10个生态博物馆的运行和管理上，广西是管理和运行得最好的生态博物馆体系，因为广西的"1+10工程"在全部完成建设之后，在广西自治区民族博物馆内部就成立了一个专门管理10个生态博物馆工作站的机构，有专业人员对10个生态博物馆进行管理和建设，每年都在民族博物馆内有专门的工作经费，在10个工作站，各地文化局都有专人负责工作站的工作，有专职，有兼职，有的工作站人员有编制，有的没有。

里湖、三江的两个生态博物馆的文化样态，如前已经有所介绍，余下的8个生态博物馆文化概述如后。

1. 靖西旧州壮族生态博物馆概述

靖西旧州壮族生态博物馆（参见图志00012）于2005年9月建成，位于广西壮族自治区靖西市新靖镇的"旧州古镇"的"景区"中，也是景区的一个组成部分。这个生态博物馆由两个部分组成：一是"靖西旧州壮族生态博物馆"展示中心；二是"旧州的原状保护区"。现在靖西旧州壮族生态博物馆的"信息资料中心"被称为"展示中心"，这应该是受云南的"民族文化生态村"的"文化展示中心"的影响。这个生态博物馆的"信息资料中心"的产权原来归属于靖西市文化局，但现在已经划拨给景区直接管理，原来的生态博物馆的运行内容依然存在。

现在的展示中心定位为:"展示中心是一个集壮族文化展览、文物及资料收藏、工作人员办公、研究人员住宿为一体的综合性建筑。""展示中心位于靖西县新靖镇旧州村内,占地2亩,总建筑面积700平方米。靖西是壮族人口高度集中的地方,壮族文化具有深厚的文化底蕴。壮族刺绣、织锦、土司遗存、民居建筑、山歌艺术、壮剧、木雕、节日等民族文化保存的丰富性、完整性使之成为壮族文化的代表,当地环境优美,交通便利,生态旅游初具规模。"(见宣传资料)现场看到的展示中心确实如此,位于景区的核心位置,由四栋房子组合的院落构成,门口有"靖西旧州生态博物馆"的一块异形石牌,其上并没有"壮族"二字。附近还有双牛的铜雕塑,以及古井的雕塑,以及介绍中国古代名人赞美古井诗歌的风俗画。这个展示中心每天都按时开馆,其中有关于旧州文化的展览,以及绣球文化、本地农民画家画展等等一系列展览,是景区参观的重要内容。这个展示中心还是靖西市文化局、文联举办一系列活动的地方,院子里还有一些刚刚举办过摄影展览活动的架子和内容介绍牌板。

除了这个展示中心之外,靖西旧州壮族生态博物馆还有一个保护区的概念,即周边区域视为该馆的保护区。其保护的内容主要是古建筑,以及依附于其上的历史文化。所以,"旧州的原状保护要求原有民居由其所有者继续使用,不改变其建筑功能及风格。同时,重视保护和保存古遗址、古墓葬、古街道和古戏台等。非物质文化遗产如民间工艺、民间歌舞、民间文学、节日及各种礼仪等,则通过继承和发展不断传承。同时,靖西旧州壮族生态博物馆也是广西民族博物馆的工作站之一。"(见宣传资料)这里面包含了三个内容:一是对于旧州古建筑保护的初步要求,没有视为文物保护单位的严格,也不能随意改变风格等等;二是这里的历史文化和非物质文化遗产也在保护内容之中;三是强调研究价值和意义,比如作为"广西民族博物馆的工作站之一"的要求等。

在展示中心门口的一棵"千年古梅"旁的石头上有"功德碑"记录:"靖西旧州被誉为'壮族活的博物馆',是壮族原生态文化的活宝库,也是壮族人民引以为自豪的宝贵财富。旧州壮族生态博物馆由展示与信息中心和旧州原状保护两部分组成,其中展示与信息中心工程于二〇〇四年农历三月六日奠基,二〇〇五年八月六日建成,总投资180万元。建设中,众多热心民族文化建设的企业、各界有识之士慷慨解囊,共襄此盛举,福泽后世，功德无量。在此，特将其芳名刻石勒碑，使之百代流芳。——中国南方工业集团公司：48万元；靖西县民族事务局：2万元；以下11家单位总计十余万元。"

原状保护"则通过古遗址、古民居、古戏台、古陵墓等物质文化遗产的修缮，展示壮族建筑的发展过程。此外通过绣球一条街、山歌对唱等形式表现民间工艺、歌舞、文学各种非物质文化遗产。"

建成时新闻报道对其评价为："坐落在旧州的壮族生态博物馆，是我国的第一座壮族生态博物馆。该馆通过有效保护旧州壮族的自然环境、文化遗存、社会结构和居民生活，展示了旧州古村的文化积淀。旧州老街保存了壮族刺绣、织锦、土司遗存、民居建筑、山歌艺术、壮剧、木雕、节日等民族文化，旧州生态博物馆展示中心设置的旧州导游图上有刺绣、山歌、酿酒、木雕、农民画等传统技艺的家庭展示点。靖西县旧州壮族生态博物馆的建成将有效保护旧州壮族的文化遗存、社会结构和精神生活，是专家学者研究壮学的田野考察基地。"

对于"原状保护"，笔者在保护区内看到许多"景点"内容介绍牌，其上有一系列内容，确实显示了其一系列历史文化和非物质文化遗产内容。

比如"和字壁"上有文字：旧州是瓦氏夫人故里，自古是镇守边塞的军事重镇。旧州先民为中国的戍边事业做出了巨大的牺牲和不可磨灭的贡献，因此，当地百姓对和平的"和"有着更加深刻的感情。"和字壁"上的"和"字是一个古体字，古体"和"字右侧的口部，形似古代兵器的"戟"的形状，从字形上解释可以有两层意思，一是和平并不是一味地求和退让，和平的生活必须依靠强大的军事实力来守护，"弱国无外交，落后就要挨打"是中国人民在战争和屈辱中总结出来的宝贵经验。二是"和"左半边形似一个人，"一个人拿着一张口"似为"和"字，意思就是口舌是非伤人的程度有时候比刀剑还要厉害，一个人只有管理好自己的嘴，不搬弄是非，避免口舌之争才能获得和睦的人际关系。（国家AAAA级景区 中国绣球之乡 旧州千年古城）

在此牌子的附近，也有一块"靖西发展集团"树立的"和字壁"牌子，内容与此基本相同。

"壮音阁"：壮音阁是由旧州古戏台修缮而成。著名歌手，音乐制作人李健曾在此演唱《山歌好比春江水》，是名扬全国的三月三歌圩擂台。每逢过节和重大节庆，这里会有各种民俗风情演艺，其中最具代表性的是已经具有140多年发展历史的壮剧。壮剧又有北路、南路之分。以靖西为代表的南路壮剧，由提线木偶戏演变而成，表演程式借鉴了粤剧、邕剧；唱词、道白使用壮族的方言土语，富有民族特点；其声腔喜、怒、哀、乐表达得淋漓尽致，富有极强的艺术魅力。

"绣球风情街"：旧州绣球风情街是旧州古镇上最古老，同时也是当地老百姓制作绣球最集中的一条街。旧州有居民500多户，共2000多人，从七八岁的娃娃到六七十岁的老太太，都是制作绣球的高手。这里年产绣球多达30万个。如果你在绣球街上看到五大三粗的壮家男人在耐心十足地制作绣球，千万别觉得好笑，论起手艺，他们一点不比女人差。在这里，老式的砖瓦房，斑驳的红木门，沧桑的青石板路，以及心灵手巧的壮乡手工艺人，无不彰显着深厚的文化底蕴。

这样的标识牌，既是景区文化景点的"说明书"，亦是生态博物馆保护区的文化单元展品的"解说词"。后来所有的成熟景区内都有这样的"说明书"和"解说词"，这个功能上的重叠很有意思，于后有相关论述。

2. 贺州客家生态博物馆概述

广西贺州客家生态博物馆（参见图志00013—14）于2007年4月13日落成。它位于广西壮族自治区贺州市八步区莲塘镇白花村，距离贺州市区约13公里。现在由两个部分构成：一是由政府当时出资购买的一座覃家围屋，故此围屋产权现在属于贺州市文广局。此围屋有2000多平方米，现在"广西贺州客家生态博物馆"的牌子就挂在这个围屋的大门顶上。在此生态博物馆内，布置了一个关于客家传统文化的展览。笔者找到了管理钥匙的覃家人，他开门让笔者进入看了展览。二是作为"广西壮族自治区文物保护单位"的"江氏客家围屋"。这个"江氏客家围屋"产权还属于村里的江家人，但据说被一家公司"承包"，已经开辟为"景区"，进去参观要收30元的门票。

"江氏客家围屋"比挂有生态博物馆牌子的覃家围屋要大许多。有文献显示：当时的"广西贺州客家生态博物馆"建设是包含了这一片区的所有围屋的。资料说，其规模有约2平方公里、150多户人家，由贺州市博物馆具体负责建设。这个博物馆，计划投资180万元，其中60万元为自治区财政投入，60万元由贺州政府投入，60万元为民间集资。（当时）第一期工程已经启动，已投入数十万元维修被称为"广西第一围"的江氏祖宗的老三的北座围屋和老二的南座围屋。两百多年前，江氏祖宗从广东梅州迁到贺州莲塘白花村定居，生下了五个兄弟，除老四没有后代外，其余四个兄弟已经发展到有150多户2000多人了，江氏的客家围屋既保留了广东梅州客家围屋的特点，也发展为具有广西客家特点的方型殿堂式的围屋。江氏祖宗老五的围屋也列入到第一期工程，进行维修了。

"江氏客家围屋"始建于清乾隆末年，距今300多年。贺州是广西客家人主要居住地之一，现有客家人约45万。[①]

这个资料大致反映了围屋保护区的范围，以及区域保护和展示馆结合的生态博物馆概念。

当时的新闻报道还说："为了使客家生态博物馆尽快建成，贺州市委、市政府非常重视，成立了领导机构，并相应成立了由贺州市博物馆负责的工作站，具体负责贺州生态博物馆的筹建工作，已投入16.5万元购买了一座陈姓人1949年建成的房子[②]，作为站址。这个工作站址在江氏祖宗老二和老三围屋的中轴点，交通便利……"

这个描述与笔者调查中见到的实际基本吻合。

从这些新闻报道来看，在2007年该生态博物馆建成之始，对于当地的社会、经济、文化都有一定的影响，关于生态博物馆的意识在当地被多方面确立。

在参观江氏围屋时，笔者也看到了类似于在靖西市靖州景区出现的关于客家文化的标牌，上面介绍了许多关于客家人的文化。

3. 那坡黑衣壮生态博物馆概述

那坡黑衣壮生态博物馆（参见图志00015）建设在那坡县龙合乡的达文屯，由展示中心、文物库房和档案资料室等构成，占地1730平方米。

那坡县，位于广西壮族自治区的西南部中越边境大石山区。全县总人

---

[①] 客家人占贺州总人口20%，于明末清初、清代中期、清末分3次逐步从广东梅州、揭西、河源等地迁入，通讲客家"嘛介"话，主要分为长乐（今梅州五华）、河婆、河源3个支系。

[②] 这座房子是不是就是覃姓人家的挂牌子的围屋？估计是，但"陈"为"覃"之误也。

口为20多万，壮族人口6万多，因为这里的壮族衣服尚黑，俗称为"黑衣壮"。那坡县是"黑衣壮"的主要聚居地，分布在全县82个村377个屯。龙合乡共有8个村46个屯。

达文屯为龙合乡共和村的一个自然村，有60余户人家，300多人，基本上都是壮族，约8年前的一篇新闻报道中说："是一个典型的黑衣壮聚居屯。四周被石山所包围，村民居住是都是黑瓦、石柱、大石阶的干栏房。"但笔者于2019年12月27日到达文屯时，村里的房子基本为红砖和水泥的房子了。其"生态博物馆"房子倒还是原来的样子，为三栋二层楼的泥墙黑瓦的房子，而且有一个石灰石砌筑的约1.5米高的围墙，围了一个较大的院子，有一扇大门。这三栋房子大概就是"展示中心、文物库房、档案资料室"了。笔者找到共和村的村支书覃某，他给了我负责管理"那坡黑衣壮生态博物馆"的梁进才[①]的电话号码。这个梁进才是本地的老村干部，是当年生态博物馆建设时的参与者，家就在村里，现今他就负责看护这个生态博物馆的信息资料中心。他自己说是义务看护的。

2007年，那坡黑衣壮生态博物馆于6月开工，当时有资料描述："为进一步打造黑衣壮民族文化品牌，传承、弘扬优秀民族文化。2007年6月8日，广西第一个黑衣壮生态博物馆在百色市那坡县动工兴建，自治区以及百色市的相关领导专家参加了开工典礼仪式。"（宣传资料）最初的计划是当年的9月底前建成并对外开放，但实际上于2008年9月26日才正式开馆。这是广西百色"黑衣壮"族群的第一个生态博物馆。

开馆举行了一定的仪式，当时有这样的新闻报道："2008年9月26日，广西那坡黑衣壮生态博物馆将正式开馆。自治区相关部门领导、专家和百色市、兄弟县区相关部门领导出席开馆典礼。那坡黑衣壮生态博物馆是广西壮族自治区重点建设的生态博物馆之一，也是广西区文化厅规划筹建的民族生态博物馆'1+10'工程之一，其宗旨在于促进地方原生态文化保护、传承和发展，推动当地居民生活水平的改善，同时兼作研究黑衣壮族人文生态的工作基地。

---

① 此人为原村里的村民小组长，积极参与该生态博物馆建设，为当地的生态博物馆义务管理员，至今依然。

"那坡黑衣壮生态博物馆是广西重点建设的生态博物馆之一,……是10座博物馆中的第5座生态馆开馆,也是3座壮族生态博物馆中的第2座开馆。它的建成,将与靖西旧州、龙胜龙脊壮族生态博物馆一起构成广西壮族博物馆和壮族文化研究的完整基地网络,构成富有特色的壮族文化保护区。"

这个新闻报道还评价说:"百色市应该从建立资讯中心、选取文化亮点入手,采取措施,完善好、保护好这一人类宝贵遗产。"

8年前,梁进才这样给参观者介绍博物馆:"整个博物馆都是用木头按照黑衣壮传统的干栏式住房结构建筑的,中间这栋是展厅,两边是文物库房、小型会议室和供游客住的客房"。"我们黑衣壮住宅一般分三层,第一层专门养禽畜:有牛栏、猪圈、鸡舍。第二层用木板隔成一个个房间,供人居住。中间是厅堂,厅堂边是火塘,也是家庭的活动中心,即日常生活中取暖、烧水煮饭、聊天的地方。厅堂上方为神台,神台后面有一间卧房,给房中年岁最高的人居住;左右两边各有一间厢房,一般为新娘用房;接近房门有一间厢房,一般是未婚孩子的卧室或接待房。第三层用横条铺盖,上有阳光烘照,下有炊烟熏染,专用来存放五谷杂粮。"

博物馆确实是按照"黑衣壮"的民居样式建筑的,至今依然,但在8年后的今天,达文屯的民居建筑变化很大。

现在,馆里共收藏了200多件黑衣壮传统的农具和生活用品,有的还在继续使用。还有750多张黑衣壮民俗照片。

建设这样的生态博物馆,其保护方式当时是这样来定义的:

建成的那坡黑衣壮生态博物馆是广西民族博物馆的工作站之一。展馆纳入"广西民族生态博物馆建设工程"的建设项目,与区内的其它生态博物馆一起形成生态博物馆系列,构成各具特色的壮民族文化保护区域,成为研究和展示"黑衣壮民族文化"的重要组成部分,也将成为那坡黑衣壮文化之旅的又一个新景点。

4. 灵川长岗岭商道古村生态博物馆概述

广西桂林市灵田镇长岗岭村长岗岭商道古村生态博物馆(参见图志00016—17)于2009年5月27日建成并对外开放。其位于湘桂古商道必经之地灵川县灵田镇长岗岭村,离桂林市1个多小时路程。现全村共有

104 户，420 人。

对于此地，有资料介绍：该村以陈、莫两姓为大姓，有明清至民国的古建筑近两万平方米。如今，该村保留了莫家老大院 13 进，莫家新大院 12 进建筑，陈家大院 12 进古建筑。其典型建筑有建于清康熙年间的"卫守府"官厅，建于清道光年间的"莫氏宗祠""五福堂"公厅。长岗岭村是湘桂古商道上处于关键位置的一个古村，其汉族古建筑保存基本完好，桂北汉族文化遗存丰富，特别是村落四周保留的明清以来各时期的石雕豪华古墓葬，以及古商道及两侧古桥古亭、古树瀑布组成了桂林近郊难得的具有较高文化保护价值和旅游资源价值的胜地。

长岗岭村陈府自康熙初年十四世祖陈仕显到梧州和广东经营食盐后财源大发，十五世祖陈焕猷继父志继续经营食盐成为巨富。乾隆二十六年灵川知县王雨溥为其立匾"乐善不倦"。陈焕猷幼子陈大彪，为保护其盐业利益，由其母莫氏出巨资为其以武邑庠的资格捐得正六品卫千总，俗称卫守府、官厅。

莫府始建于清乾隆末年，其建筑是三进两进式。有的有横屋。他潜心种田，从事商贾，其后辈子孙茂盛，文辈迭出。十五世祖种桐茶做桐油生意，大发。十七世祖莫世亨、莫世则，也成巨富，其中莫世亨常慷慨济急，在同治年间重修五福堂捐资第一。

自从桂黄公路通车后，就不见了湘桂古道上终日络绎不绝的过往商旅，桂林的很多人都没有听说过，也没有来过长岗岭村，它也慢慢被人遗忘了。古民居年久失修无人居住，大多显破败之相。现今依然。

笔者在 2020 年 1 月初来到这里，先看到工作站的牌子挂在"莫氏宗祠"的门口，里面什么也没有，堆满了杂物。后来看到这里的民居建筑外形辉煌，觉得旧时这里一定是一个非常繁华的地方，有着悠久的历史。后来看到一系列的建筑里都有防火设施，像保护单位的样子。再后来在村子边上看见了 2006 年颁布的"国家重点文物保护单位"的牌子，并且附近的一个不小的旧房子门顶上挂有"长岗岭商道古村生态博物馆"的牌子，才知道这里是"长岗岭商道古村生态博物馆"。联系了管理钥匙的人，姓莫，他在外面赶场，但他找了个人给开了门，我看了馆里面关于古商道上的汉族文化展览，有很大收获，展览的水平是不错的。很大程度上也是一个桂林地区汉族驿道商业文化的历史博物馆，内容不仅仅局限于"古村"。

另外，从现状看来，虽然此地的古代汉族驿道商业文化旅游开发的潜在价值巨大，但桂林地区对此地资源开发和利用似乎并不太着急。

5. 东兴京族生态博物馆概述

东兴京族博物馆暨东兴京族生态博物馆（参见图志00018），位于东兴市江平镇。是一座征集、收藏、保护、研究、展演京族繁衍生息及融合发展的文化与艺术遗存、物证、典籍等物质和非物质文化遗产的专题博物馆，担负着京族传统文化保护与传承的重任。京族博物馆建设在前，在建设京族生态博物馆时，与原来的博物馆叠加，合二为一。

该馆总投资600多万元，于2009年7月建成开馆。全馆占地面积26亩，建筑面积3000平方米。馆舍建筑融中国传统建筑和京族园林建筑风格于一体，呈中堂二厢式两层建筑，外观典雅庄重。展览以"大海是故乡——东兴京族文化陈列"为主题，内容包括：序厅、沧海桑田——历史溯源与变迁、靠海为生——传统生产与生活等7个部分，采用蜿蜒交错、曲折迂回的流线设计，通过传统与现代展示手段相结合，运用文字、图片、实物、场景、模型、多媒体音像等多种形式，集中展示了京族的历史和文化。

该馆2017年进行了升级改造一期工程，项目主要将馆舍一楼分为室外、室内、序厅三个空间模块进行升级改造，总面积为1400平方米，总投资220万元。

笔者于2020年1月10日进入博物馆参观，记录了现场的一系列情况。在博物馆看到，他们的国家非遗和省区非遗项目名录不少，博物馆不但与生态博物馆一体，也与非遗保护的传习中心一体。传习中心也是博物馆的一个组成部分。围绕着博物馆以及附近海滩，有许多宾馆和餐馆，说明旅游已经形成一定气候。这里距离东兴国门景区、以及界牌景区都不远，大致已经是整个东兴市旅游的重要组成部分了。后来，笔者又到了京族的哈亭。此地是京族人一年一度"唱哈"的地方。笔者的车直接开进了哈亭里面。这是一栋很大的红色琉璃瓦顶的建筑，连同京族各个村的村庙，是京族人的神性公共空间。在走廊里有亭规，约为"村规民约"。亭的两边有两座对称的如土地庙的建筑，亦是地方神灵的祭祀之地。按照京族生态博物馆区域划定概念，这里亦是京族生态博物馆的"展区"。

京族是广西特有的世居少数民族之一，也是我国唯一的海洋民族，现有人口 28 199（第六次全国人口普查数据），主要聚居在濒临北部湾的东兴市江平镇的巫头、万尾、山心三个半岛（俗称京族三岛），其余人口散居在三岛附近的谭吉、红坎、恒望、竹山等地。京族是一个以海洋生计为主的民族，大部分食物来源于海洋。

京族的历史悠久，文化浓郁。约明代时，其祖先因为追寻鱼群来到巫头、万尾、山心，定居于此，历史上曾被称为"越族"。1958 年时被国家定为"京族"。有刘、阮、黄、苏、吴等 30 多个姓氏。

石条瓦房为京族的传统第四代民居。

高跷捞虾是京族古老而独特的捕捞南虾的生产技能，即每年 6 至 9 月，在浅海处踩高跷于海上，推网在海水里捞虾。

京族信仰多神，佛、道信仰皆有杂糅。对于海的敬仰形成了祭祀性节日——唱哈。每年"哈节"，京族男女老少都会着盛装到海边把海神迎接到哈亭敬奉，有迎神、祭神、唱哈、送神等仪式活动，祈求人畜兴旺，五谷丰登。

哈节的历史传说：白龙尾海域有一个山洞里，住着一只蜈蚣精，凡有船只经过，都要牲畜和活人，不给就兴风作浪，渔民苦不堪言。一个天上神仙下凡，化成一个乞丐，背着一个大南瓜，驾驶一条船来到蜈蚣精的山洞处，把已经煮得滚烫的南瓜丢进蜈蚣精的血盆大口里，把蜈蚣精烫死了。蜈蚣精死后断成三截，变成了万尾三岛。后来岛民为了感激镇海大王，在万尾三岛上都建有哈亭，祭祀和感谢这位镇海大王。

京族人传统中有"寄赖"习俗，即京族打鱼靠岸，有人遇见，都可以分享其渔获。是一种古老的渔猎习俗，类似于山猎中的"上山打猎，见者有份"。

婚俗中有"蓝梅"传歌对花屐。男女相悦，各自想好一首情歌，请"蓝梅"（京族媒人）传给对方，同时还送去一只绘制有彩色图案的木屐，如果能够配成一双，就说明有缘分，否则即命数不合。如果合成一双，则可以定婚期了。

踢沙掷木叶是京族男女试探对方的一种习俗。京族青年男女如果有意思，向对方脚面踢沙，以及把树叶揉细了掷于对方身上，如果对方有意思，也这样做，表示亦有意。

京族"定花根"。婴儿出生，用红纸写上生辰，由丈夫或者公公请先生"占吉"为"定花根"。

京族有一种非常独特的乐器——独弦琴。京语叫"旦匏"。2011年入选中国非物质文化遗产名录。这一名录的传习所就设在京族生态博物馆内。

京族民歌有30多种，有叙事歌、劳动歌、情歌、风俗歌、宗教歌、盘问歌等。京族舞蹈有哈节舞蹈、道场舞蹈、日常舞蹈，以哈节舞蹈为代表。

6. 融水安太苗族生态博物馆概述

融水安太苗族生态博物馆（参见图志00019—20）总投资100万元，2009年11月26日建成开馆，馆址建在安太乡小桑村下屯。

融水安太苗族生态博物馆建在村子边一个可以观赏整个小桑村梯田美景的山嘴上，有一个大门，里面建有三栋传统木结构的吊脚楼，围成一个院子。中间这一栋就是他们的展示馆。找到管理员开门之后，看到一个介绍此地苗族文化的展览，布展比较专业。主题陈列《广西融水苗族民俗文化展》，有生产生活、多彩服饰、芦笙坡会、民间工艺、信仰习俗、苗族婚礼等内容。此地苗族文化应该属于贵州省月亮山类型的苗族支系的苗族文化，受侗族文化影响比较深，食物和服饰上相似处很多。其中的织锦很漂亮。

这里风光很好，是个观赏梯田美景的好地方。周围有不少已经开发的景区，而这个博物馆的建设也应该是地方进行民族文化旅游开发的"大盘子"之中的项目之一。

融水苗族以农业、林业、渔猎和捕猎为生计，喜糯嗜酸，喝油茶。

融水苗族民居为吊脚楼。

服饰有盛装和便装之别，便装素雅少装饰，盛装以色彩绚丽、工艺精湛著称。有挑花、刺绣、蜡染、织锦等技艺。有银饰多种：簪、头套、项圈、项链、胸牌、耳环、耳坠、手镯等。

芦笙是其典型乐器，与贵州省的侗族芦笙同，为竹簧芦笙。其春节的"芦笙坡会"入国家非物质文化遗产名录。

融水苗族有"竖岩"习俗，为古代村社制度的遗存，是建立地方性规则的一种方式，在现代一部分与"村规民约"融合了。此与贵州省月亮山苗族的"埋岩"习俗同。

此地传统文化中有"拉鼓"习俗，三年或者七年举行一次，主要是举行祭祖仪式。有卜鼓、制鼓、拉鼓、葬鼓等仪式过程。

此地苗族信巫尚鬼，春节有传统的"芒蒿节"，意在驱邪避鬼，祈求平安，风调雨顺。

此地的苗族婚丧习俗虽然受外界影响，但多数还较为传统。

7. 龙胜龙脊壮族生态博物馆概述

2010 年 11 月 15 日生态博物馆建成开放。其位于龙胜县和平乡龙脊村的龙脊古壮寨。

龙胜龙脊壮族生态博物馆（参见图志 00021—22）于 2009 年 6 月 3 日动工兴建。"中心"建筑占地面积 289 平方米，总建筑面积 601 平方米，展厅内设有"龙脊神韵""壮家风情"基本陈列，保护范围主要是廖家寨、侯家寨、潘家寨（含平寨、平段）等壮族村寨。开馆至今，年均接待各类参观人员 10 万人次。

2011 年 8 月 23 日，龙胜龙脊壮族生态博物馆获国家文物局命名为全国首批"生态（社区）博物馆示范点"。2012 年列入了"广西百家博物馆建设项目"。而"生态（社区）博物馆示范点"是国家文物局命名，拟在生态博物馆发展中推进"社区博物馆"概念，被苏东海先生归纳为中国的第三代生态博物馆。

2020 年 1 月 3 日，笔者来到生态博物馆的"展示与信息资料中心"，它已经处于龙脊梯田景区的龙脊古壮寨中，实际上是这一景区的重要组成部分。据知，这个生态博物馆在龙胜县文广局是一个有事业编制的股级独立单位，目前有一个编制，常年"配合"景区的运行，来游览景区的游客一般都会到这里参观游览。这是广西"1+10"工程中唯一在建设之后有专门管理人员进行管理和维护的生态博物馆，也是目前所见运行得最好，布展也非常好的一个生态博物馆。

在生态博物馆中，还有一个巨幅的介绍，其上除了生态博物馆的情况介绍外，还有一个"生态博物馆保护区古迹示意图"，这实际上就是一个景区古迹景点的示意图，表明这个生态博物馆与景区是融为一体的存在，但管理上生态博物馆仍然为文化局独立管理，没有如靖州壮族生态博物馆那样，直接划拨给景区，由景区直接管理和运行。

笔者进入景区是直接购买了40元的半价票和交了10元停车费的，在参观时，是一个生态博物馆雇用的值班员进行的服务，但很热情。他就是龙脊村人，每月有1000多元的工资。

该地在2014年时，就已经是农业部的"中国重要农业文化遗产——广西龙胜龙脊梯田系统"。对此的介绍为：龙脊梯田系统地处广西北部龙胜各族自治县境内，是广西唯一保存下来的梯田生态系统。龙脊壮寨梯田系统始于宋代，发展于元代，成于明代，完工于清代。迄今已有800年的历史……

对于此地壮族文化，在生态博物馆中介绍比较完备。在广西，壮族文化主要分为"南壮"和"北壮"两个部分，区分的缘由主要为与汉族等民族交融和融合时间的先后，以及相关的文化形态差异等等。

壮族先民迁入龙脊后，开山辟土，始建梯田，经过数百年的开垦，逐步形成现有的梯田规模。随着人口的迅速增长，在这里逐步形成了20多个村寨，现泛称"龙脊十三寨"。

龙脊壮族男子服饰青色、蓝色有领对襟上衣，下为吊裆宽边男裤；女子为绣红、绿、蓝、白、青五色蓝底衣，头戴白色绣花头帕，底边、袖边、袖筒镶红、蓝、绿花边，下为宽口裤，裤筒绣红、蓝、绿花边，俗称"白衣壮"。

龙脊壮族民居为干栏式建筑，有寨门、凉亭、风雨桥等。

寨中多以石为器物。有石水缸、石槽、石板路、石水井、石磨、石碓、石寨门、石牌刻等等。

寨中有传统寨老制度，以维持梯田文化的生态系统正常运行。

龙脊有大量的农事节日，类似于汉族的农事节日，但其中内容与汉族农事节日有较大区别，所敬祭的神灵有一定区别。龙脊歌谣以山歌和弯歌最为著名。山歌有劳动歌、酒歌、情歌、祭祀歌等。弯歌为三声部民歌，俗称"古壮歌"，多在火塘边演唱，因歌词长，弯来弯去而得名。有食物来源歌、劝诫歌、农事歌、苦情歌等长篇叙事歌。弯歌旋律明亮流畅，曲调优美动听。

龙脊的饮食文化有"龙脊糯谷龙脊辣，龙脊水酒龙脊茶"等古谚。香糯、辣椒、水酒、茶为"龙脊四宝"。

### 8. 金秀坳瑶生态博物馆概述

金秀坳瑶生态博物馆（参见图志00023—24）是广西"1+10"工程最后一个建成的生态博物馆，于2011年5月26日建成开馆。其位于广西金秀瑶族自治县六巷乡的下古陈村，离南宁市400公里，离金秀县城也要两小时车程。这是一个充满故事和神奇风光的地方，博物馆背后圣堂山，风光秀美奇美，很有灵气。其村子与人类学渊源颇深，费孝通的大瑶山调查，多次经过此地。

该博物馆于2008年10月20日破土动工，总投资近80万元。

金秀坳瑶生态博物馆不大，属于仿照当地民居建设，有前后两栋。该中心建筑的外墙用黄泥、稻草和成的混合土粉刷，与村里的民居协调一致。在里面一栋的一楼，为展示厅，分别有"服饰""秘境生活""歌舞人生""信仰和绝技"及"心系大瑶山"等五个单元。展示了坳瑶的生产生活及民族文化。这里还有一个专门的费孝通纪念馆，陈列和讲述了费孝通五进大瑶山的历程，以及费孝通的生平事迹。二楼为信息资料厅、文物库房、办公室、接待室。笔者参观的时候，见这些设施完好，有床，有被子，打扫一下即可以入住。

坳瑶是瑶族的一支，其族早年是从贵州迁徙而来。

有迁徙歌："六月种六豆，六豆爬爬下岭来，手把豆根不要问，贵州六豆有根源。"（两支坳瑶分手时的歌约）

坳瑶依山而居，以石和黄土筑屋，或高或低，错落有致。旁山而作。靠山而食。

坳瑶人能歌善舞，有迎客歌、送客歌、敬酒歌、盘王歌；有蝴蝶舞、盘王舞、白马舞、三狮舞等，多以黄泥鼓伴奏。

此地有个地方叫"浪坪"，是青年男女唱情歌的地方。

情歌：
  男：买把二胡来学拉，
    拉来拉去还是差；
    妹你聪明来指点，
    你来唱歌我来拉。

女：哥你初初来妹家，

　　耐心才泡的好茶；

　　手拿二胡调好线，

　　慢慢拉来慢慢拉。

坳瑶的婚俗中嫁女如常，并有招郎习俗，有三种形式：买断、留根须、顶两头。与贵州布依族的婚姻习俗一样。

坳瑶的黄泥鼓是一种很特殊的乐器：黄泥鼓分公母，一只母鼓领头，形状粗圆，而围在它身边的几只公鼓，比较"苗条"。演奏时在鼓面上糊上黄泥，敲出来的音调才会准、才好听。古称铳鼓。宋·范成大《桂海虞衡志》："铳鼓，瑶人乐，状如腰鼓，腔长倍之……"宋·周去非《岭外代答》："铳鼓，乃长大腰鼓也，以燕脂木为腔，熊皮为面，鼓不响鸣，以泥水涂面，即复响矣。"

坳瑶敬祭盘王，过盘王节，跳盘王，还"盘王愿"。

坳瑶有"停棺捡骨葬"习俗。男子在16岁时，举行成年礼"渡戒"。

坳瑶法事中绝技有添火、踩犁头。

坳瑶有传统的石碑组织，以石碑订立坳瑶人的习惯法和石碑头人。

费孝通在1936年，对此地瑶族进行了社会调查，五次进入瑶山，故他们的经历和历史也是生态博物馆展示内容的一部分，这一点在中国所有的生态博物馆中都非常特殊。可以说，这也成为了此地瑶族人文化的一个组成部分。

广西的这10个生态博物馆为一个群体，各自独立存在，都代表某一民族的典型文化，但又是广西多民族文化一个整体性存在和表征。另外，广西壮族自治区同时还存在着常规性质的博物馆系统——广西壮族自治区博物馆，以及各地区、县级博物馆。故广西现今既有民族博物馆系统，也有常规博物馆系统。

## 第三节　中国南方后生态时代生态博物馆

在后生态博物馆时代，广西壮族自治区的"1+10工程"是这个时期生态博物馆发展最为靓丽的部分，它的建设与实践时间起始于 2004 年，大致结束于 2011 年的最后一个生态博物馆——金秀坳瑶生态博物馆建成时。在广西拉开中国后生态博物馆建设与实践大幕之后，中国的其他地方，主要在中国南方，也有许多这样的博物馆在发展。比如云南、湖南、贵州、重庆等省区有一批属于后生态博物馆时代的生态博物馆出现，其建设与实践的起因有所不同，但由中国人自主这一点上是完全相同的，而且基本延续了民族文化+传统村落保护的路径，都有博物馆业界背景。

在云南，这样的后生态博物馆有大理州云龙县诺邓村黄遐昌家庭生态博物馆、西双版纳布朗族生态博物馆、元阳哈尼历史文化梯田博物馆。在湖南有江永女书生态博物馆、上甘棠古村生态博物馆。在贵州有西江苗族博物馆，地扪侗族人文生态博物馆、上郎德苗族村寨博物馆。在重庆有武陵山民俗生态博物馆等。

云南的"民族文化生态村"是后生态博物馆缘起的一个因素，但在云南也有完全来源于博物馆系统业界的生态博物馆建设与实践。

## 云南·云龙县诺邓村黄遐昌家庭生态博物馆

云龙县诺邓村黄遐昌家庭生态博物馆（参见图志 00001—2）是一个奇怪的生态博物馆，一般建立生态博物馆都以村落+民族为要素主体而建立，它以家庭为要素建立，令人惊奇，但它确实存在，而且是大理州的博物馆业界帮助建设的、并且已经纳入大理州博物馆系统的业务管理范围的一个博物馆。2019 年 7 月 27 日，笔者来到诺邓村时，就听说黄遐昌家庭生态博物馆的"馆长"黄永寿本人去州博物馆参加州里的博物馆业务工作会议了。笔者见到的是黄永寿的大儿子和二儿子（在当地小学任校长）。

诺邓古村是云南省历史最古老的白族村落，在唐代樊绰的《蛮书》中即有记载，距今已有 1146 年的历史。古村现存 100 多座风格典雅的古代民居院落，古树名木众多，古董文物万余，还有盐井、盐局、盐课提举司衙门旧址、驿道（盐马古道）、玉皇阁、文庙、武庙、龙王庙、棂星门等文化遗踪，蕴含着极其丰富的文化旅游资源。2007 年 5 月 31 日诺邓古村被住建部、国家文物局命名为国家级历史文化名村；2013 年 5 月 6 日"诺邓白族乡土建筑群"被国家文物局公布为全国重点文物保护单位。此外，该村2005年被省政府列为"云南省开发建设型旅游小镇";2012年被住建部公布为"中国传统村落";还先后获得"中国最具旅游价值古村落""中国景观村落""云南30家最具魅力村寨"中国最美村镇全国60强传承奖"等殊荣,是展示云南盐井文化、茶马古道文化、山地白族文化为核心的休闲体验地。

沟里盐井的高处有一龙王庙,一戏楼,一熬盐旧址,高高的建设为烟囱,龙王庙威严,戏楼精致,旧址做了盐文化展览馆。"诺邓盐文化博物馆"①也就在这里,有一些陈列,请有一个村民每天开门供人参观,无讲解。

诺邓村的兴起是因为这里有盐。在"诺邓盐文化博物馆"的院子里,笔者看见一很高的圆形建筑,以为是碉楼,最后得知这是古代熬制盐大灶的烟囱,大盐灶已经撤除,但烟囱还在。在烟囱的下面不远处,还有一口2000多年前就挖掘出来的古盐井。

关于此地,文献记载和民间传说众多。就在这样一个地方,大理州的博物馆系统在这里建起了云龙县诺邓村黄遐昌家庭生态博物馆。建立生态博物馆的基础是这里有一个叫黄遐昌的村人。民间艺人黄遐昌:公讳仁字述之,又名霞昌,系诺邓黄姓始祖"五井提举孟通公"之第十七代孙,生于1891年,卒于1960年,享年70岁。他是这一带有名的制作佛像、面具、经书的艺人,一生有许多闻名遐迩的作品。并且留下了许多可以称为文物的东西。

据介绍,黄家是村里唯一的一家被国家(大理州文广局)认定的家庭生态博物馆。村里人的说法是:一个副州长来村里考察,说要帮助黄家"脱贫致富",他家祖先(民间工艺匠人)留下来的东西,可以办一个家庭生态博物馆。后来就有州博物馆的专业人员来到黄家,按照博物馆陈列规范要求,把黄家祖上的一系列遗物陈列起来,使黄家成为一个小型的家庭博物馆,而且取了一个家庭生态博物馆的名字。据黄家的人说,陈列布展的所有设备、照明、监控等等,都是州博物馆投资的,黄家没有出钱,但

---

① 有人认为这里也有一个"诺邓盐文化生态博物馆",至少有文章明确地进行过这样的表述,而且在笔者的现实考察中,它确实具有生态博物馆的一般性质,但却没有见到诺邓盐文化生态博物馆的认定,反而有一个家庭的生态博物馆牌子,故把诺邓盐井作为背景来介绍了。

对于黄家所陈列的物品，以及房屋建筑等一系列存在，都不能随意改变、改建、重修等等。黄家可以对参观这个家庭生态博物馆的人进行收费，印刷正规门票，每人次收费人民币5元，后来又经过县里文广局同意，收取5元的讲解费，实际门票费变成了10元。

黄家处在诺邓村的高处。门口如一般民居，但门口一共有三块牌子。一为门额牌书："黄遐昌民间艺术收藏展览馆"。一为墙体牌，其上是："诺邓白族千年村——黄遐昌家庭生态博物馆"；一为院墙牌，书："前言：我家是白族民间工艺美术世家，擅长纸扎、木雕和泥塑艺术，到我祖父黄遐昌时，将祖传技艺发扬光大，成为享誉云龙五井的民间艺术家。在大理州博物馆指导帮助下，我家以祖辈遗作为基础，结合民居环境建立家庭生态博物馆，并为纪念祖父黄遐昌，博物馆特以他的名讳来命名。——岁次丁亥四月立。"

笔者来到诺邓村，其在一个山沟里，一条溪流自北向南而流，沟中有一处1000年历史的盐井，现今仍然能取卤水制盐。盐井西坡上是古村诺邓。整个村子沿着陡坡往山上分布，村子中皆是一层层的石阶。街景古朴，但许多院落已经破败。村中的老屋很多，有许多已经被列为县级文保单位。

黄遐昌家庭生态博物馆在2006年建立，大理州博物馆来人做了展柜，装灯布展，后来又装上了监控。其博物馆业务上归大理州文广局州博物馆管理。

在黄遐昌家，笔者看到黄遐昌家与大理州博物馆的一份协议。协议：

甲方：大理州博物馆（以下简称甲方）

乙方：黄遐昌家庭生态博物馆（以下简称乙方）

为了推动农村文化建设，推动诺邓村文化保护工作，大理州博物馆帮助指导乙方筹建了家庭生态博物馆，为了加强家（庭）生态博物馆的管理和利用，经双方协商同意，达成以下协议：①

同时还见到"大理白族自治州文化局"（大文字〔2007〕102号）的

---

① 协议一共有四条，规定了双方的责任和义务。并且诺邓镇人民政府为公证单位盖章。签订时间为2007年5月28日。

一份文件，内容是：大理白族自治州文化局关于同意在云龙县诺邓村杨黄德、黄遐昌二户设立"家庭生态博物馆"的批复。

文件上是批准成立两家家庭生态博物馆，但实际上在诺邓村，笔者只看到黄遐昌一家。另外一家没有建立起来。现今一些研究中国生态博物馆的学者多说这里有两家"家庭生态博物馆"，其实情为批准了两家，实际只建设成了一家。

这是中国后生态博物馆时代，最为正规，也最为奇特的一种生态博物馆模式。奇特有三：一是以家庭为生态博物馆体量，在中国为首创，以家庭为单位来建设博物馆有，比如专项性质的博物馆，但以生态博物馆为名义建立博物馆，并且以"活态家庭"和家庭成员为生态要素，很有意义。二是以传统制作技艺，以及制作技艺的物质工具等为布展内容，具有专业博物馆品质，也有生态意义。三是该博物馆具有如此正规的博物馆建设背景，以及后期运行的规范性，对于博物馆发展，也有很大的启示作用。

在实际调查中，家庭成员作为馆长，期望此生态博物馆建设能够促进社区，或者说家庭经济发展的作用是达到了的。目前，该古村的古村落旅游已经基本成熟，由于地理位置偏远，游客不多。云龙县诺邓村黄遐昌家庭生态博物馆的建设与实践，已经是此古村一个比较有意思的景点。而且黄遐昌家的后人，虽然不能改动已经作为生态博物馆的老房子，但他家在附近修建专门的家庭旅馆，并且因为云龙县诺邓村黄遐昌家庭生态博物馆存在的关系，生意比别的家庭旅馆生意都好。其家庭生态博物馆多少都有一些收入。

## 云南·布朗族生态博物馆

布朗族生态博物馆（参见图志00003）位于勐海县西定乡的章朗村，这里是云南著名的茶山之一，村里还有当地南传佛教上座部的"祖寺"，是茶、佛教、布朗族文化交汇的地方，文化底蕴深厚。

"章朗"的意思为"冻僵大象的地方"。这在历史上有一个故事，说古时候上座部僧人南传佛教，驮经书的大象走到这里被冻僵了，所以，经书就留在了这里，这里才有了白象古寺，才有了后来的人家和村子。

章朗，是一个古老的纯布朗族村寨，隶属于西双版纳州勐海县西定乡。距离村委会4公里，距离乡11公里，国土面积5.47平方公里，海拔1330米，年平均气温21.5摄氏度，年降水量1530毫米，适宜种植粮茶、甘蔗等农作物。寨内有距今1365年历史的具有布朗族建筑风格的古佛寺、古塔，珍藏着100多部贝叶经文典籍，是中国西南南传佛教的重要源头之一；拥近千百年历史的古茶园；还有幽深浩渺的龙山森林、神奇的大象井、仙人洞、景桑古城遗址等人文景观。

布朗族人口数为91 882人（2000年数据），在全国的31个省、自治区、直辖市均有分布。其中在中国云南省的西双版纳州、保山市、临沧市和思茅市的施甸、昌宁、双江、云县、镇康、永德、耿马、澜沧、墨江等县分布居多。

西双版纳境内的布朗族有40 000多人，主要居住在勐海县的布朗山、西定、打洛、勐满等乡镇。景洪市和勐腊县也有分布。老挝、缅甸、泰国等国家也有布朗族人分布。

这个村在2006年时被建设为"西定布朗族生态博物馆"。主要由"西双版纳州委宣传部"牵头组织建设。其建设的目的归纳下来主要为"文化扶贫"，生态博物馆为一个发展"少小民族"的"工具"，从而推动布朗族社会的发展。

在此生态博物馆建设初期，负责实施此建设项目的负责人就专门请教过苏东海先生，也就是此时苏东海先生认为，以此而建的生态博物馆，会成为"民族历史文化博物馆"，与生态博物馆有一定差距，以此差不多同时建设的镇山生态博物馆也出现了这样的倾向，所以苏东海认为镇山生态博物馆的布展不符合生态博物馆精神。但当时的负责人就认为，如果严格地执行生态博物馆理念，有许多政府资金就难于进入。当时的这个讨论很有意义，它促进了后来中国生态博物馆的认知和发展。

2006年2月，该生态博物馆建成。

2019年12月21日，笔者来到该村时，村干部岩拉说，现今村里有271户人家，1700多人了。

在村里的生态博物馆里，有此村的相关民族文化展示和介绍。村里现今只有一个年轻人出去读大学，在中南民族大学读社会学，是女孩。原来村里计划生育时，可以生两个，现在还有限制，但可以生三个了。

原来此地的布朗族学生高中（中专）毕业都可以分配工作，现在没有了。

在笔者进入章朗村的前一天，章朗村委会刚举行过"章朗村白象古寺修缮落成开光滴水庆典法会"，邀请了"十方善信"随喜参加。所以，笔者看到的白象古寺光彩夺目。

被称为布朗族生态博物馆的建筑建在一个小山上，建筑规模不小，有一个如民居的大楼，旁边有两栋小楼。有"布朗族弹唱"（国家非遗名录）的传习所，有一个布朗族文化展览室。

章朗佛寺现存的古建筑为清嘉庆十六年修建，由大殿、僧房、藏经阁、佛塔、山门等组成，它是汉族同布朗族文化结合的最早见证，是由汉族于嘉庆年间结合汉族建筑艺术和布朗族建筑艺术修建的建筑群，具有较高的艺术价值和研究价值。

章朗佛寺下方有一条古驿道，道旁有古水井，现年代已无从考证。此驿道可通往缅甸的大勐养、景栋。

章朗僧人修行洞址位于章朗村西南方向，内有石块砌起的平台，高台用于僧人讲经布道的席位，平台下方是当地群众听经的场地。

千人坟在章朗新寨中央，是古代战争的坟场，[①] 位置大概就在村里建设生态博物馆的位置上。

章朗村全民信仰南传上座部佛教（小乘佛教）。村中男孩到10岁左右就要到佛寺当和尚，少则一二年，多则五六年。在佛寺里学习傣文、经书和其他知识，还俗后就成为布朗族的知识分子，备受人们的尊敬。

章朗村布朗族服饰保持着传统的样式，主要颜色以青色、黑色为主。

布朗族有"漆齿"习俗，咀嚼栗木树嫩叶、石灰、旱烟等配制的"槟榔"，将牙齿染成紫黑色，以黑为美，同时还有防蛀的功效。

"漆齿"是傣族、布朗族先民遗留下来的古老习俗，《汉书·地理志》《马可·波罗行记》《滇略》等史籍都有"漆齿""以金裹齿""纹身绣脚"的记载。

男子在成年后开始纹身，纹身是为了区别男女和美观。

---

[①] 在附近，笔者看见一个棚子里放置许多棺材，很小且比较短，可能是用于"折肢葬"的棺材。

这里竹子多，许多人都会竹编，生产和生活中应用广泛。①

布朗族弹唱是布朗族民间喜闻乐见的一种民族民间艺术形式。其唱腔圆润委婉，明亮清晰，具有独特的音调和韵律，其韵律根据不同的演唱内容又有不同的调式。2008年入选国家非物质文化遗产名录。

布朗族武术是人们在生产生活中模仿动物而创编的一种健身的运动，动作为内外翻腕、内外掏手、叉腰、展臂、步法轻盈，外柔内刚。

布朗族实行一夫一妻家族外婚制，青年男女的交往和婚恋都比较自由，小伙子一旦钟情于某位姑娘，劳动之余就会精心采摘自己认为最美丽的花朵，送给心上人，即"以花为媒"的恋爱方式。另外还有"以歌为媒""串姑娘"等别具特色的恋爱方式。正是因为实行自由恋爱，婚姻和家庭一般都比较稳定，极少有离婚现象。

章朗村民居均为干栏式建筑，屋顶为歇山式，分为四面，脊短坡陡，呈重檐式样，下檐伸至离地面一米左右，搭在栅栏之上，屋顶用缅瓦盖顶。屋室分上下两层，楼下圈养牲畜和堆放柴草杂物，楼上住人。远离住房的地方还有储藏粮食的建筑，以避免火灾烧毁粮食。

布朗族是中国政府重点扶持的22个人口较少的少数民族之一，故在西定乡的章朗村建设"布朗族生态博物馆"，也是中国少小民族帮扶建设的一个组成部分。在章朗村，笔者还看到许多"项目"正在建设中。

这些建设都是关于住房、交通、村容村貌等基础设施的建设，而生态博物馆建设这样的项目，就是以民族文化为主的建设了，但两者都是在国家对于少小民族帮扶建设的国家政策下实施的。

据村里人说，1998年开始，国家就把村里的茅草屋换成了石棉瓦的房子，后来说石棉瓦不好，新农村改造就弄成了平板型的"缅瓦"盖的房子。现在，"缅瓦"盖的就是"老房子"了。在村里，有村人已经盖起小洋楼了。

在章朗村建筑中，还有一个玻璃房，用于晒粮食与茶叶等。

现在，章朗村分为新寨和老寨两个部分，新寨是1998年以后开始建设

---

① 这一点与贵州的仡佬族极为相似，贵州仡佬族也在竹编上技艺精湛，而且两个民族的族源关系都与古代的百濮族群有关，所以，竹编技艺可以视为其同源关联点的参照。

的。现在已经颇具规模了。

## 云南·元阳哈尼历史文化梯田博物馆

这个博物馆是 2019 年 3 月建成开馆的，是云南省较晚建成的一个生态博物馆。它位于元阳梯田景区内的"哈尼小镇"附近，它是一个博物馆，亦是元阳梯田世界文化遗产的一个保护机构，更是元阳梯田景区的一个文化"景点"。博物馆参观不收门票，梯田景区门票 70 元。经营景区的是公司，但管理博物馆的是当地文化旅游局。

这个博物馆全称为"元阳哈尼历史文化博物馆"（参见图志 00094—95），但又说它是"元阳哈尼梯田博物馆"，而且在博物馆的两个大门上，分别挂上了这两块牌子。

这个博物馆 2013 年获得世界遗产名录后即立项，在 2016 年 10 月 26 日举行了开工典礼，于 2019 年 3 月 30 日建成开放。项目总用地面积 84 131.98 平方米，总建筑面积 7860 平方米，项目总投资 8230.75 万元。建设内容主要为农耕文化及文物展示厅、监测中心、业务管理用房以及广场、庭院、绿地、生态停车场等附属性设施。

该博物馆项目为红河州文化建设"1046"春天工程的重点项目。其功能为哈尼历史文化的标志性建筑和文化传承保护、交流展示的重要场所，提升梯田旅游的文化魅力。

在 2019 年其开馆时，有新闻报道云："历经三年建设，3 月 30 日下午，位于元阳县哈尼小镇的哈尼历史文化博物馆暨红河哈尼梯田世界文化遗产管理展示中心正式开馆。世界文化遗产红河哈尼梯田的农耕文化有了高水平的集中展示区，元阳县文化和旅游融合发展迈出新步伐。"

这个博物馆距离元阳县城南沙 45 公里，博物馆外观设计灵感来源于哈尼族的吉祥物——白鹇鸟。白鹇鸟象征哈尼人的聪睿和善良，哈尼人信奉白鹇鸟，创造了人与自然和谐相处的氛围。博物馆的设计理念吸收了哈尼人开凿梯田的智慧，依山就势，呈阶梯状，将建设融入大地，成为大地雕塑的一部分。

该博物馆共有六个静态展厅和一个表演大厅，展厅通过图文和影像方式，系统地展示和介绍了哈尼族的迁徙、文化、民俗，哈尼梯田的发展与保护，表演大厅今后将常态化进行《哈尼古歌》①等演出。古歌"哈尼哈吧"入选第二批国家级非物质文化遗产保护名录。

博物馆主要用于展示哈尼梯田文化、非物质文化遗产等，同时还将兼顾梯田管理、监测及资料收集整理等功能，将进一步提升元阳哈尼梯田景区的文化及旅游品质，更好地向国内外游客展示哈尼梯田文化。

这个博物馆没有说自己是一个生态博物馆，但整个形态完全符合生态博物馆的基本理念。第一，原址保护，第二，整体性保护和展示，第三，博物馆布展与梯田展示具有高度一致性和博物馆具有与环境展示的密切关系。所以该博物馆有两块牌子。

这个博物馆具有遗产+村落+民族历史文化的生态博物馆典型内涵。而且遗产级别很高。

在云南，不管是异想天开的"家庭生态博物馆"还是以"少小民族建设"为中心的布朗族生态博物馆，以及以世界文化遗产展示和保护为主题的元阳哈尼历史文化梯田博物馆，都是中国博物馆体制内的行为，都是类似"民族文化表征"的生态博物馆建设与实践。

---

① 《哈尼古歌》是哈尼族社会生活中流传广泛、影响深远的民间歌谣，是有别于哈尼族山歌、情歌、儿歌等种类的庄重、典雅的一种古老歌唱调式。哈尼哈吧涉及哈尼族古代社会的生产劳动、宗教祭典、人文规范、伦理道德、婚嫁丧葬、吃穿用住、文学艺术等，是世世代代以梯田农耕生产生活为核心的哈尼人教化风俗、规范人生的百科全书。从目前已收集整理的哈尼哈吧资料来看，哈尼古歌《窝果策尼果》《哈尼阿培聪坡坡》《十二奴局》《木地米地》是哈尼哈吧的经典代表。从演唱的场合看，哈尼哈吧主要在祭祀、节日、婚丧、起房盖屋等隆重场合的酒席间由民间高手来演唱，表达节日祝贺、吉祥如意的心愿；从演唱的内容来看，规模宏大，结构严谨，歌手可以连续演唱几天几夜。从演唱的特点来看，在隆重的场合因事而歌，摆酒吟唱，向亲朋好友、村寨百姓传递古老的规矩和道理，或美好祝福。演唱方式由一人主唱，众人伴唱，或一问一答，二人对唱而众人和声；若遇重大年节，可以完整演唱十二调主要内容，一位歌手难担大任，须数位歌手联袂演唱。《哈尼哈吧》着重叙述哈尼社会各种风俗礼仪、典章制度的源起，全文12章，分上下篇，上篇主要讲述神的古今：神的诞生、造天造地、杀牛补天地、人和庄稼牲畜的来源、雷神降火、采集狩猎、开田种谷、安寨定居、洪水泛滥、塔婆编牛、遮天树王、年轮树；下篇讲的是人的古今：头人、贝玛、工匠和祭寨神、十二月风俗歌、嫁姑娘讨媳妇、丧葬的起源、说唱歌舞的起源、翻年歌、祝福歌。12大内容可分可合，可通篇演唱，也可独立演唱，根据当时的仪典场合选择相宜的内容章节而定。哈尼人族源一般认为属于氐羌，但其"哈尼古歌"多有百越族群文化的风韵。

第三章　后生态博物馆时代

这一时期，这样的发展在湖南也出现了，这就是位于湖南省江永县上圩镇蒲尾岛村的"江永女书生态博物馆"和位于湖南省江永县上甘棠古村的"上甘棠古村生态博物馆"。这两个生态博物馆都属于体制内规范性建设的生态博物馆，但"初心"都"回避"了生态博物馆的名号，这在中国后生态博物馆建设和实践中，非常有意思。

### 湖南·江永女书生态博物馆

湖南省江永县也有一个比较特殊的生态博物馆，江永女书生态博物馆。这个江永女书，即在此地只在女人中流传的"书写"，而且与个人的信念和信仰，以及一系列的仪式和民俗文化有关，因为书写者的"作品"，一般都会是此人死亡时的随葬品。即这样的"书写"是她们生存于世的意义表述。其在最初不是一个生态博物馆，而是一个叫"女书文化园"的事物，但"女书文化园"的核心却是一个地地道道的博物馆，当然，还包含了女书文化的传习馆。

2020年5月中旬，笔者到江永女书生态博物馆调查时，按照常规寻找江永女书生态博物馆的牌匾，但在"女书文化园"里没有任何地方有这样的牌匾，只在大门边的红色告示上，以及园区里面的指路牌上有女书生态博物馆的字样。但从"女书文化园"的布展，附近的女书村落分布，以及一系列的布展概念来看，完全是一个生态博物馆的现实存在和实践过程。而且在文化网站宣传上，赫然也有"江永女书生态博物馆"的字样，以及对于此"女书文化园"是生态博物馆的全部定义。在"女书文化园"，大门的匾额上写的是"中国女书园"，大门的背后牌匾上也有一行女书文字。在笔者向博物馆内的工作人员询问时，他们说，大门背后牌匾上的女书字的内容就是"女书生态博物馆"。再仔细一看网站上的"江永女书生态博物馆"字样，明显是PS上去的，正好覆盖了大门外面匾额上的文字，成为"江永女书生态博物馆"。

这个女书生态博物馆是2002年建成的，当时是否就称为女书生态博物馆，不得而知，但后来就称为女书生态博物馆却是千真万确的，并且一直是这样实践和对外宣传的。博物馆的工作人员也说，在2002年建成此博物馆时，就称为江永女书生态博物馆。但这里却是一个风景优美的旅游区，而且是江永县重要的民族文化生态旅游区。江永女书生态博物馆不收门票，到此景区旅游需要购买门票，成人40元。

这个生态博物馆坐落于浦尾岛上，这里风景秀丽。2002年修建的女书园，占地2500平方米，为仿明清式建筑风格。这里展览主题为女书文献、作品、工艺、书法、学术成果、民俗风情等。

这个博物馆一共有11个工作人员（安保、讲解员、门票售卖员），两个是属于县文广局派来干部，有编制，其他9人为合同工，但有五险一金，每月工资为1500元。这里一直作为一个著名的文化旅游景区运行，完全可以养活这些员工。据村民说，一个国庆假日，可以收入几十万。

据说，现在用来种莲为景的田是每年800元一亩租来的。在浦尾岛村，有民宿开展，也有餐饮，但生意不好。

这个生态博物馆是一个关于女人书写文字的生态博物馆，它不但有一种专门为女性书写使用的文字——女书，还因此形成了一系列的民俗文化，深刻地影响江永地方的历史文化，并且成为人类的一种极为珍贵的文化遗产。该民俗入选中国第一批国家级非物质文化遗产名录。

## 湖南·上甘棠古村生态博物馆

就在此地不远的一个古村落上甘棠，2009年时也诞生了一个后生态博物馆时代的生态博物馆——湖南·上甘棠古村生态博物馆。这里，很早就是国家的重点文物保护单位、历史文化名村，其开发利用是受到国家文物保护法的严格限制的。

其所处的上甘棠村距江永县城西南25公里，有453户居民，共1865人，主要为周氏族人。周氏族人自宋代就定居于此。该村是湖南省发现的年代最为久远的千年古村落之一。上甘棠村山水如画，古色古香的建筑历史韵味深厚，民风也很淳朴。

在2009年时，这里进行了古村景区的开发和建设，同时也建设了上甘棠古村生态博物馆，在一定程度上"配合"景区的开发和利用。

上甘棠博物馆为湖南省首家村级博物馆，而且博物馆的匾额上没有"生态"二字。它的展览以"永明有甘棠——走进历史文化名村上甘棠"为名，有三个单元："山环水抱，聚族而居；读书入仕，耕耘富家；湘桂要道，千年古村"。

湖南省的这两个生态博物馆，都是配合景区的建设和发展而来的，对于当地社区和村落的发展确实作用很大，虽然博物馆没有单独卖票，但如果要进入景区，了解景区的历史文化，其生态博物馆之名是当之无愧的，其作用不可或缺。它在很大程度上促进了社区和村落的发展，亦符合国际上生态博物馆的发展理念。

在2005年之后，中国贵州生态博物馆群建成，也就进入我们所说的中国"后生态博物馆时代"，在这个时期，贵州省也有一些生态博物馆诞生。

最为典型的是"西江苗族博物馆""地扪侗族人文生态博物馆""上郎德苗族村寨博物馆"等。

### 贵州·西江苗族博物馆

西江苗族博物馆并不是真正意义上的生态博物馆，从本意上来说，它就是一个严格按照民族历史博物馆的一系列要素而建立的正规博物馆，但它又是在文化原址上建立的苗族历史文化的博物馆，其所展示的文化生态关系就在博物馆周围，所以，把它纳入生态博物馆实践来理解，也是有一定理由和依据的。

西江苗族博物馆于2008年4月破土动工，2008年9月25日正式对外开放。全馆占地面积3000平方米，其中建筑面积1650平方米。由六栋单体上下两层混凝土和吊脚木楼用美人靠休闲长廊连接成为一个整体的小青瓦建筑，与西江苗族的建筑群协调一致。共分为前厅、历史厅、生产厅、生活厅、节日厅、歌舞艺术厅、多功能媒体厅、服饰银饰厅、建筑厅、苗医与体育厅、宗教信仰厅等11个厅。

西江苗族博物馆馆藏文物539件、图片500幅、道具82件，其中一级文物6件、二级文物8件、珍贵文物35件、复制品13件，还有部分影视音像信息资料。西江苗族博物馆采用博物馆最为普遍的文物、图片与文字说明、影视展示的表现方法，力求直观明了。

西江苗族博物馆旨在从物质和精神两方面来展现苗族古老而又博大精深的文化，内容涉及迁徙、稻作、社交、文化及其相关的节日、衣食、住行、健身、娱乐、意识形态等。

历史厅：主要展现苗族以及西江苗族的源头文化和迁徙历程，包括天文历法、兵器、刑法。还展示了黔东南苗族的反清斗争，以及中华人民共和国成立后特别是改革开放以来雷山和西江的发展变化。

生产厅：主要展示了相关的稻作、渔猎文化工具等。

节日厅：苗族节日主要有祭鼓节、祭桥节、稻卯节、游坡节等。祭鼓节、稻卯节、苗年节为国家级非物质文化遗产。

音乐舞蹈厅：主要表现苗族的芦笙、瓢笙、木鼓、铜鼓、箫等乐器以及古歌、飞歌等十多种苗族歌谣以及芦笙舞、铜鼓舞、板凳舞等舞蹈。其中芦笙制作、芦笙舞、铜鼓舞为国家级非物质文化遗产。

多功能媒体厅：本厅的多媒体设备较为完备，通过视听有关背景资料来了解苗族、西江苗族、西江苗族博物馆等有关知识，同时本厅又是一个学术会议厅。

服饰银饰厅：苗族服饰绚丽多彩、种类繁多，据统计有180种。苗族服饰图案花纹，主要通过织锦和刺绣方法来表现。苗族的刺绣方法有绉绣、双针锁绣、平绣等十多种。苗族银饰工艺精湛，其产品均出自中国苗族银饰之乡雷山县西江和台江县施洞的银匠之手。雷山苗族服饰、织锦、银饰技艺均入选国家级非物质文化遗产名录。

苗医与体育厅：其苗族体育有斗牛、斗猪、斗鸟、抽陀螺、踩高跷等。苗医、苗药承袭了苗族先民防病治病的经验，擅长于跌打损伤、骨折、毒蛇咬伤等方面的治疗，同时也长于疑难内科病症的治疗。雷山苗医、苗药是国家级非物质文化遗产。

建筑厅：雷公山苗族建筑95%以上为依山而建的干栏式榫卯结构小青瓦吊脚木楼。雷山苗族吊脚楼建筑技艺入选国家级非物质文化遗产名录。

宗教信仰厅：苗族信仰万物有灵。本厅通过实物、图片以及多媒体展示了苗族朴素的唯物主义创世观、祖先崇拜、与苗族古歌有关的诸多鬼神及禳解工具等。

生活习俗厅：主要展示苗族婚姻习俗、生育习俗、酒礼习俗、餐饮习俗等。

这些解说全部来源其博物馆的展示和介绍，与一般意义上的民族博物馆没有什么区别，而且在苗族历史文化上还进行了自我放大，没有与历史真正面目吻合，但该博物馆的建设是为了配合当地政府对于西江苗寨的旅游开发而建设的，所以不太严谨也是可以理解的。如前所述，这个博物馆就建在西江，而西江本身就是一个典型的苗族文化生态博物馆区域，该博物馆的建设更像是其资料信息中心的建设，只不过"西江苗族博物馆"并没有进行生态博物馆区域的划定，或者说当地的建设者有意回避生态博物馆的名义，因为一旦划定生态博物馆区域，其一些旅游项目设施的建设就会受限，这是雷山地方政府和旅游公司都会极力回避的事情，但西江的民族文化旅游一定要有博物馆这样的设施，否则它没有民族灵魂和文化的展示形式。

这种后生态博物馆时代生态博物馆实践，给生态博物馆与社区发展关系理解提供了极好的例证。

## 贵州·地扪侗族人文生态博物馆

地扪侗族人文生态博物馆最初为民办的生态博物馆，它由香港明德创意集团资助，中国西部文化生态工作室负责建设和管理运营。当初名称中并没有"侗族"，后来才慢慢加上去的。

地扪人文生态博物馆当时建设与实践的宗旨是促进地方原生态文化的保护、传承和发展，促进社区居民生活的改善。博物馆同时兼作研究侗族人文生态、学习侗族语言，了解侗戏、侗族音乐，以及侗族传统工艺的工作基地，可定期举办各种讲座和文化交流活动，邀请研究人员到博物馆做研究工作。

在这个宗旨中，不但有生态博物馆的理念，还有类似云南的"文化传习所"[①] 的功能表述，其后来也真是这样做的，这方面做得比生态博物馆还多。

地扪侗寨位于贵州省黎平县茅贡乡，全村分为寨母、寅寨、得面、腊模、围寨5个自然村寨，共有500多户，2300多人，全部为侗族。地扪侗寨是侗族原生态文化保存比较完整而且具有鲜明侗族文化特色的侗族村寨。这里，每个村寨都有侗戏班子，逢年过节都要演出侗戏。村里还有花桥群、禾仓群、红豆杉群、古井、古道、侗族大歌、造纸技术、传统纺织印染技术、刺绣技术、传统特色饮食等。

---

① 文化传习所是中央音乐学院的退休教授田丰，早年在云南创建的一种专门"传习"民族民间音乐文化的民间机构。

地扪人文生态博物馆也有自己的资料信息中心，但地扪生态博物馆信息中心的建立就是由寨老带领本地居民自己完成的。在管理方面，博物馆吸收寨老进博物馆管理社区文化的最高决策机构——管理委员会，成立博物馆寨老会，旨在充分发挥寨老的影响力和号召力。

这是他们在最初时期对于自己生态博物馆的介绍，当时确实如此运行了很长一段时间，但后来发生了变化，这样的由地方社区介入管理的情况就没有了，还是由原来的投资方人员管理，并且贵州省的博物馆业界也在一定程度上介入了此生态博物馆的运行和管理，使得此生态博物馆慢慢接近原先建成的四个生态博物馆群里的生态博物馆，现在大致成为了类似其他四个生态博物馆的样子了。

在这样的背景下，2012年12月，地扪侗寨入选第一批中国传统村落名录；2014年3月，入选第六批中国历史文化名村；2014年4月，列为国家文物局首批51个"国保省保集中成片传统村落整体保护利用工作"示范点。

这之后，地扪人文生态博物馆的发展，似乎有一种"升级"为"侗族文化保护区"的概念，因为在2014年之后，提出了以地扪侗寨为社区文化中心的地扪侗族人文生态博物馆的构想，辐射周边46个自然村落，是一个没有围墙的活态侗族文化社区，界定为特定的侗族文化生态保护区。地扪生态博物馆十余年的建设实践涉及文化记录、文化传承、民艺振兴、村寨治理、产业培育、社区发展等方面内容。地扪生态博物馆"推动村落文化保育，促进社区建设发展"的实践探索受到各级政府和国家、省有关部门的关注和肯定，成为全国生态博物馆建设推广借鉴的范本。2014年9月，国家文物局在福建召开传统村落整体保护利用工作现场会，时任文化部副部长、国家文物局局长励小捷在讲话中特别提出，传统村落保护利用要借鉴和推广生态博物馆理念，进行整体保护、活态保护、自我保护、发展中保护，并介绍了地扪生态博物馆的实践经验。

看得出，这是国家提倡传统村落保护的理念被关注和推崇的生态博物馆。

### 贵州·上郎德苗族村寨博物馆

郎德上寨位于贵州省雷山县郎德镇西面，距黔东南州府凯里29公里。

郎德上寨系苗族聚居的自然村寨，世代以农耕为业，有陈、吴二姓，苗语称郎德上寨为"能兑昂纠"，建于元末明初，迄今已有 500 多年历史，有 140 多户，600 多人。

郎德上寨海拔为 780 米，距省道炉榕公路 1 公里，建筑群依山而建。现有民居 90 栋，风雨桥 2 座，板凳桥 2 座，保爷桥 48 座，寨门 3 座，铜鼓坪 2 个，露天消防水井 2 口，粮仓 20 个及其他民俗建筑。

上郎德苗族村寨博物馆是在作为国家文物保护单位的基础上被人们理解为生态博物馆的，但是，宽泛地说，这样的"博物馆"也是一种生态博物馆的类型，故贵州省在介绍"贵州省生态博物馆基本情况"时，一般会说有 6 座"生态博物馆"，其中就包括"地扪侗族人文生态博物馆"和"上郎德苗族村寨博物馆"。即"上郎德苗族村寨博物馆"是被各级各有关单位一步一步建成的，而且在认知上，也把"村寨博物馆"视为生态博物馆中的一种模式。

现今在郎德调研时，虽然没有生态博物馆信息资料中心的牌子，但它的展示和社区发展，与生态博物馆的意义完全相同，由社区自主文化自主发展，自主管理的"国际生态博物馆理想"，在郎德上寨就是一种现实。有游客来的时候，需要出场和表演，大家都会出来，然后获得工分记录，最后以每家的工分多少来分配旅游带来的收入。

在中国的南方，重庆市的生态博物馆实践不多，但其"武陵山民俗生态博物馆"也属于后生态博物馆时代的实践之一。

## 重庆·（黔江小南海）武陵山民俗生态博物馆

武陵山民俗生态博物馆（参见图志 00093）也是一个近年才在旅游景区建设起来的属于"民族表征"的生态博物馆，但它的建设和实践明确是为了景区的开发和建设服务的。在重庆市黔江区的小南海镇，早年就建起了一个属于地震遗址的旅游景区，既是一个景区，也是一个地质部门的地质科学普及教育的基地。在 2009 年时，有关部门开始建设武陵山民俗生态博物馆，并在网上进行招标。约在 2019 年，"武陵山民俗生态博物馆"大致建成。这样，在小南海镇，似乎有一个称为"小南海国家地质公园"的景区，现今又增加了一个武陵山民俗生态博物馆的景区，前者看的是地质奇观,后者体验的是"原生态"的民族文化。但这个在门楼上标为"黔江民俗馆"的武陵山民俗生态博物馆是一个真正意义上的以民族文化为主题的生态博物馆。不知何故,博物馆的大门上没有武陵山民俗生态博物馆的字样,而在博物馆里面,既有"小南海地震遗址文化"的介绍,也有武陵山民俗生态博物馆的介绍①。介绍中直呼其为"生态博物馆"。

武陵山民俗生态博物馆,里面有两个部分,一个是板夹溪13寨的生态博物馆保护区和展示区,一个是武陵山民俗生态博物馆的展示中心,而且展示中心的内容还包含了景区中的"国家地质公园"的情况,把新景区与老景区巧妙地结合在了一起。展示中心和6.5平方公里的"板夹溪13寨"相互联系,完全呈现了生态博物馆的基本精神。

武陵山民俗生态博物馆总投资2800万元。布展非常专业。包含国家地质公园的介绍,板夹溪13寨所有民居院落的介绍,以土家族为主体的民族文化展示,也包含了此地其他少数民族的一系列的文化展示,以及布展中表现的生态博物馆的村落存在意义,等等。但它与湖南省的两家生态博物馆一样,也在"回避"生态博物馆的实践中"不能收费"的理念,不愿意把生态博物馆的匾额明确地挂在大门上。

## 第四节 后生态博物馆时代的意义

后生态博物馆时代是中国在挪威王国的帮助下引进国际生态博物馆理念,建设与实践了中国生态博物馆时代之后的一个时代的历史概念。在中国生态博物馆贵州时代时,后生态博物馆建设与实践的缘起已经出现,也就是说,在贵州省推行国际生态博物馆理念时,就有两种力量在思考这样

---

① 武陵山民俗生态博物馆是中国第一个以土家族为主体民族的生态博物馆。它位于重庆市黔江区小南海镇新建村板夹溪,原属后坝乡。生态博物馆东临小南海,南靠八面山,西接武陵仙山,北连鸡公山,距黔江主城30余公里。保护区面积约6.5平方公里,有13个较为自然的土家族、苗族村寨和民居院落,俗称"板夹溪13寨"。板夹溪风景秀丽,民风淳朴,世居民族多为土家族和苗族,大多是在"赶蛮守业""湖广填四川"的时候来到这里,与当地居民相互融合,出现了多民族聚居的现状。13个寨子,15种姓氏,几百年来,休养生息,休戚与共,民族生态博物馆成立以后,这里以原生态的方式保护和传承着神秘的土家族和苗族等民俗文化。

的问题：一是以生态博物馆的理念，人们可以以自己的能力和方式来实现生态博物馆的建设与实践；二是生态保护的问题可以有另外的概念和方式来实现，不一定是生态博物馆的方式，另外的方式也可以实践这一理念。前一种方式就是源自"局限"于博物馆理念的思维和行动，比如广西壮族自治区的"南丹里湖白裤瑶生态博物馆"和"三江侗族生态博物馆"，以及"靖西旧州壮族生态博物馆"，还有"想象性"的内蒙古自治区达茂旗"敖伦苏木生态博物馆"[①]。后一种是在生态保护中另辟蹊径的行为，他们的基本观点认为在博物馆理念中的"活态保护"状态在中国民族乡村的建设与实践，是一种不合时宜的"嵌入"，无法被村民所理解和接受，也无法实现社区的自主管理和自主发展，生态博物馆中的村民不会成为真正的主人。所以，"民族文化生态村"的形式和概念最符合民族+村落的"活态保护"，也最能体现村民的文化自觉和自主。

在第一种缘起中，实践者的思想主要是，寻找更符合中国特色和国情的生态博物馆实践，而且希望生态博物馆建设实实在在地为区域经济，或者说民族区域经济社会发展服务。广西最初的三个作为实验性质的生态博物馆建设，都有一个共同的背景，即同时都在进行民族文化的旅游开发，都通过了具体的民族+村落+景区的建设总体规划，民族文化资源丰厚（在后来表现为大量的非物质文化遗产）、自然环境优美、村落（社区）人文景观富有特色，在里湖、高定一带、旧州，都是这样。在他们的民族文化旅游开发中，广西受到中国生态博物馆贵州时代建设与实践的影响，于是广西的博物馆业界思考为什么不在广西引入中国自己的生态博物馆建设呢？在景区的三个要素中再加上生态博物馆建设现代文化要素，也是中国传统文化与现代博物馆文化的一种联结，应该会为景区增光添彩。另外，此时的广西正在酝酿建设"广西壮族自治区民族博物馆"，如果把这样的生态博物馆实践与"广西壮族自治区民族博物馆"挂钩，也可以解决后期管理与运行的问题。也许在三个生态博物馆实验性建设中，问题没有想得这么细致，但到了有"广西壮族自治区民族博物馆"提出"1+10工程"规划时，其思路和构想就基本清楚了。

---

[①] 虽然在后来的调查中，这样的生态博物馆是一种想象性描述，实际上其并不存在，但它作为一种信息影响了此时的生态博物馆实践过程。特此说明。

在这三个实验性生态博物馆建设与实践中，一开始广西就尝试了多种可能性。

里湖的白裤瑶生态博物馆建设，基本上就是把生态博物馆与民族文化旅游景点一体化来建设的，而没有苏东海先生对于生态博物馆的博物馆公益性质的坚持，即生态博物馆建成之后是不能收门票的，最多在村口设立"捐助箱"等等。这在南丹县里湖乡的"乡情"介绍中，就明确地说此生态博物馆就是景区的一个景点。当然，它也是一个地道的生态博物馆，有信息资料中心，有明确的三个自然古村作为生态博物馆生态展示区域。这与最初的建设资金来源有很大关系，即如果使用的是民族文化旅游开发的资金建设了里湖白裤瑶生态博物馆，成为总体规划中的某一个景点，收费就是顺理成章的事情。

在三江侗族生态博物馆的建设与实践中，遭遇的情况又不相同，因为在三江县的民族文化旅游开发是"全域旅游"的概念，而同时这里早就有了一个三江侗族文化博物馆，虽然注重的是三江侗族的历史文化，但三江侗族生态文化也包含其中，把这样的民族历史文化博物馆，加诸生态概念是自然而然的事情，就如在镇山布依族生态博物馆的布展中，大致做成一个布依族历史文化博物馆一样，只不过，这样的行为相反，一个是把村落性质的文化展示做成民族历史文化的展示，一个本来就是民族历史文化的展示，加诸了生态博物馆的概念。所以，三江侗族文化博物馆加上了一块牌子，成为三江侗族生态博物馆。而在高定村，又进一步设立了一个生态博物馆的工作站，也进行了一定的建设和投入，即做了展示区域的划定工作。在县城里的三江侗族生态博物馆以公益性质在运行，而在高定村，属于广西壮族自治区民族博物馆的"工作站"也在运行。这样，既符合全域旅游的需求，也符合对于三江侗族文化的生态保护和生态博物馆展示区域运行的要求。

在靖西旧州壮族生态博物馆的建设，更具有实验性质，即在生态博物馆建设中尝试多方投资和捐资建设，投资方有企业，有单位，有个人……广西最初主要把生态博物馆建设作为一种保护传统壮族文化作为重要手段来看待。今天，这块记录当时投资兴建其生态博物馆的"功德碑"虽然已经掩盖在树丛中，但这种尝试是非常有益的。

在尝试了这三种不同状态的生态博物馆建设之后，广西获得了以自己

## 第三章　后生态博物馆时代

的理解和方式来建设后生态博物馆时代生态博物馆的经验，故后来很快就按照规划在全区推广建设了另外7个生态博物馆，最后在2011年时，完成了自己理解的中国式样的自主生态博物馆建设与实践。

在第二个缘起中，如前所述，云南的"民族文化生态村"是有生态、没有博物馆的一种生态博物馆实验，它的目的部分与生态博物馆重合，也有类似博物馆展示的实验，但其10年的建设过程更偏重一些观念的实践过程，没有实体被留下来，故如今在这6个点的"民族文化生态村"里，只是一些历史发展的社会记忆，在2008年之后，项目结束，这种偏向应用人类学的学术实验也就结束了，像流星一样。它在唤起社区住民的文化自觉、自主和发展意识上，确实也获益多多。但乡村社会的基本性质未变，时间越久，慢慢地又落入原来的窠臼之中。它肯定也是后生态博物馆时代一种重要的思考和行动，他们也在努力地寻找符合东方社区自主发展观念的路径，而这个路径也是生态博物馆理念引入中国要寻找的东西。其实践证明，他们在这一方面的实验做得非常到位，但也是在强调政府领导的状态下实践的。故"民族文化生态村"的文化生态保护实验，在后生态博物馆时代有一定的影响，但难以成为主流观念。

云南的另外一种源于博物馆业界的后生态博物馆实践，也有一定的表现。一个是大理州云龙县诺邓村黄暹昌家庭生态博物馆，一个是西双版纳布朗族生态博物馆，还有元阳哈尼历史文化梯田博物馆。前文已经述及它们的基本情况，接下来更为深入地探讨其在建设与实践过程所产生的意义与价值。首先，大理州云龙县诺邓村黄暹昌家庭生态博物馆最具特定性，不管大理州出于什么考虑，这一生态博物馆形式的出现，都是世界第一例，现今也是唯一的一例。以一个家庭的文化存在、历史经历、社会记忆等要素，建立起一个家庭式样的生态博物馆，有比较正常的运行过程，比较正规的布展和管理机构，在运行中比较贴切地体现了文化的原址保护和文化的活态，并且还在一定程度上促进了黄暹昌家庭以及整个古诺邓村落的社区发展。这都是中国后生态博物馆时代的具有特殊意义的表现。其次，当年，由西双版纳宣传部的负责人负责此生态博物馆建设时，也基本是一种"工具概念"的输入，即在利用国家各个渠道帮助布朗族人进行社会、经济、文化发展时，属于文化发展的生态博物馆概念只是一种来源于国际的理念帮助布朗族发展，但州宣传部负责此事的人，却是不局限于概念按照实际上的情况来进行生态博物馆建设的。即这样的生态博物馆必然是一个包括了国内外所有布朗族人的历史文化博物馆,但它们在其中强调了生态保护和原址保护,以及生态博物馆区域性的划定。这种把民族+村落的生态博物馆,做成中国生态博物馆实践的一种类型,即在村落性质的生态博物馆中进行民族历史文化全面展示。这样的类型在镇山布依族生态博物馆的布展中受到批评,但在西双版纳州却不会有这样的批评出现,因为这是符合中国的民族社区发展现实的具体实践,资金安排上更倾向于中国实际情况,而不是某一种国际性质的生态博物馆理念的中国再现。最后,元阳哈尼历史文化梯田博物馆是在哈尼梯田这一世界文化遗产基础上进行的生态博物馆建设与实践,有原址保护、文化整体保护和呈现、生态展示区域、民族村落等一系列生态博物馆概念蕴含其中,但它表面上没有提及生态博物馆的名义,而是一种自然而然的生态博物馆。它说明,在云南涉及民族历史文化、遗产、原始村落的博物馆行为,就是这样的概念和性质。

除此之外,在中国后生态博物馆时代里,前文提及的江永女书生态博物馆是2002年建成的,在筹建关于"女书园"的时候,也许并没有生态博物馆建设的理念,但在女书文化园成园之后,湖南的专家发现,"女书文化园"的概念与当时中国由博物馆系统推进的生态博物馆建设理念完全吻合,而且是一个比较先进的文化保护和社会服务发展理念,也就自然而然地把最初建设的"女书文化园"作为生态博物馆来看待和理解,以及对外宣传。不管如何,这个后来被"命名"的生态博物馆,其实际的存在形式也确实与流行的生态博物馆理念吻合。

以一种性别书写的历史和现实,形成一种文化保护和社区记忆与发展的形态,最后发展为一个属于中国后生态博物馆时代的生态博物馆,在中国极具特殊性。

值得一提的是上甘棠古村生态博物馆被选中为2009年湖南省"文物大保护大利用"的示范点,并且以生态博物馆的名义进行相应的建设和开发,其目的是"文化扶贫"。这里面兼顾了两个概念,一个是生态博物馆的古村路展示区域,与古村落保护、古建筑的文物保护等是不矛盾的,甚至可以互相促进,博物馆建设也是一种文物保护行为,这样的博物馆也是生态博物馆的信息资料中心,或者说"展示中心",二者也是可以互惠的,

## 第三章 后生态博物馆时代

故湖南省在此村建设的上甘棠博物馆，直接就被认为上甘棠生态博物馆的一个组成部分。在原来属于国家文物保护单位的地方，"覆盖"生态博物馆的理念，可以视为"加诸"了社区发展的生态博物馆概念，从而实现"文物大保护大利用"的预设，达到"文化扶贫"的目的。湖南省文物局在上甘棠村的生态博物馆"操作"，也确实在一定程度上促进了该社区的文化的旅游开发。

贵州是中国生态博物馆建设与实践的重地，在中国生态博物馆贵州时代中，对于生态博物馆实践与理论的贡献是世界性的，但在中国的后生态博物馆时代，它也有自己的一系列表现。一方面这时的贵州生态博物馆是中国生态博物馆贵州时代的延续，一方面也参与了后生态博物馆时代的建设与实践。在这个时期，西江苗族博物馆的出现是一个中国自主资金，并且以博物馆之名建设的生态博物馆。此馆的建设按照一般博物馆建设的要素来进行，其目的非常明确，就是在西江景区建设此博物馆，作为景区的一个"解读"西江苗族文化，或者说整个清水江流域苗族历史文化性质的博物馆，而且刻意回避生态博物馆的理念，一不说这是生态博物馆，二不划定生态博物馆的社区展览区域。虽然此博物馆做得比较专业，但它并不是一个属于博物馆系统的公益事业，在高额的景区门票中，就包含了这个博物馆的参观费用。这是典型的生态博物馆概念在民族文化旅游开发中的"使用"，但现实中它使用得非常成功，使得这样的景点性质的生态博物馆，客观成为了西江景区文化表现的"灵魂"。这种生态博物馆建设的实践，是生态博物馆工具性的表达和利用，对于后生态博物馆时代，会有多种意义的启发和评价。

地扪侗族人文生态博物馆建设是一种民营资本在"生态旅游"愿景下，对于生态博物馆建设的一种介入，虽然后来它的性质在一步一步地变化，但它作为民营资本对于生态博物馆建设的投入，也是现代性时代到来时的一种乌托邦式的文化冲动，它作为后生态博物馆时代的一种典型，在这个时代有一定的历史地位。这个生态博物馆建设最初并没有什么设计和规划，而是委托当地的村民使用他们自己的理解，建设了一个类似文化传习所一样的建筑，并且独自设置了一个很大的侗族文化保护区域，当然，这个区域后来也得到当地人民政府一定程度上的认可，但似乎一切都没有如中国生态博物馆贵州时代建设时那么严格，而且对于如此的生态博物馆运行和管理，呈现一种完全开放式的实验过程，说不上成功与失败。比如成立生态博物馆的管理委员会，让地扪村寨的寨老介入生态博物馆的运行和管理，做过一系列的培训，以及与市场连接的尝试，但效果都不如人意。后来，这个生态博物馆在某种特定的背景下，逐步被纳入如同其他由挪威国家援建的四个生态博物馆一样性质的管理，与上郎德苗族村寨博物馆一起被贵州省有关博物馆业界管理机构共同称为"贵州省六个生态博物馆"。在一定程度上进入了一种"国家化"状态。上郎德苗族村寨博物馆一开始建设时就是一种中国人（主要是村民和地方）自主的苗族村寨文化旅游开发的建设，不是中国生态博物馆贵州时代生态博物馆建设的范畴，但从后来的发展看，这样的上郎德苗族村寨博物馆与所建设的生态博物馆具有基本相同的性质，最后被"归类"到后生态博物馆时代。这在后生态博物馆时代，也是一个非常奇异的事情。在这样的生态博物馆中，社区的文化记忆被良好保存，而且社区的旅游发展和文化展示被有序安排，虽然有国家多方面的资金支持，但如何做基本上都是村寨自在组织，或者说村委会自己安排的。多年来，有"公司"之类的市场资金，非常想进入博物馆发展中，但一直没有成功。故这里的村寨性质的生态博物馆，在民族文化旅游开发中一直不温不火，但村民也有效地获得了旅游带来的利益，同时也无意中比较好地保护了其"博物馆区域"的原生态，变化非常小。这样的生态博物馆，在后生态博物馆时代中，给人的启示多多。

　　后生态博物馆时代，重庆的武陵山民俗生态博物馆，与湖南的两个生态博物馆建设相似，也是由于旅游开发效应建设的生态博物馆，但前者主要为国家资金，后者主要以公司为主的资金，其建设的目的是一样的，都是为了发展社区的经济。在武陵山民俗生态博物馆区域内，笔者发现，它这里早就有了一个"国家地质（地震）公园"，早就成为了一个著名的旅游胜地，但同时这里也有分布在一条溪流中13个土家族、苗族村寨，自然环境优美，文化也丰富多彩，于是，这里的自然景区被开发的同时，"武陵山民俗生态博物馆"就自然而然地出现了。板夹溪13寨的生态博物馆保护区和展示区，与旅游为目的的风景名胜区自然重合；武陵山民俗生态博物馆的展示中心，也与景区的人文展示重合，从而在成为武陵山民俗生态博物馆的同时，也成为了该地（小南海）的一个以民族文化旅游开发为主旨的景区。把新景区与这里的老景区"国家地质（地震）公园"结合起来了。

在后生态博物馆时代，中国南方生态博物馆都有许多自己的故事，是中国在生态博物馆贵州时代之后，对于生态博物馆建设与实践的探索，归结起来，它们大概有以下几种类型：一是民族文化（少数民族）+村落区域的类型；二是特色建筑+村落（区域）+文化背景（历史）类型；三是专项文化+村落+地区+民族文化类型。

第一种类型如云南的西双版纳布朗族生态博物馆、广西的南丹里湖白裤瑶生态博物馆、三江侗族生态博物馆、那坡黑衣壮生态博物馆、东兴京族生态博物馆、融水安太苗族生态博物馆、龙胜龙脊壮族生态博物馆、金秀坳瑶生态博物馆、贵州的西江苗族博物馆、地扪侗族人文生态博物馆、上郎德苗族村寨博物馆等。在这一类型的生态博物馆中，可以再分出经典的民族+村落亚型，以及民族+村落+历史文化非经典亚型。非经典亚型即西双版纳布朗族生态博物馆、三江侗族生态博物馆、东兴京族生态博物馆、西江苗族博物馆等，其余的属于经典亚型。经典亚型的历史源头在于梭嘎苗族生态博物馆，局限于民族文化+村落，不会延伸到整个民族历史中去。非经典亚型的源头在镇山布依族生态博物馆，这样的生态博物馆把村落中的民族文化延伸为整个民族历史文化的观照和代表，这就超出了生态博物馆的理念，不过，这样的"超出"在中国后生态博物馆时代，被人们认可和发展了。所以，在这样的生态博物馆认知中，专门的民族历史文化博物馆与民族历史文化的生态博物馆才具有"合谋"的理论基础。三江侗族生态博物馆、东兴京族生态博物馆、西江苗族博物馆等就是这一新的生态博物馆认知的实践，它们生态博物馆的村落区域博物馆概念还在，只是其"信息资料中心"包含在"民族历史文化博物馆"中了。在实际的田野观察中，这样的生态博物馆运行在一定程度上加深了人们对于生态博物馆文化认识，促进了生态博物馆展示的丰富性。

第二种类型如广西的靖西旧州壮族生态博物馆、贺州客家生态博物馆、灵川长岗岭商道古村生态博物馆，还有湖南的上甘棠古村落生态博物馆。这一类型的生态博物馆，都是以某一种建筑为特色和关注点来实施和建设生态博物馆，一般这样的建筑都有国家文物保护单位为背景，贺州的客家围屋建筑群、灵川的明清时代的古建筑群，湖南的上甘棠古村落生态博物馆建设的背后，都是属于国家重点文物保护单位的明清建筑群，其生态博物馆的建立都是在保护这些文物的基础之上，同时保护这些文物存在的区域文化生态和恢复社区记忆。这种类型生态博物馆的源头在于隆里古城生态博物馆。这种类型的生态博物馆最具有西方生态博物馆理论中的社区含义，也确实在中国的"第三代生态博物馆"发展中被人们强调和发展，形成了一个中国生态博物馆新的发展时期。

第三种类型如重庆武陵山民俗生态博物馆、湖南江永女书文化生态博物馆、云南的云龙县诺邓村黄遐昌家庭生态博物馆、元阳哈尼历史文化梯田博物馆等等。这种类型中最为显著的特征就是专项文化的存在，不管这一专项存在于社区，还是存在于村落，有没有历史文化背景要素，都以其特定的文化专项而存在和表现其独特的意义。武陵山民俗生态博物馆是以武陵山土家族的民俗文化为专项的，江永女书文化生态博物馆是以女书文化为专项的，云龙县诺邓村黄遐昌家庭生态博物馆是以家庭为专项的，元阳哈尼历史文化梯田博物馆也是以此地梯田文化为专项的。这样的专项文化生态博物馆出现，为后来的"第三代"生态博物馆和多元化生态博物馆建设与实践打开了道路。

后生态博物馆时代作为继中国生态博物馆建设与实践的贵州时代的第二个发展时期，对于中国生态博物馆建设与实践是一个非常重要的时期，因为这是中国在接受了国际生态博物馆建设理念后，第一个自我发展的时期，从资金、理念、形式、路径、手段、过程都有很大的开拓和发展，在继承发展中国生态博物馆建设与实践的贵州时代理念和精神的前提下，走出了一条更加符合中国国情的发展道路，推进了社会经济、文化的多方面的发展，为中国后续的生态博物馆建设与发展开辟了多元发展的道路。另外，在中国生态博物馆的理论发展上，这个时期的生态博物馆建设也是很有贡献的，比如后来被学者总结的"民族表征"概念，认为这一时期的生态博物馆是以"民族表征"为主体，即"民族表征"是这一时期生态博物馆建设的主流。这些内容，笔者在后续还要做进一步的论述。

# 第四章
## "第三代"生态博物馆时代

中国生态博物馆的实践从 1995 年肇始，到 2005 年贵州省贵阳市"国际生态博物馆论坛"会议召开，为中国第一个生态博物馆发展历史阶段结束，而中国的后生态博物馆时代亦前后展开。如果以 2005 年前后作为中国后生态博物馆实践的起始，那么 2011 年后的广西壮族自治区民族博物馆"1+10"的建设与实践结束，就大致标志着中国后生态博物馆时代的过程。当然这一类型的中国生态博物馆实践，在实践上继续前行，在一些省市还有实践，比如重庆市的武陵山民俗生态博物馆的建设与实践，就一直延续到 2018 年前后。云南的元阳哈尼历史文化梯田博物馆也延续到 2019 年。在 2011 年时，国家文物局下发了一个文件《关于命名首批生态（社区）博物馆示范点的通知》，公布了全国首批 5 个生态（社区）博物馆示范点[①]。开始了中国"社区生态博物馆"的具体建设和实践。这个生态博物馆实践，被中国生态博物馆的创始人苏东海评价为中国的"第三代"生态博物馆。故这个文件开始之时，就是中国"第三代"生态博物馆开始之日。在后生态博物馆时代类型的部分博物馆实践仍然进行的情况下，中国生态博物馆"第三代"生态博物馆时代来临。

在后生态博物馆时代，中国南方的以民族村落为主的单元，比较早地进入了中国生态博物馆建设的范畴，而中国东部和北方却在中国"第三代"生态博物馆建设与实践中才开始了自身的生态博物馆建设与实践。当

---

① 它们是：福州三坊七巷社区博物馆、浙江省安吉生态博物馆、安徽省屯溪老街社区博物馆、广西龙胜龙脊壮族生态博物馆、贵州黎平堂安侗族生态博物馆。

然，在中国的北方，也有比较早的"原生态"概念的生态博物馆出现，比如2002年出现的陕西·（延川）碾畔黄河原生态民俗文化博物馆（参见图志00053），但大多数生态博物馆实践，是在后生态博物馆时代之后开始的。

# 第一节 "第三代"生态博物馆时代缘起

2011年，后生态博物馆时代大致结束，在这一年，社区生态博物馆建设的理念被人们明确地提出，并且在福州市区的"三坊七巷"进行试点建设。其时，关于生态博物馆的认识是这样的：生态（社区）博物馆是一种通过村落、街区建筑格局、整体风貌、生产生活等传统文化和生态环境综合保护和展示，整体再现人类文明发展轨迹的新型博物馆。这时的生态博物馆已经出现"社区意识"，以民族为文化主题的村落类型的生态博物馆实践，在中国已经有了很大的发展，但是以"社区"为建设单元的生态博物馆还没有发展起来，而中国由于城市化、城镇化发展，以社区作为单元的聚居形态普遍出现，它呈现了历史发展在聚居方式上的基本趋势。

在中国的后生态博物馆时代中，中国生态博物馆实践的内容主要是以民族文化为主体的生态博物馆，其存在和发生主要在民族地区，在中国各地的乡村社会中，其依存的社会形态单元主要是村落，但同时，随着中国工业化发展转型，城市化的发展水平越来越高，社区作为人们生存发展空间的重要依托，显示了越来越重要的意义和作用。

社区是一种在工业生计方式下的以居住为主要功能的结群方式，是工业革命给人们带来的"果实"。它的出现在一定程度上改变了原有社会的国家治理单元和模式，因为社区成为了游牧文化中的"旗单元"、农耕文化中的"村寨单元"之后的新的社会组织单元，而且是最小的组织单元。所有的国家治理，在现代工业化的情形中，都会从社区开始，这在西方的社区研究中称为"元治理"。

1887年，德国学者滕尼斯（Ferdinand Tonnies）出版了《社区与社会》一书，"社区"这个概念一般认为就出自此书。但当时的社区基本

## 第四章 "第三代"生态博物馆时代

上就是"将城市划分为若干社区,结合社区中教育、卫生、福利及宗教组织"①的力量,来进行国家治理的一种方式。这也是西方社区研究的基本点。在西方的人类学研究进入中国时,关于社区的研究也一起进入了中国。比如吴文藻时期的中国人类学研究就多有社区概念的引入,但在传统的"村寨结群"方式仍然处于"统治地位"、中国工业化进程中的社区单元结群还不是十分普及的情况下,这样的社区概念还是比较混沌的,往往与村寨混淆。在20世纪末期,随着中国工业化进程的发展,城镇化过程中的社区建设成为主流的结群方式,社区研究才比较全面地开展起来。

在这些研究中,主要有几个方面:一是对于西方社区研究理论的引入,以及在理论上探讨社区与国家现代性的关系;二是对于城市社区发展研究;三是对于农村社区、民族村寨社区的研究。

在第一个方面,有吴晓林、郝丽娜的"大国治理需从小社区做起"的视角,梳理了国外对于国家社区治理的理论研究,认为"自西方社区复兴运动以来,国外的社区治理研究有了新的发展"②。论述了"社区内部互动论"的研究范畴和国家"元治理"等一系列概念。希望以此来"推动符合中国实际的'社区治理理论'的发展"③。翟本瑞探讨了社会学理论在"社区/社会"的认知过程,认为"'社区'观念一直对社会学发展,扮演关键性角色"④。在一系列讨论中,翟本瑞认为:"社区的本质因素有三点,即社会互动、地理区位和共同约束。换言之,社区生活是一套彼此可以预期的生活规范,在社区中,因为彼此的预期与互动规律,人们建立、累积并维护自身的社会关系。整体而言,'社区广义上指人群集中居住的区域,或同一人群构成的社会、或指同人群居住的地区。中文多指城镇人口集中居住区域,如居民社区、社区、邻里、居民

---

① 徐震. 台湾社区发展与社区营造的异同——论社区工作中微视与巨视面的两条路线[J]. 社区发展季刊, 2004, 107.
② 吴晓林、郝丽娜. "社区复兴运动"以来国外社区治理研究的理论考察[J]. 政治学研究, 2015 (1): 47.
③ 吴晓林、郝丽娜. "社区复兴运动"以来国外社区治理研究的理论考察[J]. 政治学研究, 2015 (1): 47.
④ 翟本瑞. 从社区、虚拟社区到社交网络:社会理论的变迁[J]. 兰州大学学报(社会科学版), 2012 (5): 52.

区、居住区……'"① 郭圣莉的《国家的社区权力结构：基于案例的比较分析》一文是对国家社区治理理论的实践性研究。② 高永久、朱军认为："民族社区理论是民族社会学理论体系的重要组成部分，对其进行研究具有重大的理论意义。"③ 故该研究梳理出了社区研究的古典类型学理论、人类生态学理论、城市性理论、社区权力理论、中国社会学派的理论，提出了民族社区理论研究的概说。李雪萍、曹朝龙的《社区社会组织与社区公共空间的生产》④ 是比较微观的理论探寻，希望能为未来的城市社区治理和良性发展提供重要动力。

在第二个方面，有汪春燕的《城市民族社区研究的文化意义撅析》⑤，希望从语言、文化归属感等方面来研究城市民族社区的文化意义。魏娜的《城市社区建设与社区自治组织的发展》⑥ 是一种对于社区组织的微观研究，是国家"元治理"的文化自觉。李迎生认为："社区服务是指在政府的倡导和支持下、在社区范围内实施的具有福利性和公益性的各种社会服务活动。"⑦ 其探寻了国家治理在社区服务这样一个视角下的种种运行机制与问题。

在城市社区的研究中，和谐社区的研究被人们广泛关注。在谢建社、朱明的《构建和谐社区的社会学思考》中，认为："和谐社区应该是一个充满活力和创造力、自然舒适而且秩序井然的居住环境，邻里和睦、友

---

① 翟本瑞．从社区、虚拟社区到社交网络：社会理论的变迁 [J]．兰州大学学报（社会科学版），2012，40（5）：52．

② 郭圣莉．国家的社区权力结构：基于案例的比较分析 [J]．上海行政学院学报，2013，14（6）：8-93．

③ 高永久、朱军．民族社区研究理论的渊源与发展 [J]．西南民族大学学报（人文社科版），2009（12）：6-11．

④ 李雪萍，曹朝龙：社区社会组织与社区公共空间的生产 [J]．城市问题，2013（6）：85-89．

⑤ 汪春燕．城市民族社区研究的文化意义撅析 [J]．黑龙江民族丛刊（双月刊），2014（4）：107-110．

⑥ 魏娜．城市社区建设与社区自治组织的发展 [J]．北京行政学院学报，2003（1）．

⑦ 李迎生．对中国城市社区服务发展方向的思考 [J]．河北学刊，2009（1）：134．

好、邻里守望是和谐社区的重要表现。"①万勇的《构建和谐社区的意义及目标》一文认为:和谐社区应该通过四个方面建设成为一个"文化共同体"。②谈志林、张黎黎的《我国台湾地区社改运动与内地社区再造的制度分析》认为:城市和谐社区是指以文明自治的社区居民为主体,以美誉独特的社区形象为支柱,以鲜明同一的社区意识为纽带,以多元共存的社区文化为依托的社区。③对于城市和谐社区的特征研究上还有金立兴④、丛芸⑤、李应龙⑥等人的研究。

民族社区的概念不但在乡村有,在城市也有,并且也有不少研究。比如陈轶、吕斌等人的《拉萨市河坝林地区回族聚居区社会空间特征及其成因》⑦的研究。这是一个城市民族社区的个案研究。这样的研究还有刘昱彤、唐梅的《论族群认同在城市民族社区发展中的作用——以沈阳西塔为例》⑧,但其研究的角度是族群认同,实际上是在社区情景下的族群认同研究。

在第三个方面,有钱宁的《对新农村建设中少数民族社区发展的思考》⑨研究,以一个时代性的视角,思考了在原来的民族村寨区域中,按照社区的理念来对民族村寨进行建设的行为。认为这样的农村社区建设有许多弊端。

李亚娟等认为:"以少数民族为居民主体的社区是一种特殊的社区类

---

① 谢建社,朱明.构建和谐社区的社会学思考[J].广东行政学院学报,2007(2).

② 万勇.构建和谐社区的意义及目标[J].中国民政,2005(5).

③ 谈志林、张黎黎.我国台湾地区社改运动与内地社区再造的制度分析[J].浙江大学学报(人文社会科学版),2007(2).

④ 金立兴.构建和谐社区:和谐社会建设的基础工程[J].社会科学论坛,2005(11).

⑤ 丛芸.关于构建和谐社区的思考[J].齐齐哈尔大学学报(哲学社会科学版),2007(2).

⑥ 李应龙.构建和谐社会从建设和谐社区入手[J].求索,2006(3).

⑦ 陈轶,吕斌,张纯等.拉萨市河坝林地区回族聚居区社会空间特征及其成因[J].长江流域资源与环境,2013(1).

⑧ 刘昱彤,唐梅.论族群认同在城市民族社区发展中的作用——以沈阳西塔为例[J].民族论坛,2011(6).

⑨ 钱宁.对新农村建设中少数民族社区发展的思考[J].河北学刊,2009(1).

型。作为民族社会的重要构成单元，社区内独特的民族性、文化性和地域性日益成为国内外学者关注的重点。"①

对于社区的研究还有许多概念和实践，比如学习型社区、学术网络社区、虚拟社区、转制社区、网络社区等，在一定程度上反映了社区研究的活力和无限的延展性。

这些关于社区的研究，亦是中国社区类型的生态博物馆实践的重要背景。

在中国，由于历史发展情景的不同，有不同的社区形态。

"中国大陆的社区建设始于20世纪90年代，直到2000年，国家民政部发布《关于在全国推进城市社区建设的意见》，社区建设才在全国范围内得以推广。近年来，在地方政府的推动下，社区建设和社区治理涌现出了不少成功的模式。"② 在这样的历史进程中，中国的社区建设在城乡普遍展开，并且随着国家城镇化建设的推进，形成了以下八个基本的模式：一是以原来城市街道形成的社区；二是以特定居住人群形成的社区，比如机关大院、工厂居住区等；三是城区城建开发形成的新的居住区域的新社区；四是历史遗留和自然聚集形成的城市民族社区，比如城中村、一些城市的藏族、回族集聚区；五是乡村发展而来的小城镇社区；六是乡村村寨的直接平推改造的社区；七是旅游开发而来的乡镇村寨社区；八是游牧区定居点形成的草原社区。

以原来城市街道形成的社区应该是形态最为完整的社区。这样的社区里，经过清末和民国近百年的城镇化集聚，已经形成了超越亲族和家族的传统村寨的集聚形式，初步完成了城市社区的塑形。这样的地方在新中国成立之后，已经显示出了与乡村寨完全不同的结群方式，"社会互动、地理区位和共同约束"这样的要素已经基本具备，所以，在2000年，国家民政部的《意见》一发布，立即从"街道办事处"，换牌子为"社区"。但这样的城市社区在中国城市发展的大背景下，也不是一个稳定的结构，会随着城市的改造、扩展、拆迁，以及流动人口的进入被打破和重构。

---

① 李亚娟、陈田、王开泳等. 国内外民族社区研究综述 [J]. 地理科学进展，2013（10）：1520.

② 吴晓林，郝丽娜. "社区复兴运动"以来国外社区治理研究的理论考察 [J]. 政治学研究，2015（1）：47.

## 第四章 "第三代"生态博物馆时代

以特定居住人群形成的社区为第二类，比如机关大院、工厂居住区等。

在中华人民共和国成立之后，国家发展和建设过程中，形成了一批机关大院、工厂居住区的人群集聚区域，这样的区域在国家社区行政化的过程中，也被形塑为社区来实现城市的区域性管理。在这样的社区中，"社区三要素"也有，但其"规则"内容和形式与前一类社区完全不同，来自机关和工厂的行政和服务虽然在社区化的过程中被逐步减弱，但其影响至今仍然存在。另外，这类社区中的结群因素和形式也与前一类社区不同，前一类社区的贸易色彩是其基本底色，这一类社区行政服务和制造科研为其基本底色。

这两类社区是计划经济时代，机关、企业办社会的"结果"。

以城区城建开发形成的新的居住区域的新社区为第三类。

这样的社区形成基础完全是人群的居住选择和居住资本聚集的结果。在城市发展过程中，选一块地，输入一个理念，做一个规划设计，运作资本，房开商完成一个社区所有的功能性建设，住房、服务配套设施（医院、学校、体育、商贸、交通）、环境设计、文化艺术设计、吸引人群的类别选择（精英、中层、底层）……即这样的社区建设一开始以物质的形式出现，然后是社区管理国家机构和人群的进入，最后形成一个完全崭新的社区。故这类社区的人群集聚的基础构成完全在于预先的区域性设计之中，完全是一个新的"造城运动"的结果，几乎所有的数据都可以输入该区域的总控计算机，并且连接到"国家计算机"（如果真有的话）被人"看到"。这样的社区可以是一个小的社区，也可以是无数个格式化社区组成的城市。

历史遗留和自然聚集形成的城市民族社区，比如城中村、一些城市的藏族、回族集聚区等，可以成为第四类社区。

以乡村发展而来的小城镇社区，可以称为第五类社区。

另外，以乡村村寨的直接平推改造的社区，以旅游开发而来乡镇村寨社区，也是中国社区营造的两种方式。还有，在使游牧人定居而形成的社区，也是中国社区营造的一种。

以上的社区类型存在，就是中国"第三代"（社区）生态博物馆形成的大背景，但在实践中，第一类社区是中国"第三代"（社区）生态博物馆依存的主体，因为绝大多数历史文化呈现、历史感、旧时代社会生活的遗存，以及众多形态的历史文化遗产，都会聚集在这样的社区中，为中国"第三代"（社区）生态博物馆提供良好的发展和实践空间。在"第三代"（社区）生态博物馆这种实践中，其城市历史文化社区，以及社区中的文化遗产被提到了一定的高度，使得"第三代"（社区）生态博物馆的基本形态就是社区+遗产。它在一定程度上不同于后生态博物馆时代的村落+民族文化的模式。正是在这样的历史发展背景下，2011年，国家文物局才有了后来把福州三坊七巷社区博物馆等五家生态博物馆作为社区生态博物馆试点的举措。

在2011年8月22日于福州召开的"全国生态（社区）博物馆研讨会"上，时任国家文物局局长单霁翔说："生态（社区）博物馆的发展符合当今国家现阶段的发展实际，也是博物馆发展的一个方向。"

福州三坊七巷社区博物馆（参见图志00057—64）的全新的形态为地域、传统、记忆、居民。

在这次会议上，单霁翔还指出：生态（社区）博物馆最重要的意义是通过这种新兴的文化遗产的保护形态，使得民众能够共享文化遗产保护成果。

在这次会议上，国家文物局不但为福州"三坊七巷社区博物馆"授牌，还宣布了浙江省安吉生态博物馆等五家生态博物馆为首批国家认可和承认的"生态（社区）博物馆"，并且被认为是"遗产保护新形态"。至此，"生态（社区）博物馆"就成为了继后生态博物馆时代之后的中国新型生态博物馆了。

在2011年8月，国家文物局宣布国家认可的五家"生态（社区）博物馆"，一家源于贵州省四个生态博物馆，一个源于广西"1+10"生态博物馆群，一个是既继承了后生态博物馆时代博物馆传统，又融入了一系列新的生态博物馆理念的浙江安吉生态博物馆群，两个是纯粹的城市老街区的"生态（社区）博物馆"……无意中把中国生态博物馆发展历史做了一个非常具有学术意义的联结。于此，下文笔者还将做进一步论述。

另外，这样的"第三代"生态博物馆，主要发生在中国经济发展和城市化水平比较高的东部省区，"社区"这样的聚居形态历史文化积淀最深，现代发展水平也比较成熟，故在后生态博物馆时代之后，这里生发出"生态（社区）博物馆"形态，是顺理成章的事情。

## 第二节　中国东南部城市社区生态博物馆

在中国东部省区，这样的"生态（社区）博物馆"有福建省福州三坊七巷社区博物馆，安徽省屯溪老街社区博物馆，还有一个"没有名分"的"福建·闽台宋江阵博物馆"，以及其他类似的生态博物馆。它们基本代表了中国基于城市社区建设的生态博物馆。

### 福建·福州三坊七巷社区博物馆

三坊七巷社区博物馆遍布整个三坊七巷，由1个中心馆、37个专题馆和24个展示点及集会空间组成。（参见图志00057—64）

中心展馆设在刘家大院，作为三坊七巷社区博物馆的缩影和信息中心。

在这里，它的前言是这样写的：

> 福州是一座有2000多年历史的文化名城，城内的三坊七巷历史文化街区更是千年古城历史与文化的精髓所在，三坊七巷地处市中心，占地四十余公顷，是南后街两旁从北到南依次排列的坊巷的总称，这里白墙青瓦，布局严谨，房屋精致，匠艺奇巧，集中体现了闽越古城的民居特色，被誉为"明清建筑的博物馆"。这里商业繁荣，人文荟萃，保留着福州最具特色的风土民情和社会生活。特别是近现代以来，更是涌现出一批影响中国近现代历史进程的杰出人物，形成一种特有的历史文化现象。

三坊七巷社区博物馆是中国第一个社区博物馆的试行点，践行"活态保护遗产"的"宗旨"，中心馆设在"刘家大院"，该馆以三坊七巷的历史文化为展示主线，以三坊七巷邻里生活为主要内容，引领大家寻访里坊生活，体验老福州社会的生活。

专题馆包括林则徐纪念馆（林则徐祠堂）、寿山石展览馆、南后街展览馆、名人名家书画展（宗陶斋）、老当铺、福建民俗博物馆（郎官巷二梅书屋）、福州民俗文化大观园（蓝建枢故居）、福州漆器漆艺博物馆（宫巷林聪彝故居）、三坊七巷建设成果展示馆（光禄坊许厝里）、东方书画院、福州民间藏品展示馆（吉庇路谢家祠）、福建省非物质文化博览苑（叶氏民居）、欧洲古典家居艺术馆（光禄坊与通湖路交叉口）、福州动漫体验馆（衣锦坊通湖路口）、福建古典红木家具展示馆（黄巷郭柏荫故居）、福州琴棋书画苑（宫巷刘齐衔故居）、三坊七巷金丝楠木馆（安民巷鄢家花厅）、周哲文艺术馆（光禄吟台）、福州地方戏剧演艺场（水榭戏台）、福州辛亥革命纪念馆（林觉民、冰心故居）、严复纪念馆（严复故居）等。

展示点包括老药铺（瑞来春堂）、木刻艺术（禅怡会所）、同利肉燕、木金肉丸、永和鱼丸、米家船裱褙店、青莲阁裱褙店、程家小院（安民巷）、天后宫（郎官巷）、老佛殿（安泰河边）、树神庙（东林里，在陈承裘故居对面）、安泰河、肉松店（鼎鼎、立日有）、时光书吧、古旧书屋（聚成堂）、福来茶馆、闽剧票友（鄢家花厅）等。

这是资料中介绍的情况，而在实际的调查中，笔者觉得这院里就是一个博物馆聚集的地方，在笔者的寻访中，见到了以下博物馆：福建博物院、烟台区历史博物馆、福州市博物馆、福州失恋博物馆、国潮金鱼博物馆、三坊七巷消防博物馆、福州温泉博物馆、漆艺博物馆、福州煤田地质博物馆、中欧茶文化博物馆、雨田古代玉器博物馆、福州市文物考古博物馆学会博物馆、宜天乐器博物馆、啤酒博物馆、（景点）君业博物馆、（景点）唐业博物馆、（景点）福建民俗博物馆、熊猫博物馆、（景点）映辉堂博物馆、（景点）福建森林博物馆、鼓楼区博物馆、福州市台江区博物馆、福州市仓山区博物馆、吴清源围棋会馆博物馆等等。

在这些博物馆中，有的可以说是一个景点。因为做生意的"需要"，冠之以"博物馆"之名。

寓居于"三坊七巷"的客籍人士，明清时期在坊巷内或建造，或购置了一些民居，或自住，或辟作宗祠、会馆、试馆，成为"三坊七巷"古民居的重要部分。主要有"廖毓英故居""上杭蓝氏宗祠""长汀试馆""连城张氏试馆""汀城试馆""汀州会馆"等。

可以说，建筑遗产和人文遗产是该社区生态博物馆的主要记忆和资源。

## 安徽·屯溪老街社区博物馆

安徽黄山市屯溪老街社区博物馆（参见图志00048—50），亦是一个依托于城市老街区建设和实践的"生态（社区）博物馆"。它的性质与福州市的三坊七巷社区博物馆的性质一样，都是社区+记忆+居民+遗产类型的生态博物馆，既是为了遗产保护，也是为了城市社区的历史文化旅游开发。

安徽省黄山市屯溪区老街社区位于黄山市的中心，是新安江畔一块被保留下来的老街区。屯溪老街，西起镇海桥，东至青春巷，全长832米，街宽6至7米。老街依山傍水，店铺林立，进出有序，前店后坊，马头山墙层叠错落，砖木石雕，精雕细刻，赭石道面，古色古香。屯溪自古有驿道畅通，水运方便，是皖南的重要商埠。明弘治四年（公元1491年），《休宁县志》就有"屯溪街在县东南三十里"的记载；清康熙三十二年（公元1693年），《休宁县志》记载："屯溪街……镇长四里。"

这个街区有许多号称博物馆的地方：徽州艺术珍宝博物馆、徽州古玩珍宝博物馆、万粹楼博物馆、工艺造型茶博物馆、黄山太平猴魁博物馆，还有戴震纪念馆、来来来古玩会所，等等。

屯溪市内还有以下博物馆：中国徽菜博物馆、安徽中国徽州文化博物馆、徽州糕饼博物馆、黄山蛇博物馆、黄山野生动物博物馆、程大位珠算博物馆、徽州税文化博物馆、古构件博物馆等等。

"屯溪老街社区博物馆展示中心"的牌子就挂在屯溪博物馆的墙上，大约是2011年的事情。此屯溪博物馆是1985年建设的属于屯溪区管理的一个县级博物馆。就像广西的三江县，是直接利用原来的博物馆作为"展示中心"，再加上明确社区保护区域和生态博物馆区域之后建设的"社区生态博物馆"。

但这个"屯溪老街社区博物馆展示中心"很小，就一楼为展厅，二楼为办公地点，主要介绍屯溪老街的历史文化而已。其管理如常规的博物馆管理模式。

其博物馆主题为"徽映老街，贾道流芳"。

"前言"写道：徽州，历史悠久，钟灵毓秀，被誉为"东南邹鲁"。屯溪，北依黄山，南临新安江……

屯溪老街是黄山市最为古老的一条徽州老街，也是黄山市夜生活的集聚地，这里有美食，也有古色古香的街巷。

在中国东南部的城市社区中，福建省福州三坊七巷社区博物馆和安徽省屯溪老街社区博物馆，是国家明文认可的具有"地域、传统、记忆、居民"新形态的社区博物馆，但在一些地方，其民间力量建立的一些社区博物馆也具有这样的形态，亦可以认为是新型的社区博物馆。比如福建厦门市临翔区的"莲塘村闽台宋江阵博物馆"。

## 福建·闽台宋江阵博物馆

大约在 2007 年之后，在福建厦门市临翔区的莲塘村，建立了名为闽台宋江阵博物馆（参见图志00066）的博物馆。这个博物馆是作为"宋江阵文化广场"的附属而建设起来的，即没有国家的博物馆部门的认可，也不属于国家博物馆业务管理的范畴，故民间戏称为"地下博物馆"。但该博物馆却在建设和实践博物馆理念中，大致符合"地域、传统、记忆、居民"新形态的社区博物馆的理念，故笔者认为它可以是一个类似前两个社区博物馆的生态博物馆。

这个社区博物馆是一个莲塘村的企业家独资建设完成的。这个企业家喜欢民间武术，尤其喜欢宋江阵这样的民间武术体育活动，故莲塘村给了他一块很大的地，他就出资建设了一个叫"宋江阵文化广场"的地方，以作为每年由他出资举办民间"武林大会"的活动场地。在此期间，他又出资建设了一个闽台宋江阵博物馆，以展示福建以及台湾一带的民间宋江阵武术体育。应该说，作为民间武术体育的活动，还是得到国家地方政府和管理部门的认可和支持的，但其博物馆却没有纳入国家博物馆体系管理，属于民间性质的博物馆。这个博物馆就在宋江阵文化广场旁边，也是一个体量比较大的博物馆。在进入大门后，正厅就是一个"田都元帅"的神位，故这个博物馆更像一个祭祀"田都元帅"的宗祠。在经过祭祀大厅之后，就进入了博物馆的展区。

"宋江阵"是明清时期闽南一带特有的民间传统武术活动，特别盛行于乡村的迎神赛会，传衍至今。2007 年被列为省级非物质文化遗产，如今已成翔安区最富特色的民俗文化活动之一。

企业家林良菽是莲塘村人,成为成功的企业家后,回馈乡梓,致力于武术与宋江阵的推展,为建立武术教育基地,便筹建了"宋江阵民俗文化广场",内附设闽台宋江阵博物馆。

这个社区博物馆的设计和布展,是请中国台湾的学者来做的,所以其博物馆功能认知和表达,以及文化精神表述,都有自己的文化背景和修养。这样的内容在博物馆中也有介绍:"宋江阵目前仅存于福建和台湾,为促成闽台宋江阵的文化交流,特别找来对宋江阵极有研究,并获得台湾教育部阵头技艺薪传奖的台东大学教授吴腾达规划设计,收集相关文物,做初步的布展,未来将继续充实馆藏,并办理特展,让翔安成为世界宋江阵训练、研究、教育中心。"

在今天的闽台宋江阵博物馆中,就展示了福建、台湾等地的各种各样的宋江阵历史文化,内容专业而丰富。

宋江阵,又名"套宋江""宋江戏",是"戈甲戏"等一类戏曲的主要源头,如今在福建省泉州、厦门等地区多有流行。这样的"宋江阵"有点类似于贵州安顺地区的"地戏",但在武术上,地戏多为表现,而"宋江阵"多为实实在在的武术功夫展示。

宋江阵顾名思义,其实就是一种模仿《水浒传》中梁山好汉的大阵,其主要用途并非是用于战争,而是专门在节日中进行表演的一种民间娱乐活动。

宋江阵根据表演人数的不同,一般可以分为36人、72人、108人三种阵法,主要扮演的人物有宋江、卢俊义、公孙胜、李逵、孙二娘、武松、阮氏三雄等等。

宋江阵表演时,锣鼓点场,正副龙虎旗帜为前导,按36天罡与72地煞的顺序进行表演,使用刀、枪、剑、戟、钩镰枪以及大锤等十八般武器。

正式开场,宋江舞大旗入场,上书"替天行道,忠义双全"八个大字。旗展之下,黑旋风李逵出场,抡动双斧作砍杀状,尽显威武霸气,侧旁金枪手徐宁不甘示弱,舞动钩镰枪上阵,赤发鬼刘唐也拎着朴刀跳将上来,展示自己的索命刀法。接着,众多好汉齐出,各自舞动手中兵刃,尽显神通。

之后，好汉们开始组成队形，随着锣鼓的变化，演化出"黄蜂阵""美蝶阵"以及"八卦阵"等等。"连环八卦阵"是宋江阵的高潮部分，共由 32 人进行操演，表演者或是持棍，或是持短刀与盾牌，相互之间进行对打切磋，而在此期间，每一招一式，无不踩踏着锣鼓点的节奏。

在旧时民间，这样的习俗，就是民间驱傩逐疫的仪式性表演，以祈愿村寨的平安顺利。

## 第三节　中国东南部和北方农村社区生态博物馆

在 2011 年 8 月的福建福州三坊七巷社区生态博物馆挂牌仪式上，浙江省湖州市的安吉生态博物馆也是五个"社区生态博物馆"其中之一，但安吉生态博物馆不是一个生态博物馆，而实际上是一个生态博物馆群。这个社区生态博物馆与福建福州市和安徽屯溪的社区博物馆不同，后两个社区博物馆是处于城市社区的生态博物馆，而安吉社区生态博物馆则是处于农村社区的生态博物馆。虽然浙江安吉的农村工业化发展比较迅猛，城市化的过程比较快，但这些建立生态博物馆的农村社区，还带有原来村落的许多印记，与注重历史文化记忆的城市社区不同，它们的社区记忆里，还有许多乡村和民族历史文化的成分。

### 浙江·安吉生态博物馆群

安吉县，隶属于浙江省湖州市。汉灵帝中平二年（公元 185 年），割故鄣县南境置安吉县，县治设于天目乡（今孝丰镇）。安吉建县始于此，至今已 1800 余年。

安吉生态博物馆（参见图志 00025—34）是在 2012 年宣布建成的。中心馆位于安吉县城中心的昌硕公园北侧。主要分为陈列展览、信息资料中心、培训中心三个功能区。其中，陈列展览设安吉历史文化陈列、安吉生态文化陈列、安吉出土铜镜陈列三个基本陈列和一个临时展览，展厅总面积达 3000 余平方米。现有藏品 12214 件套，其中国家一级文物 21 件套、二级文物 116 件套、三级文物 1206 件套。

## 第四章 "第三代"生态博物馆时代

12个"专题馆"和多个"展示馆",分布在安吉的各个乡镇。涉及文化有茶、书画、畲民、蚕桑、军事、现代产业、扇、孝、尚书等多种,已成为乡村旅游和乡村文明的重要窗口与重要阵地。

安吉县的"中心馆"在原来的县博物馆基础上改造而来,"十二专题馆",也就是人们所说的12个生态博物馆。它们是:(1)安吉竹文化生态博物馆;(2)安吉白茶生态博物馆;(3)上张山民文化生态博物馆(报福镇上张村);(4)鄣吴竹扇文化生态博物馆(鄣吴镇);(5)上马坎古文化遗址生态博物馆;(6)安吉古军事防御文化生态博物馆;(7)龙山古墓葬文化生态博物;(8)郎村畲民生态博物馆(章村镇郎村);(9)石龙林业生态博物馆;(10)马村蚕桑生态博物馆(梅溪镇马村);(11)天荒坪生态能源博物馆(天荒坪镇);(12)安吉现代竹产业生态博物馆(孝丰镇)(参见图志00025—34)。

在"中心馆"的实际调查中,其与以上材料基本对应,但笔者还看到一个此地的青铜工具和用具的专门展览,这个很有特色,在全国少见。我们在其他地区,看到这样的传统工具和用具,多为石、木、铁、竹等,而青铜的工具和用具极少,说明此地的历史悠久,以及青铜使用的深入程度。

在安吉生态博物馆群的调查中,"规定"中专题性质的12个生态博物馆,与其村落文化展示馆界限并不十分明显,其生态博物馆也有多种形态。在实际调研中,笔者直接参观了其中的上张山民文化生态博物馆、郎村畲民生态博物馆、马村蚕桑生态博物馆、鄣吴竹扇文化生态博物馆等四个生态博物馆,并且对其进行了资料性拍摄。除了马村蚕桑生态博物馆没有进到博物馆室内去拍摄以外,其他三个都进屋参观了其中的展览。

在上张山民文化生态博物馆,听村民介绍,其布展是邀请了专业人员进行的设计,投资200多万元。通过展览观察,其前身应该是移民文化展示馆发展而来,后面有当事人的回忆文章。说明这个生态博物馆是经过认真"制作"而成的。在上张山民文化生态博物馆,其布展内容主要是该村的移民开发记忆,以及此地历史上的农耕文化表现,还有,基于农耕文化之上的一系列农业农村的民俗文化。该博物馆也明确划定了生态博物馆的村落展示区域,保护了一些古村落建筑。但这个在安吉县深山中的上张山村,已经明确地成为农村社区,所有的社区性质的社会服务机构一应俱全。这个农村社区主要表现的是汉族移民文化,家族记忆,迁徙记忆,开发记忆等,均是其中的重要构成。其中亦有山民文化旅游开发的愿景,但已经不是此地主要经济发展要素。

在上张山民文化生态博物馆的前言中,有对于上张山村的介绍:上张村,位于安吉县西南,"天目第一峰"龙王山北麓,处在"黄埔江源"精品旅游线路上。这里青山叠嶂,云雾缭绕,翠竹连绵,泉水叮咚,梯田层叠。稻花蔬香,呈现出一派美丽山野乡村风光。

上张历史悠久,人文气息浓厚。八方移民的汇聚,带来了丰富多彩的移民文化,他们与当地文化相碰撞,互交融,形成了颇具特色的山民文化。

本展览通过显示上张人赖以生存的自然和人文环境,及其孕育并散发出无限光芒的山民文化,让人们深切感受到上张美丽乡村的无穷魅力。

从这个前言来看,安吉社区生态博物馆建设与实践,在一定程度上依然植根于中国"美丽乡村"建设的情境中。

郎村畲民生态博物馆是布展于畲民宗祠中的一个生态博物馆,其宗祠的神位和生态博物馆布展并列,两者都结合在一起了,很有意思。但奇怪的是,没有郎村畲民生态博物馆的牌子,其还是展示馆的样子,博物馆应该是在展示馆之上的"升级",但牌子都没有挂。在村子附近,修建了一个宏大的"畲寨"。笔者到该地调查时,这里还有明显的村落状态,显示该生态博物馆基于村落而建,其目的明显是进行民族文化的旅游开发。但村民在接受生态博物馆的时候,无意间把它作为类似村落宗祠一样的事物来看待,郎村畲民的祖宗崇拜和生态博物馆布展被安排在一个空间里。这样的情形在马村蚕桑生态博物馆也是如此,大概是村民在获得国家展示馆建设资助时,把宗祠和蚕神祠放在一起来进行了复建。

在郎村畲民生态博物馆中,其实就是关于安吉畲族历史文化的展示,包含的内容不仅仅是此村的社区记忆,而且包含了安吉畲族人总体的历史文化记忆。在其利用畲族宗祠建设的展示中,其前言就明确地说:"畲族是中国的一个古老民族,至迟公元6世纪末到公元7世纪初,畲族就生活在闽、粤、赣交界的地区,后逐渐向北迁徙,散居于浙、闽、粤、赣、黔等省。1956年中国政府在民族识别调查基础上,确认为单一少数民族,称"畲族"。在长期的迁徙和山地农业生活中,畲族形成了具有鲜明民族特色的文化传统,成为中华民族多元文化的重要组成部分。郎村是湖州市仅有的两个民族文化村之一,我们在郎村畲族祠堂里建立畲族文化展示馆,希望通过展示畲族人民的生活方式和传统文化,进一步增进民族间的理解、友爱和团结。"

看得出,这个生态博物馆最初建设的时候,其主旨就是民族团结与进步,使用的亦是民族文化村落建设的资金,只是后来的安吉全域旅游开发中的生态博物馆建设整合中,它被纳入了其生态博物馆建设的体系。

马村蚕桑生态博物馆的基础也是其展示馆,其外景还有蚕神的雕塑,并且在后屋有一个蚕神祠堂,这是绝无仅有的。笔者只在资料中心的外面拍摄了,但也很有收获。这个展示馆看来投资也不小。马村蚕桑生态博物馆的蚕神祠里有"五圣菩萨""马头娘""五花蚕神"等三位关于蚕的"蚕神"。在这个蚕神祠中,对于这三位蚕神是这样介绍的。

"五圣菩萨":又叫蚕神,唤作"蚕花五圣",即五圣菩萨。其造型特色是在眉心画个竖眼,这是当地人请来的蜀地蚕神,即蜀地先王蚕丛氏。他是位养蚕专家,传说他曾着青衣教人养蚕,复兴蚕织,死后被尊为青衣神。

"马头娘"(马明王菩萨):是江南最主要的蚕神。源于一个少女与白马的爱情故事。后少女死后变成蚕,吐丝结茧,蚕乡将吐丝结茧的少女尊为马头娘,即蚕花娘娘。每逢蚕事,拜马头娘,保蚕作安。

"五花蚕神"(蚕皇天子):又称"蚕皇"。其形象三眼六臂,上两手高举过头,一手托日,一手托月。五花蚕神无具体祭日,只有逢年过节,蚕月大忙时香火旺盛,端午后采茧结束,各家都要举行一次"谢蚕神"仪式。这个神的形象大致为"三头六臂",在其他地方就是山神的形象。

马村蚕桑生态博物馆的布展中,蚕织的过程是科学知识普及的过程,但在展示中心后面,却是民间对蚕神祭祀的祠堂。而且很明显,这个蚕神祠里的蚕神是多种蚕神民间信仰的杂糅和组合,反映了此地蚕神民间信仰的多源,以及当地民间信仰的杂糅。"五圣菩萨"是蜀地的蚕神,"马头娘"是江南的蚕神,"五花蚕神"(蚕皇天子)又是民间山神的"异写"。山神形象一般是"三头六臂",而"五花蚕神"(蚕皇天子)则是一头六臂,上面双手托举的日月,中间两只手中是元宝,代表财富,下面两只手代表织事,显示其蚕织的守护神的身份。

在宣传资料中介绍的鄣吴竹扇文化生态博物馆，说是在鄣吴镇，但笔者到鄣吴镇时，问了镇上多人，都表示没有生态博物馆，最后村民以为我说的博物馆是"清风馆"，就把我指到这里。是一个介绍竹扇文化的地方。这个"清风馆"中的泥塑做得很好，但规模太小。

在安吉县，其生态博物馆建设与实践是以"全域"的概念来进行的。故安吉生态博物馆，称其建筑面积为 1886 平方公里，而此基本就是县域面积。但安吉建设生态博物馆，确实是动员全县所有的力量来开展的。

在中心馆有资料表示：全县的博物馆、展示馆中，以企业和单位为主做的展示馆 13 个。有（1）中国竹子博物馆，灵峰街道竹博园（实施主体）；（2）高式熊书画展示馆，灵峰街道横山坞村（实施主体）；（3）祖名豆文化展示馆；（4）大康椅业展示馆；（5）安吉水土保持展示馆；（6）和也睡眠文化展示馆（笔者实际看到的牌子为"博物馆"）；（7）朱然纪念展示馆；（8）公路文化展示馆；（9）永裕现代产业馆（已经为"永裕现代竹产业生态博物馆"）；（10）乌毡帽酒文化展示馆；（11）高家堂红茶文化展示馆；（12）天荒坪生态能源馆；（13）新四军三次反顽战役馆（商务局）；等等。这些展示馆，都是企业和单位自己出资建设的展示馆，或者是县里都具体安排了相应的建设主持单位。

村落做的展示馆有 43 个。名单如下：（1）鹤鹿溪名人文化展示馆（递铺街道鹤鹿溪村）；（2）古城历史文化展示馆（递铺街道古城村）；（3）木艺文化展示馆（递铺街道鲁家村）；（4）古驿文化展示馆（昌硕街道高坞岭村）；（5）美丽乡村文化展示馆；（6）竹产业文化展示馆；（7）泥塑展示馆；（8）尚书文化展示馆；（9）孝文化展示馆；（10）桑蚕文化展示馆；（11）龙舞文化展示馆；（12）梓坊茶文化展示馆；（13）泥塑展示馆；（14）廉政文化展示馆；（15）农耕文化展示馆；（16）安吉移民文化展示馆；（17）上吴百艺文化展示馆；（18）林梓醉秋书画展示馆；（19）电影海报展示馆；（20）金石书画展示馆；（21）清风展示馆；（22）知青文化展示馆；（23）桥文化展示馆；（24）石片文化展示馆；（25）平安文化展示馆；（26）关隘文化展示馆；（27）皮影文化展示馆；（28）"二十四孝"文化展示馆；（29）中共安吉县党史陈列馆；（30）奇石文化展示馆；（31）金龙山民展示馆；（32）山民文化展示馆；（33）畲民文化展示馆；（34）小水电展示馆；（35）根雕文化展示馆；

第四章　"第三代"生态博物馆时代

(36) 郎村畲民文化展示馆；(37) 银坑影视文化展示馆；(38) 竹文化展示馆；(39) 竹林碳汇展示馆；(40) 浙北农家乐展示馆；(41) 余村"两山"文化展示馆；(42) "五坊六艺"文化展示馆；(43) 安吉白茶展示馆；等等。这43个展示馆，也是被行政化地"安排"到各个乡镇村落和具体单位来做的。

对于这样的生态博物馆群建设，在2011年9月14日的人民网上有题为《浙江安吉将成为世界上规模最大的生态博物馆》的文章。

在2012年的10月29日，安吉生态博物馆在安吉县落成开馆的同时，还举办了中国生态博物馆建设安吉论坛。对于安吉生态博物馆，评价很高[1]。

安吉生态博物馆建设实践，确实有非常了不起的突破，提出县域为生态博物馆的区域属于首创。但在实际调查中，似乎在宣布建设的12个生态博物馆（基于全县12个乡镇）只有部分生态博物馆建设实际完成，还有部分生态博物馆建设暂未付诸实践。

在安吉县，对于农村社区，其生态博物馆建设有国家和地方直接的建设参与与投资，比如上张村的山民文化生态博物馆，就是使用的相应的国家资金建设而成。还有利用国家其他名目投资的生态博物馆，比如郎村畲民生态博物馆的建设，就利用的是民族建设经费。但在安吉县，他们还有一类依存某一业态的生态博物馆建设，即使用企业资金建设的生态博物馆[2]。这方面，也是其生态博物馆建设与实践的一种创举。

在浙江省，在安吉生态博物馆群出现后，2017年前后的浙江丽水市松阳县，也从另外一条路径上来实践全县域生态博物馆群建设。同样是东部

---

[1] 评价为："安吉生态博物馆围绕当地特有的自然、历史与人文生态，融合了各类文化遗产保护和社会经济整体协调发展于一体，开创了'第三代生态博物馆'的新形态，在展示规模、展示内容、展示模式等方面开创了新模式。在展示规模上，将县域范围内最具特色的人文、生态资源纳入展示范围，从某种意义上说，整个县域就是一座'没有围墙的博物馆'。在展示内容上，将自然生态、文化生态、社会生态、产业生态有机融合，不仅展示文化遗产、民俗风情，还把其所依托的自然环境与人类社会中正在发生的、或将要发生的具有典型意义的事物一并纳入展示范围，使生态博物馆与人类社会发展的历史进程紧密结合，成为推动人类社会发展的积极因素。"

[2] 比如安吉竹文化生态博物馆、安吉白茶生态博物馆、鄣吴竹扇文化生态博物馆（鄣吴镇）、安吉现代竹产业生态博物馆（孝丰镇）等。

发达地区的农村社区，同样是全县域生态博物馆群的建设和实践理念，但由于现代设计界的介入，使得松阳县的生态博物馆建设与实践，显得有几分魔幻与现代，为中国社区生态博物馆实践平添了几分异样色彩。

## 浙江·松阳生态博物馆群

在 2017 年前后，松阳县提出了建设 365 天"永不闭馆"的"全县域生态博物馆"，作为松阳县的"三大文化品牌"之一，发展松阳县社会经济文化。

松阳县生态博物馆群建设与实践，仍然是把原有的松阳县博物馆，"改造"为松阳县生态（乡村）博物馆群的中心馆，然后以全县域为松阳县生态博物馆展示区域，以若干个专题馆以及多个展示点共同组成的博物馆群网络，将当地文化、风物、世居民族有机整合在一个环境空间，并由当地居民亲自参与保护和管理，最后实现全县域生态博物馆的理念。

原松阳县博物馆改造而来的生态博物馆中心馆，主体建筑占地 2500 多平方米，一如安吉县的实践路径。而全县域生态博物馆覆盖了县内 1406 平方公里的区域，辐射 401 个具有浓郁传统人文气息的村落，365 天×24 小时开放，永不闭馆。而在其各个博物馆群网络建设上，他们邀请了清华大学建筑师徐甜甜等现代建筑设计师，来设计松阳县生态（乡村）博物馆系列。前后设计建设了位于樟溪乡兴村的红糖作坊，望松街道王村的王景纪念馆，大东坝镇的石仓六村的契约博物馆，大东坝镇蔡宅村的豆腐工坊，大东坝镇山头村的白老酒工坊，大东坝镇横樟村的山茶油工坊、思廉堂·廉政文化馆，水南街道松阴溪的水文公园，四都乡平田村的平田农耕馆，叶村乡横坑村的竹林剧场，新兴镇大木山茶园景区游客中心的茶叶博物馆，古市镇文化站熊顿漫画馆，等等。

这些属于松阳县生态博物馆群的建设，据其资料介绍：

红糖工坊是一综合性文旅项目，也是松阳县第一批乡村博物馆项目。每年的十月至十二月，游客可以从甘蔗种植—熬制—互动体验（成品以及私人定制）等全方位地体验传统红糖文化。红糖工坊不仅复兴了传统手工技艺，带动了传统文化传承，而且优化了古法制糖工艺，提升了红糖的品质，激发整村活力助农增收，价格从每斤 8 元提高到 22 元，亩均产值增加近3倍。

王景纪念馆以"建筑舞台剧"的形式还原王景的一生。安静而不张扬的外观和充满戏剧感的室内空间共同将这座纪念馆变成一座神圣的舞台，使每位村民都能够通过建筑中的每一处场景来体验王景的人生经历，从而将王村的历史铭记于心。王景纪念馆，挖掘展示了松阳名人文化，并与周边石门圩廊桥、黄家大院串点联系，成为旅游线路上亮丽一点。

契约博物馆，建筑的用地沿袭梯田的地势，与四周的村庄中心和交通流线相互呼应补充，延续并补接了村庄、广场、交通形成的环路关系，成为连接两个村庄重要的公共文化场所。建筑体量通过贯穿场地的一条水渠的引导联系村庄，主要展示嘉庆、道光、光绪、民国多个时期的阙姓族谱、古契约、古代帐本、分家书等。契约博物馆作为专题馆，在展示石仓契约文化、展示契约精神的同时，增加了游客量，带动了鸣珂里文化客栈的人气，并反哺契约博物馆的管理和运行。

豆腐工坊是集油豆腐加工、参观、体验于一体的豆腐产业发展和乡村旅游项目，也是石仓田园综合体的重要组成部分。

白老酒工坊，建筑面积约2000平米，工坊建设包括入口广场、水稻种植区、休闲广场、林下观景平台、白老酒制造工艺展示区、游客观摩品味区、成品展示售卖厅等。建筑中多数空间利用自然采光，隐秘而又通透，体现了天人合一和自然环保的理念。

山茶油工坊，将茶油工作室作为生产和休闲空间再利用，保留了主楼和内部的木制机械，新增加的部分是传统的"榫卯"木结构配以砖墙包裹，形成了一个有梯田和小溪的连续景观，为这个传统村庄注入了新的活力。

水文公园，南岸横山区块，集水利博物馆、河道堤防和水库安全运作监测中心、科普景观电站、堰湖公园等功能于一体，是宣传、弘扬松阳县水利文化的重要场所和水利文化科普教育基地，也是一个综合性的水文化公园。

平田农耕馆是由DnA事务所从2014年10月开始参与的松阳传统村落保护建设公益设计。农耕馆旨在对村落农耕文化进行活态展示和激发，包括农耕文明展示，文化艺术展览，以及一系列由"平田农耕馆"主办开展的文化沙龙活动。

竹林剧场，设计师就地取材，直接利用生长的竹子，像编竹筐一样，用天然竹子围合出一个类似穹顶的自然空间——竹林剧场，体现了对自然的崇尚。

茶叶博物馆，松阳茶叶博物馆立足于"古韵茶乡、田园松阳"的概念，分茶史、茶道、茶俗、茶业和茶旅五个区块，将松阳县的茶文化形象、生动地融合于此。

熊顿漫画馆，熊顿为丽水松阳人，是超人气的绘本达人，其代表作有《滚蛋吧！肿瘤君》《减肥侠》等，于2012年因患癌症而去世。熊顿漫画馆是为了纪念熊顿，并借由漫画馆来展现熊顿精神。馆内共设置了熊顿生平年表、熊顿作品墙展示、熊顿工作室复原、熊顿手稿展示、作品荣誉墙、留影墙等板块。

笔者在松阳县调查时，去了契约博物馆、红糖作坊、王景纪念馆。这三个点的生态博物馆都具有非凡的人文气质，现代性设计与古老历史中的乡村文化结合得非常好，虽然在体现生态博物馆理念中有些另类，但确实是一种生态博物馆与社区发展的有效路径。其中的每一个设计思路都与生态和历史，以及关于乡村社区发展联系在一起，以提升乡村社区的现代发展意义。比如契约博物馆，虽然存在传统布展，但现代化设计体现的历史契约精神却具象和深刻；红糖作坊的设计是在田野中树立一个巨大的玻璃房，而传统的制糖工艺在其中演绎的时候，具有梦幻般的效果；王景纪念馆的设计也非常独特，一种符合生态博物馆原地保护、社区记忆的理念，具有时光隧道一样的自然采光效果，极富象征意义，给参观纪念馆的人留下了深刻印象。

在松阳县生态博物馆群中，不但体现的是生态博物馆的理念，也体现了现代设计在乡村文化重构中的意义。故自2018年以来，松阳县的红糖工坊、豆腐工坊、契约博物馆、王景纪念馆、石门圩廊桥等全县域生态博物馆作品，相继参加了柏林Aedes建筑论坛、威尼斯双年展、法兰克福书展、维也纳建筑展等世界著名展览。在传播现代艺术设计文化的同时，也传播了松阳县的生态博物馆形态，以及浙江省松阳县的乡村振兴经验，讲述了松阳的"中国故事"。

2019年5月28日，人民日报客户端旅游频道刊登了《2019人民之选——中国博物馆创新锐度评选TOP30》，松阳县博物馆成功入围。

## 第四章 "第三代"生态博物馆时代

但是，笔者在田野调查中也明显感觉到，这些设计非常超前，与村民的感知有相当的距离，因此，在乡村的岁月中，多数时候只是摆在那里。

在浙江省，建设生态博物馆是以"群"的状态来建设与实践的，前面两个县的生态博物馆群是其主体，各具特色，是中国"第三代"博物馆的重要组成部分。而且与福建福州三坊七巷生态博物馆和安徽屯溪老街生态博物馆不一样的是，浙江省的生态博物馆群是"第三代"生态博物馆中农村社区的生态博物馆，区别于城市社区，它们还维系着与传统村落的某种关系，呈现出某种与城市社区不一样的特质，可以看到中国的传统村落在转型为社区后趋于现代性的某种状态。

浙江省的生态博物馆群建设与实践还有一个地方更为特别，这就是舟山群岛岱山县关于海洋文化主题的生态博物馆群的建设与实践。舟山中国海洋渔业文化生态博物馆群（参见图志00043—47）位于舟山群岛的岱山县，其建设与生发的时间大致与中国"第三代"社区生态博物馆出现的时间一致，其社区博物馆性质也大致相同，只不过它的文化主题是海洋文化。

### 浙江·舟山中国海洋渔业文化生态博物馆群

在早年，舟山群岛的岱山县，国家体制内和民间，都有一些博物馆建设实践，以及民间收藏馆。在2012年时，舟山群岛的岱山县（岱山岛）就大致建成了自己的具有海洋色彩的社区生态博物馆，或者说把原来的博物馆体系改造为符合生态博物馆理念的生态博物馆群。在岱山县社区生态博物馆群中，舟山中国海洋渔业文化生态博物馆群是它的总称，包括中国海洋渔业文化生态博物馆（舟山市岱山县东沙镇解放路203号）、中国海防博物馆（岱山县岱东镇沙洋村）、中国盐业博物馆（岱山县岱西）、中国台风博物馆（岱山县）、岱山规划展览馆（岱山县）、中国灯塔博物馆（岱山县新区体育馆附近）、兰秀博物馆（岱山县秀山乡北浦）等生态博物馆。

笔者在岱山岛的调查中，看了中国海洋渔业文化生态博物馆，以及海防、台风、灯塔、兰秀等四个博物馆。

在舟山市，海洋文化的博物馆全部建设在岱山县，岱山县的各个乡镇、乡村，都进行了村容、村貌的改造，完全一副乡村全域旅游的模样。这种情况在普陀区也是这样，但普陀区做的是农业观光旅游。在舟山市，岱山县的海洋文化生态博物馆群很有特色，不可替代。

中国海洋渔业文化生态博物馆坐落在古镇东沙，2009年建成开放。这个博物馆主要展品为各种船具、网具、生活生产用具、渔民服饰、助渔导航设备等。还有多种鱼类、海生物标本和贝类标本，等等。

这个生态博物馆最早是一个收藏家的私人展示馆，后来为了岱山县的全域旅游开发，被有关部门收购，最后在原有的基础之上改造而来的。这家生态博物馆坐落的东沙古镇，实际上就是一个收费的景区，生态博物馆参观不收钱，但进入景区是要收费的，而东沙古镇景区只是岱山县全域旅游的一个组成部分。

东沙古镇俗称东沙角，是因濒临岱衢洋，盛产大黄鱼，而被誉为"大黄鱼之乡"，历来以鱼、盐著称，每逢鱼汛季节，东南沿海各地渔民汇聚岱衢洋。古镇沿街店铺密布，形成"蓬莱十景"之一的"横街鱼市"景观。可见，这个博物馆的建设也是一种社区记忆的产物，并且是特有的渔业社区。

中国海防博物馆位于岱山本岛黄诸头东南面沿海地带，展品有营房、战壕、坑道、碉堡、弹药库等，规划整馆用地面积约46280平方米，新建了800平方米展厅，并于2006年7月7日建成开馆。

中国盐业博物馆以万亩盐田为背景，以"贡盐"之乡为文化背景，总投资750万元，总用地面积5625平方米，建筑面积1762平方米。馆内分图片实物、海盐生产工艺、盐雕工艺3部分。岱山是浙江省最大的产盐区，年产原盐10万吨以上。岱盐以色白、粒细、质优闻名遐迩，历史上曾被当作贡盐。清嘉庆年间岱山盐民发明的板晒法，是我国海盐制造史上的一大进步。

中国灯塔博物馆位于岱山县城竹屿新区。其博物馆本身就是一世界著名灯塔造型。馆藏重要文物有：灯塔煤油灯，1899年英国人制造。保存完好，属于早期航标灯。在博物馆附近，还建设有一系列的世界著名灯塔的模型，亦是博物馆的展示内容。

以上这些博物馆表现的都是与海洋有关的博物馆，在海岛的乡村社区中，还有一个反映秀山历史文化，风土人情、历史变革的"兰秀博物馆"。

第四章　"第三代"生态博物馆时代

除了以上生态博物馆外，还有中共东海工委旧址、舟山鸦片战争遗址公园、大鱼山革命烈士纪念碑、岱山县规划展览馆等馆园，亦属于岱山县生态博物馆群体的构成。

在岱山县，博物馆群的建设，体现了当地经济发展模式的转型，即渔业资源的衰退，自然需要新的经济发展模式来延续岱山，乃至于整个舟山群岛的未来发展。利用海洋渔业的历史文化记忆，开发海岛全域旅游，在岱山县就具体体现为一系列的博物馆建设，虽然此建设没有受到生态博物馆理念的直接影响，但又基本吻合了"原地保护""社区记忆""区域性布展概念"[①] 等等因素。后来，生态博物馆的理念进入该地区之后，岱山县的博物馆群就被人们整合为舟山中国海洋渔业文化生态博物馆群的概念。在这个生态博物馆群中，它不完全是农村，也不仅仅是城市社区，有非常独特的色彩。

以上的农村社区生态博物馆，均属于中国东南部的地域范畴，在中国的北方地区，于后生态博物馆时期，也有这一类型的生态博物馆出现，山西的平顺太行三村生态博物馆（参见图志00051—52），河南的郏县临沣古寨生态博物馆（参见图志00074）便属于此类。

## 山西·平顺太行三村生态博物馆

平顺县太行三村生态博物馆是以豆口、白杨坡、岳家寨三村组建而成，其建设于豆口村的"认知中心"，2014年举行了"揭牌仪式"，2018年11月正式对外开放，成为中国北方汉民族地区第一家、也是山西省首座生态博物馆。

这是一座山西省文物局以文化扶贫的项目为由而建立起来的生态博物馆，目的是通过这样的项目建设，帮助此地的农村社区发展文化旅游，脱贫致富。

豆口村有500多户人家，是一个古老而精致的村落，深居太行山腹地的峡谷风景带，背山面水。村内多为明清建筑，至今已有1500多年历史。

---

① 比如其中国灯塔博物馆，它不仅仅有馆内布展，而且在附近区域还有实景灯塔区域布展。

老宅至今仍是村民们的栖身之所，20多处寺、庙、堂等古迹遗址随处可见。其明清民居规模庞大，以四合院为主，精雕的砖木门楼映衬着各具特色的照壁，显示着屋主人的情趣。

岳家寨，有38户人家，大多都姓岳。坐落于平均海拔1200米的山巅。村寨瑰丽，如世外桃源。建筑为石头打造，形成了一片石头的世界。

白杨坡村位于一个山沟腹地，风景秀丽，山西省文物局的扶贫标志就建立在村口，相应的村落景观都经过修整，还建起了一个游客接待中心，有一个民俗文化演艺广场。

这个农村社区型的生态博物馆，名义上依然由文物局系统建设，但其中引进了人类学的一系列理念，与后生态博物馆时期以民族学主导的生态博物馆理念有一些细微差别，比如后生态博物馆时代的展馆称为"展示中心"，而这里的展馆称为"认知中心"，具有一定的人类学理论色彩。

## 第四节　中国"第三代"生态博物馆的"群"和"社区"

中国的"第三代"生态博物馆是基于后生态博物馆时代而发展起来的，从外在特征上来说，它具有"群"和"社区"这两个独特的形态和表现。

在福州市，三坊七巷社区博物馆形态多样，内容丰富，包含了纪念馆、展览馆、民俗博物馆、民俗文化大观园、展示馆、文化博览苑、艺术馆、体验馆、书画苑、演艺场等形态的展馆，即认为这些馆舍的静态和动态的展示，都是其生态博物馆群的一个组成部分。这无意间使用了生态博物馆的概念，把原来属于各种性质的展示，纳入到生态博物馆建设与实践中来了。这样的做法在以前的生态博物馆实践中，是从来没有出现过的，但这样的整合也符合生态博物馆的理念，原址保护、活态呈现等等，也都属于社区记忆的重要组成部分。

在安徽的屯溪老街社区生态博物馆，也是以群来显示的。在这里，除了原来的屯溪博物馆被挂上"屯溪老街社区博物馆展示中心"之外，其他的类似博物馆全部被确定为屯溪老街社区博物馆群的一个组成部分。比如

# 第四章 "第三代"生态博物馆时代

徽州艺术珍宝博物馆、徽州古玩珍宝博物馆、万粹楼博物馆、工艺造型博物馆、黄山太平猴魁博物馆、戴震纪念馆、来来来古玩会所等等。不过，在屯溪，生态博物馆基本上是后来整合认定的结果，在具体的生态博物馆建设和改造中投入很少。但重要的是，生态博物馆群，也是它对外宣传的基本形态。

在城市社区的"第三代"社区博物馆群表现中，有的是后来认定的，有的是通过直接的生态博物馆建设而来的，其边界比较含糊，但在"第三代"生态博物馆时代的农村社区生态博物馆表现中，绝大多数生态博物馆群都是通过建设而来的，边界是非常清楚的。

在安吉县，安吉生态博物馆群就明确地宣称一个"中心馆"，其县域中的12个乡镇各有一个生态博物馆。在人们所说的群内的12个生态博物馆中，竹文化、白茶、上张山民文化、郎村畲民、安吉现代竹产业、马村蚕桑等生态博物馆基本上完成了的，其他几个生态博物馆也有自己的形态和存在的依据，只有两个还在建设中，是"第三代"社区生态博物馆群中，显现最为完整的生态博物馆群体。

在安吉，生态博物馆建设是其全域旅游开发中应用最为广泛的一种路径，几乎动员了全社会的力量来明确地建设生态博物馆，故在安吉，有根据文化遗产的性质来建设的生态博物馆，有依据县域内业态、民族文化和历史文化来建设的生态博物馆。在中心馆的布局和展示中，是县域总体文化历史以及遗产的展示，同时，在生态博物馆群中，也有自己特定的指向，根据不同的文化类型和相关遗产设置不同的专题性质的博物馆。比如，在安吉有一个工厂是做床的，他家就有一个和也睡眠生态博物馆（参见图志00027），展示了世界上所有的关于睡眠文化的事物和相关照片，以及普及关于睡眠的一系列知识。对于业态发展不明显的地方，安吉会挖掘自然资源和民族历史文化资源，来做专门的自然、民族、历史文化方面的生态博物馆，并且利用这样的方式，推进该地域的旅游经济的发展。有业态的生态博物馆主要为企业投资，而自然、民族、历史文化方面的生态博物馆主要为地方财政投资，以及寻求国家的项目资金帮助。可以说，安吉生态博物馆群的建设和实践，有一定创新之处，给人的启示较多。

浙江省丽水市的松阳县生态博物馆群的建设与实践，又有自己不同的色彩，即原来的生态博物馆群建设的理念不变，但它采取了引入现代设计理念的思路，直接把艺术设计的现代性和生态博物馆的现代性一起"作用"于自己的生态博物馆群的建设与实践。松阳县也是全域旅游理念下的生态博物馆群的建设，但他们的生态博物馆区域认知比较"激烈"，宣传语中写道："松阳全县就是一个世界上最大的生态博物馆，全县域生态博物馆覆盖了县内1406平方公里的区域，辐射401个具有浓郁传统人文气息的村落，365天×24小时开放，永不闭馆。"在松阳县著名的生态博物馆，比如红糖作坊、王景纪念馆、契约博物馆等11个馆，全是经过现代设计之后的结果，即在这样的全县域状态的生态博物馆群中，体会生态博物馆意义的同时，设计的现代性和审美意味也很浓烈。

在岱山县社区生态博物馆群中，舟山中国海洋渔业文化生态博物馆群明显是后来整合的结果，但它在一般性质的博物馆建设中，也是以群的形态展示的。这个生态博物馆群，是以海洋渔业文化为总体背景而建设的，但它却包含了中国海防历史记忆、海洋的自然科学知识、海洋水域生物知识等一系列内容。这样的博物馆群加诸生态博物馆之名，是能够非常有效地发掘其博物馆意义和价值的，也能够高效地与岱山县的全域旅游开发的举措相吻合，会巨大地促进区域社会经济文化的发展，以及拓展中国生态博物馆建设与实践的领域，提升生态博物馆参与区域社会经济文化建设的能力。

作为北方汉族村落社区的生态博物馆建设与实践，山西省平顺县的太行三村生态博物馆，虽然看起来是一个生态博物馆，只有一个"认知中心"，但它明确包含了豆口、白杨坡、岳家寨三村的民族民间的历史文化和村落建筑遗产等等，也是一个生态博物馆群的形态。

在"第三代"社区生态博物馆时代，"社区"是这一时期中国生态博物馆实践的另一重要特征，在前面的论述中，笔者展示了中国社会工业化带来的城市化造成的"社区"意义，它在2000年后，已经明确地成为现代中国替代传统村落聚居方式的主体方式，表明在新的时代情形中，社区也是生态博物馆发展依托的主要单元。在2011年，国家文物局出台文件，表明今后的中国生态博物馆的发展方向，要以社区生态博物馆的形态为主，在"第三代"社区生态博物馆时代，社区不可避免地成为一个生态博物馆的重要概念。

但社区在生态博物馆中的意义是什么？在西方的生态博物馆理念中，

## 第四章 "第三代"生态博物馆时代

社区概念很早就不是一个问题，因为西方的许多生态博物馆就是在社区中发生的，故在西方的生态博物馆中，社区记忆是一个非常重要和明显的存在，但在生态博物馆的理念引入中国时，却最先在农业传统社会的村落中落地，因而产生了一定程度上的异化。构成生态博物馆要素的区域部分主要不是社区，而是村落，生态博物馆的形态反而就村落传统现实进行了一系列适应性改造，故中国生态博物馆实践在"贵州时代"和后生态博物馆时代，就主要表现为以村落为区域主体的形态，并且在内容表达上为"民族表征"，因为这样的传统村落中，占多数的是中国少数民族文化和习俗以及历史，等等。但在以"民族表征"为主的后生态博物馆时代过去，中国的社区成为主要的区域形态，中国以社区形态为主的"第三代"生态博物馆就应运而生了。实际上这是生态博物馆的最为本体的区域形态，中国的"第三代"生态博物馆被认为是"社区博物馆"，也是历史的必然。

在"第三代"生态博物馆实践中，"地域、传统、记忆、居民"是社区博物馆的理念，即新形态的社区博物馆是围绕着这四者来展开的，而"地域、传统、记忆"这三者都体现在社区里，故社区是地域的，也是传统的，亦需要记忆，所以，在社区博物馆中社区记忆是第一位的，因为它承载了"地域、传统、记忆"这三者。

在福州的三坊七巷社区博物馆里，所有的生态博物馆实践都是围绕着"社区记忆"来展开的，它的地域是"三坊七巷"，它的传统在硬件和物质上体现为建筑群和饮食上，它的精神和观念体现在一系列生活化的习俗和艺术表现上，并且通过这些"记忆"某些久远的时代，不管是繁华还是衰亡……而这些都可以作为一种文化资源来进行旅游开发，进而使得生态博物馆所记忆的社区成为一种遗产形式，成为一种旅游产品。"居民"的存在表现为一种活态，社区生态博物馆的"区域展示"以及博物馆的生态性质就体现在其中。在福州的三坊七巷社区博物馆的生态博物馆中，这里"居民"很杂，有汉族，有客家人，有畲族，有达官贵人，文人雅士，有贩夫走卒，这些各行各业形形色色的人，他们就是"居民"，而不像贵州时代的生态博物馆，他们是特定的民族群体，有特定的民族习俗和文化，也就是说三坊七巷的城市传统社区里没有"民族表征"，只有"居民"，这里更为重要的是历史文化遗产和传统，而且这些历史文化还与中国整体的历史文化息息相关。

在福州的三坊七巷社区博物馆里，这些表现是最为经典的，所以，国家文物局选择这里作为试点，是有深意的。

在安徽的屯溪老街社区生态博物馆里，社区和社区记忆一样是它的主题。"地域、传统、记忆、居民"也一样是它实现社区生态博物馆建设的基本路径，但其在生态博物馆的具体建设上，要比福州的三坊七巷社区生态博物馆弱许多。

位于福建厦门市临翔区莲塘村的闽台宋江阵博物馆，虽然是一个没有名分的博物馆，但它也有城市社区博物馆的生态性质，也有"地域、传统、记忆、居民"。但由于其与传统村落的形态相去不远，所以，它又带有浓厚的传统村落的气息，在博物馆大厅里还有"田都元帅"的祭祀坛。

2011年，国家文物局在福州宣布的五个社区生态博物馆里，源于贵州时代和后生态博物馆时代的生态博物馆各有一个，前者在贵州，后者在广西，这两个"社区生态博物馆"的社区都是农村的传统村落。这一方面是一种历史的连接，一方面也包含了农村中的村落向农村社区的转型意义，即村落形态本身也在向社区转变。在这五个社区生态博物馆中，还有一个是安吉县的安吉生态博物馆群，而它又是"第三代"生态博物馆的代表。

安吉生态博物馆群的社区主要在农村，体现"第三代"生态博物馆"地域、传统、记忆、居民"的意义主要是通过刚刚从村落转型为农村社区中建立的生态博物馆来实现，故这样的农村社区生态博物馆多数都有如闽台宋江阵博物馆的表现。比如安吉的郎村畲民生态博物馆就建在畲族人的祠堂里，神性和现代性在一个空间中存在；安吉的马村蚕桑生态博物馆，不但有蚕、织的传统文化和记忆，而且民间的蚕神祠堂与生态博物馆一体。

松阳县的生态博物馆群，把社区生态博物馆的"地域、传统、记忆、居民"与现代设计一体化表现，在生态博物馆的呈现中，其有的设计作品犹如"大地艺术"。

在这些农村社区的生态博物馆中，社区的形态在企业建设的生态博物馆中的体现，可能更像城市的社区，其应该属于农村社区与城市社区的中间形态。

在舟山中国海洋渔业文化生态博物馆群中，有由于传统的渔业商业贸易形成的城镇社区，也有现代化的城市社区，也有农村社区。中国海洋渔

## 第四章 "第三代"生态博物馆时代

业文化生态博物馆就属于第一种社区生态博物馆,中国灯塔博物馆属于第二种社区生态博物馆,文秀博物馆就属于第三种社区生态博物馆。

在所有的"第三代"社区生态博物馆中,呈现社区记忆都是它们必须有的过程,但各类生态博物馆的呈现是不一样的。像福建三坊七巷社区博物馆呈现的就是本地域中的社区记忆;而安吉生态博物馆群中的生态博物馆呈现的既有社区记忆,也有传统村落的记忆;如中国灯塔博物馆则是把一种专门的科技历史记忆,移植到某一个社区,成为新社区的一种景观,从而形成新社区发展的文化资本;中国海洋渔业文化生态博物馆设立在舟山市岱山县的东沙镇,则是在社区记忆的基础上,移植所有的海洋渔业的科技知识系统,以增进东沙镇的文化资本。

在社区记忆的基础上,生态博物馆的区域性质、资料和信息中心、展示中心、博物馆群、区域布展安排、旧有博物馆整合……都会围绕此来进行布局。在"第三代"生态博物馆的社区记忆中,注重的必然是这一区域的历史文化和传统,而不是"民族表征",其服务和展示的范围可以覆盖中国绝大多数区域和文化类型。另外,这种社区生态博物馆的发展,在一定程度上还是历史的产物,民族文化的资本化在中国生态博物馆前两个发展阶段中,有许多形态的应用,而把社区的历史文化资本化则是在"第三代"生态博物馆建设与实践中来实现的。

在中国的"第三代"生态博物馆的发展时期,中国的生态博物馆建设已经成发散性应用的状态,与区域性社会经济文化发展已经高度融合,有了中国自身的发展和应用生态博物馆概念,以及服务于中国区域社会经济文化发展的路径和方法。

在贵州时代、后生态博物馆时代,都是以体制内的博物馆建设形式来建设生态博物馆,体制内的色彩浓厚,在"第三代"生态博物馆实践中,虽然在名义上仍然是以体制内的博物馆形式为主来建设生态博物馆(文物局推进了这一时期所有的生态博物馆建设),但其他主体也介入了生态博物馆的建设与实践。比如在安吉生态博物馆群、舟山市岱山县生态博物馆群、太行三村生态博物馆建设中,人类学家介入了这些生态博物馆建设与实践。在松阳县生态博物馆群中,现代艺术家介入了这些生态博物馆建设与实践。在太行三村生态博物馆建设中,"展示中心"和"认知中心",其理论背景是完全不一样的。在城市社区生态博物馆建设中,不是一个主体在实践生态博物馆的意义，民间、个人、团体、公司、民族精英……都在介入生态博物馆的建设与实践。比如在福州的"三坊七巷"中的"消防"也可以成为一个生态博物馆的主题，"失恋"也可以是一个生态博物馆主题。这在贵州时代、后生态博物馆时代的生态博物馆实践中是闻所未闻的。这种泛化的生态博物馆建设与实践，有积极的一面，也有消极的一面，但都是中国生态博物馆发展的客观存在。

# 第五章
# 中国生态博物馆的多元化实践

中国生态博物馆实践从1995年开始，逐步从引进和接受外来生态博物馆理念和资金，形成了"政府主导，专家指导，村民参与"的具有中国特色的生态博物馆发展道路。以"六枝原则"为主体的一系列理论思想发生，奠定了中国生态博物馆实践和理论基础，随后又发展了以"民族表征"为基本特征的后生态博物馆时代，再"进化"到"第三代"社区生态博物馆发展时期，更好地适应了中国现代化、城市化的发展过程。这几个发展阶段基本上包含了国家博物馆体制内的生态博物馆发展实践过程，但是，在中国的生态博物馆发展过程中，林业、农业、地质、环保、渔业、艺术等部门和专业，都在一定程度上介入了中国生态博物馆的建设与实践，建立属于自己独特观念的生态博物馆，这亦是中国生态博物馆实践的一个重要组成部分。

以此而分，其中有以林业为主题的生态博物馆；有以农业遗产为主题的生态博物馆；有以地质、环保部门为主题的生态博物馆；还有以蔬菜瓜果种植为主题的生态博物馆；等等。它们都遵循了生态博物馆建设的普遍性理念，在一定程度上表达了自己专业的生态认知，使得整个中国生态博物馆丰富多彩，发展形态多种多样。

## 第一节 林业主题的生态博物馆实践

林业部门和专业，是人们最容易想到"生态"这个词的地方，在生态博物馆概念成为中国博物馆发展的一种"先进理念"的时候，林业的国家部门和专业,也树立起了自己对于"生态博物馆"的理解,并且从 2010 年起,就开始有了自己对于生态博物馆的实践。

## 宁夏·六盘山生态博物馆

在 21 世纪的头 10 年中,作为"泾源"的六盘山腹地,依托此地丰富多彩的森林资源、优美的自然环境、以及动植物资源,开始了"六盘山国家森林公园"的建设。在这个国家森林公园的建设中,就有他们自己理解的生态博物馆项目建设计划。2010 年 4 月 23 日,六盘山生态博物馆(参见图志 00081)建成开馆。据资料介绍,该生态博物馆投资 1000 多万元,展区面积 2780 平方米。

这座博物馆,应该是中国以林业为"依托"而建立的生态博物馆。该馆在博物馆分类上属于"自然科学博物馆",但它一样使用了生态博物馆的概念,因为森林和其中的动植物资源保护,既是区域性保护,也是原址保护,而且,自然遗产亦是人类休戚相关的遗产,与生态博物馆关于遗产保护的理念吻合。

六盘山生态博物馆外部建筑造型为三片金色树叶构成,与周围的自然环境浑然一体。正门及内部装修采用了植树节节徽标志,揭示了博物馆的主题。

## 乌鲁木齐·新疆林业自然生态博物馆

新疆林业自然生态博物馆的建立,在 2014 年 7 月 5 日的《新疆日报》有报道:"新疆林业自然生态博物馆,是在自治区林业厅和新疆野生动植物保护协会的不断努力下而建成的一个色彩鲜明、收藏丰富的博物馆。以公益科普为主要目的。

博物馆由自然、生态、奇石三部分组成。藏品数千件,绝大部分为尼加提个人的珍藏品,其中多件属于国宝级藏品,堪称国内孤品、绝品。面积 900 平方米的野生动物展馆里,有动植物标本数千件以及各种精品奇石和五彩斑斓、光彩夺目的矿物晶体等。"[1]

---

[1] 见《新疆日报》2014 年 7 月 5 日。

## 第五章　中国生态博物馆的多元化实践

这个"生态博物馆"的建立，似乎涉及了新疆自治区林业厅和新疆野生动植物保护协会两个主体，所以它有林业保护和动物保护的双重概念。也许还有地质保护的意义包含其中，因为其博物馆展览中，还有"奇石"的部分。文中的尼加提作为这个博物馆的第一任馆长，也是一个很重要的角色，他原为新疆林业厅厅长，而且作为爱好者又是此博物馆数千件的珍藏品的"提供者"。

在新疆的乌鲁木齐，2004年时，似乎还有一个以野生动物保护为主的新疆自然生态博物馆出现。其时，新华网就有题为"新疆乌鲁木齐建成中国规模最大自然生态博物馆"[①] 的报道。

也就是说，2004年时，新疆的野生动物保护机构，就建立起了自己理解中的"生态博物馆"。按照归类，这个博物馆应该属于"地质、环保为主题的生态博物馆实践"，类似"江苏·盐城丹顶鹤湿地生态旅游区博物馆"之类的生态博物馆，它更大的特定意义在于对新疆地域中的野生动物的保护。但这个生态博物馆，在后来的发展中被"整合"为新疆林业自然生态博物馆，丰富了新疆地域的生态保护意义。故新疆林业自然生态博物馆的意义，不仅仅是林业的，还有地质的、野生动物、自然湿地保护等多种意义。

如果把六盘山生态博物馆和新疆林业自然生态博物馆视为国家林业部门主导建立的生态博物馆，那位于湖南靖州县坳上镇响水村的中国杨梅生态博物馆，就是地方和专业主导下建设的林业文化主题的生态博物馆了。

### 湖南·中国杨梅生态博物馆

笔者从贵州省的黎平县驱车到靖州县的响水村，已经接近中午。进入响水村，直接就看到一个三岔路口处的中国杨梅生态博物馆（参见图志00075）的牌子挂在一个很大的门楼上，门楼两边是呈环状展开的风雨廊道，其环的中心是一个很高大的鼓楼，形成一个很有特色的鼓楼广场。

进入鼓楼，中国杨梅生态博物馆的文化展示部分就在鼓楼的二楼和三楼的环周。它们是一块块木雕，上面有中国历史上可以找到的关于杨梅的

---

① http：//www.sina.com.cn 2004年4月8日9：35 新华网。

神话、传说、故事，以及关于杨梅的诗词歌赋，图文并茂，很有特色。

鼓楼后面，就是村委会的办公地方。询问村干部，他们说关于杨梅的文化和历史，在县里的博物馆里还有一些展示内容。

这里的中国杨梅生态博物馆，有一系列的关于中国杨梅文化的介绍。比如博物馆中有"女娲育梅"匾牌书曰："女娲抟泥造人，继造天地万物，其中杨梅色味俱佳，女娲甚怜，便择之植于南天梅园。"有"王母赏梅"匾牌书曰："悟空大闹蟠桃宴，王母甚怒，杨梅仙子荐杨梅，王母前往，见梅园黛绿欲滴，硕果盈枝，甚诱人，尝之，赞曰：'果之王也。'"

这样的木质牌匾挂满了鼓楼内部的生态博物馆，内容详细而又丰富。

这是一个典型的"文化搭台，经济唱戏"的案例，但奇妙的是，这个文化是中国杨梅生态博物馆的特定文化。即生态博物馆的发展社区经济与社会的工具性质，被很好地理解和利用。

中国杨梅生态博物馆把周边的杨梅林、村寨文化、还有一个杨梅市场，都作为中国杨梅生态博物馆的展示区域。同时亦是杨梅观赏景区的布置和设计。

询问附近村民，说他们的杨梅要 6 月中旬才能成熟，可以出售 20 多天，这段时间里出售的杨梅是响水村附近的杨梅，品质很好，去年的市场价格为 10—13 元（每 500 克）。实际上这里的杨梅可以出售有近两个月，因为其他地方的杨梅也会拿到这里出售，说是这里的杨梅，但此地和外地的杨梅品质差异很大。

响水村是湖南省怀化市靖州县坳上镇下辖的行政村。响水村与坳上社区、坳上村、木洞村、先锋村、大开村、九龙村、戈盈村相邻。响水村有林地面积 2.2 万亩，其中杨梅林 1.56 万亩。一株存活 520 年的杨梅树为"世界上现存树龄最长的杨梅树——杨梅树王"，就位于响水村 14 组白梅岭。

响水村年产杨梅鲜果 1.7 万吨，有 800 人从事杨梅生产及加工，年产值 1.7 亿元。全村人均纯收入达 12000 元，村集体收入实现 22 万元。

响水村是木洞杨梅的核心主产区之一。该村所产的杨梅果大色鲜、肉质优良、天然性好，富含碳水化合物、钙、铁、锌、硒等多种矿物质和多种维生素，营养价值极高，被誉为"江南第一梅"。所以，杨梅产业是响水村的最大特色产业。

相关资料和数据由怀化市农委内部提供，如此引述主要是为了说明，此地的政府为什么会在这里建设并起名为中国杨梅生态博物馆，因为生态博物馆文化，会给一种水果带来巨大的附加价值，促进当地"杨梅经济"的发展。同时，生态博物馆的"工具论"，在这个案例中有着极为生动的展示。中国杨梅生态博物馆，还有休闲度假、健身娱乐、民族旅游……当地人民的愿望包含其中。

以林业部门主导建设的生态博物馆还有福建省泉州市德化县戴云山生态博物馆。

## 福建·（泉州）戴云山生态博物馆

笔者从福州到福建泉州市德化县戴云山生态博物馆（参见图志00065）已经是中午了，赶到戴云山生态博物馆时，守馆的解说员已经准备下班了，见我急切，她同意我进入参观，并且答应等我看完了她再下班。

这是一个在2019年6月建成开馆的生态博物馆。

据资料表明：戴云山生态博物馆，总建筑面积2870平方米，总投资1800多万元，展馆面积2300平方米，通过主题分区，设立"三山解读、绿色血缘、植被群落、动物资源、水系结构、生态屏障、生态文明示范区、法制教育"等8大展区。

展馆通过运用4D投影、电子沙盘、VR互动、大型生态场景还原、幻影成像、艺术展墙、标本陈列等表现手段，综合展示德化县、戴云山生态特色、地貌景观、资源特色、德化与台湾渊源等内容，将"文化与积淀、教育与研究、展示与交流、文明与进步"等功能融于展馆，深入挖掘收集戴云山积淀深厚的生态文化。

在德化县建设这样的生态博物馆，是该县深入贯彻"绿水青山就是金山银山"的思想理念，立足优越的自然生态，大力发展全域旅游的结果之一，目的是实现自然生态保护与经济社会发展的和谐统一。在德化县，笔者还看到此生态博物馆附近，还有不少的博物馆，比如此地的"陶瓷博物馆"。

湖南省靖州的中国杨梅生态博物馆是一种由水果而来的生态博物馆，而因为树林中某一种树叶，也有类似的生态博物馆出现，这就是位于贵州省湄潭县的贵州茶文化生态博物馆。

### 贵州·（湄潭）贵州茶文化生态博物馆

贵州茶文化生态博物馆（参见图志00007）2013年3月开始筹建，2013年9月28日遵义市第二届旅发大会在湄潭召开期间对外开放。这是一个由博物馆部门建设的生态博物馆，但内容也可以归属林业主题的生态博物馆。

该馆主要采用实物、图片、浮雕、多媒体等展陈形式，结合贵州地方建筑元素进行陈列布展，通过现代展陈形式对贵州全省茶叶发展历史和茶文化资源进行概要介绍。其中展陈各种图片500多张，各类实物560多件。

2018年9月，被认定为国家三级博物馆。

## 第二节　农业遗产主题的生态博物馆实践

农业是东亚文明的根基。东亚文明亦是一种历史悠久，延续性非常强大的农业文明。在陕西这样的具有深厚北方类型农业传统的地方，其生态博物馆的思考也在很大程度上，深受这种农业传统的影响，故农业遗产保护概念的生态博物馆建设与实践，多出现在陕西省。其中最为典型的就是位于陕西省安康市汉阴县漩涡镇的凤堰古梯田移民生态博物馆（参见图志00054—55），以及位于陕西省铜川市的宜君旱作梯田农业生态博物馆（参见图志00056）。这两个生态博物馆都是梯田生态博物馆，但一个是水田，一个是旱地，一个注重的是移民生态，一个注重的是旱作农业生态。如果宽泛地说，江西省南昌县黄马乡蚕桑丝绸生态博物馆（参见图志00084）、陕西省延川县土岗乡碾畔黄河原生态文化民俗博物馆（参见图志00053），都可以作为这一类的生态博物馆，只不过作为农业遗产，前者为农业景观遗产，后者为农业聚落建筑遗产。

### 陕西·凤堰古梯田移民生态博物馆

陕西汉阴凤堰古梯田移民生态博物馆，在安康市汉阴县漩涡镇，是陕西省文物局定名的全国首座开放式移民生态博物馆,于2012年3月正式挂牌。

此地古梯田景观遗产,是在2009年时被人们发现的,当年就被评为陕西省第三次全国文物普查"十大新发现"。不久,就被评为中国重要的农业文化遗产。

笔者于2020年6月,从宁夏进入陕西之后,在泾川县住了一夜,第二天行至安康市的汉阴县下高速,然后绕行近40公里的山路,在其梯田景区的半山腰处,看见了这个生态博物馆。

这个博物馆不大,就一栋小房子,全部为展厅,关于此地的文化各个方面都有展示,是此梯田景区的信息资料中心,而且以梯田为主的村落、生态等都属于其生态博物馆区域,这样的关联性是自然存在的。

这个生态博物馆,是由农业部门认定的,在实践其自身的生态博物馆理念的同时,其农业遗产的表达也就在其中了。

## 陕西·宜君旱作梯田农业生态博物馆

宜君旱作梯田农业生态博物馆于2019年11月建成开放。

宜君旱作梯田农业生态博物馆位于宜君县的哭泉镇,并且依托这里已经开发了的旱地梯田景区,也是在农业景观遗产保护与利用的背景下,进行的生态博物馆建设。在这个景区的最高的观景台上,有一块大石,上刻"旱作梯田农业生态博物馆"字样。

这个生态博物馆没有集中的布展馆舍,但它把需要布展的内容分散在景区的南广场和北广场的一系列地方,表现的内容是具有系统性的,即表现此地的旱作农业情形、传统旱作农业工具,以及旱作农业的技艺和历史,还有旱地农业的体验馆,当地历史文化的演艺馆。把生态博物馆的名称刻于大石,置于山顶,把相关布展和农业体验分散各处,这是很有创意的布展方式。这样的展示方式在国外的生态博物馆建设与实践中,亦有呈现,即"触媒点"概念,但很难说其是受国外的影响而来,笔者猜测是一种巧合。

2016年,陕西省文物局从"保护文物、传承精神、融合发展"的角度,利用农业遗产扶贫发展该县的经济与社会文化,故于此建设了宜君旱作梯田农业生态博物馆。

宜君县历史悠久，环境优美，"夏天知凉，冬天知热"，光热适中，负氧离子含量高，素有"中国避暑城"之美誉，是四季皆宜的避暑养生福地。旱作梯田玉米是宜君县第一大优势粮食作物，也是陕西省地膜玉米种植第一大县。

由此可见，与汉阴县的梯田生态博物馆不一样的是，这样的农业遗产主题的生态博物馆建设与实践，是陕西省文物局在宜君县扶贫的结果。

## 江西·（南昌县）蚕桑丝绸生态博物馆

蚕桑丝绸生态博物馆位于江西省南昌县黄马乡，它是江西省的"江西省蚕桑茶叶研究所"，在江西省农业厅的支持下建立的生态博物馆，其最初的目的就是以研究所现存的资源，向旅游开发转型。

江西蚕桑丝绸生态博物馆于 2009 年开始筹建，2012 年 6 月建成，在当时，是中国唯一的以"蚕桑丝绸"为主题的生态博物馆。后来出现在浙江安吉的生态博物馆群中的马村蚕桑生态博物馆，也属于此类生态博物馆，但安吉的博物馆是小型的民间意义上的展示馆。

这个蚕桑丝绸生态博物馆是一个企业行为，在 2008 年时，位于江西南昌县黄马乡的"江西蚕桑茶叶研究所"为了发展旅游业，利用原来具有的资源优势（自然风光、蚕桑文化和技术），在原来的蚕丝厂蚕种冷冻库的二楼，建立起了一个名为蚕桑丝绸生态博物馆的场所。这个生态博物馆现在属于景区的一个重要组成部分，进入景区是要购买门票的，但博物馆方声称参观生态博物馆不要门票。

在这个生态博物馆中，有三分之二的空间是正规的博物馆展览，主题就是中国蚕桑的历史文化。有三分之一是丝绸服装和蚕桑产品陈设与销售，还有一个制作丝绸被子的现场加工店，并且现场就有人在工作。工人们说，他们是厂里的员工，这个生态博物馆属于他们厂的。关于这个生态博物馆，他们说是省农业厅拿钱建设的，是为了促进旅游，以及附带产品的销售。在这里，生态博物馆也属于景区，景区有专门的讲解员来给游客讲解生态博物馆的蚕桑文化和历史。

这个点有许多领导人的题词，说明以前这里是国家领导人经常来参观的地方。

这个生态博物馆里的蚕桑历史文化介绍中有言：蚕丝业是中华民族的伟大发明，在历代社会经济中贡献巨大，中华民族五千年来，正是依靠农桑并举，耕织并重才屹立于东方，名扬中外的"丝绸之路"更是成为东西文化交流的千古佳话。蚕丝业是中华民族生存发展、国力强盛的重要标志，积淀了丰富的文化底蕴。诠释与发扬蚕丝文化精神，对发展21世纪的"丝绸之路"、加强爱国主义教育与增强民族自信心、实现文化强国有着重要意义。

在生态博物馆的室外，也有如安吉马村中的蚕神雕塑和其他雕塑。

## 陕西·（延川）碾畔黄河原生态民俗文化博物馆

碾畔黄河原生态民俗文化博物馆是一座受外界支持，用被遗弃的旧碾畔村窑洞，村民自办起来的生态博物馆，2004年6月建成。位于陕西省延川县土岗乡碾畔村。

该村就在与山西紧邻的黄河边的高山之上，雄奇壮美的黄河峡谷就在该村脚下。从内蒙古进入山西、陕西之间的黄河，在这里转了一个大弯，叫"乾坤湾"，碾畔村就是"乾坤湾"山上的一个典型的陕北山村。

2001年10月，中央美术学院教授靳之林和陕北民间艺术家冯山云先生来这里写生，看到窑洞石头上的人像、莲花、凤凰、云纹和水纹等，发现了这一座被遗弃的古老村庄，也发现了该村的"原生态"价值。经过他们的努力，在这里建设了他们所理解的生态文化意义的生态博物馆——碾畔黄河原生态民俗文化博物馆。这个博物馆的建设，基本由村民自主完成，包括布展。

这样的"生态博物馆"虽然没有进入国家博物馆专业体制，但生态意味非常浓厚，也是中国本土人士对于生态博物馆的自我生发的理解，是中国生态博物馆实践中非常具有意义的另类。

更有意思的是，这个生态博物馆的建成有力地促进了国家级"黄河原生态文化保护"工作和国家级"地质公园"的申报成功，现已成为全国黄河原生态文化保护点和国家地质公园保护区中的一个重要存在。

现今，这里已经成为国家重点文物保护单位。附近的乾坤湾也开发成一个大型的旅游区,这个博物馆也成为其中一个重要"景点"。

## 第三节 蔬菜瓜果主题的生态博物馆实践

在中国生态博物馆实践中,山东省的相关生态博物馆表现是最为奇特的。2010年4月,中国蔬菜博物馆(参见图志00067—68)在山东的寿光建成开放;2012年9月,中国金丝小枣文化博物馆(参见图志00069)在山东乐陵建成开放;2019年1月,山东省定陶蔬菜生态博物馆(参见图志00070)在山东省定陶黄店镇建成开放,至此,山东省就有了三个以蔬菜文化为主题的生态博物馆。

### 山东·(寿光)中国蔬菜博物馆

在山东寿光落成的中国蔬菜博物馆总建筑面积达3000平方米,投资5000万元,在2008年开始建设。被誉为"中国蔬菜之乡"的山东寿光,至今已有7000年的蔬菜种植历史,是我国重要的蔬菜集散和生产地。

山东寿光的蔬菜生态博物馆是以"中国蔬菜博物馆"来命名的,2010年就出现了,正好是中国"第三代"社区生态博物馆开始在全国被提倡和建设试点的时期,但山东的生态博物馆建设与实践,没有遵循这个时期的生态博物馆潮流,而是根据自己的实际,走上了另外一条生态博物馆之路。在中国,精细化农业和现代化农业发展起来之后,山东很早就进入了集约化和规模化的农业生产模式,使得自己的蔬菜专业生产的产品,占据了全国蔬菜供应份额的70%,所以,中国的第一家蔬菜博物馆在山东的寿光出现,是历史的选择,山东大规模的蔬菜生产,为山东建设与蔬菜瓜果为主题的生态博物馆的建设与实践,提供了极为深厚的历史和现实背景。

山东寿光的中国蔬菜博物馆,名为蔬菜博物馆,故一般认为它就是一个栽培蔬菜的技术的科技性质自然博物馆。在寿光的中国蔬菜博物馆中,蔬菜栽培的技术和科技普及自然是其中的重要内容,但其中更为重要的是中国厚重的蔬菜历史文化,故它是两者兼顾,是以蔬菜为主题的生态博物馆。在寿光中国蔬菜博物馆里,常规的博物馆布展有,但其还有一系列的

第五章　中国生态博物馆的多元化实践

室外的区域蔬菜实际栽培种植，以及蔬菜品种介绍、保护展区，当然，其中就包含了观光农业的意义。原址保护，关于蔬菜栽培的社区历史记忆，博物馆布展，区域展示，还有社区发展理念等等，都呈现了生态博物馆的特质。但在最初的时候，人们并不认为它属于生态博物馆，在后来的博物馆认知中，这个博物馆才被总结为一个以蔬菜为文化主题的生态博物馆。

在博物馆里，有古代历史、蔬菜大观、科技创新、蔬菜与饮食等六大板块，收藏着历时 7000 多年的千余件带有蔬菜生命的展品，系统展现了蔬菜栽培的历史进程。

在馆内序厅，由无数个"菜"字印章组成的金柱造型。

在古代历史区，矗立着一座手握书卷的贾思勰铜像。北魏时期，一代农圣贾思勰在寿光这块土地上，撰写了世界现存最早、最完整的农业百科全书——《齐民要术》。

展厅内还展出了历代蔬菜种植的技术资料，早在宋元时期，寿光就已开始栽培莴笋、丝瓜、香芋、胡萝卜等新品种蔬菜。到民国时期，寿光蔬菜已陆续大宗销往外地、出口国外。据《寿光县志》载："寿光辣椒，由青州车站运高丽仁川销售，利颇厚。辣菜，腌制后运往上海销售，大宗出品也。"

在馆内，一个巨大的青瓷大碗，以及碗中的泥塑，特别引人注目，寓意深刻。

寿光作为齐鲁文化重要的发祥地之一，其历史文化底蕴深厚。据记载，秦始皇曾东巡三次，途经寿光时见境内五谷丰茂，菜蔬鲜碧，便在今营里镇西黑冢子村附近筹粮备菜，筑台举行祭海活动。经考证，2200 多年前的"古台址"，就在现今西黑冢子村附近的观海台。

笔者在 2020 年 6 月参观了这个博物馆。这是一个制作布展水平很高的博物馆，其中的一些设计非常精彩和有创意，是中国农业文化主题表达最好的博物馆之一。这个博物馆与附近的农业蔬菜观光区域，以及关于蔬菜的巨型雕塑，共同构成一个景区，并且由一个公司来经营，生态博物馆区域与景区为一体，参观博物馆不收费，但进入其观光景区要收费。在博物馆附近，还有寿光的一个蔬菜文化广场，以及其蔬菜交易市场。

在山东特有的蔬菜生态博物馆建设与实践之始，没有明确的生态博物馆理念表述，但基本包含了生态博物馆的诸多意义。

## 山东·（乐陵）中国金丝小枣文化博物馆

这是因为一颗枣而建立的一个博物馆。博物馆的全称是中国金丝小枣文化博物馆，2012年9月在山东乐陵建成开放。

该博物馆是由山东百枣纲目生物科技有限公司斥资建立的公益性博物馆，占地面积16000平方米。

博物馆有序、历史、近代、现代、企业、未来、文化长廊、产品展区等八大展厅，以枣神娘娘的一脉神韵，情系枣乡贯穿始终。

序厅以工笔长卷枣神娘娘的由来为开篇，讲述了女英（枣神娘娘）和许由的浪漫爱情故事以及乐陵金丝小枣的来历。画卷中枣神娘娘的形象：头顶红绸，一手挎竹篮，一手持枣树幼苗，在百枣纲目的百枣园上空轻轻飘过，展现了"六月鲜荷连水碧，千家小枣射云红"的如诗画境和乐陵欣欣向荣的新面貌。

历史厅主要从乐陵文化发展脉络及古河流、古村落、古城池、古遗址、历史人物等几个不同侧面，展示乐陵历史文化的发展历程。

北魏农学家贾思勰曾在《齐民要术》中提过："青州有乐氏枣，丰肌细核，膏多肥美，为天下第一。"清代的乾隆皇帝也御赐枣王于乐陵，金丝贡枣闻名天下。

乐陵属龙山文化一支，文物古迹资源丰富，在展厅里橱窗内展示的是乐陵当地出土的文物古迹，通过乐陵丰富的古迹资源，来反映各个历史时期的生产、生活风俗，体现了乐陵小枣文化发展的延续和传承。

古代婚礼现场的场景复原，在拜堂成亲时，桌子上摆放着红枣、花生、桂圆、栗子，取其谐音早立子，以求早生贵子。这样的习俗也一直延续到现在，可见红枣是婚礼场所的必备之物。

现代厅展示的是枣品大观，据不完全统计，全国枣品种近千种，百枣园汇集了全国各地的596种，其中本地枣160种，这里一共陈列了108种优质枣品种，有鲜食类、制干类、观赏类。

红枣含有丰富的营养物质和药用价值，我国历代医学家孙思邈、李时珍、张仲景都将其作为治病良方，《中国人民共和国药典》也将其收录为中草药。枣的全身都是宝，枣木、枣核、枣树皮都可以入药，枣木还可以制成枣木工艺品。

整个博物馆收藏以书画、枣化石、农具文物、器皿工具、枣木根雕、养生食谱为主。

历史上，乐陵建置屡更，县治数迁。西周时，乐陵归属齐国，如同齐鲁大地上的许多地方一样，也参与了齐鲁文化相交相融的整个历史过程。至春秋末期、战国时期，儒、道、墨、兵、农、法等学说成为齐鲁先民思想的主体，乐陵人从此接触到了"知礼逊，习俗节俭，人多读书，士风彬彬，贤良宏博"的"周孔遗风"。

## 山东·（定陶）定陶蔬菜生态博物馆

山东省定陶蔬菜生态博物馆建在定陶区的黄店镇养老院的后面，为一栋二层的砖混结构小楼，与2019年1月才建设开放。

笔者来到定陶区黄店镇时，问了镇上多人，都不太了解这里有个生态博物馆，最后在镇上派出所，才打听到此博物馆的具体地址，在镇的养老院旁边找到名为定陶蔬菜生态博物馆的建筑，但没有开门。一个在院子里晒麦子的老乡说，镇上有钥匙，原来刚建立起来的时候，有人来看，但现在少了。

这是一个由于山东省文物局的干部到黄店镇扶贫而建立起来的生态博物馆。黄店镇盛产玫瑰，有"中国玫瑰第一镇"之称。

这个生态博物馆，以展示蔬菜种植历史文化、传播蔬菜种植技术为重点。展览主要包括"蔬菜史话""定陶蔬菜"和"蔬菜科技"三大部分。"蔬菜史话"放眼全国、涉及古今，从蔬菜的起源、传播、科技等方面充分展示历史蔬菜的文化内涵；"定陶蔬菜"分为"传统种植""专业种植""生态种植"三个板块，系统介绍了定陶区改革开放以来蔬菜种植历史和技术变革进程；"蔬菜科技"则以互联网、多媒体、虚拟仿真等现代科技手段，展示现代蔬菜智能化生产管理、无土栽培、观光蔬菜等新技术新模式，通过多媒体现场连线蔬菜生产园区、全息投影技术演示蔬菜生长过程，以及一个个脱贫致富小故事和现代蔬菜种植小视频，传播农业科技知识，展示发展成果，展望发展前景。同时，该博物馆还打破了固有的单一参观方式，采取将展览空间延伸贯穿到专业村和生态园乃至蔬菜大棚的

"三点一线"的参观模式,将蔬菜的生产与观赏等内容有机地联系在一起,将展览文化和大棚蔬菜采摘活动相结合,力求表达人与社会和环境的和谐共处、协同发展的生态理念。

该地的蔬菜种植历史悠远,而且在整个鲁西南地区规模最大、最具影响力,业已形成了专业村、合作社和生态园为主体的蔬菜种植模式,已获得绿色认证证书98个,建有鲁西南地区最大的蔬菜交易市场,先后被评为全国无公害蔬菜生产十强县、被列为全国蔬菜生产信息监测基点县、全国蔬菜标准园创建县。因此,在这里建设蔬菜生态博物馆也是为了"打造"一个宣传发展的文化平台。

在山东,寿光、乐陵两地的蔬菜瓜果的生态博物馆都没有直接使用"生态博物馆"之名,但在定陶区的黄店镇,开始了直接使用生态博物馆概念的历史。

## 第四节 地质、环保主题的生态博物馆实践

在中国生态博物馆实践中,林业、农业遗产,以及在农业特定品类主题中认知、理解和实践生态博物馆的时候,地质、环保部门和专业也涉足了生态博物馆的实践,出现了一批以地质、环保为主题的生态博物馆。其中有河南省的新乡凤凰山矿业生态文化博物馆(参见图志00072—73)、宁夏石嘴山市的宁夏贺兰山生态博物馆(参见图志00080)、江苏省的江苏盐城丹顶鹤湿地生态旅游区博物馆(参见图志00083)、山东省的山东省枣庄月亮湾湿地自然生态博物馆(参见图志00071)、青海省的青海湖生态博物馆(参见图志00082)、四川省的雅安生态博物馆(参见图志00079),等等。前两个为地质主题的生态博物馆,后四个为湿地和动物保护主题的生态博物馆。

### 河南·(新乡)凤凰山矿业生态文化博物馆

这个博物馆位于河南省新乡市凤泉区路王坟乡。这里原来是一个以石灰石为主的矿山,有很悠久的石灰炼制历史,2007年国家停止了这个矿山的开采,而后慢慢建立了一个矿业生态文化博物馆和一个国家森林公园,

现今这两者为一体存在。

这是一个由国家地质矿产部门兴建的生态博物馆，有其自己的生态观。

笔者 2020 年 6 月到达博物馆时，见到博物馆的牌匾上写的是"矿业博物馆"，但在建设项目的牌子上写的是"新乡凤凰山矿业生态文化博物馆"。在博物馆的广场上，有一系列的露天布展。主要有一个传统的石灰窑，以及一系列的矿石标本。

询问周边百姓，人们都知道这里有一个矿业生态文化博物馆。

整个凤凰山既是一个国家森林公园，又是一个地质矿业遗产性质的博物馆。

这里被建设成一个生态博物馆和国家森林公园，缘起于矿石开采对于地质环境的严重破坏。

1998 年，新乡凤凰山石灰岩矿区全面实施禁采禁爆，并开始了生态环境恢复改造工程。2006 年实施了第一期生态环境恢复改造工程，2007 年、2008 年、2011 年分别实施了三期生态环境恢复改造工程。而这些工程都是河南省的地质部门组织实施的。

这个博物馆于 2017 年 12 月建成。

笔者在该处调研时，发现这个博物馆的展区不仅仅是建筑内的馆藏，在室外，一批矿石标本就布展在博物馆的周围。在一个石墙下面，有一排烧制石灰的石窑模型，展示了中国历史上传统的石灰烧制过程。这完全是一种生态博物馆性质的布展，如果与整个矿山遗迹的分布联系起来，其遗产类生态博物馆的形象和性质昭然若揭。

这个生态博物馆是以地质遗产为主题的博物馆，是这里森林公园的一个组成部分，但这样的生态观与生态博物馆主流的生态观有一定的差别，这在中国生态博物馆多元化实践中，亦是一个特定的存在。

## 宁夏·（石嘴山市）宁夏贺兰山生态博物馆

宁夏贺兰山生态博物馆 2009 年开始建立，起因是现在建馆的地方发现一个巨大的、长 18 米的树化石，对于贺兰山的古代生态极有研究价值，所以，在地质、文化等部门的主导下，建设了该生态博物馆。2020 年 6 月的一天，笔者到此地后，发现此馆基本上不对外界开放，只有一个看守馆舍的老人住在这里。

它在标牌上的简介为：贺兰山生态博物馆馆址位于北武当生态旅游景区的小渠子沟东侧，距市区3.5公里。建成于2009年5月，占地面积2158平方米，建筑面积为720平方米。1994年，在这里发现了一个迄今2亿多年的古树化石，它长18米，露出地面8米。

这个博物馆在博物馆属性中被认定为自然博物馆，但此博物馆的建设又与生态和贺兰山旅游开发具有关联性。

贺兰山生态博物馆主体外观造型设计独特，文化内涵寓意丰富。建筑正面分三个石纹面层，似三本石书，中间一个巨大的汉字"石"造型，既是石嘴山的简称，也是古树化石的石。整个建筑造型表现为"石、口（嘴）、山"和字母"V"，取意石嘴山好。建筑面积450平方米。

对于此博物馆的建设要求是这样表述的：

贺兰山位于宁夏回族自治区与内蒙古自治区交界处，海拔2000—3000米，它既是我国季风区与非季风区的分界线"大兴安岭—阴山—贺兰山—巴颜喀拉山—冈底斯山"当中的重要一环，又是古代阻挡过匈奴、鲜卑等少数民族南下的军事要地，是我国农耕文化与游牧文化交融区域。大武口区地处贺兰山中段主体部分，不论地质表象还是历史文化等方面，最能代表和反映贺兰山的多重面目。为此，贺兰山生态博物馆理应承担这一历史重任，即立足中国大地、立足贺兰山悠久历史文化、立足贺兰山煤炭资源对中国现代化建设的巨大贡献，全方位、深层次、多角度展示贺兰山全貌，使之成为对外宣传贺兰山的主要阵地，全国各地游客认识贺兰山的重要窗口。布展的主题定位是"生态与文明"。根据馆舍的建筑结构，第一层为布展区，第二层为5D体验区，动静结合，多形式展示。贺兰山生态博物馆布展概念设计方案用于贺兰山生态博物馆布展。本方案应体现现代高科技、知识性、趣味性、参与互动体验式、人文关怀、情感升华、低成本、易维护、可持续发展的国际最新展示设计的理念，围绕贺兰山生态文化，历史渊源、地质构造、人类活动等内容，提出各自的新颖、独特、创新的创意。并采用节能、节地、节水、节材、环保的设计概念。方案应具有前瞻性、参与性、科学性和可持续发展性，达到创全国一流水平的博物馆。

但实际上此生态博物馆的建设没有完成这些要求,虽然它打出了生态博物馆的牌子,其实就是一个地质性质的生态博物馆而已。当然,其作为贺兰山生态整体性保护的一个支点,意义还是巨大的。

这个地质遗产性质的生态博物馆比前文提及的地质遗产类的生态博物馆,其地质遗产性质更为凸显。

## 江苏·盐城丹顶鹤湿地生态旅游区博物馆

这个博物馆位于江苏盐城的一个海滨湿地保护区内,经过多年的开发,这里已经是一个国家AAAA级景区了。

笔者购票入园。园内就有一个博物馆,但没有任何一个地方有"生态博物馆"的标识和牌子。这个博物馆全称为"盐城丹顶鹤主题馆"。

在博物馆的向上石阶上,用花盆摆了"丹顶鹤主题馆"六个大字。这是一个以鹤类知识为主要布展的博物馆,有科技馆的功能,但里面又有许多关于中国鹤类文化的民俗布展,鹤文化展的内容又超越了鹤类科技馆的意义。

这个湿地保护区的建立起源于20世纪80年代,由于人们捕杀这里的鹤类,引起了国家的重视,后来才慢慢建立了湿地保护区,以及围绕湿地保护而建立了一个鹤类博物馆,并且进行了一定的旅游开发。博物馆也成了旅游区的一个重要"景点",即参观完博物馆,出后门就是湿地,可以在湿地里观鹤,观察其他鸟类,等等。

博物馆前言:一部人类文明进化史告诉我们,宏大的宇宙至少已存在120亿年,相当于宇宙一粒尘埃的地球至少存在了40亿年之久,而人类可追溯的历史不过350万年左右而已。恐龙的灭绝发生在人类出现前的6000万年,而鹤类在地球上出现比人类早6000万年。

有着世界上"最有文化的鸟"之誉的丹顶鹤,素以美丽形态和丰富内涵著称于世。无论以研究成果论,还是以出土文物考,或者以文字记载计,它一直以"健康长寿,忠贞爱情,团队合作,吉祥高雅"的形象长留人间。

在相关资料中:这个博物馆也称为"中国丹顶鹤博物馆"。其建筑面积10400平方米,是中国唯一的丹顶鹤博物馆,总投资8500万元。展馆分为序厅、鹤之源、鹤之境、鹤之佑五大展区,并配套会议报告厅,利用声光电等多媒体展示丹顶鹤五千年的文化内涵。对丹顶鹤的生境、生活、生态、生命作了完整而通俗的展示，是江苏省环境科普教育基地。

这座以盐城海滨湿地为背景，以世界珍禽丹顶鹤为主题的展览馆，以逼真的标本、高清的场景、详实的数据、现代的技术、通俗的描述、互动的方式，既为您破译自然遗传基因，又为您解读历史文化密码，深刻揭示并生动展现了丹顶鹤及其湿地生境的神奇与瑰丽。通过这一平台，旨在让这里成为科学普及教育基地、生态文明宣传阵地、国际学术交流园地、大众文化共享天地。

这个地方实际上包含了多重意义，景区、海滨湿地保护区、丹顶鹤保护区、基于自然遗产的生态博物馆、生态博物馆的生态展示区等等一系列的存在，它没有直接的生态博物馆的文字标识，但其生态理念的博物馆实践，也宽泛地属于环境保护意义上的生态博物馆。

## 山东·枣庄月亮湾湿地自然生态博物馆

山东省枣庄月亮湾湿地自然生态博物馆位于山东省枣庄市山亭区城头镇月亮湾，也是基于此地的湿地保护和旅游景区的建设而出现的"湿地自然生态博物馆"。

据资料介绍：月亮湾湿地位于枣庄市山亭区西北部，北起岩马水库及辛庄水库，南至城头镇境内，经腾州市流入浩浩荡荡的微山湖，南北跨度5.7公里，东西19.6公里，总面积5平方公里。水域面积2.4平方公里，是鲁南地区重要的自然河流湿地资源，水草丰沛，芦苇丛生，芳草萋迷，百花斗艳……这里，被称为国家湿地公园，以及国家水利风景区。

在这样的地方建立"湿地自然生态博物馆"，是对于生态博物馆建设与实践的一种应用。故它的概况为："湿地自然生态博物馆"位于月亮湾湿地自然生态展示的核心区域，展馆为明清徽派建筑风格……是枣庄市重要的文化旅游展示、生态环保教育基地。

## 四川·雅安生态博物馆

在四川省的雅安市，还有一个以保护熊猫为主题的生态博物馆。2016年

7月18日，作为此地"4·20"芦山强烈地震灾后恢复重建项目，雅安生态博物馆（参见图志00079）建成开馆。所以，此生态博物馆以熊猫保护为主题，但包含了此地整个地区生态保护的文化意义，故它几乎是一个综合性质的生态博物馆。它有雅安生态博物馆中心馆，也有一系列的展示区域。

雅安生态博物馆中心馆有大熊猫文化自然生态、茶文化、生态民居、雅安川剧等展厅。在室外，还有一个专门的熊猫广场，广场上有熊猫的雕塑形象，广场空地上的文字牌，记录着每一只"出使"国外的大熊猫的名字。

## 第五节　其他异形生态博物馆

以上的这些多元生态博物馆的实践，都是具有一定限制词意义（比如林业、地质、农业遗产、环保等等）上的生态博物馆实践，但随着新技术的发展，以及布展创新、生态治理的影响，在2014年，昆明市的一所普通大学里，出人意料地出现了一所大学建设的生态博物馆——滇池流域生态文化博物馆，在2015年的贵州省黎平县的铜关村，又出现了一个笔者称为"网络生态博物馆"的侗族大歌生态博物馆（参见图志00004—5）。前一个博物馆为昆明学院所建，目的是在滇池流域进行生态建设，而大学进入中国生态博物馆实践，它是头一份。滇池流域文化生态博物馆，也有异形的意义，因为它看起来有"生态"的含义，但是"生态文化"，而不是"生态博物馆"。后一个生态博物馆为腾讯公司所建，基于网路技术，使该生态博物馆呈现了一种网络展示和布展状态，故亦可以称为"云生态博物馆"，所以，它是异形的。在2020年4月，浙江的丽水市龙泉地区出现的"野外博物馆"实践，即把生态博物馆的区域布展理念，直接运用到森林景区的展示上来，并且直接声称自己就是一种"野外博物馆"形态。这种异形给人的印象强烈而新颖。

### 云南·滇池流域文化生态博物馆

这个博物馆为大学所建，宣称为云南首家"湖泊生态文化博物馆"。于2014年10月建成开馆，由1个主题馆、8个分馆、1个信息平台、两个生态体验区、8大类生境现场组成。主题馆有序厅、自然生态、社会生态、人文生态和结束语五个部分。通过实物、图片、影像、数字等多种形式分板块展示滇池流域自然生态环境演变及人文社会历史变迁。该馆由中央财政支持、昆明学院滇池（湖泊）污染防治合作研究中心承建并管理。这个博物馆的赋能自然是滇池的生态治理，是生态文化的博物馆表达，严格地说不是生态博物馆建设，但宽泛地说，它也是中国生态博物馆多元化实践的一种异形。第一，他们自称此博物馆是运用了传统博物馆建设方式，并借鉴国内外生态博物馆建设理念而成。故校内的主题馆可以视为生态博物馆的"信息资料中心"，而滇池流域的"八大类生境现场"作为博物馆的"校外馆"。第二，这是一个大学主建的生态博物馆，这在中国为唯一一所。第三，如此使用生态博物馆的工具理念，也是一种创新。

## 贵州·黎平县岩洞镇铜关侗族大歌生态博物馆

这也是一个因为企业扶贫引来的生态博物馆建设与实践。2009年时，腾讯基金会有一个为期五年的"筑梦新乡村"项目，分别在贵州的黎平县和雷山县，以及云南迪庆州等地实施，主要目的是"民族文化保育和传承"，但一开始也是"捐资助学"的目的，在2014年时，才升级为"为村（We County）计划"①，即用"互联网+乡村"的方式探索乡村发展新方式。具体的过程就是在乡村建立基站，建立网站系统，改变乡村的"失联"状态。

铜关村共有居民460户，1863人，由4个自然村寨组成，侗族占93%，是个典型的侗族村寨。

在此基础上，腾讯基金会在铜关村投资1500万元，建设了一个名为"铜关侗族大歌生态博物馆"的生态博物馆。

这座生态博物馆，坐落在一块三面环水的坝子上，是腾讯公司动员村民用传统的建筑风格和技术修建，建筑面积达5600平方米，由19栋木质

---

① 为村（We County），以"连接，为乡村"作为口号。是一个用移动互联网发现乡村价值的开放平台，以"互联网乡村"的模式，为乡村连接情感，连接信息，连接财富。

吊脚楼组成,包括侗族大歌音乐厅、花桥、戏台、客房、办公楼、长廊、民俗文化展示厅等区域。笔者进入这座生态博物馆时,见它的标牌立在田野间,为一块巨大的石牌。没有人收费,也没有人来引导,可以自由游览。

在河湾平地上,有一座很大的歌堂,四周有展示厅,其中有两个布置了关于侗族服饰的展览。请管理员开门看展览时,她们不愿意,说钥匙不在。歌堂后面是一个接待中心,如宾馆。在这里,一个受雇于腾讯公司的男性雇员(吴姓)说,此地投资3000多万元,建成后,黎平县文广局不敢接收,现今还属于腾讯公司管理。雇用了三女一男,看摊。女性主要负责内部接待事务,宾馆食宿等。每人每月2000元工资,属于临时工性质。建成后,每年腾讯公司还给村小学3万元,给村里3万元卫生费用。

这个在铜关村旁边的侗族大歌生态博物馆是一个独立闭合的系统,不与村寨合体,很像一个乡间园林,虽然偏僻,但自然风光秀丽。如果作为腾讯公司的一处"培训基地"和"后花园"非常漂亮。

在关于此生态博物馆的新闻报导中,也说这是一座生态博物馆,但好像没有举行过开馆仪式,只是在2015年8月19日时,腾讯在铜关村举办了"腾讯为村开放平台"[①]发布会,宣布了腾讯公益正式启动"互联网+乡村"行动计划。这也大致"证明"那个村民所说的情况属实,即这个生态博物馆建设完成,但"正名"的过程没有完成,还不属于中国生态博物馆的体制内的某种生态博物馆。

铜关村的侗族大歌生态博物馆建设在铜关村靠河湾的地方,占据了铜

---

[①] 具体内容为:移动互联网工具包——以任务设定和案例指引相结合的方式,引导村庄申请人和村委会成员,学习并掌握以微信群、微信公众号为代表的移动互联网功能和基本的运营技巧,实现村里外出和留守成员的信息和情感沟通;高效、透明地实现村务管理、活动组织、通知下达、舆情上传等基层工作的互联网化呈现。为村资源平台——通过整合腾讯内外部资源,汇聚来自社会各界愿意为村奉献的企业和个人专家,并按条件开放给已经掌握并可熟练运用移动互联网工具的村庄,因地制宜地进行资源的连接和匹配,为村庄创造连接信息、连接财富的机会。社区营造工作坊——在接下来的一年里,为村团队每个季度都会举办一次社区营造主题的工作坊,选出6个对为村前两式能充分演绎并运用的村庄,整合优质且具有实战意义的课程,为他们村庄"一村一品"的商业化提供专业指导。沟通、财务、商业谈判、项目管理、领导力等等课程,都将以奖励的形式为村提供。

关村比较好的一大片地方。沿河水修建了一大片侗族式样的建筑，有风雨桥、仿侗族民居建筑，占据了一大片田园，田里种了荷花。故与其说是一座生态博物馆，不如说更像一座美丽的乡村园林。这对于一座以侗歌为主题的生态博物馆来说，没有什么异样，但使其成为异形生态博物馆的是，在游览道上设置了一系列的扫码听关于侗族大歌的文化介绍的"云装置"，即在某一处，游人扫描展示牌上的二维码，即可以听到牌子上所介绍的内容和某一种侗族大歌。

在此生态博物馆游览道及景点中，均使用遗产和侗族大歌的各种歌名来命名各个地方。

此生态博物馆的展示牌开篇写道："生态博物馆区别于传统博物馆强调藏品，而是将保护对象扩大到文化遗产，强调社区居民是文化的真正主人，让他们自己管理，依照可持续发展的原则创造社区发展的机会，从而较完整地保留社会自然风貌、生产生活用品、风俗习惯等文化因素。铜关侗族大歌生态博物馆所呈现的，是活态的侗族村寨的生活，当你步入村寨，就已经步入了生态博物馆。村寨所有的村民活动，物质及非物质遗产，均以原生的自然的活态的方式一一呈现……"

介绍侗族大歌的标牌"嘎吉"："'嘎吉'是侗族大歌的一个小类，泛指用以讲述历史和风俗人物故事的叙事大歌。侗族没有文字，所有的历史都被先人以唱作的方式融入歌曲之中，这类歌曲多讲述人物故事和对话，旋律缓慢而忧伤。"

关键的是，这些展示经过扫码，都可以听到和留下来，以及立即分享给你喜欢的人。当然，这样的技术在许多博物馆展示中也被运用，但说其为"网络生态博物馆"亦是可以成立的，它肯定会有不一样的感受和发展性。实际上，这个生态博物馆就是腾讯"为村（We County）"计划的重要组成部分，"为村（We County）"计划的其他部分为乡村连接情感、信息、财富，那么铜关侗族大歌生态博物馆连接的是侗族的文化。

由于"腾讯为村开放平台"建立和铜关侗族大歌生态博物馆的建设与实践，给予铜关侗族村民的影响很大，比如公众号、网店、网购……现今在铜关村已经成为常态，在一定程度上促进了该地区域社会的发展与进步。

## 浙江丽水·百山祖国家公园野外博物馆

铜关侗族大歌生态博物馆是以网络为异形的，而浙江的百山祖国家公园野外博物馆则是以布展的创新为异形的，都有各自的意义。

百山祖国家公园野外博物馆是在今年的4月宣布建成的。位于丽水市的龙泉市。

百山祖国家公园野外博物馆目前计划有8条展线，现已建设黄茅尖、绝壁奇松、百瀑沟和巾子峰4条展线，设置文字、图片与多媒体融合的科普展牌112块。瓯江源、龙泉大峡谷、黄皮上湖、畲乡畲药展线正在建设中。

比如黄茅尖展线：

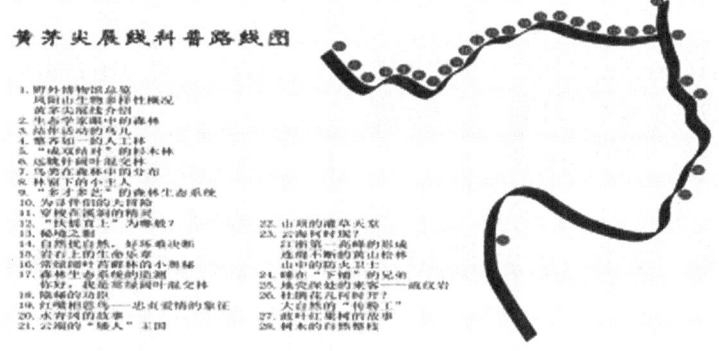

黄茅尖展线，有展牌50块。其概念是把"自然"（植物、动物、自然风光等）作为"展品"，展示给人们游览和"观看"，故称为"野外博物馆"。其第一块展板为"野外博物馆总览"。这种把"生命活态"的事物作为"展品"，是中国，乃至世界的一种具有"奇思妙想"效果的生态博物馆观念表达。"自然生态"是其要旨。但同时又使用了博物馆的"展牌"形式，但面对的是自然界中的"生命态"事物。

在这些展牌上有二维码，一扫码，即可以听到对于此"展品"的内容介绍。

其他还有绝壁奇松展线、百瀑沟展线、巾子峰展线等。绝壁奇松展线共有15块科普牌。顾名思义是以其壁险、奇松闻名。百瀑沟展线共包含

24块科普牌。是集珍树奇水于一线的绿色长廊。景区内大小瀑布百余处。在这里有山、有水、有石。巾子峰是百山祖国家公园的核心部分之一，以"幽、秀、雄、奇、古"为特色。共有科普解说牌23块。全线贯通5.6公里步行道。目前，巾子峰展线，有浙江十大秀谷之一的"千岗峡"；有闻名遐迩的"天象五绝"；还有珍贵神秘的百山祖冷杉……

百山祖国家公园野外博物馆就是在这一"国家AAAA级旅游景区、国家级自然保护区"的基础上建立起来的。可以认为是该旅游区的一种新的"布展策略"，表现了把"自然物"作为"展品"的生态观念，博物馆的布展形式彰显了这次"野外博物馆"的理念。基本符合生态博物馆的理念。

在这里，2003年时，该旅游区就有一个名为百山祖自然博物馆的博物馆，属于自然博物馆范畴。百山祖国家公园野外博物馆与百山祖自然博物馆可以看作是一种自然发展的融合过程。

这一"创造"，来自浙江大学生命科学学院全域生态研究所的专家团队，他们在对国家公园里的生物多样性进行调查后，提出了百山祖国家公园野外博物馆概念，规划了8条展线。

这样的"野外博物馆"理念所"突破"的东西才刚刚展示，但这是全域旅游发展中的"奇思妙想"，也是中国生态博物馆实践的超越多元发展的一条全新的路径，它几乎把自然中的活态和生命态发展到了极致。

## 第六节 多元生态观与生态博物馆"进化"

这种有一定生态博物馆之名、源自自身生态理念的生态博物馆建设与实践，与碾畔黄河原生态民俗文化博物馆相似，是自己拓展的生态博物馆的概念，但其实际表现中，多方面与常规的生态博物馆理念吻合，故这样的生态博物馆也是中国生态博物馆的一个重要组成部分。并且，我们可以从理论上把它看待为一种生态博物馆的"进化"。生态博物馆的概念在理论上被一些学者认知为一种可以"进化"的概念，而在中国的生态博物馆实践中，出现这样的多元生态观的生态博物馆实践，也可以认为是一种生态博物馆的正常"进化"过程和状态。但这样的"进化"景观如此多元和

## 第五章 中国生态博物馆的多元化实践

广泛，这在世界范围非常少见，人文的、林业的、地质的、环保的、农业遗产的、湿地保护的、野生动物保护的……都立足自身的话语方式，来表达和实践了"生态博物馆"的意义。在生态博物馆理念中，活态、生态是应该具有自身的哲学认知基础和实践要求的，但这样的活态和生态被"移植"到自然性质的活态和生态的理解中，几乎可以把整个世界看成一个生态博物馆的意义和存在，比如在浙江丽水市的龙泉等地区，就出现了"野外博物馆"的概念，为生态博物馆最为"了不起"的创新与实践。

中国的生态博物馆实践是从1995年开始的，在当时引进的生态博物馆理念中，村民的自我管理是国际生态博物馆理念中的重要内容，在梭戛生态博物馆建设中，就有这样的经历。在这个时候，人们发现，这是政府主导下的外来专家，包括外国专家"给予"他们的一个叫"生态博物馆"的事物。从尊重和喜欢这里苗族文化的角度，这里的苗族人可以接受这个生态博物馆，但叫他们成立生态博物馆的管理委员会，他们就觉得很不可思议，因为这种生态博物馆的意义不是他们能够理解的事物，也不是他们可以管理的事物。从生态博物馆是一个"进化"的概念来说，这就是中国生态博物馆的第一次"进化"过程，故后来的中国生态博物馆建设与实践，基本是村民参与而已，没有村民自我管理的生态博物馆管理委员会。

在中国生态博物馆实践的贵州时代里，其后建设的生态博物馆在建设过程都会征求村寨长老的意见和建议，会尽量地让生态博物馆信息资料中心的馆舍建设与村落中的传统建筑一致，或者相似，比如堂安生态博物馆信息资料中心的建设，基本就是当地的工匠所为，但已经没有如六枝梭戛生态博物馆那样成立村民管理委员会了。这时，这样的生态博物馆所记忆和保护的文化具有鲜明的民族特征，于是，民族二字开始明确地进入其后来的生态博物馆建设的主旨和意味中，而且影响到信息资料中心的布展内容，比如贵阳市花溪区镇山布依族生态博物馆的信息资料中心的布展，就发展为布依族历史文化的布展内容了。这样的生态博物馆"进化"，苏东海先生是不赞成的，但它却明确彰显了民族在生态博物馆中的地位和意义。这种改变在后生态博物馆时代中，基本被"固化"了下来，成为广西民族博物馆"1+10"生态博物馆群建设与实践的"标配"称呼，从而完成了中国生态博物馆向"民族表征"的进化。

在以广西民族博物馆"1+10"生态博物馆群建设与实践为代表的后生

态博物馆时代，中国的生态博物馆建设与实践中，民族学家为主的指导生态博物馆建设与实践的理论已经成为主导性意见，民族文化的保护和开发也已经成为主要考虑的问题。这也是生态博物馆概念在中国的一种"进化"，它在一定程度上适应了中国的民族国家理论和政策，适应了中国由56个民族构成的国家政体和文化共同体的现实，适应了国家对于少数民族社会经济文化利益的关切。

在后生态博物馆时代，中国为主的生态博物馆建设的投资，"国家主导，专家指导，村民参与"的中国模式的生态博物馆建设完全确立，相关的生态博物馆理论大致内化为一系列新的理论解释，并且在指导中国新的生态博物馆建设与实践中，形成一系列的生态博物馆的发展趋势。这也是中国生态博物馆建设与实践概念一种状态的"进化"。

在中国生态博物馆的贵州时代，关于社区的想法在隆里生态博物馆中已经呈现，而在后生态博物馆时代，广西的"1+10"生态博物馆群中，已经有两个汉族生态博物馆具有后来生态博物馆的趋向，即古村落社区的建筑遗产为主的社区记忆已经初见端倪。这是中国生态博物馆发展的另外一种"进化"，它在一种趋势中包含了下一个发展时期的可能性。

笔者在前面的论述中有说国家文物局在2011年公布的5个社区生态博物馆试点单位，其中包含的前两个时代的生态博物馆，目的是完整梳理社区生态博物馆脉络和链条，其实它也说明中国各个时期的生态博物馆发展的关联性和延续性。它反映了中国生态博物馆发展变化的路径，也表明中国生态博物馆的概念也是在实践中不断发展和修正的，这也是生态博物馆概念的"进化"重要过程。在中国生态博物馆贵州时代中，人们"发现"了"民族"，而中国生态博物馆的贵州时代包括约翰·杰斯特龙在内的外国专家是不太关心中国的"民族"意义的，但这个"民族"意义对中国意义非凡，因为这是中华人民共和国建立的国家基石之一，而这样的"民族"又多分布在中国生态博物馆建设与实践的贵州时代、后生态博物馆时代中建设生态博物馆的地方，在这样的地方发展生态博物馆，不说"民族"在理论和现实中都是行不通的。在中国生态博物馆的贵州时代，苏东海坚持的生态博物馆建设与实践的"中国化"，主要方面也是基于这样的现实的，但它使后来的人们发现了在中国生态博物馆建设与实践中"民族表征"的意义。在后生态博物馆时代，广西民族博物馆的"1+10"的生态

## 第五章 中国生态博物馆的多元化实践

博物馆群建设，以及云南、贵州、重庆等地的生态博物馆建设与实践，都与"民族表征"有关，而且在一定程度上配合了国家一系列的民族地区的社会经济文化建设。这也是中国生态博物馆建设与实践中的重要"进化"方面，因为它在很大程度上改变了中国生态博物馆建设的外在形态。

社区这样的概念在"第三代"生态博物馆时代被强调，既是一种生态博物馆概念的回归，也是现实发展的需要。在中国生态博物馆的前两个时代，民族文化的保护和记忆是最为重要的成就形式，但社区发展的意义显示不明显，也就是说，在民族地区的利用生态博物馆实施民族文化资本化的效应并不是很好，它明显有两个缺陷：一是成功率不高；二是即便成功了也对民族文化保护的负面作用大，所以，生态博物馆建设与实践在"第三代"时期，就转向社区，利用社区记忆的生态博物馆工具性，完成社区历史文化遗产的资本化过程。其不管效应如何，亦是中国生态博物馆概念"进化"的重要表现。这种"进化"带来中国生态博物馆群建设形态确立，打开了其他学术认知进入生态博物馆理论认知的大门，比如现代设计艺术家的理念进入松阳县生态博物馆群的建设，太行三村生态博物馆中的"认知中心"的人类学家的概念进入等都是例证。

在"第三代"生态博物馆时代，几乎所有的生态博物馆建设与实践都与旅游开发结合，也基本改变了国家全额投资生态博物馆建设的做法，变成了国家的少部分资金引导，动员社会力量包括社会资本力量投入社区生态博物馆建设。这也是生态博物馆概念在实践中的"进化"，而且此"进化"非常显著，显著到商家的店铺都需要取名为"生态博物馆"的地步，比如在福州市的"三坊七巷"和黄山市的屯溪老街，直接取名或者类似生态博物馆的店铺名称多见。

在"第三代"生态博物馆时代，群形态的生态博物馆建设成为基本生态博物馆建设的主要形态，不管在城市社区，在农村社区，都是以群生态博物馆的形态出现的，而且这样的群形态的生态博物馆还是全域旅游的主要支撑点，几乎所有的生态博物馆群存在的地方都是这样。在福州的"三坊七巷"，在黄山市的屯溪老街，在安吉县、松阳县、岱山县……如果在这些地方去掉生态博物馆群，其全域旅游的概念和现实都会消失。这样的生态博物馆概念的"进化"在世界生态博物馆界是绝无仅有的，故可以说是对国际生态博物馆"进化"的重要贡献。

在这一节的前述中,主要言说的是生态博物馆的多元化实践,这才是此章生态博物馆概念"进化"的真正主题,前面所说的一系列的"进化"主要指生态博物馆发展的内在因素改变和适应过程的"进化",而在生态博物馆实践中,外在的因素和科学的生态认知也可以促进生态博物馆的"进化"过程,前面的关于林业、农业、地质、环保等方面和学科对于生态的认知也直接影响了生态博物馆的"进化",其具体表现就是它们基于自身理解的生态博物馆建设与实践。

林业的保护主题是森林为主自然生态系统,以及森林中的动植物系统,它们是地球上谁都不能忽视的部门和方面,而它们也有一整套科学的体系和知识,问题的关键是,他们也介入了中国生态博物馆的建设与实践。在这样的生态博物馆建设中,笔者梳理出来的有宁夏的六盘山、新疆林业自然、湖南的中国杨梅、福建的戴云山、贵州的茶文化等数个生态博物馆。

六盘山生态博物馆和戴云山生态博物馆就是以林业科学知识介绍和普及为主的生态博物馆,但地域内的民俗文化也被"整合"在生态博物馆中,认为林业的生态系统中人文生态,也是重要的和有意义的,故其不仅仅是自然科学类的博物馆,而且是包含了人文精神的生态博物馆。中国杨梅生态博物馆是一种水果的生态博物馆,而它除了具有杨梅树林观赏区域之外,多数是杨梅文化的表述,而不是杨梅种植的科学知识介绍。贵州茶文化生态博物馆就是一种树叶的生态博物馆,有茶树科学种植的系统知识,但主要是中国茶文化的历史介绍。这两个生态博物馆都是以寄托在这两种事物之上的历史文化作为自己博物馆主题的,主要是人文布展,相关的科技知识只是其中的一个组成部分。但它们都可以归于以林业为主题的生态博物馆类型,因为它们都与林业存在有着直接的关系,都有基于林业的生态观。在前两个生态博物馆中,林业自然生态是主要的,在后两个生态博物馆,林业的人文生态是主要的,但在林业的生态观中,它们都有区别于那些纯粹的人文生态博物馆的地方。从这里而言,林业生态观在一定程度上借用了一般意义上的生态博物馆概念,并且用生态博物馆的工具理性表现自然生态和人文生态的双重观念,这不但是一种生态博物馆观念的"进化",而且是一种比较跨界的发展,因为基于林业生态观的生态博物馆,必然是生态博物馆的另类存在。2014年以"林业"的名目出现的新疆

## 第五章　中国生态博物馆的多元化实践

林业自然生态博物馆,是一个特例,因为这是一个在2004年的新疆自然生态博物馆(野生动物保护)基础上建立起来的,综合了林业、地质等一系列因素生态博物馆。它的基础就是一个动物保护的自然博物馆,但又有奇石(地质)、林业的统辖,是一个综合性质的生态博物馆实践。其包含的意义不仅仅是林业,也包含其他多方面的生态博物馆实践意义。

来自农业遗产主题的生态博物馆实践,与林业主题的生态博物馆又有所不同,它们不是在自己特有的生态观下建设生态博物馆,更像是利用生态博物馆的理念来解释和利用农业遗产的意义。笔者把凤堰古梯田移民生态博物馆、宜君旱作梯田农业生态博物馆、蚕桑丝绸生态博物馆、碾畔黄河原生态文化民俗博物馆这四个生态博物馆归于这一类生态博物馆。前两个生态博物馆都位于陕西省境内,其内容都是农业的景观遗产,即农业生产的历史过程中留下的农业景观。这样的农业景观遗产有以下几个特征:一是它本身的存在就是一个生态系统;二是这样的系统完全是在某一种文化系统的基础上产生的,故农业景观系统与人文系统互为依存,关系密切。三是这样的系统在农业遗产上具有农业传统文化的科学意义,也有文化生态观的人文意义。而这几个方面的特征,都与生态博物馆的理念解释有千丝万缕的联系,即使用现在生态博物馆的理论来解释和保护,以及利用这些人类文化的遗产都是最好的工具。

这两个生态博物馆都在陕西省,凤堰古梯田移民生态博物馆的出现是为了更好地保护和利用这个遗产,利用生态博物馆的理念,打开此地生态旅游的大门,在保护此地农业遗产的基础上,发展该区域的社会经济文化。宜君旱作梯田农业生态博物馆也是这种性质的遗产,但它是在扶贫的政治动机下出现的,是陕西省文物局推动下出现的生态博物馆,不过,它使用的工具是生态博物馆,原理与前一个生态博物馆的出现是一致的,只不过一个是水田的梯田农业遗产,一个是旱地梯田的农业遗产系统。故使用生态博物馆的理念,来深化对于农业遗产的认识和利用,也是生态博物馆"进化"的一个重要路径。当然,也可以理解为生态博物馆理念在农业遗产上保护和利用上的扩散。它们的出现,大大丰富了中国生态博物馆的影响力。

位于江西省南昌县黄马乡的蚕桑丝绸生态博物馆和位于陕西省延川县土岗乡的碾畔黄河原生态文化民俗博物馆也属于农业遗产的范畴。

蚕桑丝绸生态博物馆大概可以归为林业主题，也可以归为农业遗产主题，但它与前面的农业遗产主题的生态博物馆一样，都是利用生态博物馆的理念来解释和利用这一遗产资源的过程。这个生态博物馆本来就是江西省的一个省级研究所为了开发和利用桑蚕的文化价值而建设的生态博物馆，与其同时开发的景区是一体的。在这里，它既传播了桑蚕的科学技术知识，更重要的是展示了桑蚕利用和发展的中国农业文化的历史过程，以及整个生态系统对于中国历史文化和文明发展历史的重要性，故可以说，这个生态博物馆在一定程度上超越了一般生态博物馆的意义，成为东亚文明一种特定历史过程的写照。在这个生态博物馆里，有许多国家领导人来过的布展，就说明它的意义不仅仅是生态博物馆的系统展示。这对于生态博物馆的应用，"善莫大焉"。这样的生态博物馆"进化"，比我们想象的贡献要大许多。

碾畔黄河原生态文化民俗博物馆可以说是农业遗产的伴生遗产，也可以说是农业聚落遗产，因为所有的农业遗产出现都是源于人的种植行为，因此而来的村寨建筑也是农业遗产的组成部分。碾畔黄河原生态文化民俗博物馆是缘起于美术家的"发现"、基金会和地方支持、村民自己布展和"打理"而来的民间性质的生态博物馆，但它在2002年出现时，并没有使用生态博物馆理念，而是"原生态"概念，即按照传统遗存的概念来布置的一个博物馆。但后来人们发现，这种对于生态博物馆的理解，基本与后来生态博物馆的理念一致。这种不自觉间出现的生态博物馆的"进化"很另类，但非常有意义，它说明，进入生态博物馆的概念，在实践过程中会有多种路径和方法。

森林系统是地表的一种生态系统，而地质中的地表状态，是一种更为专业的地球知识系统。在中国的生态博物馆建设与实践中，中国的地质部门和地质专业，也利用了生态博物馆这一工具，建设了自己理解中的生态博物馆。这样的地质生态博物馆中属于地质遗产类型，它们也有自己独立的生态观。这种生态观可能与中国古代的"风水学"有一定的相似之处，即破坏了地质中的某系地质遗产，也是对于生态的一种破坏。在这类生态博物馆中，笔者梳理出来的有凤凰山矿业生态文化博物馆和贺兰山生态博物馆，以及新疆林业自然生态博物馆中的一部分。这是一种比之林业主题更具有自己生态观的生态博物馆。

## 第五章　中国生态博物馆的多元化实践

凤凰山矿业生态文化博物馆就是在保护地质生态系统和与之依存的环境中出现的。在地质学家的眼中，地质的生态系统有着一整套的专业知识，破坏它也会给人类环境带来灾难性后果，故地质生态环境状态又如林业生态系统一样，与人文的生态观交织在一起。林业主题利用生态博物馆的工具来保护和利用森林生态系统，地质专业和部门也利用生态博物馆的工具来保护和利用地质的生态系统，所以，在中国生态博物馆中出现由地质部门生态观主导的地质主题生态博物馆，也是顺理成章的事情，只不过它们的出现，大大扩展了中国生态博物馆的"进化"路径。在凤凰山矿业生态文化博物馆中，在室内有一系列的地质科学知识普及的布展，但在室外却有一系列的露天的生态化的布展。但这样的生态博物馆如何认知，在建设这种博物馆时，建设者是犹豫和不太明确的，它反映在博物馆的门楼上的字样就是"矿业博物馆"，而在记事碑上又有"生态博物馆"的字样。

在这个博物馆中，利用生态博物馆的工具来做旅游开发的目的也是明显的，而且是比较成功的。

贺兰山生态博物馆是一种地质发现的原址保护行为，但它是利用生态博物馆概念，并且作为整个贺兰山生态保护的支撑点和想象发展工具来建设的生态博物馆。其中有地质生态观，但更多的是对贺兰山地区的原始生态的一种记忆过程，以便唤起今天人们的保护地质环境的意识。这个生态博物馆工具的应用相对极端，但也是一种生态博物馆的"进化"，可以理解。

中国环保部门介入生态博物馆实践的是三个生态博物馆，一个是江苏盐城丹顶鹤湿地生态旅游区博物馆，一个是山东省枣庄月亮湾湿地自然生态博物馆，一个是青海湖生态博物馆。这三个生态博物馆的主题都是湿地生态系统的保护，保护的主要是湿地和湿地中的鸟类，并且被归属到国家的环境保护部门。它们也是具有自己生态观的，更倾向于自然生态，所以，在山东省枣庄月亮湾湿地自然生态博物馆中，相关介绍就直接说自己是"自然生态博物馆"。在这样的保护对象中，建设生态博物馆主要也是为了区域经济的发展，为了旅游开发，从而不自觉地使用了生态博物馆的工具。在这样的使用中，科学技术的知识谱系介绍是主体，但人文生态的开拓也做得非常到位。江苏盐城丹顶鹤湿地生态旅游区博物馆的鹤类人文生态谱系的布展，也深入到了中国传统道德文化修养的深处，以及世界观的一些重要领域。这样的生态博物馆"进化"，很难用简单的话语来评价，只能说它是中国，或者说世界上最好的鹤类文化的生态博物馆。在青海湖生态博物馆的布展中，有"神奇青海湖、生态青海湖、多彩青海湖、人文青海湖、和谐青海湖"五个展厅。很明显，这不仅仅是一个生态博物馆，而且是关于青海湖的博物馆，只不过名为生态博物馆而已，故它的定位不准，所以一开展后就闭馆至今。

在多元化生态博物馆实践中，其"进化"中还有一个另类，即山东省的蔬菜瓜果类生态博物馆。2010年，在山东省寿光，出现中国蔬菜博物馆时，并没有人说这是一个生态博物馆，2012年9月，在山东乐陵建成中国金丝小枣文化博物馆时，也没有说是生态博物馆，2019年1月，在山东省菏泽市定陶区黄店镇出现这样的博物馆时，就被称为定陶蔬菜生态博物馆了。这也是这一特点生态博物馆的"进化"过程。定陶蔬菜生态博物馆的定义中，说把这里的蔬菜大棚作为生态博物馆的生态布展区域，并且说，在引导人们参观大棚区域的时候，生态博物馆的功能实现，旅游功能也同时呈现了，因为农业观光的旅游项目也可以蕴含其中。这个定陶蔬菜生态博物馆也是山东省文物局下来扶贫的干部主持引进的建设项目，与山西省、陕西省的一些生态博物馆项目具有高度的一致性。但是，在中国蔬菜博物馆和中国金丝小枣文化博物馆这两个没有直接说为生态博物馆的博物馆里，它们也有类似定陶蔬菜生态博物馆的定义中的田野布展区域，只不过它们被称为蔬菜观光园区和枣文化观光园区，其部件安排与生态博物馆无异。所以，后来这两个博物馆被人们称为生态博物馆，是顺理成章的事情。

在寿光的中国蔬菜博物馆里，还有着中国农业文明更为深刻的内涵，也是中国，乃至世界最好的蔬菜生态博物馆。

这种专项性质的博物馆，与一般意义上的博物馆对比，足见博物馆建设的水平和普及程度，足见国家现代化的发展水平，而这样的生态博物馆在中国生态博物馆建设与实践中，也具有这样的"进化"意义，是中国生态博物馆发展到一定水平的表现。

在中国生态博物馆的多元化发展中，"其他异形生态博物馆"可能是最难有明确定义边界的生态博物馆"进化"的事物。

2014年，云南的一个大学也如其他部门和专业一样，使用了生态博物馆的工具理性，建设了滇池流域文化生态博物馆，并且巧妙地包含了生态博物馆的一系列要素，良好地服务了滇池流域的生态治理，在传统博物馆和生态博物馆中都有自己的创新理念，其中还包含了云南"民族生态文化"建设的优秀传统。

在2015年的腾讯的"为村（We County）"计划项目中出现的铜关侗族大歌生态博物馆中，其中的网络技术背景和一系列新的生态博物馆展示行为，为新技术形态的生态博物馆建设与实践打开了一扇门，让"AI"影响生态博物馆建设成为可能。这种"进化"的科技感很强烈，有云生态博物馆的启示，使得全数字化的生态博物馆建设与实践亦成为可能。即传统的信息资料中心和生态博物馆的区域布展，全部"搬"到"云"中，在技术上是可以实现的，而且，其中显示的连接性可能更为"平滑"和有趣，可以包含更多的知识再生产和创造性。

在2020年4月份，浙江省丽水龙泉地区出现的百山祖国家公园野外博物馆，也是中国生态博物馆"进化"的一个突出的亮点。"野外博物馆"这一概念从旅游开发来说，这应该是一种新的"自然布展"的"策略"，即为"百山祖国家公园"新的布展方式，但它无意间把生态博物馆的"区域性布展"的概念进行了"挪移"，并且给予了一个"野外博物馆"的概念，这就使得中国生态博物馆实践的"进化"发生了奇妙的变化，即把区域性的生态博物馆展示，完全使用在生态博物馆群、全域博物馆、野外博物馆建设之上，使浙江完成了从生态博物馆群—全域博物馆区域—野外博物馆的"进化"路径。这无疑是浙江省生态博物馆实践发展中，给予中国生态博物馆"进化"与发展的一个重大的贡献。

# 第六章
# 生态博物馆类型和发展简史

类型是一种事物发展的标志，也是物与观念研究的基础。

中国生态博物馆从 1995 年起，就开始了自己实践的历史过程，从 1995 年到 2020 年，已经整整走过了 25 年。从"交融与自生的生态博物馆"类型开始，到根据自身民族存在的历史现实，出现了"民族表征的生态博物馆"类型；尔后，在中国初步工业化的过程中，社区和旅游发展的后工业化指向，又使得中国的生态博物馆发展，走向了属于"第三代"生态博物馆的"社区博物馆"的发展和开拓的生态博物馆类型。这是中国生态博物馆发展类型的主线，它的存在主导了中国生态博物馆的发展简史，但生态观念在中国被作为一种政治性观念之后，各个涉及生态观念的专业和部门，又出于自身对生态观念的理解，从 2002 年开始，生发出了一整套的关于生态博物馆建设与实践的过程，成为中国生态博物馆实践与发展的"支线景观"，出现了"农业遗产型生态博物馆"和"自然生态型的生态博物馆"等生态博物馆类型，使得中国的生态博物馆建设与实践异彩纷呈，大大超越了人们对于中国生态博物馆实践和发展的想象力。

## 第一节　交融与自生的生态博物馆

中国的第一个生态博物馆的建成（信息资料中心）是在 1998 年的 10 月，但苏东海先生却认为中国的生态博物馆建设与实践是从 1995 年开始的，即起始点在于 1995 年中国和挪威的专家对贵州省的生态博物馆建设与实践的考察。在这样的历史节点上，中、挪组成的专家组，在 1995 年 4 月

19 日到 1995 年的 4 月 29 日，对贵州省贵阳市花溪区的镇山、六盘水市六枝特区的梭戛、黔东南苗族侗族自治州榕江县的摆贝、黎平县的堂安、锦屏县的隆里等地，进行了为期 11 天的考察。在 1995 年 4 月 29 日，专家组回到贵阳市，几天后，以专家组的名义，向中国提出了一个题为《在贵州省梭戛乡建立中国第一座生态博物馆的可行性研究报告》的文件。这个《报告》全文 8320 字，共分四个部分，为中国的专家安来顺执笔。其中最为重要的是：阐释和定义了什么是"生态博物馆"。这个《报告》在 1995 年的 5 月初出现，在 6 月上旬，贵州省文化厅就将"关于在我省六枝梭戛乡建立中国第一座生态博物馆的请示"（黔文物〔1995〕15 号）的"请示报告"，上报贵州省人民政府。6 月 21 日，贵州省人民政府就以"贵州省人民政府（黔府函〔1995〕106 号）"的形式，发布了"省人民政府关于同意在六枝特区梭戛苗族彝族回族乡陇戛村建立生态博物馆的批复"。这个文件还抄送国家文物局、中国博物馆学会。同时下发省计委、民委、财政厅、建设厅、旅游局、六盘水市人民政府、六枝特区人民政府。至此，中国生态博物馆建设与实践的第一步，国家层面的法律文件准备部分即告完成。之后的一系列的中国生态博物馆建设与实践就是一个又一个的历史过程了。这样的法律文件形式，是中国国家管理制度使然，这也是后来苏东海先生提出的"生态博物馆中国化"的基础，即"政府主导、专家指导、群众参与"的"中国模式"。这个模式在前期就有一系列争论，但在讨论中挪威的专家和文化官员也认可了这样的模式。这其中涉及生态博物馆理论的事，于后还要讨论。

1996 年，挪威王国的有关部门（资金和文化）开始正式介入中国生态博物馆建设与实践的过程，即他们国家愿意资助这一文化建设项目。但 1997 年时，这一文化协议的签署，却又演化为挪威王国政府与中国国家政府之间的最高政治文化仪式。在中国生态博物馆建设与实践的初期，挪威王国的生态博物馆理念和资金，都双双介入了中国最早的生态博物馆的建设与实践之中。

这就是中国生态博物馆建设与实践的第一份非常正式的历史性文件，后来的中国生态博物馆建设与实践，都是在这个文件基础上展开的。在今天，我们反观这一历史过程的时候，也就明白为什么苏东海先生一定要强调中国的生态博物馆建设与实践的历史，一定要从 1995 年算起，因为历史性展开的重要节点，确实在 1995 年 4 月到 6 月的这些日子里。

这就是中国早期的"交融与自生的生态博物馆"类型出现的基础和历史背景。

1998 年 10 月 31 日，梭戛生态博物馆举行开馆仪式，标志着中国第一个生态博物馆——梭戛生态博物馆的建成。但这个开馆仪式的"主体"为该生态博物馆的一个称为："梭戛生态博物馆信息资料中心"的建筑群，按照功能区域分布，它有好几个功能区域。生态博物馆的建设理念中，包含了区域活态的严肃概念，即某个区域亦是生态博物馆的重要存在依据，但要确立一个生态博物馆存在的标志，称为"生态博物馆信息资料中心"的建筑群，以及"生态博物馆信息资料中心"中的"布展"也很重要，因为它要表示此生态博物馆具有博物馆的基本形式感，以便把博物馆与生态联系起来（犹如国际上关于"生态博物馆"一词的诞生一样），故"生态博物馆信息资料中心"和中心中的"布展"，都是生态博物馆必备的存在，所以，生态博物馆有区域观览的重要性，但"生态博物馆信息资料中心"和其中的"布展"仍然是其生态博物馆存在的重要标志。

1998 年 10 月 31 日，在梭戛乡，举行了历史性的开馆仪式，标志着中国第一个生态博物馆——梭戛生态博物馆的建成，而开馆仪式的标志，就是"生态博物馆信息资料中心"建筑的建成，以及其中的"布展"完成。这也是生态博物馆与现代博物馆之间差异和基本联系所致。

这个生态博物馆建成之后，后续贵州省在挪威王国的支持下，又连续地建设了镇山、隆里、堂安等三个生态博物馆，并且开始了各种力量和观念的交织过程。对于中国最早建设的"梭戛生态博物馆"，以及后来的三个生态博物馆建成后形成的"贵州生态博物馆群"，后世已经有太多的关注和评价，笔者在前述中也有许多评述，比如在镇山生态博物馆建设中的明确的"布依族整体性文化表述"的介入，隆里生态博物馆的"古城社区"概念，堂安生态博物馆更为明确的"民族身份"的出现，等等。但它们一定都是在以挪威为代表的西方生态博物馆理论和观念影响下形成的"交融与自生的生态博物馆"类型，从理论观念到实践都包含了"交融"的关系和意义，但许多方面，又是在中国的具体实践中修正后的事物，故"自生"也是这一类生态博物馆的重要表现，而且是后续中国生态博物馆发展的重要"生长点"。

## 第六章　生态博物馆类型和发展简史

可以说,"交融与自生的生态博物馆"类型的生态博物馆,其基本特征就在"交融与自生"这一对词语上。不过,在中国的社会和政治现实中,这样的"交融与自生",在最初的《报告》中,就有既定的规约。

在这个《报告》中,表达了如何建设和理解生态博物馆的基本观念和意见。认为有以下要点:(1) 社区的区域等同于博物馆的建筑面积;(2) 生态博物馆是一种整体性保护;(3) 动态保护;(4) 社区参与管理;(5) 关键词:社区区域、遗产、人民、参与、生态学、文化特性;(6) 生态博物馆作为一种工作模式;(7) 生态博物馆可操作性。

这些要点在《报告》中归纳是不完整的,这样的归纳是笔者所为,但它在博物馆新学上呈现的创新性和文化特性、民族性上的意义,以及实践性、可操作性,在中国政府政界和文化界、学界产生了不可思议的效应,获得了普遍性的支持。而这些认知和表达,成为了后来中国生态博物馆建设与实践的基础性的纲领,普遍性地影响了所有生态博物馆类型的出现和意义表达。

第一条中的"原址保护","社区的区域等同于博物馆的建筑面积",已经成为中国生态博物馆建设与实践中的经典,在所有类型中的生态博物馆实践中,都没有例外。

第二条和第三条的生态博物馆是"文化整体保护"的手段和工作方法也被中国的生态博物馆实践普遍认可和多样态的应用。

第四条中,"本社区内群体的亲自参与亲自管理为基础",在实践中与中国的实际情况差异性很大,故精神一直在提倡,但实践性一直很差。而"在博物馆学家或科学家的指导下,在当地政府的财政支持下"等表述一直作为中国生态博物馆实践的必备要求和前提来倡导和实践的。而"文化特性"却一直是支撑生态博物馆建设和实践的基本原则来实施和实践的。

当时在第五条中出现的"社区区域、遗产、社区人民、参与、生态学和文化特性"等关键词一直持续到现在。

在第七条中的生态博物馆基本形态表达,"生态博物馆包括两个最重要的部分:关于本社区情况的'信息资料中心'和对本社区文化遗产尽可能原状的保护"。前者是博物馆形态的基本延续,后者是生态博物馆的基本理念表述。即资料性质的"中心"存在是生态博物馆的基本标志,但后者的社区区域中的活态和生命态,即是生态博物馆的依存关系。

于此，人们会发现，这个《报告》的关于生态博物馆的表达奠定了中国生态博物馆的基本表述，即在中国进行生态博物馆的建设与实践，大致都要遵循这些要求。这个《报告》中出现的这些关于在中国进行生态博物馆建设与实践的表述，自然是受挪威专家为代表的西方生态博物馆理论和观念的影响，即他们认为的生态博物馆应该是一个什么样态的实践，但是，这个《报告》的起草者是中国的学者安来顺，而且是在一系列关于如何在中国建设生态博物馆的学术和实践的讨论之后的《报告》，而且《报告》的呈报对象为中国贵州省的政府机构……这个《报告》不知道是否同时具有英文版？但从现在看到的中文版《报告》来看，除了挪威专家为主的关于生态博物馆理论的表述外，《报告》似乎还受到了以下几个方面的影响：一是国家的政治历史现实，二是中国学者对于国际生态博物馆理论的解读，三是关于具体对象的中国式样的文化描述。

第一个方面的问题是以苏东海为首的中国专家主导的表达，他们深知在中国的政治历史现实中，要实现国家和政府接受一个来自于西方的文化观念，并且在中国的历史和现实中推行这样的文化建设，一定要与中国的政治现实相结合。故在"文化特性"的表达上，指向了文化的区域性和民族文化的整体性和特性保护，而且，约翰·杰斯特龙在六枝梭戛的"长角苗"文化面前表现的巨大兴趣等，都把生态博物馆"指向"作为一种工作方式，对于中国的民族文化的发展和保护都是有益的。这是中国的贵州省政府机关的第一个政治性判定，即在贵州省建设生态博物馆是符合国家的民族文化发展和保护政策的。这是在政治层面的意义。在具体操作层面上，《报告》表述为社区群体管理、专家指导、政府财政支持等三个方面。这三个方面，在后来一直都是中国生态博物馆建设与实践的经典过程，而且在具体的实践过程中，变化为"政府主导、专家指导、群众参与"的基本原则。

第二个方面，国际生态博物馆理论在《报告》中的解读也不仅仅是以挪威生态博物馆学家的解读，还一并包含了中国生态博物馆学家对于生态博物馆理论的理解。比如对于生态博物馆的区域性、文化整体性、自我管理、社区发展、资料中心、区域中的活态展区观念……中国学者都有自己的理解，并且灵活地表达在了《报告》之中，促进了中国政府对于生态博物馆建设与实践的理解和接受。

## 第六章　生态博物馆类型和发展简史

第三个方面是在第一个生态博物馆建设与实践对象的文化描述上，《报告》也具有典型表述和示范的作用。在这个方面，贵州省为了这一次的文化考察预备了五个文化考察点，分别是六枝的梭戛、花溪的镇山、锦屏的隆里、黎平的堂安、榕江的摆贝，但由于约翰·杰斯特龙的喜爱和热情，以及梭戛苗族文化的鲜明特征，中国的第一个生态博物馆的建设与实践，就历史性地选择在六枝的梭戛进行。但这个《报告》的意义不仅仅是历史性地选择了梭戛的"长角苗"，也在一定意义上选择了后来的花溪的镇山、锦屏的隆里、黎平的堂安等三个地域内的民族文化群体。

1998年10月，随着梭戛生态博物馆"信息资料中心"的建成，以及后来的贵阳市花溪镇山、锦屏的隆里、黎平的堂安等生态博物馆群体建成，经过十年的时间，1995年4月到2005年6月，挪威王国和中国，在中国的贵州省联合建设了中国的第一个生态博物馆群体，从生态博物馆类型学上来说，笔者把它们界定为"交融与自生的生态博物馆"类型。

这是中国生态博物馆建设与实践最早的类型，是在以挪威为主的国外博物馆学家的新博物馆学理论指导下，以及挪威政府的资金支持下完成的，其可以视为"交融"的果实。但是，从1995年4月的调查开始，中国的博物馆学家就深度地介入了这一过程，而这一过程最有贡献的文献就是《报告》。在这个《报告》中，有许多的文献性表述，一方面解读了世界性的生态博物馆理论和意义，一方面又与中国的政治现实和民族文化保护与发展的实践相结合，给中国的生态博物馆建设与实践打下了极为坚实的基础。从其他一些文章和资料中看到，社区群众参与，专家指导，政府主导等一系列的表述在会议的讨论中是有巨大争议的，其中尤其是政府主导，争议特别大。但苏东海深知在中国的体制和政治现实，力主"政府主导"，并且作为第一排列来表述。实践证明，这是后续中国特色生态博物馆建设与实践得以延续的基本策略。这样的表述在《报告》中比比皆是，它说明在中国第一批的生态博物馆类型中"自生"的意义，即在1995年的《报告》中，以苏东海为首的中国生态博物馆学家，就有了许多"自生"的发明。在这一类型的生态博物馆建设与实践中，不但是中国与挪威两国共同承担了其生态博物馆建设与实践的经费，也一并贡献了这一生态博物馆类型建设与实践的理论和思想。

"交融与自生的生态博物馆"的类型包含了梭戛、镇山布依族、锦屏隆里古城，以及黎平堂安侗族等四个生态博物馆，以及后来有一批使用中国自己的资金建设与实践的生态博物馆。它们的基本特征就是"交融与自生"。但在贵州时代的生态博物馆群的建设与实践中，在中国特定的民族政策和文化的影响下，在镇山生态博物馆建设与实践中，"民族表征"作为中国生态博物馆建设与实践的特色已经显露无遗。在镇山生态博物馆建设与实践中，其正式的名称为"镇山布依族生态博物馆"，其基本的意义是，此生态博物馆指向为明确的"布依族生态博物馆"。这与苏东海先生最初表述的"镇山生态博物馆"差异很大，所以，在后来对于镇山生态博物馆的考察中，苏东海并不认可"镇山布依族生态博物馆"的名称，以及其中的"布展"，但后来这样的"争议搁置"，"镇山生态博物馆"也变成了后来的"镇山布依族生态博物馆"。这是中国生态博物馆建设与实践中"民族表征"的缘起，它的改变带来了两个变化：一是后来的贵州时代的生态博物馆群被带入"民族表征"的节奏，"梭戛生态博物馆"被变化为"梭戛苗族生态博物馆"，堂安生态博物馆在命名时，直接就称为"堂安侗族生态博物馆"。二是在中国的后生态博物馆时代建设与实践中，"民族表征"已经成为这个时代生态博物馆类型的基本特征。从这里来看，苏东海先生确实是中国最为优秀的博物馆学家，但却不是一个敏锐的民族学家。

## 第二节　走向"民族表征"的生态博物馆

在 2005 年后，中国的生态博物馆建设与实践就进入了后生态博物馆时代。即在中国生态博物馆建设与实践的贵州时代的影响下，中国的生态博物馆建设与实践走向了自我发展的道路。在 2005 年 6 月于贵州省贵阳市举行的"国际生态博物馆论坛"上，苏东海宣布中国与挪威王国的中国生态博物馆建设结束，但另外一个以中国的民族学家们主导的中国生态博物馆建设与实践，也在其前后开始了。

在中国，民族的划分和识别是新中国建国的重要基石之一，即新中国的建国理念中有一个信条，即"民族平等"，而"民族平等"如何体现？具体就是新中国建国之初的民族的划分，即除了汉族——主体民族之外，还在中国划分了 55 个少数民族，并且以此为依据给予了这些少数民族一系

## 第六章　生态博物馆类型和发展简史

列宪法规定的权利，以及根据不同时期的发展需求而制定的优惠发展政策和规定。所以，几十年中国民族政治深刻地影响了中国文化的认知和学术表达。这，就是中国生态博物馆建设与实践中遭遇的民族历史文化背景。另外，在中国生态博物馆建设与实践中，最早的生态博物馆建设与实践，几乎"宿命"地选择了梭戛的"长角苗"作为最早建设生态博物馆的点，以及后来的布依族的镇山村，侗族的堂安村，加上带有汉族"移民岛"性质的隆里，其基本的表述对象多数为中国的少数民族村寨，中国生态博物馆的发展，不可避免地要与中国的民族存在和观念发生交际。故在后生态博物馆时代，中国第一个自主发展的生态博物馆建设与实践，基本上与少数民族的存在和文化都发生了直接的联系，使得在后生态博物馆时代的中国生态博物馆，大致都具有"民族表征"的类型特征。"民族表征"的生态博物馆类型自然源于中国生态博物馆建设与实践的贵州时代，它以镇山生态博物馆的"变性"为标志。即贵州时代的生态博物馆理念不太赞成生态博物馆的"民族化"，但后来却嬗变为中国一个生态博物馆时代的生态博物馆类型特征。

在中国生态博物馆贵州时代中，民族表征是不太被认可的，但关于类似于民族表征的生态博物馆实验，却早在中国的一些地方出现了。比如云南大学教授尹绍亭在20世纪90年代的"民族文化生态村"的实验；2004年广西壮族自治区最早的两座生态博物馆，南丹里湖白裤瑶生态博物馆和三江侗族生态博物馆的实验，以及归属于"农业遗产生态博物馆"的碾畔黄河原生态民俗文化博物馆的实验等。

尹绍亭的实验是在20世纪90年代中期开始，到2008年结束，一开始就是一个以"民族文化生态村"为名的民族文化建设项目，但后来人们认为它的建设与实践与中国生态博物馆建设与实践有许多相似之处，逐步认为他们的实验也可以认为是中国生态博物馆建设与实践的自主探索。段阳萍就把尹绍亭的"民族文化生态村"界定为"学术机构主导型"的"生态博物馆"类型。[①] 后来，尹绍亭先生自己也基本认可这样的看法，并且

---

① 段阳萍．西南民族生态博物馆研究 [M]．北京：中央民族大学出版社，2013．

还发表了相应的文章。①

广西南丹里湖白裤瑶生态博物馆和三江侗族生态博物馆的实验是在2004年开始的，大致都是基于原来就发生在此地的民族文化旅游开发的基础而为。

碾畔黄河原生态民俗文化博物馆的实验是在2002年开始的，它的出现几乎与民族学和其他学术表达无关，但民族文化保护的自觉，使得提出这个生态博物馆理念的美术家②的实验也接近当下的生态博物馆自主建设与实践的探索。

这三个实验中，尹绍亭先生的理论起点是生态人类学，广西的"1+10工程"理论起点是民族学，碾畔黄河原生态民俗文化博物馆实验的理论起点是"原生态"文化保护的自觉。但三个的实验都离不开民族表征，其所有实验表达的都是民族文化表征的意义。也就是说，在中国生态博物馆的自我发展和摸索中，都会指向民族表征的意义，因为这是新中国文化生活中比较重要的方面。故在广西后生态博物馆时代中，明确地发展民族表征类型生态博物馆，是一种历史的必然过程。

从这里而言，尹绍亭实验中的六个③"民族文化生态村"，还有2002年在陕西出现的碾畔黄河原生态民俗文化博物馆等，都可以作为民族表征类型生态博物馆的先导性质的前生态博物馆。但云南的实验中，强调的是生态人类学的建设意识，只有部分"民族文化生态村"有布展的行为，但最后没有出现博物馆的行为和形式，故而没有任何关于博物馆的建筑和布展遗存。陕西的碾畔黄河原生态民俗文化博物馆，虽然其展厅利用的是村民遗弃的旧窑洞，布展也是美术家发动村民自己布展的行为，守持的是"原生态"意识，但它却无意间留下了其"原生态展厅"和村民自己认为的"布展"。并且在这一行为的促进下，此碾畔黄河原生态民俗文化博物馆中的一系列旧窑洞等建筑，近期被国家认定为国家重点文物保护单位。

---

① 尹绍亭，乌尼尔. 生态博物馆与民族文化生态村 [J]. 中南民族大学学报（人文社会科学版），2009，29（5）：28-34.

② 其倡导者和具体实施者当时为中央美术学院的美术家、教授。

③ 腾冲县和顺乡（汉族）、景洪市巴卡小寨（基诺族）、石林县月湖村（彝族支系撒尼人）、丘北县仙人洞村（彝族支系撒尼人）、新平县南碱村（傣族），以及弥勒县可邑村（彝族支系阿细人，同校彭多意教授在同期实施）等。

## 第六章 生态博物馆类型和发展简史

在民族表征的生态博物馆类型中，自然以广西的"1+10 工程"的生态博物馆为代表。在"1+10"中，"广西壮族自治区民族博物馆"无形中成为一个常规性博物馆与生态博物馆兼顾一体的博物馆群，因为它是广西所有生态博物馆的"领导者"，自然也具有生态博物馆的意味，而且在"广西壮族自治区民族博物馆"的布展中，确实具有室外的生态博物馆性质的"布展"。广西壮族自治区民族博物馆在进行传统博物馆布展的同时，还把一系列以民族建筑遗产为主的民族经典建筑，复原建设在其博物馆传统展厅附近的空地里，形成类似生态博物馆中的"露天博物馆"形态。故这个民族博物馆，不仅仅是广西壮族自治区生态博物馆的"领导者"，也是具体的"实践者"。

在广西这 10 个生态博物馆中，除了灵川长岗岭商道古村生态博物馆，表达的是历史上的汉族地方性文化之外，其余 9 个生态博物馆都具有明确的民族表征。

南丹里湖白裤瑶生态博物馆是广西最早建设的生态博物馆。这个生态博物馆的建设，在一定程度上是为了配合广西在南丹县里湖瑶族乡进行的民族文化旅游开发，但表征这里的瑶族文化却是第一位的。在这里，白裤瑶的染织、铜鼓、歌谣、制度、婚葬习俗、服饰、谷仓等，是南丹里湖白裤瑶生态博物馆表征的主要内容，即明确的是南丹里湖白裤瑶生态博物馆。在广西等地的瑶族中，支系繁多，文化多样，各地的瑶族文化差异性很大。在这里表述为南丹里湖白裤瑶生态博物馆已经不会有类似镇山布依族生态博物馆的异议，在南丹县的里湖，表征的就是白裤瑶的民族文化。其中的白裤瑶，不仅仅是广西有，在贵州省等地也有，南丹里湖白裤瑶生态博物馆的民族表征，也代表了其他地方白裤瑶的民族文化。不过，它与其他瑶族支系的文化，却有明确的边界概念。

在广西，白裤瑶生态博物馆最早建成，而最后一个建成的是金秀坳瑶生态博物馆。其建在金秀瑶族自治县六巷乡古陈村，这支瑶族早年从贵州迁徙而至今天的广西著名的大瑶山一带，并且与中国最伟大的民族学家费孝通结缘至深，费老解放前五上瑶山进行民族志调查，就在这一带。所以，在金秀坳瑶生态博物馆的民族表征中，还连带着这些民族学界的历史旧事。在金秀坳瑶生态博物馆里，除了布展中的金秀坳瑶的"服饰、度戒、饮食、婚恋、石牌制度、黄泥鼓"等民族文化之外，还在馆里有一个专门的费孝通大瑶山民族调查的纪念馆。这个纪念馆介绍了费孝通先生在大瑶山调查的所有事迹，以及费老的生平。故在金秀坳瑶生态博物馆中，其民族表征所呈现的意义是单一的生态博物馆无法完全包含的。

三江侗族生态博物馆是在原来三江县博物馆的基础上改建而成，即把原来的县级博物馆改建为三江侗族生态博物馆（即信息展示中心），再加上建设在三江县独峒乡的十五个侗族村寨的"侗族展示区域"，以及在独峒乡高定村的三江侗族生态博物馆工作站，就构成了完整的三江侗族生态博物馆。这个生态博物馆的侗族文化的民族表征为"鼓楼、风雨桥、服饰、织锦、歌舞、饮食、节日"等，也很明确。而且这样的运作，开启了一个范例，即利用原来县级的博物馆，在民族地区把传统博物馆向生态博物馆转型，并且把生态博物馆的展示区域扩大化，为后来中国浙江一带的生态博物馆群地域表达，以及县级地域即生态博物馆展示地域等，打开了方便之门。

贺州客家生态博物馆是一个以"围屋"建筑遗存为文化依据而建设的生态博物馆。其民族表征的内容为"围屋、饮食、客家历史、客家山歌"，亦是把客家文化作为一种民族文化来表征的。

东兴京族生态博物馆的发展有两个阶段，一是最早的京族博物馆与京族生态博物馆是分开建设的，即一开始的"京族博物馆"是国家的一般性博物馆的建设项目。京族生态博物馆又是另外一个意义上的建设项目，故最早的京族生态博物馆工作站的牌子是挂在广西东兴"京族三岛"的"哈亭"上的。后来，在东兴的京族博物馆和生态博物馆，以及关于"唱哈"的国家非遗项目的传承工作室等等，全部联合在一起来进行建设与实践，经过整合和改造，现在的博物馆外既有京族生态博物馆的牌子，也有"京族博物馆"的牌子，还有国家非遗项目"唱哈"传承工作室的牌子。但不管什么样的文化名目，其民族表征的内容都面对的是"服饰文化、哈节、独弦琴、喃字、渔业生活"等一系列京族的民族文化。

在广西壮族自治区，其他少数民族也不少，除了瑶族、侗族之外，还有苗族，故在全部的生态博物馆民族表征中，融水安太苗族生态博物馆也是一个重要存在。在广西融水县的安太乡，也建设了一个表征苗族文化的生态博物馆。在这里，除了以梯田为主的自然人文景观之外，苗族的"服饰、银饰、芦笙、饮食、节日、婚恋习俗、吊脚楼"等民族文化，是其生

第六章　生态博物馆类型和发展简史

态博物馆表征的主要内容。

在广西的生态博物馆建设与实践中，广西壮族自治区的民族博物馆本身就是民族表征的核心，而"1+10"的生态博物馆建设，在设计中就一定会关注到其民族表征的平衡关系，所以，在汉族、客家、瑶族、苗族、侗族，以及解放前费老的民族志调查实践过程等，都纳入了民族表征的范畴，那么，广西的壮族，也自然是其生态博物馆民族表征的重头戏了。所以，在广西的民族生态博物馆建设与实践中，出现了三个以壮族为名目的生态博物馆，而且其选择都包含了民族表征的意义。三个壮族文化生态博物馆有不同的发展历史和类型。从民族表征的意义而言，靖西旧州壮族生态博物馆中显著的壮族文化为"山歌、绣球、节日、婚俗、土司遗存、壮剧"等等。那坡黑衣壮生态博物馆中显著的壮族文化为"服饰、山歌文化、族内婚制度、丧葬文化、干栏建筑、石质用具"等等。龙胜龙脊壮族生态博物馆中显著的壮族文化为"梯田景观、农业生产、服饰、歌舞文化、干栏建筑、寨老制度"等等。

这样的民族表征分布，在广西"1+10"的最初设计中就包含了这样的意义，即民族表征就是这一时期生态博物馆建设与实践的基本要求，它也形成了后生态博物馆时代的一种生态博物馆类型。

这种类型的生态博物馆，以广西的"1+10"为代表，但在其前后，中国其他地方的生态博物馆建设与实践，也有这一类型的生态博物馆出现。比如云南的大理州云龙县诺邓村黄遐昌家庭生态博物馆、西双版纳布朗族生态博物馆、元阳哈尼历史文化梯田博物馆；湖南的江永女书生态博物馆、上甘棠古村生态博物馆；贵州的西江苗族博物馆、地扪侗族生态博物馆、上郎德苗族村寨博物馆；重庆的武陵山民俗生态博物馆等都属于民族表征类型的生态博物馆。

云南的大理州云龙县诺邓村黄遐昌家庭生态博物馆，可以说是世界生态博物馆建设与实践最为神奇的操作。2006年时，大理州的一个领导干部要在诺邓村建设一个家庭生态博物馆，目的是扶贫。于是，大理州的文化部门批准建设大理州云龙县诺邓村黄遐昌家庭生态博物馆。本来文件中批准的是两户，但最后建成的只有这一户。之后，大理州博物馆专业人员在这户人家进行了专业的布展，其布展资金由州博物馆负担。大理州云龙县诺邓村黄遐昌家庭生态博物馆建成之后，还纳入了大理州博物馆系统的正规管理系统，至今依然，并且州文化部门与此户人家还有专门的管理协议。这个村为白族村，此户人家为白族，其表征的就是白族的家庭文化，以及白族的相关文化。

西双版纳布朗族生态博物馆建设在西双版纳州的布朗山，是许多项目资金支持下的多个文化项目建设，其中就包含了生态博物馆建设的名目。其操作与广西京族生态博物馆类似。不过，在西双版纳布朗族生态博物馆的牌子下，表现的也是布朗族的民族文化。元阳哈尼历史文化梯田博物馆虽然没有表达自己为生态博物馆，但其所有的博物馆实践过程，都蕴含了生态博物馆的理念、概念和精神，其表征的依然是此地的哈尼族历史文化。

湖南的江永女书生态博物馆最初建设的就是"女书文化园"，但后来就慢慢"解读"为生态博物馆了，所以，现今都把它宣传为江永女书生态博物馆了。这个生态博物馆表征的就是历史上只有在女人中书写和流传的文字，有多种形态和样式。在今天来说，就是一种历史上地方性文化表征了。

上甘棠古村生态博物馆是湖南文物部门扶贫的产物，即在上甘棠这样的国家重点文物保护单位的古村中建设一个生态博物馆，以利于此地的文化扶贫开发。故其亦是地方性的历史文化开发和利用，表征的亦是地方性的文化。

贵州的西江苗族博物馆、地扪侗族生态博物馆、上郎德苗族村寨博物馆等三个生态博物馆都是在生态博物馆的贵州时代之后建立起来的，都不是专业的生态博物馆的名义建立起来的博物馆，却在一定程度上使用了生态博物馆建设的方法和概念，而且都不是以"政府指导"的博物馆建设资金建设起来的。西江苗族博物馆是为了旅游服务而建立的博物馆，回避了生态博物馆的"不收费"性质；地扪侗族生态博物馆最初是个人出资行为建立起来的"个人版生态博物馆"，但他们进行了许多关于"生态"意义上的实验……不过最后实际上也被纳入生态博物馆的国家管理状态了；上郎德苗族村寨博物馆实际上不是一个严格意义上的生态博物馆，而是类似于尹绍亭实验中的"村寨布展"，但它留存了下来，并且具有小型信息资料中心的样式，所以今天称为上郎德苗族村寨博物馆。

贵州省的这三个生态博物馆所表征的都是民族文化，表征的是苗族

第六章　生态博物馆类型和发展简史

的、侗族的文化，虽然与广西的"1+10"类型的生态博物馆有一定差异，但民族表征的性质是具有高度一致性的。

重庆的武陵山民俗生态博物馆也是一个为了旅游而建立起来的生态博物馆，但也是如西江苗族博物馆一样，是一个"羞羞答答"的生态博物馆。这个生态博物馆在门楼上不叫"生态博物馆"，而是土家族民俗博物馆，但在里面的布展中就明确说这是一个生态博物馆。这也是回避（苏东海）生态博物馆"不能收费"的成规。实际上，这个生态博物馆的布展非常专业和到位，对于生态博物馆的理解也具有很高的水平，对于武陵山区土家族民族文化的表征非常出色。

在后生态博物馆时代，民族表征是这一时期生态博物馆建设与实践的基本性质和状态，即在这一时期，建设生态博物馆必然走的就是民族表征的路径，其建设的起点就是表征民族文化，使得这一时期的生态博物馆建设都属于民族表征类型的生态博物馆。究其历史动因，大致有三点：一是民族文化多样性是这一时期的重要话题；二是国家在民族地区扶贫开发的历史背景；三是民族文化的旅游开发路径和话语等等。

民族文化多样性，以及民族自觉等话语，在后生态博物馆时代，是这一时期的重要话题，故如何体现和表达民族文化的多样性意义，就被时代作为一个热门话语提及，这就为生态博物馆建设与实践，走向民族表征打下基础，故使得这一时期的生态博物馆建设基本以民族表征为主。民族村寨、民族身份、民族文化……是这一时期生态博物馆的基本烙印。虽然它在一定程度上受到生态博物馆贵州时代的影响，但它把生态博物馆的民族文化发展到了极致，使得这一时期的生态博物馆无一不是民族表征，或者说这一时期，无民族表征就无中国的生态博物馆。

在后生态博物馆时代的民族表征类型生态博物馆中，国家在民族地区扶贫开发的历史背景也是一个重要因素。在广西，其民族博物馆的建设，即在正常的博物馆存在的背景下，再专门建设一个以"民族"为名义的博物馆，其本身就是这一历史背景的隆重呈现。而在这一历史背景下的"1+10"的生态博物馆建设与实践，不以"民族"为"基点"反而是一种"失常"了。在前面的论述中，笔者已经说过，广西的"1+10"生态博物馆建设与实践，其初始布局就是表征广西的民族文化。

在2005年之后，中国的工业化初步实现，后工业化的步伐在一些地方已经开始，其旅游开发就是之一。在旅游开发中，民族文化的旅游开发，就被作为一条有效路径来表达。在这样的情境中，利用生态博物馆的建设与实践，来促进这样的旅游开发，自然是一种具有普遍性的选择。在广西的"1+10"生态博物馆建设与实践中，这样的路径选择因素就是天然的，因为国家在民族地区扶贫开发的历史背景与这样的选择一点也不矛盾，反而是一种密切的契合。

基于这三点，在后生态博物馆时代里，生态博物馆表现为民族表征的类型是一种历史必然。

民族表征是这一时期生态博物馆的总的基本表现，但实现这样的民族文化表征，也有一些不同路径和过程。它们大致可以分为：一是民族文化（少数民族）+村落区域的路径；二是特色建筑+村落（区域）+文化背景（历史）路径；三是专项文化+村落+地区+民族文化路径。

第一种路径如云南的西双版纳布朗族、广西的南丹里湖白裤瑶、三江侗族、那坡黑衣壮、东兴京族、融水安太苗族、龙胜龙脊壮族、金秀坳瑶等生态博物馆，还有贵州的西江苗族博物馆、地扪侗族人文生态博物馆、上郎德苗族村寨博物馆等。在这一路径的生态博物馆中，可以再分出经典的民族+村落亚型，以及民族+村落+历史文化非经典亚型。非经典亚型即西双版纳布朗族、三江侗族、东兴京族等生态博物馆，以及西江苗族博物馆等。其余的属于经典亚型。经典亚型的历史源头在于梭戛苗族生态博物馆，局限于民族文化+村落，不会延伸到整个民族历史中去。非经典亚型的源头在镇山布依族生态博物馆，这样的生态博物馆把村落中的民族文化延伸为整个民族历史文化的观照和代表，这就超出了生态博物馆的理念，不过，这样的"超出"在中国后生态博物馆时代，被人们认可和发展了。所以，在这样的生态博物馆认知中，专门的民族历史文化博物馆与民族历史文化的生态博物馆才具有"合谋"的理论基础。三江侗族生态博物馆、东兴京族生态博物馆、西江苗族博物馆等就是这一新的生态博物馆认知的实践，它们生态博物馆的村落区域博物馆概念还在，只是其"信息资料中心"包含在"民族历史文化博物馆"中了。在实际的田野观察中，这样的生态博物馆运行在一定程度上加深了人们对于生态博物馆文化认识，促进了生态博物馆展示的丰富性。

第二种路径如广西的靖西旧州壮族、贺州客家、灵川长岗岭商道古村等生态博物馆,还有湖南的上甘棠古村落生态博物馆。在这一路径的生态博物馆中,都是以某一种建筑为特色和关注点来实施和建设生态博物馆,一般这样的建筑都有国家文物保护单位为背景,以上的三个生态博物馆都是,贺州的客家围屋建筑群、灵川的明清时代的古建筑群、湖南的上甘棠古村落生态博物馆建设的背后,也是属于国家重点文物保护单位的明清建筑群,其生态博物馆的建立都是在保护这些文物的基础之上,同时保护这些文物存在的区域文化生态和恢复社区记忆。这种路径生态博物馆的源头在于隆里古城生态博物馆。这种路径的生态博物馆最具有西方生态博物馆理论中的社区含义,也确实在中国的"第三代生态博物馆"发展中被人们强调和发展,形成了一个中国生态博物馆新的发展时期。

第三种路径如重庆武陵山民俗生态博物馆、湖南江永女书文化生态博物馆、云南的云龙县诺邓村黄遐昌家庭生态博物馆、元阳哈尼历史文化梯田博物馆等等。这种路径中最为显著的特征就是专项文化的存在,不管这一专项存在于社区,还是存在于村落,有没有历史文化背景要素,都以其特定的文化专项而存在和表现其独特的意义。武陵山民俗生态博物馆是以武陵山土家族的民俗文化为专项的,江永女书文化生态博物馆是以女书文化为专项的,云龙县诺邓村黄遐昌家庭生态博物馆是以家庭为专项的,元阳哈尼历史文化梯田博物馆是以世界文化遗产"哈尼梯田"为专项。这样的专项文化生态博物馆出现,为后来的"第三代"生态博物馆和多元生态博物馆建设与实践打开了道路。

## 第三节 社区博物馆的发展和开拓

社区生态博物馆,是中国的"第三代"生态博物馆,被认为是继后生态博物馆时代之后的又一个生态博物馆类型。它的特点是强调了社区的区域存在意义,包含了社区历史记忆、社区发展、社区的区域性质表达……因为社区是一种超越民族和地方的概念,对于中国的生态博物馆建设与实践来说,社区是一个全新的概念,也是一个发展的概念。中国在2000年后才在国家行政管理中全面实施社区管理,故在2011年时,国家文物局提出

"社区生态博物馆"概念，意义重大，它也直接催生了中国社区生态博物馆类型。

就社区而言，早在西方的生态博物馆理论中，其社区就是其生态博物馆存在和发展的基础，故它的区域性就是在社区的基础上发生和认知的。在 1995 年时，中国的社区还没有进入国家的行政区划的范畴，人们的结群方式还是以村寨为主的区域概念，农业性质的区域性村寨还在现实社会中占据主导地位，而且中国最早的生态博物馆建设区域性大都选择的是以村寨为主的区域，而且以少数民族村寨的区域性为主，只有少数部分选择了汉族历史上、以历史建筑遗产为主的区域，贵州时代中的隆里古城生态博物馆，民族表征中的靖西旧州壮族、贺州客家、灵川长岗岭商道古村等三个生态博物馆，还有湖南的上甘棠古村落生态博物馆等等。这些生态博物馆当然具有旧时社区的区域性，但它们表达的主要方面不是社区，而是民族性和地方性的文化表征。不过，它们的存在也在一定程度上显示了中国生态博物馆建设与实践的社区意义。

在中国生态博物馆建设与实践的贵州时代，起始为 1995 年，至 2005 年结束，其生态博物馆类型为"交融与自生"；2005 年至 2011 年，广西的"1+10"生态博物馆群建设完成，标志着后生态博物馆时代的民族表征类型生态博物馆建设与实践结束；而中国的"第三代"生态博物馆——社区生态博物馆类型，因国家文物局的一个文件而诞生，但其时间上它们却有一定交叉，交融与自生生态博物馆类型在时间上还没有结束的时候，民族表征类型生态博物馆的实践已经开始，而且这样的生态博物馆建设与实践，大致在 2019 年时才结束。但 2011 年时，国家就开始明确地推进社区生态博物馆的建设与实践了。

中国社区生态博物馆建设与实践，以及社区生态博物馆类型的出现，是国家文物局直接使用文件的形式推进的。2011 年，国家文物局下发了一个文件《关于命名首批生态（社区）博物馆示范点的通知》，公布了全国首批 5 个生态（社区）博物馆示范点。

在这五个社区生态博物馆示范点中，新增加的为三个，一个在福州，一个在浙江，一个安徽，其他两个在广西和贵州，其本身就是中国生态博物馆第一类型和第二类型中的生态博物馆，为什么又要列入社区生态博物馆的类型中来呢？

## 第六章 生态博物馆类型和发展简史

在 2011 年 8 月 17 日，国家文物局以"文物博发〔2011〕15 号"的文件形式向"各省、自治区、直辖市文物局（文化厅）"颁发了题为"关于促进生态（社区）博物馆发展的通知"的文件，开篇就界定了社区生态博物馆的定义。①

这个"通知"一共有"提高认识，加强统筹规划""突出重点，发展具有中国特色的生态（社区）博物馆""拓展视野，强化生态（社区）博物馆整体保护文化遗产的功能。""积极探索，创新生态（社区）博物馆发展途径"、"以人为本，加强生态（社区）博物馆教育服务工作""坚持文物工作方针，将文化遗产保护与改善经济社会发展状况有机统一起来""加强协作，建立生态（社区）博物馆发展的长效机制""深入研究，增强理论对实践的指导作用"等八条。在这八条中，认为社区生态博物馆是中国生态博物馆建设与实践的创新，强调社区生态博物馆与整体性保护文化遗产的关系，强调社区生态博物馆与教育服务的关系，强调社区生态博物馆中遗产保护与社会经济发展的关系……完全把社区生态博物馆建设作为国家文物局当下阶段工作的"重点"。更有趣的是，原来中国生态博物馆建设与实践的"政府主导，专家指导，群众参与"的原则在其中修改为"政府支持，专家指导，居民主导"的原则。这个修改，其中的意义深远，即以后的中国生态博物馆的建设与实践，政府只是"支持"了，即财政"主导"的时代已经结束。确实，在社区生态博物馆建设与实践中，各种各样的资金进入了中国生态博物馆的建设与实践，同时，各种各样的观念和力量也进入了中国生态博物馆的建设与实践中。这可能是中国社区生态博物馆类型最有意义的地方。在这个修改中，群众也修改为"居民"，民族村寨与社区的主角发生了根本变化。

在这个文件发出的同时，国家文物局还以"文物博函〔2011〕1459

---

① "生态（社区）博物馆是一种通过村落、街区建筑格局、整体风貌、生产生活等传统文化和生态环境的综合保护和展示，整体再现人类文明的发展轨迹的新型博物馆。当前，随着城市化进程加速，大规模城乡建设持续展开，文化遗产及其生存环境受到严重威胁。促进生态（社区）博物馆发展，对于调动全社会保护文化遗产的积极性，推动文化遗产的有效保护和传承发展，建设中华民族共有精神家园，增强民族自信心和凝聚力，延续中华文脉，促进文化与经济社会全面协调和可持续发展，具有十分重要的现实意义。现就促进生态（社区）博物馆发展有关问题通知如下……"中国政府网 2011 年 8 月 23 日。

号"的形式，向"各省、自治区、直辖市文物局（文化厅）"发出了题为"关于命名首批生态（社区）博物馆示范点的通知"的文件，命名了首批五个社区生态博物馆，并且说明了此项工作的理由和意义。希望各地"切实做好生态（社区）博物馆示范点建设工作；要加强科学规划，试行灵活有效的政策措施，结合实际情况不断丰富和完善发展模式，率先建立科学有效的民族民间文化遗产保护机制，切实维护地区文化的多样性和特殊价值，并不断积累经验，充分发挥示范和辐射作用，为推进全国生态（社区）博物馆发展作出更大贡献。"[1]

在这个文件中，国家文物局给予了社区生态博物馆一个新的定义（参见前面注释），回答了公布的五个社区生态博物馆示范点中，要有前期两个类型的生态博物馆的问题，因为"村落"也是社区转型的前提之一。广西和贵州的两个村落生态博物馆也是社区生态博物馆的建设与实践的范畴，或者说表明一种历史发展过程的连续性。

在五个社区生态博物馆示范点中，前三个都在中国东部的生产力先进发达地区，在这样的地区建设新型的社区生态博物馆，把中国生态博物馆建设与实践的立足点东移，确实对推进中国的生态博物馆建设与实践，具有战略意义。从2011年至今，社区生态博物馆在中国的东部蓬勃发展，显示出了不同凡响的性质和状态。

在2011年后，中国东部属于社区生态博物馆类型的生态博物馆，在福建有福州三坊七巷社区博物馆群、厦门闽台宋江阵博物馆；在浙江有安吉生态博物馆群、松阳生态博物馆群、舟山中国海洋渔业文化生态博物馆群；在安徽有黄山屯溪老街社区博物馆群；在山西有平顺太行三村生态博物馆，等等。

在这些社区生态博物馆类型中，其大致的类型特征有四：外部形式的群体性为一，内部的社区记忆和传统为二，与经济发展联系密切为三，社区生态博物馆建设与实践中投资的多方力量和观念为四。

在社区生态博物馆类型的群体性方面，是其最大的亮点。中国生态博物馆建设与实践的群体性在贵州时代中就已经显现，但却在社区生态博物馆类型出现时，才达到登峰造极的地步。

---

[1] 中国政府网 2011 年 8 月 23 日。

## 第六章　生态博物馆类型和发展简史

在福州三坊七巷社区博物馆中，它虽然有一个"社区生态博物馆中心馆"，但在福州三坊七巷社区中，它却还有一系列的社区生态博物馆。在三坊七巷社区博物馆中，其社区生态博物馆群由一个中心馆、37个专题馆和24个展示点及集会空间组成。有一些生态博物馆出现完全为意料之外，比如"消防生态博物馆"等等。

在福州的三坊七巷社区中，人文荟萃，所以专题馆比比皆是，比如林则徐纪念馆（林则徐祠堂）、寿山石展览馆等等。

展示点其实就是原来的老商铺，比如老药铺（瑞来春堂）、木刻艺术（禅怡会所）等等。后来有的店铺为了经营，直接就把自己的店铺起名为"博物馆"。

安徽的黄山屯溪老街社区博物馆也是一个博物馆群，情况与福州类似，但规模较小。

社区生态博物馆的群体性表现，在浙江最为明显，可谓"无群不欢"。在浙江，它有三个社区类型的生态博物馆群，一是安吉社区生态博物馆，二是松阳社区生态博物馆，三是舟山社区生态博物馆。这三个社区生态博物馆都不是一个单独的生态博物馆，而每一个都是一个生态博物馆群。

在安吉，笔者的实际调查中，其每一个分布在乡镇中的社区生态博物馆，其实就是一个相对独立的生态博物馆，关于生态博物馆的基本要素都相对完整，只是有的生态博物馆建设还不是很完善。

在松阳，其分布在乡镇的社区生态博物馆，都是经过现代设计而来的"产品"。并且有的产品在国际上还发生了比较深远的影响。这样"建设与实践"社区生态博物馆，在一定程度上并不完全是为了建设生态博物馆，而是借用生态博物馆概念，在"做"一件文创产品。此亦权作为中国社区生态博物馆建设与实践的一种实验。

浙江舟山的中国海洋渔业文化生态博物馆也是一个群。这是岱山岛在渔业资源枯竭后开展生态旅游开发的转型。

安吉的社区生态博物馆群是2012年建成的，松阳的社区生态博物馆群是2017年建成的，舟山的中国海洋渔业文化生态博物馆群也是在这个时间内建成的。在2012年时，在全域旅游的背景下，安吉已经大致具有"生态博物馆县域"的初步概念，在2017时，松阳县已经明确地提出了建设365天"永不闭馆"的"全县域生态博物馆"的概念。其实，在岱山岛，也是全域旅游的发展概念,"县域生态博物馆"的概念也包含其中。

2018年,山西的平顺太行三村生态博物馆建成,这也是中国北方的社区类型的生态博物馆。平顺县太行三村生态博物馆也可以认为是一个小型的群体性社区生态博物馆,因为它以豆口、白杨坡、岳家寨三村组建而成,"认知中心"建设于豆口村,其他两个村各有自己的生态博物馆建设内容。它是中国北方汉民族地区第一家、也是山西省首座生态博物馆,在一定程度上也是践行了农村社区生态博物馆的理念。

这种表现在社区生态博物馆类型中的群体性,一方面反映了中国东部发达地区的经济实力,一方面也反映了其社区人文精神的多样性和丰富性。

在社区生态博物馆类型中的第二个特征中,社区记忆和传统是社区生态博物馆的一种内在特征,它表现为几乎所有的社区生态博物馆中,记忆和传统都是其社区的历史和精神财富,在社区生态博物馆类型中呈现和保护它们,是这一类生态博物馆的基本诉求,也是建设这一类生态博物馆的基本意义。这在福建、安徽、浙江都是这样。在城市社区中,这些被选择来建设社区生态博物馆的地方,基本都是历史发展悠久的地方,人文荟萃的地方,建筑遗产和精神遗产富集的地方,传统技艺精湛,保存良好,传承久远的地方。这在农村社区亦然,但特征更倾向于地方性、地域性、民族性。

在社区生态博物馆类型中的第三个特征中,这些生态博物馆建设与实践,都与经济发展联系密切,建设这样的社区生态博物馆,明确地要求要促进地方社会的经济发展。在福建、安徽等地的城市社区不言而喻,在浙江安吉这样的县级地域经济发展中,也是这样表现的。安吉县发展社区生态博物馆明确表示是为了促进该县全域旅游的发展,而且他们还把社区生态博物馆的建设与发展与相应的经济业态的发展结合起来。安吉竹文化生态博物馆、安吉现代竹产业生态博物馆、中国竹子博物馆、大康椅业展示馆、和也睡眠文化生态博物馆等,都与安吉的竹业经济密切相关;安吉白茶生态博物馆、高家堂红茶文化展示馆与安吉的茶叶经济密切相关;祖名豆文化展示馆与豆业经济相关;乌毡帽酒文化展示馆与酿酒相关……比如其中的和也睡眠文化生态博物馆,就是一家做床等用具和家具的企业投资建设的。在第一代生态博物馆中,其生态博物馆的理念是不收费的,是一

## 第六章 生态博物馆类型和发展简史

种社会的服务教育过程，故在第二代民族表征类型的生态博物馆中，人们为了规避"不收费"的规约，把民族表征类型的生态博物馆说成是民俗博物馆，而在社区生态博物馆实践中，经济的社区发展被完整提出，生态博物馆发展社区经济的工具性开始合法化了。所以，在社区生态博物馆类型中，发展经济是一种公开的规制，福州的社区生态博物馆中，为了好收费，店铺都可以称为"某某生态博物馆"。这是一个很大的发展和变化。当然，在社区生态博物馆类型中，社区生态博物馆的中心馆仍然是不收费的，依然表现了其服务社会的博物馆传统精神。

在社区生态博物馆类型中的第四个特征中，表现为社区生态博物馆建设与实践中的投资是多方面的，那种早期中国建设生态博物馆的"政府主导"（主要是财政资金），在社区生态博物馆建设中已经不是主流了。比如在安吉县，全县的博物馆、展示馆中，企业为主做的展示馆13个。有中国竹子博物馆、高式熊书画展示馆、祖名豆文化展示馆、大康椅业展示馆等等。村落做的展示馆43个，有鹤鹿溪名人文化展示馆等等。这些展示馆的投资资金都是多源头的，有企业的，有个人的，也有公司的，还有集体的。福建厦门的闽台宋江阵博物馆也是当地企业家自己的资金所为。

多元资金投入社区生态博物馆建设，自然也带来了多种观念和理念，旅游部门投资生态博物馆建设，自然希望社区生态博物馆建设能够为旅游带来经济的生长点和发展的促进点，以及旅游开发点的影响力和知名度。这样的驱动力自然会促使一些新的理论和观念进入社区生态博物馆的建设，松阳县社区生态博物馆建设中的现代设计的进入，就是例证之一。企业投资建设社区生态博物馆，自然要与自己的生业关联，安吉的茶叶生态博物馆与茶业结合，竹生态博物馆自然要与竹产业结合。喜欢武术的企业家投资建设闽台宋江阵博物馆，也是因为闽台宋江阵博物馆实际上就是该地域历史上的一种群体性民间武术表演仪式，而且投资人喜欢。

福建厦门的闽台宋江阵博物馆在中国博物馆专业界没有"名分"，但它是在台湾学界的概念指导下修建的生态博物馆，其内涵表达与农村社区生态博物馆无异，故亦是中国社区生态博物馆类型的一种表现。

## 第四节　农业遗产型生态博物馆

从生态博物馆的贵州时代到社区生态博物馆的拓展和发展，三种类型的生态博物馆都是博物馆专业体制内发展的事物，它们基本构成了中国生态博物馆建设与实践的主体，但是，在中国生态博物馆建设与实践中，还有一条"支线风景"存在，即从2002年开始的林业、地质、环保、农业遗产、动物保护等专业和部门，在生态博物馆建设与实践这个大背景的影响下，以自己独有的生态观为指导，亦进行生态博物馆建设与实践，产生了一大批别具特色的生态博物馆，成为中国生态博物馆建设与实践的重要组成部分。在这些生态博物馆中，笔者大致把它们分为农业遗产生态博物馆和自然生态博物馆两个类型。

农业遗产生态博物馆包含农业生产景观类生态博物馆、蔬菜瓜果类农业遗产类生态博物馆、农业人文遗产类生态博物馆等三个小类。

属于农业生产景观类生态博物馆有：安康市汉阴县漩涡镇的凤堰古梯田移民生态博物馆、陕西省铜川市的宜君旱作梯田农业生态博物馆。

在中国的发展历史中，农耕生计方式极为悠久，而且是影响和奠定东方亚细亚文明的基本的生计方式，人们在用尽平原地区的农业土地资源之后，就大量走向了山地的利用和开发，故一系列山区的梯田和梯地就成为山地农耕的基本方式。在西北的黄土高原，东南的丘陵山地，中南山地，西南的云贵高原……都有一系列的梯田和梯地存在，并且在中国的工业化进程中，逐步作为农业景观资源被开发和利用，比如云南的元阳梯田、红河梯田以及湖南和贵州的一些梯田等等，它们都被作为农业景观遗产，整合到自然景观资源中，被开发和利用。但在这样的开发和利用中，使用生态博物馆的工具理性，以及区域性发展的诉求，来整合这样的农业景观资源，再加以利用和开发，仅仅发生在陕西省。

2009年，陕西省的文物部门发现了位于陕西汉阴漩涡镇的凤堰一片万余亩的开发于乾隆年间的古梯田，里面还包含了20余处古民居院落、20余处古寨堡、相当数量的古堰渠塘坝等，被命名为"凤堰古梯田"。而且2010年被评为陕西省第三次全国文物普查"十大新发现"。之后，很快就进入了农业部的中国重要农业文化遗产名录。2012年3月，陕西省在一个半坡上，修建了一个类似于"信息资料中心"的小型建筑，凤堰古梯田移民生态博物馆就对外宣布正式挂牌，并且说："这是全国首座开放式移民生态博物馆"。在这个生态博物馆中，梯田的区域和院落、古堡、堰塘等都是生态博物馆的展示区域，基本上是一个专业性质的生态博物馆，但在国内的生态博物馆学界，基本没有人关注它。以为这就是农业遗产部门所建设的生态博物馆，其实最终给它定名的还是陕西省文物局。

陕西的宜君旱作梯田农业生态博物馆是2019年11月建成开放，是陕西省文物局在该县的扶贫建设项目。宜君县位于陕西省中部，是关中平原与陕北黄土高原的结合部，其建设生态博物馆也是因为这里具有一定规模的梯田农业遗产景观。在安康市的汉阴县发现的梯田是水田，而在宜君的是梯地，故其生态博物馆名称中有"旱作梯田"的字样，以示区别。这个亦属于农业景观遗产类型的生态博物馆，在"信息资料中心"的建设上采用的是分散式的设计，即把展示此地梯地的农业遗产信息的布展要素，分散到"景区"（布展区域）的各处，形成不同含义的体验馆区，把传统生态博物馆的布展全部融合在一起，形成布展和景观要素的互证关系。

这两个生态博物馆都出现在陕西，都是陕西省文物局所为，都是属于农业遗产范畴的生态博物馆表达，它们的出现，使得陕西省的生态博物馆建设与实践在中国别具特色，并且在其中还表现了作为农业遗产的生态观。这一小类的生态博物馆还有一个特征，即都不是以建设生态博物馆为主要目的，反而是在实现"文物发现""农业遗产表达""旅游扶贫开发"等一系列目的下的一种附属性质的行为，所以，这是此类型生态博物馆属于中国生态博物馆建设与实践的"支线风景"的根本原因。

属于农业人文遗产类生态博物馆有：江西省南昌县黄马乡的蚕桑丝绸生态博物馆和陕西省延川县土岗乡的碾畔黄河原生态文化民俗博物馆。

在中国，农业的人文遗产非常丰富，故在农业的人文遗产中的生态博物馆建设与实践行为也有发生，江西南昌县蚕桑丝绸生态博物馆和陕西省延川县土岗乡的碾畔黄河原生态文化民俗博物馆的建设与实践就是。从两个生态博物馆的肇始和出现，人们都可以看到，一个主体是"江西省蚕桑茶叶研究所"，一个主体是中央美术学院的个人画家。江西的蚕桑丝绸生态博物馆于2009年开始筹建，2012年6月建成；碾畔黄河原生态文化民俗博物馆建设实践更早，在2002年就开始建设，并且很快建成。这两个建设主体都不是专业的生态博物馆学界的人士，但其博物馆的布展和概念却无形中都是"很生态"，很到位。前者目前为止，仍然是中国唯一的以"蚕桑丝绸"为主题的生态博物馆，后者也仍然是中国唯一的以原生态命名的民间生态博物馆。一个以桑蚕为主题，展示了中国文化中的桑蚕主题的文化和历史，以及中国的桑蚕文化在世界文明中的影响和意义。在中国，蚕娘娘是一种农业神灵，在这个"蚕桑丝绸生态博物馆"中，也有蚕娘娘的神像，并且与中国民间的蚕神如出一辙。另外一个以黄土高原的民居建筑和生活用品用具、生产工具、民俗、仪式等等为主题，展示了中国最为古老的农业人文的遗存，以及在中国农业文明中的意义。而且这两个中国农业人文遗产的博物馆表达，都采用了生态博物馆的方式，虽然后者只是自觉的"原生态观"，没有明确的生态博物馆的现代概念，但在其中出现的生态博物馆实践，在一定程度上比之还要"地道"和实在，比如其"布展"的主体在实践中不是"专家指导"，而是"农民主导"。这样的生态观中体现的生态博物馆观念更为"先进而具体"，更能体现生态博物馆的基本精神。

这两个不同的中国农业人文遗产类型的生态博物馆最初建设的目的，一个是旅游开发，一个是原生态文化保护，而最后这两个生态博物馆达到的功能和目的都大大超越了最初的预想。前者为中国目前最好的桑蚕丝绸生态博物馆，附近景区的旅游开发也实现了；后者原来要保存和保护的一个废弃的黄土高原的小村庄，现在也已经成为中国的重点文物保护单位。

这两个农业人文遗产类型的生态博物馆建设与实践，由于主体都不是生态博物馆学界的人士，也没有任何学界的介入，所以，长期以来没有人注意到它们的存在和意义，其实，它们都是中国生态博物馆实践中最好的生态博物馆之一。并且在生态博物馆类型学上具有特别意义，对于深化中国农业人文遗产的认识，具有典型意义。

属于蔬菜瓜果农业遗产类生态博物馆有：山东寿光的中国蔬菜博物馆、山东乐陵的中国金丝小枣文化博物馆、山东定陶的定陶蔬菜生态博物馆。

中国的农业遗产中,山东的蔬菜瓜果类型的生态博物馆建设与实践,可能是最为特别的。中国的农业种植历史悠久,大致有北方的旱作农业种植系统,南方的水田农业种植系统,沿着河西走廊到塔里木盆地分布的"绿洲农业"种植系统,以及青藏高原的高原农业种植系统……都有许多的技术和植物品类,但这些都没有在博物馆系统的"布展"中有系统的展示,反而是山东的蔬菜瓜果,在生态博物馆建设和实践中有一系列的专门表现自然具有特殊的意义。在山东,笔者一直迷惑,为什么会在2010年之后,出现一系列的蔬菜瓜果类农业遗产生态博物馆?但一个资料中,我看到"山东的蔬菜供应占有全国供应量的70%的份额"之后,我理解了为什么这一类生态博物馆属于山东。

2010年,山东的寿光建成了名为中国蔬菜博物馆的第一个生态博物馆。人们可能不太理解,这个专门性质的博物馆,为什么笔者会把它作为生态博物馆看待呢?理由有二:一是在山东寿光的中国蔬菜博物馆区域内,除了专业的博物馆之外,相应的生态性质的区域性活态展示以"景区"的形式存在,即人们在博物馆里可以看到和学习到关于中国蔬菜栽培的历史文化和众多品种知识,在"景区"里,也能看到对应的区域性展示,即生态区域,以及现实中的相关技艺的存在。即在山东寿光建设的中国蔬菜博物馆,一开始就是按照生态博物馆的内在尺度来建设的。这样的判定在山东后来的相关生态博物馆建设中,亦逐步显现出来。2012年时,中国金丝小枣文化博物馆在山东乐陵建成开放。这时,也没有标注为生态博物馆,但在2019年的山东定陶,其定陶蔬菜生态博物馆建成开放,就开始明确地说明这一类博物馆为生态博物馆了。

山东是中国农业种植历史非常悠久的地方,也是农业农村现代化、工业化发生最早的地方,故在山东出现蔬菜瓜果类型的农业遗产生态博物馆是一种历史的必然。

这一类型生态博物馆的主题自然为蔬菜瓜果,特别的是,它把蔬菜瓜果的种植区域和种植技艺,品类知识,以及历史文化,作为生态博物馆的一种"布展"。另外,这一类型的生态博物馆特征与某一类型的植物紧紧相连,也与某一品类植物果实的经济性质和发展紧紧关联。

## 第五节 自然生态型的生态博物馆

自然生态的概念主要源于自然生态观的一系列认知，因为在自然界，林业、地质、环保、动物保护等专业和部门都从自然生态的角度，具有自己的生态观念，比如林业，就认为以森林为主要系统的存在，就包含了植物、动物、气候、水源等等生态系统，以及由此而来的各种关系。再如地质专业和部门，他们认为地球的地质状态也是一个生态系统，系统中的失衡和缺环也会带来生态灾难。而且在1995年中国引进生态博物馆理论和理念，建设和实践生态博物馆，形成了生态观建设的大环境，对于这些具有自然生态观的领域也产生了影响，故促使他们也在自己的生态观理念中，以自己的方式，建设自己的生态博物馆，最后形成了自然生态型的生态博物馆。这样的生态博物馆，自然亦是中国生态博物馆"支线景观"中的一个重要类型。

这些专业和部门，也建设了一般意义的博物馆，但一般属于自然科学博物馆，在引进和使用自然生态观和生态博物馆概念之后，就使得其生态博物馆同时具有了自然科学博物馆和生态博物馆的双重性质，所以，这一类生态博物馆，都属于这样的性质。

这一类型的生态博物馆实践，包括林业类自然生态博物馆、地质类自然生态博物馆、环保和动物保护类自然生态博物馆等三个类型。

林业类自然生态博物馆有：宁夏六盘山地区的六盘山生态博物馆，乌鲁木齐市的新疆林业自然生态博物馆，福建泉州的戴云山生态博物馆。在这一类型生态博物馆中，还有两个类似的生态博物馆，一个是湖南靖州的中国杨梅生态博物馆，一个是贵州湄潭的贵州茶文化生态博物馆。这两个生态博物馆严格说来，都不是林业专业的自然科学博物馆类型，而是与林木有关的文化类型的生态博物馆，因为中国杨梅生态博物馆和贵州茶文化生态博物馆与前面的三个林业生态博物馆不同，其布展内容基本与林业科学知识的普及和教育无关，而是关于中国杨梅（果实）的文化表述，以及关于茶叶历史文化的基本表述，两者都基本不普及科学知识。但林业产品上而言，把它们归属于林业类别的生态博物馆也是有一定依据的。

## 第六章　生态博物馆类型和发展简史

六盘山生态博物馆建成于 2010 年，新疆林业自然生态博物馆建成于 2014 年，戴云山生态博物馆建成于 2019 年，是中国三个典型的林业类自然生态博物馆。

六盘山生态博物馆是为了配合"六盘山国家森林公园"的建设而建设的，或者说是该国家公园建设的一个组成部分。其本身虽然名称为生态博物馆，但其主要是关于此地林业的科学知识的普及和教育，其中自然有关于林业的生态观教育和文化表达。

新疆林业自然生态博物馆是 2014 年宣布建成开放的，它由自然、生态、奇石三部分的布展组成，从名称上来说，它是最符合这一类型生态博物馆的表述，但这个林业自然生态博物馆，并不仅仅只是林业的生态观表达，它实际上还包含了新疆地区的地质和野生动物包含的内容和意义，是一个混合类型的生态博物馆。

在时间上最晚建设的泉州戴云山生态博物馆，也是以林业生态观为主建设的林业类自然生态博物馆，但它由于建设时间较晚，所以，其中表现的林业生态观最为成熟。在这个生态博物馆中，它有"三山解读、绿色血缘、植被群落、动物资源、水系结构、生态屏障、生态文明示范区、法制教育"等八大展区，包含林业自然科学的普及和教育，也有林业系统中的人文精神与民间习俗等一系列的内容，比之六盘山生态博物馆，其人文的布展包容更为广泛和全面。所以，这个生态博物馆的功能要求已经形成了"文化与积淀、教育与研究、展示与交流、文明与进步"等比较成熟的布展原则。

从这三个经典的林业自然生态博物馆类型以林业生态观为基础的生态博物馆建设，已经可以看见它们从简单的林业生态观，走向了包容更多人文意义的林业生态观，使得这一类型生态博物馆在自然林业生态博物馆中显得比较成熟和规范。

如果把六盘山生态博物馆、新疆林业自然生态博物馆、戴云山生态博物馆等三个生态博物馆视为国家林业部门主导建立的生态博物馆类型，那位于湖南靖州苗族侗族自治县坳上镇响水村的中国杨梅生态博物馆，以及由地方多部门主持的贵州茶文化生态博物馆，那就是民间、地方和专业主导下建设的林业文化主题的生态博物馆了。

中国杨梅生态博物馆，从另外一个意义上而言，它似乎可以归属于山东的"蔬菜瓜果类农业遗产生态博物馆"类型，但归属于林业自然类型生态博物馆亦可，因为这个生态博物馆的牌子，在生态博物馆建成开放之时，是中国林学会授予的。这个博物馆的建设主体是民间性质的地方，目的是利用中国历史上深刻的杨梅文化，来促进此地的杨梅经济的发展。所以，这个博物馆基本没有关于杨梅的科技知识普及和教育，而主要表现的是中国历史上关于杨梅的神话、传说、故事，以及关于杨梅的诗词歌赋，人物、典故等等。而且该博物馆建筑为当地侗族的传统建筑——鼓楼，生态展区也是建设成景区的一系列"杨梅树林"。利用生态博物馆的工具性，说中国古老的"杨梅故事"，促进当地杨梅经济的发展。

杨梅是一种水果，有一个生态博物馆，因为一种树叶，也有一个生态博物馆，这就是贵州茶文化生态博物馆。这个生态博物馆由地方建设，目的也是以博物馆为载体讲述茶叶的"中国故事"，但这个生态博物馆更多地注重中国和贵州茶叶产业的发展历史，注重的是茶叶的地方性发展。而且前者的博物馆建设是非专业的，而后一个博物馆的建设则是非常专业的，并且属于国家的三级博物馆系列，进入国家正规的博物馆管理与运行。

地质类自然生态博物馆有：河南省的新乡凤凰山矿业生态文化博物馆，宁夏石嘴山市的宁夏贺兰山生态博物馆。

在自然地质专业和系统中，往往与考古挖掘联系在一起，也会在一些重要的地质考古成果基础上建立一般意义上的地质自然科学普及和教育类的博物馆，其中也有在发掘原址的基础上，建设一些原址发掘保护的科学博物馆，比如贵州省关岭布依族苗族自治县的"鱼龙化石博物馆"，而这样的博物馆，就无形中具有生态博物馆的"原址保护"概念，所以，这一类地质博物馆很容易嬗变为地质类自然生态博物馆，前述的两个生态博物馆就是这样的博物馆类型。

新乡凤凰山矿业生态文化博物馆的建设起源于国家对于此地的一处被禁止开采的石灰石矿山的"生态治理"。在2007年前，这里的矿山开采严重影响了此地的生态平衡，故2007年后，此处的矿山禁止开采，但被禁止开采后的矿山面临着一系列的生态治理难题。最后，在一系列的治理之后，这里建设成了一个国家森林公园，而在公园门口，也建起了一座新乡凤凰山矿业生态文化博物馆。这实际上是一个地质博物馆，但它采取的是

## 第六章　生态博物馆类型和发展简史

生态博物馆性质的布展和概念，也在野外建立布展区域，把整个矿山区域视为生态博物馆的展示区域。这也就使其成为一种地质类自然生态博物馆类型。而且，这样的生态博物馆是以地质专业人士和管理部门的机构为主体建设的，包含了其专业中的地质生态观。参观这样的生态博物馆，接受一种生态布展的形式，还可以使参观者理解，地质状态也是一种重要的生态系统，而且与人类文化和经济社会发展息息相关。

宁夏贺兰山生态博物馆虽然名头很大，但实际上就是由一根有18米长的煤炭硅化石的"原址保护"而建设起来的生态博物馆。起名为"贺兰山"，也是一种地质生态观的普及和教育过程。这个生态博物馆，也是由地质部门机构为主体建设的，也包含了地质的生态观意义。

环保和动物保护类自然生态博物馆有：江苏省的江苏盐城丹顶鹤湿地生态旅游区博物馆，山东省的山东省枣庄月亮湾湿地自然生态博物馆，还有青海西海镇的青海湖生态博物馆等。这三个生态博物馆的类型，都具有湿地保护、动物保护、生态保护的概念，环境、动物、生态也使得这一类生态博物馆具有包括环保为主题的多种意义。

在此地建设最初始的时候，需要保护丹顶鹤，建立湿地保护区，再进一步开发湿地公园旅游区，再生出建设生态博物馆的内在发展需求，所以，盐城丹顶鹤湿地生态旅游区博物馆就出现了，而且是表达中国鹤类文化最为优秀的博物馆，在世界上，还没有任何一个博物馆，把鹤类动物的文化总结得如此完善。

山东省枣庄月亮湾湿地自然生态博物馆也是一个此类型的生态博物馆，但规模小，动物少，影响也很小，虽然有明确的生态博物馆的名称，建筑也不错，但已经闭馆很久，来旅游的人也极少。

青海湖生态博物馆投资一个亿，建成不到两年，但建成不久后即处于废弃状态，至今如是。

这一类生态博物馆，似乎一切都不是从建设与实践生态博物馆而出发的，但它们都最后成为环保和动物保护类自然生态博物馆。这一类型的生态博物馆也属于科学技术馆范畴，它们也有自己的生态观，表明在以水域、湿地为主的生态系统中，有多种多样的动物需要保护，而且湿地在人类生存的系统性关系、在人们未来的生活中会越来越重要。

在这些属于自然生态博物馆的类型中，还有一个特定的生态博物馆无法归类,这就是浙江丽水的百山祖国家公园野外博物馆。这个博物馆是在2020年的4月宣布建成的。位于丽水市的龙泉市。有8条展线,现已建成4条,设置文字、图片与多媒体融合的科普展牌112块。应该是一种生态博物馆创新。

这个"野外博物馆",从林业的角度来说,可以属于林业自然生态博物馆,但它却把博物馆的"布展"直接应用到野外的景观和动物,以及科学知识普及和教育的布展和解读过程中,这使人很难说此"野外博物馆"属于哪一类生态博物馆类型。

在中国生态博物馆的类型发展中,主线的生态博物馆类型已经走向了许多领域,比如交融与自生的生态博物馆、民族表征的生态博物馆、社区生态博物馆、生态博物馆群、县域生态博物馆、社区生态博物馆的多向性等等。在"支线景观"的生态博物馆类型中,也出现许多异样而精彩的生态博物馆类型,比如农业遗产类型生态博物馆、林业自然生态博物馆、地质类自然生态博物馆、环保和动物保护类自然生态博物馆……并且在这些生态博物馆类型中,包含和表达了来自各自领域的生态观,在一定程度上丰富了中国生态博物馆的实践和理论表达。另外还出现了"野外博物馆""网络生态博物馆"的概念,也在一定程度上展示了中国生态博物馆发展的前景和活力。

## 第六节 中国生态博物馆发展简史

从1995年4月的那次在中国贵州省发生的生态博物馆建设的考察,到2020年4月浙江丽水百山祖国家公园野外博物馆的出现,中国的生态博物馆实践已经走过了25年,在这25年中,中国大致已经初步形成了自己生态博物馆的发展简史,可以在一定程度上回顾自己的发展历史了。

在这次"考察"发生之前,中国除了博物馆学界开始对发生于1972年时的生态博物馆概念有所理解和介绍之外,其他学界对于生态博物馆概念的关注很少,更不要说实践了。从生态博物馆历史发生的意义上来说,1995年之前,基本没有任何与生态博物馆关联的事件发生,比较早的与生态有关的事件发生是云南尹绍亭先生他们所做的"民族文化生态村"建设项目，但这个项目在发生时间上晚于苏东海与挪威专家的"考察"。因此，1995 年是中国生态博物馆建设的元年。

从 1995 年开始，到 2005 年的"国际生态博物馆论坛"举行，这十年，算是中国生态博物馆的第一个时代。它产生了"融合与自生的生态博物馆"类型，产生了中国生态博物馆的贵州时代，从而奠定了世界生态博物馆的中国时代意义，在世界性的生态博物馆建设与实践中，具有了中国模式的生态博物馆的建设与实践，也初步开始了中国自身的生态博物馆的理论建设和发展。

从 2004 年开始，到 2011 年广西的"1+10"，以"民族表征"为基本特色的中国生态博物馆建设与实践的结束，中国出现了其第二个生态博物馆时代——后生态博物馆时代。掀起了中国生态博物馆建设与实践的第一个高潮，建设了一大批民族表征性质类型的生态博物馆，并且成为中国生态博物馆的主流形式。

从 2011 年 8 月国家文物局的那个文件颁布开始，到如今，为中国生态博物馆建设与实践的第三个时代——社区生态博物馆时代。又掀起了中国生态博物馆建设与实践的第二个高潮，建设了一批以群为特色的生态博物馆，实现了中国生态博物馆建设与实践的许多方面的创新和突破。

这三个中国生态博物馆时代，为中国生态博物馆建设与实践的主线，它们确立了中国生态博物馆的基本潮流和意义，也影响了整个中国的博物馆生态观，以及相关的学科理论的发展。

从 2002 年陕西的碾畔黄河原生态民俗生态博物馆出现开始，中国的个人、林业、农业遗产、地质、环保、动物保护等专业和部门，也在自己的生态观中理解生态博物馆的意义和形式，建设和实践了一大批多种多样类型的生态博物馆，成为中国生态博物馆建设与实践的"支线景观"，极大地丰富和发展了中国的生态博物馆建设与实践。

从中国生态博物馆的发生历史来看，在中国生态博物馆的贵州时代里，后生态博物馆时代的民族表征特点和性质表达在这里已经出现，约翰·杰斯特龙一开始就选择了梭戛为中国第一个生态博物馆建设的点，几乎是中国生态博物馆建设的"宿命"，民族表征类型的生态博物馆注定要成为中国生态博物馆建设的主体形式，而且这样的生态博物馆形式在未来的中国生态博物馆建设中还会不断出现。在现实中，这样的生态博物馆在

2019年时还有建成开放的实例。

在中国生态博物馆的贵州时代里，生态博物馆群的雏形已经出现，在1998年10月，梭戛生态博物馆的"信息资料中心"建成开放后，挪威人与苏东海等北京的专家团队就开始商讨在贵州省继续建设余下的几个生态博物馆事宜。几年后，贵州时代的生态博物馆实际上是以群的形态展示给后人的，这也是后来中国生态博物馆建设与实践中，生态博物馆群概念和形态的初始。博物馆群在浙江的生态博物馆建设达到高潮，其每一个县域的生态博物馆建设，都是以群的形式出现的，而且还有生态博物馆下面的展示馆、展示点、纪念馆等一系列层级发明。比如在安吉，几乎村村都有生态博物馆的展示点，并且在发展成熟后，就可以建设成为生态博物馆。而且这些展示馆、展示点名目繁多，涉及了村落文化的方方面面。

在镇山布依族生态博物馆建设中，布依族人的文化力量开始介入这一建设过程，并且与苏东海等人的专家意见发生矛盾，但挪威人看重的不是这样的不同观点的争执，而是隆里、堂安等生态博物馆的继续建设。但镇山布依族生态博物馆的名称出现，似乎为后来的"民族表征"的中国生态博物馆类型出现打开了方便之门。

几年之后，隆里生态博物馆建成。这是一个具有"社区"性质的村落存在，而且包含汉族文化的历史遗存，尤其以历史上的建筑文化和民俗为主。这显然具有明确的示范作用，即在表现民族村落文化的时候，一定要兼顾汉族以建筑文化遗存为主的村落文化。这在广西的"1+10"的生态博物馆群建设中，就包含了两个汉族文化的生态博物馆建设。

在中国生态博物馆的贵州时代里，堂安的生态博物馆建设过程最为曲折，因为生态博物馆的贵州时代发展到后期，多种文化力量已经进入，尤其是进入了贵州的侗族文化地区。属于贵州时代生态博物馆群建设规划之中的堂安生态博物馆，是最后一个建设的项目，一直到2005年才建设完成。但在这个生态博物馆建成之前，却早就有一个类似生态博物馆的建设名目，并且有一个类似"信息资料中心"的建筑在此，即早就有人于此"捷足先登"了。而且在附近的肇兴村的民族旅游文化开发中，后来建成的堂安生态博物馆又被承包给外来的公司了。虽然国家干涉了此事，但肇兴景区却"割裂"了此生态博物馆与外界的便捷交通。这说明，生态博物馆的工具性在很大程度上被许多人（资本）看好。这也是中国生态博物馆的简史之一。

中国生态博物馆贵州时代建设与实践的路径，实际上奠定了后来的许多发展趋势和可能性，而且后来的中国生态博物馆的每一个时代的发展和变化，都与生态博物馆的贵州时代有关。

中国生态博物馆建设与实践的第二个阶段里，民族表征类型的生态博物馆建设被广西高高举起，其广西也把民族表征类型的生态博物馆建设作为自己发展生态博物馆的特色和创新来看待，并且在10个生态博物馆建设中，3个不同类型的壮族生态博物馆表现了不同类型的广西壮族文化，两个瑶族的生态博物馆性质也是一样，而且特意地把其中一个的生态博物馆建设与中国著名的民族学家费孝通的学术经历关联起来，使得广西的民族表征类型生态博物馆别具色彩。在其中，还注意了苗族、侗族的文化表达，苗族、侗族的生态博物馆各有一个。

广西"1+10"的生态博物馆建设中的"民族"意味是直接和浓烈的。

在第三代生态博物馆建设历史中，突破的主要是生态博物馆建设的经济发展观念。在贵州时代，苏东海就在中国的生态博物馆建设中强调两点：一是生态博物馆的社会服务教育功能，即"不收费"，二是生态博物馆的区域性展览展示。后一个在后来所有的生态博物馆建设中都被认可，但前一个却在中国商品经济的大潮中，争议最多。但人们也都尊重和理解这样的社会服务教育的意义，比如民族表征类型中生态博物馆都不会收费，要收费的生态博物馆也在名称上"回避"直接的生态博物馆称呼，社区生态博物馆中的"中心展示馆"也一直是不收费的。但这样的情况在社区生态博物馆建设中基本被打破，因为在社区生态博物馆建设中，不再是政府财政支持和主导，而是生态博物馆投资建设的多元化，这样，社区生态博物馆就完全突破了不收费的规定。这也是中国生态博物馆建设的一种历史发展。

在中国生态博物馆建设与实践中，博物馆学、民族学、人类学、民俗学等一大批专家学者，以及基础的建设与实践的执行者和管理者、村民、长老等等，都做出了巨大的贡献和努力，其中，对此贡献最大的当数博物馆学家苏东海，以及挪威专家为代表的外国专家和中国的专家团队。同时也表明，在中国生态博物馆建设发展的历史中，学术界的多学科理论介入了中国生态博物馆的建设过程，并且对中国的生态博物馆理论发生了影响，在一定程度上促进了中国生态博物馆理论的进步与发展。

现今，中国的生态博物馆建设与实践，已经走向了发散性的发展状态，一个是主线的主流生态博物馆的建设与实践的多元趋向和创新；另外一个是"支线景观"中的多元生态博物馆的发展。

第一个方面的例证比如生态博物馆群级概念、现代设计生态博物馆、"全县域生态博物馆"展区、365天全天候生态博物馆、企业业态发展生态博物馆、野外博物馆等等。于前都有概述。

第二个方面，在生态博物馆的"支线景观"中，林业、农业遗产、地质、环保、动物保护等方面的生态观指导下的生态博物馆建设中，产生了农业遗产类型的生态博物馆和自然生态类型的生态博物馆，它们把自然科学的博物馆建设与人文生态的博物馆类型进行了整合，创生了具有一系列独特生态观的生态博物馆。这对于中国生态博物馆建设与实践贡献亦大，也是中国生态博物馆发展历史的一个重要组成部分。

# 第七章
## 生态博物馆理论建设与本土化发展

生态博物馆的中国实践，如果从1986年苏东海引进国际上新发明的生态博物馆概念算起，至今已经30多年了。尹凯就是这样的观点，即中国生态博物馆理论研究与实践分为："探索期"（1986—1995年），"发展期"（1996—2005年），"繁荣期"（2006年—至今）。[①] 这说明中国生态博物馆的实践与理论已经开始了历史性的归纳和总结了。没有人会想到挪威王国的发展署会介入此事，并且后来会以此演化为中华人民共和国与挪威王国最高级别的国际文化交流项目，没有人会想到挪威的生态博物馆理念会在中国贵州省这个地方如此顺利地落地、生根、开花、结果，最后影响整个中国的生态博物馆建设，以及在生态人类学认知上的一系列浪潮……但回顾中国生态博物馆的实践历程，以及探讨中国生态博物馆实践在理论上对于世界生态博物馆建设的贡献，是非常必要、非常有意义的一件事情。

## 第一节 中国的生态博物馆实践

在中国，如今的生态博物馆已经被苏东海认为是"第三代"了，即中国生态博物馆贵州时代的生态博物馆群为第一代；以广西生态博物馆群"1+10工程"为代表的为第二代；以2011年国家文物局的文件中所认定的五个"社区生态博物馆"为起点，中国生态博物馆已经进入"第三代"。

---

[①] 尹凯．生态博物馆：思想、理论与实践［M］．北京：科学出版社，2019：76-77．

笔者基本认同这样的历史分期概念，但也觉得这样的分期有些简单，无法概述整个中国（当然也包含台湾）的生态博物馆发展状态，故笔者认为，以中国生态博物馆贵州时代、后生态博物馆时代、社区生态博物馆时代（第三代）等三个生态博物馆发展时期，以及一个称为"多元生态博物馆发展时期"（非主流的"支线景观"）等四个发展部分来概述中国的生态博物馆发展更切合实际。

中国生态博物馆贵州时代，是一个不断开拓，又困境不断的时代。从梭戛生态博物馆建设开始，到堂安生态博物馆信息资料中心建成开馆，整个贵州生态博物馆群建成，中国与挪威的国际合作项目结束，都有一系列的问题出现。其中尤其以梭戛生态博物馆的问题最为突出。在1995年与挪威专家一起考察梭戛时，约翰·杰斯特龙被"长角苗"服饰的异样和歌舞所震撼，完全改变了胡朝相、苏东海先生预想中优先在镇山村建设生态博物馆的想法①，约翰·杰斯特龙喜欢这个地方（梭戛），中国乃至亚洲第一座生态博物馆就选址于此了。这也是一种学术的"浪漫"。

经过三年，1998年10月，以梭戛生态博物馆信息资料中心建成为标志，这座生态博物馆建成。在这时间里，挪威专家认同了中国方面的"专家指导，政府主导，村民（群众）参与"的建设方式，梭戛生态博物馆确实建成了，而且在媒体上的话语都是"成功"。但这个建成了的梭戛生态博物馆看起来又不太像西方生态博物馆理念中的生态博物馆，因为它需要政府的"长期"主导，他的运行按照中国国情，自然要纳入中国的国家博物馆体系，成为体制内的"单位"，所以，梭戛生态博物馆一下子就成为六枝特区属于宣传部主管，特区文化局管业务的副科级单位，并且有编制3人。此还作为一条在中国建设生态博物馆的经验总结，说要在中国建设生态博物馆，一定要首先解决编制、经费、人员等问题，并且纳入中国国家博物馆系统业务管理。这样的"经验"与国际生态博物馆理念的一些方面差异很大，因为所有的人都很清楚，这是政府和专家给村民们建设的生态博物馆，村民参与了，但这到底是国家的生态博物馆，还是村民的生态

---

① 从一系列资料来看，胡朝相看好这个地方，前期准备的考察资料就是明证。同时，早期苏东海亦最看好镇山村，比如他说它早就具有一个露天博物馆的雏形，建设生态博物馆的条件优越。因此，可以看得出苏东海的最早选址倾向。但笔者声明，此说仅仅是笔者根据资料推测，未经苏老证实。

## 第七章　生态博物馆理论建设与本土化发展

博物馆？按照西方生态博物馆理论表述，这应该是村民，或者说社区人们自己的可以"自主"的生态博物馆。但实际上，国家出钱建设的生态博物馆，又属于国家的博物馆体系来运行和管理，当然是国家的生态博物馆，而不是村民的生态博物馆。这样的"确权"问题，在西方国家挪威的国家文化资金介入的情况下，一开始边界是不太清楚的，而且这生态博物馆与村民有多少关系，也不是太清楚的。所以，最初的梭戛生态博物馆如何运行问题，在很长一段时间无法确定，尤其是在12村的长老会"散伙"之后，梭戛生态博物馆的运行和管理有过比较长时间的"空白期"。后来，在苏东海亲自协调的前提下，才最后实现了把梭戛生态博物馆纳入国家博物馆管理体系来管理和运行，才使得中国的第一个生态博物馆运行没有"停摆"。

但它在理论上又出现了一个问题，这实际上是把生态博物馆建设之地的民族文化"国家化"了，村民不是，或者不完全是自己文化的主人，这与后来的"六枝原则"的第一条呈现了相反的情形。如何使"专家指导，政府主导，村民参与"的建设方式继续，因为这也是中国生态博物馆建设的国情，无法改变，所以苏东海先生解释为"文化代理"，并且说是社会主义初级阶段的现实。"生态博物馆的核心理念在于文化的原生地保护，并且由文化的主人保护自己，只有文化的主人真正成为事实上的主人的时候，生态博物馆才可能巩固，也许外国那些文化程度高的地方建立生态博物馆不需要人帮助，而中国确实存在着文化代理阶段。"[1] 不过，苏东海先生他们也在梭戛生态博物馆的管理和运行中调适这种关系。

"1998年10月，梭戛生态博物馆建成开馆以后，为了使生态博物馆的管理有章可循，省实施小组起草了《中国贵州六枝梭戛生态博物馆管理办法》（草案）一共五章30条。"[2] 在这个章程中，就有村民来解读自己文化的人员设置，但经费问题无法解决……最后梭戛生态博物馆的编制没有办法进入省级博物馆体系，编制经费全部由特区政府"兜底"。2001年11月21日，大湾新寨、苗寨、后寨、化董寨、依中底寨、小新寨、新发寨、

---

[1] 苏东海语。转引自胡朝相．贵州生态博物馆纪实[M]．北京：中央民族大学出版社，2011：164．

[2] 胡朝相．贵州生态博物馆纪实[M]．北京：中央民族大学出版社，2011：159．

安柱寨、陇戛寨、补空寨、小坝田寨、高兴寨等"梭戛十二寨"的代表，成立了"社区文化遗产保护管理委员会"，并通过了《梭戛生态博物馆社区文化自然遗产保护管理委员会章程》，通过选举，产生了名义馆长1人，委员12人。

2002年5月22日，贵州生态博物馆实施小组，向项目领导小组呈送了《关于推进梭戛生态博物馆管理体制建设的意见》，其中说："梭戛生态博物馆目前的管理方式已经背离了生态博物馆的方向和原则，不是一座真正意义上的生态博物馆，从六枝特区政府派干部来管理这只是权宜之策，开馆之初的一段时间是必要的，但绝不是长久之计，不能从根本上解决生态博物馆的管理问题，不能树立生态博物馆的主人意识，所派的干部只不过是生态博物馆的'临时工'，而不是主人。真正的主人是文化的拥有者——当地苗族村民，但他们被关在生态博物馆的大门外，尚未进入主人的角色，他们未能利用生态博物馆这面镜子，观察自己，寻找对该博物馆所处的自然和文化遗产的解释。"[①] 其实这个"意见"很担心梭戛生态博物馆没有做成国际上所界定的生态博物馆的样子，所以，对于这样的"文化代理"现象，苏东海先生、胡朝相先生都有许多解释和研究，结论是："梭戛生态博物馆不是梭戛社区民间自发创办的生态博物馆，是政府主导下的博物馆，是专家在新博物馆学领域的尝试，社区村民也不知道什么是生态博物馆，生态博物馆的成功与失败与他们没有关系，因此，即使从社区民主选举一位馆长也形同虚设，馆长所具备的知识和管理能力姑且不论，馆长不可能纳入政府的事业编制，在这种情况下，他也不可能抛开全家人的生活负担来义务担当馆长的工作。"[②] 而且文化代理也不是全面地代理村民的文化，而是一些技术性的代理。

在这样的生态博物馆实践中，最早的一批生态博物馆实践者们体会最为深刻。在中国建设生态博物馆，"专家指导，政府主导，村民参与"的建设方式不能动摇；生态博物馆建设的编制、人员、经费这三条一定要解决，否则都是形式主义；中国建设生态博物馆的区域大都不是社会发展成

---

① 胡朝相.贵州生态博物馆纪实[M].北京：中央民族大学出版社，2011：162.

② 胡朝相.贵州生态博物馆纪实[M].北京：中央民族大学出版社，2011：163.

## 第七章 生态博物馆理论建设与本土化发展

熟和富裕的地方,这一点与国际上的生态博物馆建设截然不同,故生态博物馆区域性发展是中国生态博物馆实践的必然背景,如果不理解这一点,生态博物馆建设也是不切实际的。这些,是中国生态博物馆贵州时代实践的主要收获,以及中国的生态博物馆与国际上生态博物馆的差异和交际的地方。

在后生态博物馆时代,中国生态博物馆实践的情形大变,一是投资方变了,随之而来的国际生态博物馆理念和要求也不是必然的因素。二是中国生态博物馆贵州时代的实践经验,也为后生态博物馆时代提供了有益的借鉴。这些方面,也最多地表现在广西的生态博物馆建设与实践中,其"1+10工程"的出现,在一定程度上就是针对梭戛生态博物馆建成后,在运行和管理上出现的困境而设计的。

"专家指导,政府主导,村民参与"的建设方式,在后生态博物馆时代中得到空前加强。在《守望家园:广西民族博物馆与广西民族生态博物馆"1+10工程"建设文集》中,有这样的文字:"2004年,广西在6年的思考与准备之后,以六项原则为指导,探索性地开始了富有特色的生态博物馆建设之路"[1]。这六项原则为:(1)专业性指导贯穿始终;(2)试点项目的准入基点把握和各级共识的达成;(3)学习型实验;(4)强化村民是生态博物馆主人的意识;(5)"保护为主,抢救第一,合理利用,加强管理"的方针;(6)将生态博物馆与广西民族博物馆建设联系起来,成为承担政府实施民族传统文化和其他文化遗产保护、研究、传承与展示工作任务联合体。[2] 在这里,"专家指导,政府主导,村民参与"的建设方式表现的更为明确。专家指导上有一个专门的小组,包含了民族学、考古学、博物馆学、历史学等方面的专家,但注意,这是一个以民族学家为主介入生态博物馆建设与实践的生态博物馆建设,这与中国生态博物馆贵州时代不同,在贵州时代,专家主体是中国的博物馆学家和新博物馆学家,而不

---

[1] 覃溥.保护与传承少数民族文化的时代使命——广西民族生态博物馆"1+10工程"建设实践.覃溥主编.守望家园:广西民族博物馆与广西民族生态博物馆"1+10工程"建设文集[M].南宁:广西民族出版社,2009:6.

[2] 覃溥.保护与传承少数民族文化的时代使命——广西民族生态博物馆"1+10工程"建设实践.覃溥主编.守望家园:广西民族博物馆与广西民族生态博物馆"1+10工程"建设文集[M].南宁:广西民族出版社,2009:6-7.

是民族学家。于此，笔者后续还有论述。这样的方式在广西还有较大和明确的发展，因为在"六枝原则"的第六条中明确了，这样的生态博物馆建设有为"政府实施民族传统文化和其他文化遗产保护、研究、传承与展示工作任务"的责任。这样的"政府主导"强化，很容易解决生态博物馆建设后运行的编制、人员、经费等问题。所以说，在这里，完全不存在"文化代理"的概念，它既是生态博物馆，也是政府实施"民族传统文化和其他文化遗产保护、研究、传承与展示工作"的一种工具，而且这样的"工具"之含义，本来就是国际生态博物馆发展的一种精神，或者说一种惯例。

其在文化认知的概念和措施上，直接使用了中国民族民间文化保护运动中提出的概念，"保护为主，抢救第一，合理利用，加强管理"，这样的概念本来不是生态博物馆的概念，但它使用于此亦符合广西生态博物馆建设与实践的实际情况，因为它本身的目的就是保护广西地域内的民族民间文化，是为了"守望家园"。故，他们在建设广西的生态博物馆时，就明确地说为"民族生态博物馆"，没有贵州时代的关于民族文化生态博物馆表达中的"含混性"。即在贵州时代中，是为社区村民建设一个自我管理和自我发展的生态博物馆，还是国家在这里建设一个生态博物馆的问题，都是不太清楚的，而这样的问题在广西的"1+10工程"生态博物馆建设中，目的就非常明确，就是为了民族文化的建设和保护。在贵州时代的梭戛生态博物馆建设中，中国民族（minzu）的概念，以及文化保护的学术表达不是第一位的，最初的生态博物馆是"梭戛生态博物馆"，后来的"梭戛苗族生态博物馆"是随着布依族、侗族的民族特性被"彰显"后，才被"彰显"出来的，故梭戛生态博物馆没有广西生态博物馆建设时那么明确的民族（minzu）概念。这第一代中国生态博物馆建设与实践的主要学术背景为博物馆学，与后生态博物馆时代中的生态博物馆建设与实践的学术背景相比，是不一样的，后生态博物馆时代中的生态博物馆建设与实践的学术背景主要为民族学，而不是新博物馆学。还有，社区生态博物馆建设与实践的学术背景也与前两个时代不同，其主要为人类学。而同时期的多元生态博物馆发展部分，其生态博物馆建设的学术背景多为自然科学的林学、地质学、农业遗产学、环保、动物保护等，主要为其中的生态观表达，以及其专业角度对于生态博物馆的学科认知。

## 第七章 生态博物馆理论建设与本土化发展

村民作为生态博物馆文化的主人，在广西的六项原则中也被强调，"强化村民是生态博物馆主人的意识"，这与民族学界鼓励的"民族文化自觉"的观点没有任何矛盾之处，只不过话语方式不同。这在生态博物馆实践中是一种发展，即在生态博物馆中安排国家管理人员编制和相应的经费，运行和促进民族文化发展，以及鼓励和强调民族文化的"主人意识"，也在一定程度上发展了胡朝相先生关于"文化代理"的辩说。以广西为代表的后生态博物馆时代，已经过去那么多年了，没有任何一个地方的村民有"文化被拿走了"的感觉。原址保护中的民族文化，有的部分虽然已经进入了"展示中心"，但村民都会告诉游客，"那是我们原来的文化"，或者"我们老辈的文化在那里"。这些说法，在笔者对其10个生态博物馆调查中，得到过肯定和确切的答复。

在广西的生态博物馆实践中，中国生态博物馆贵州时代的"信息资料中心"，在广西被置换为"展示中心"，而这样的概念是民族学家们的概念，在尹绍亭的"民族文化生态村"的实践中已经使用过，其被全面"移植"到后生态博物馆时代中，是很有深意的。他们（广西）换了一种概念来表示博物馆的展示概念，起码是强调了文化展示，而不是"博物"的布展，虽然其实际操作也是博物馆布展的方法，但广西参与生态博物馆建设的民族学家们，希望于此有所创新，以符合广西生态博物馆建设的民族文化保护指向。

由于后生态博物馆时代的生态博物馆建设指向明确为"民族文化"，故其在"社区"概念中多有欠缺，很少提及"社区"在生态博物馆中的意义。在后生态博物馆时代的实践中，广西的生态博物馆建设是展示民族文化的，云南、贵州的后生态博物馆时代的生态博物馆实践，基本上也都是民族文化的指向。云南在前述的三个生态博物馆，一个是布朗族的，一个是白族的，一个是哈尼族的；贵州前述的三个生态博物馆，一个是侗族的，两个是苗族的。还有其他的一些生态博物馆实践，也具有这样的时代特征，比如重庆的武陵山土家族民俗文化生态博物馆的出现亦是。

故所有的后生态博物馆时代建设过程基本上都与区域和村落、民族的发展有关，而且在某种程度上，生态博物馆建设还成为农村、乡村、村落、民族发展的一种文化工具，加入和参与到中国式样的政治、经济、社会、文化的大潮中的一种亮丽存在。第三代生态博物馆建设与实践的天地，也是因此被打开的，比如浙江安吉的生态博物馆建设，以及山西"太行三村"生态博物馆建设，都与国家的"美丽乡村"建设挂钩，成为一种推进乡村文化建设的一种"国际化"的工具。

在中国社区生态博物馆（第三代）建设实践中，画风一转，又有一番自己的天地和理论背景。在社区生态博物馆建设中，原来的中国生态博物馆"经典"原则，已经由"专家指导，政府主导，村民参与"变化为"政府支持，专家指导，居民主导"。这个原则的变化，在生态博物馆的理论上来说，完全是一个从资金投入、主导主体、经济关系、建设形式等方面都全面开放的理论表述，以社区记忆和发展为基础的开拓是这个时期生态博物馆理论的基本指向。

可以说，这是一个生态博物馆理论不断探索的时代，也是中国生态博物馆改革创新的时代。

## 第二节　"六枝原则"

"六枝原则"是贵州时代的中国生态博物馆理论建设的结晶和焦点，但以"六枝原则"为焦点的中国生态博物馆理论建设，应该是从1995年开始的。在1995年4月，中国与挪威生态博物馆专家的联合田野调查一结束，就在贵州省贵阳市举办了一个理论研讨会。"1995年4月，课题组在贵州考察了梭戛、镇山、隆里、堂安等民族社区之后，于5月1日，在贵阳举行学术报告会，由中国博物馆学会常务理事、贵州生态博物馆课题组组长苏东海先生和挪威生态博物馆学家、贵州生态博物馆科学顾问约翰·杰斯特龙先生分别作学术报告。"[①] 这次学术研讨会，实际上是中国、挪威两国学者，关于生态博物馆理论认识的讨论，或者说关于生态博物馆理论在贵州政界、学界的一次普及性的会议，因为这次两国共同调研的目的就是要在贵州省建设中国第一座生态博物馆（亚洲第一座），如果没有一个关于世界生态博物馆的理论表述，以此来解释，甚至"普及"生态博物馆

---

① 胡朝相. 贵州生态博物馆纪实 [M]. 北京：中央民族大学出版社，2011：183.

## 第七章　生态博物馆理论建设与本土化发展

是什么，生态博物馆在建设中有什么步骤，是什么样的形式，意义是什么，为什么要在贵州省的民族地区建设生态博物馆……对生态博物馆是什么没有一个合适的介绍，对于将来的生态博物馆建设是非常不利的。这次学术研讨会的举行，说的主要是苏东海先生与约翰·杰斯特龙先生，但听的人各界都有。形式上的目的是表述国际流行的生态博物馆是什么，但实际上亦是中外的博物馆学家在讨论中国的生态博物馆的理论表述应该是什么，什么样的形式和路径最符合中国的生态博物馆理论和概念的表达，等等。

在这次学术会议上，"苏东海先生谈了4个问题：（1）课题组的形成；（2）生态博物馆产生的历史背景和时代意义；（3）中国对生态博物馆的认识及其实践；（4）贵州建立中国第一座生态博物馆考察的结果。"[①] 看得出他是从中国博物馆发展的业内角度来理解"生态博物馆"的，认为这是一种可以在中国推广和发展的新型博物馆。"这些年，中国博物馆在种类上有了很大的发展，出现了许多新种类，比如说历史类，美术类以外，还出现了丝绸、煤炭、铁路博物馆，等等。现在世界上出现了另外一种新型的博物馆，叫生态博物馆，这种生态博物馆和其他各种博物馆形成了一个不同的门类，新型的门类。所以在中国，出现很多类博物馆之后应该出现一个新的门类，即生态博物馆。"[②] 这就奠定了中国生态博物馆理论的逻辑基础，即从博物馆学的角度和理论来看待和理解"生态博物馆"，所以，中国生态博物馆实践的贵州时代，以及后来的两个不同的生态博物馆时代，其生态博物馆的理论基础都基于此，其他各类理论的介入都是对于中国生态博物馆理论的丰富。

在贵阳的这次学术会议上，苏东海之所以如此解读中国对于生态博物馆的认知，还与1993年在天津南开大学举行的一次中美博物馆学家的研讨会，以及1994年9月在北京召开的国际博物馆学专业委员会的年会有关，因为这两次会议苏东海先生都参加了，而且会议中有许多关于生态博物馆实践和理论介绍。其可以视为中国生态博物馆理论认知的前期。

---

① 胡朝相. 贵州生态博物馆纪实［M］. 北京：中央民族大学出版社，2011：183.

② 胡朝相. 贵州生态博物馆纪实［M］. 北京：中央民族大学出版社，2011：184.

这次学术会议在贵阳召开，还可以说是一次"学术动员令"，因为苏东海先生把在中国建设生态博物馆提高到哲学认识论的高度来看待，认为这是发展"生态文明"在博物馆事业中的体现。

苏先生说，我们绝不能低估生态博物馆和新博物馆学运动出现的历史意义和时代意义。生态伦理家预言，继工业文明取代农业文明之后，生态文明必将取代工业文明而成为21世纪社会主导的文明形态。

"将来的生态文明社会也并不是说工业文明的精华会被完全抛弃掉，21世纪，仍然以生态文明为主体，但还要继承工业文明和农业文明的精华，几种文明并存。同样的道理，我们的博物馆也是这样的，博物馆有生态博物馆这种超前的迎接新世纪的博物馆，但和传统博物馆也是并存的。"

"在贵州建生态博物馆，只是增加一种门类，是我们迎接新世纪的具体行动，首先在贵州有这么一种门类，我们贵州就有可能在全国博物馆界推出一个精品，推出一个新门类，这比其他任何新种类更具有时代意义。"[1] 从理论认知来说，这样的哲学认知底色和意识一直影响着中国生态博物馆理论的趋向和价值观。

在这个学术会议上，苏东海先生认为中国对生态博物馆的认识是从环境科学的认识开始。认为生态之所以被现代作为一种被提倡的文明，是由于工业对于环境的破坏。这就是被后来的青年学者尹凯所说的"比附"，"苏氏试图采取'比附'的修辞手法从中国本土中寻找中国生态博物馆出现的哲学之根。"[2] 但实际上法国人"发明"生态博物馆一词时，也是基于这样的情形。其实，苏东海先生于此是很有远见卓识的。"中国社会在环境意识、生态意识不断加强的情况下，中国博物馆界已经有一些人在理论上和实践上对生态博物馆学进行着探讨和摸索。"在学界，以生态意识进行这样尝试的有博物馆学界，比如传统博物馆学中[3]的"博物馆生态学"研究，"遗址博物馆"的生态观，等等都是。也有人类学界，比如云南的尹绍亭先生的"民族文化生态村"的实践等等。所以，苏东海在这次会议

---

[1] 胡朝相. 贵州生态博物馆纪实 [M]. 北京：中央民族大学出版社，2011：184-185.

[2] 尹凯. 生态博物馆：思想、理论与实践 [M]. 北京：科学出版社，2019：82.

[3] 胡朝相. 贵州生态博物馆纪实 [M]. 北京：中央民族大学出版社，2011：187.

## 第七章　生态博物馆理论建设与本土化发展

中已经认为："我们中国的实践通过中国的理论已经跨进了生态历史和生态博物馆的行列，已经有了理论准备，所以在贵州建立生态博物馆是有一些理论和实践的准备。"① 所以，笔者认为，梭戛生态博物馆的建设与实践，是具有一定的理论准备的行为的实验，而不是一种"比附"。而且苏东海先生在此基础上推进的中国生态博物馆实践与理论建设，从这里一开始就是双重的，既是实践，也是生态博物馆中国理论的探索。

关于这些，苏东海先生写了一篇题为《中国对生态博物馆和新博物馆学的认识和评价》的论文，在挪威博物馆学杂志上发表了。这是中国学者第一次在国际上表达自己对于生态博物馆理论的看法。在《中国博物馆》杂志中没有翻译这篇文章，在知网上也没有此文，在《博物馆沉思：苏东海论文选》中也没有这篇文章。但内容大致就是胡朝相先生记录的这些内容。

在中国生态博物馆理论建设中，还有其实践之初对于如何在中国建设生态博物馆的讨论，苏东海与约翰·杰斯特龙有过严肃的争论，即以什么样的方式在中国实施这样的建设。"我们在形成考察报告时，与约翰·杰斯特龙先生之间有过激烈的争论，主要是这个博物馆在中国要行得通，我们争论比较大的问题，就是要让我们建立的这个生态博物馆既要得到世界公认，又要和中国的国情相统一，不能变成挪威的或者是西方的生态博物馆，要建成中国的生态博物馆，生态博物馆的主要内容是这些居民本身是文化的主人，而不是博物馆的工作者，如果将村寨博物馆说成是生态博物馆，就不能取得国际的公认，他们不会到贵州来看这个博物馆，来与你探讨博物馆的事情。"②

归总下来，关于在中国建设生态博物馆的理论认知，他们有以下方面的争论：

中国政府是否参与问题。约翰·杰斯特龙认可，可以参与（最后实际上"参与"到最高层级）。

要不要"意识形态"。约翰·杰斯特龙认可，按照中国国情来办，但

---

① 胡朝相. 贵州生态博物馆纪实 [M]. 北京：中央民族大学出版社，2011：187.

② 胡朝相. 贵州生态博物馆纪实 [M]. 北京：中央民族大学出版社，2011：189.

要弱化一些（最后的"意识形态"成为主要推动力量之一）。

现代化与保持原状的关系问题。讨论有，但共识上不会有结果，因为中国的"多元化"与国际的多元化本质是一样的，但话语方式有差异。西方的更强调多元，中国更强调多元中的发展。

…………

这种争论的最后是约翰·杰斯特龙基本认可了苏东海的主要意见，并且一直非常尊重和热爱苏东海和中国式样的生态博物馆实践，当然，苏东海及四个生态博物馆的村民都"念着他的好"，才有后来约翰·杰斯特龙在48岁去世时一系列的纪念行为出现。这从中国生态博物馆的理论建设来说，在最初的实践中，一是中国对于生态博物馆是有一定理论准备的，二是中国生态博物馆实践的一开始，就具有"中国化"的理论倾向性质，并且博物馆学界也因此取得了建立生态博物馆的成功。当然，这样的成功在许多时候不被另外的一些学界和学者认可。这于后面还要论述。

在贵阳的这次学术会议上，约翰·杰斯特龙对于中国生态博物馆的理论贡献主要是明确了中国生态博物馆实践的两个重要范畴：一是生态博物馆是什么样子，二是生态博物馆的目的是什么。

在第一个方面，约翰·杰斯特龙说："生态博物馆有两个方面的内容，一方面对社区文化进行全方位的保护，另一方面是要有一个信息资料中心，把有价值的信息资料储存起来，比如说一些年长的人，他们本身就是一本活的史书，如果不把他们现在所知道的历史记录下来，那么随着这些老人的逝去，历史就会中断。信息资料中心就储存这些资料，另外一些工艺同样也要储存起来。"[1] 这就是后来中国生态博物馆的基本模式的内容，一个信息资料中心，一个划定之后的区域——生态博物馆展示和保护区域。不管是中国生态博物馆贵州时代（第一代），后生态博物馆时代（第二代），还是社区生态博物馆时代（第三代），这种模式都是中国生态博物馆实践的主流模式。而且还深刻地影响了林业、农业遗产、地质、环保、动物保护等专业和部门对于生态博物馆的理解和应用。当然，随着中国民族学理论界，以及人类学理论界等方面的学术介入，对于这一生态博物馆

---

[1] 胡朝相．贵州生态博物馆纪实［M］．北京：中央民族大学出版社，2011：195．

## 第七章　生态博物馆理论建设与本土化发展

模式的解读五花八门，但基本没有人否认这一模式的理论意义。

第二个方面，约翰·杰斯特龙说："在生态博物馆这个概念中，社区人民在保护其文化特性方面是最大的获益者。一方面，社区人民保护其文化特性方面起非常重要的作用；另一方面，这种结构方式也为外来参观者提供机会来学习、了解另外一种不属于他们的文化。这些生态博物馆还可以和旅游业联系起来。在当今社会，经常会发生一些比较严重的冲突，即使是发生在对文化遗产保护的文化行为和旅游业之间的冲突，而在生态博物馆的概念中，首先要强调的就是人们文化的个性，文化的自豪感，同时要推动自身的文化和外界的文化交流的一种机制。"[①] 他的这些界定，在后来的中国生态博物馆实践中，都有具体的实践过程，都是中国生态博物馆实践中追求和培育的东西，有的非常成功，有的不尽如人意，但都在中国的生态博物馆实践中实验过，有的方面发展起来了，有的方面又回到了实际。在"社区人民保护其文化特性方面起非常重要的作用""生态博物馆还可以和旅游业联系起来""推动自身的文化和外界的文化交流的一种机制"等三个方面，都在实践中有许多建树。比如在梭戛生态博物馆，以及贵州时代的其他三个生态博物馆中，"社区人民保护其文化特性方面起非常重要的作用"就非常明显。梭戛人以及镇山人、隆里人、堂安人对于自己文化的信心和文化自觉都在生态博物馆运动中有很大的进步，梭戛人在生态博物馆没有进入他们村寨时，对于"长角苗"的称呼是没有任何异议的，但在建设了梭戛生态博物馆之后不久，他们会说，他们更喜欢的名称是"箐苗"。生态博物馆的进入，对于这几个地方的村民，都带来了一种文化发展的愿景。"生态博物馆还可以和旅游业联系起来"，这在中国后生态博物馆时代做得最好，笔者在广西就看到几个在此结合中运行得非常好的生态博物馆。在"推动自身的文化和外界的文化交流的一种机制"方面，几乎在所有的生态博物馆中都发挥了这样的机制，不管此生态博物馆最终会走向哪里，但这样的机制一旦通过生态博物馆建立起来，就会一直发生作用。

从这里看来，中国生态博物馆在实践过程中的理论建设有两个方面的

---

① 胡朝相. 贵州生态博物馆纪实 [M]. 北京：中央民族大学出版社，2011：197.

力量：一是苏东海为代表的中国博物馆学界，一是以约翰·杰斯特龙为代表的国际新博物馆学界，正是他们合力，在最初的时候，就建立了中国生态博物馆的理论基础。当然，在生态博物馆一词出现时，其哲学认知的基础是生态学，同样，中国生态博物馆理论建设时，也是基于这样的哲学认知基础的。在一段时间里，笔者不太明白苏东海先生为什么一定要把中国生态博物馆发展的起始年代说为1995年，现在的论述中才领会到他这样做的深意，即1995年时，中国如何做生态博物馆实践，一定程度上是有理论先导。这实际上也符合国际生态博物馆理论的先导性，即先有理论思考，后有文化实验。

在1998年，梭戛生态博物馆信息资料中心建成开馆之后，苏东海在此时推进了两件事情：一是梭戛生态博物馆建成后的后期管理与运行，以及后续的贵州省生态博物馆群的第二阶段、第三阶段与挪威王国的项目合作；二是中国生态博物馆理论的建设。

前一个事情实际上是两个关联在一起的事情，即梭戛12寨组成的管理委员会的实验失败，西方的社区民众自主管理和发展的理念，在梭戛实际上行不通，因为此不符合中国的乡村国情，但这个项目的运行是中国与挪威王国国际文化交流项目的典范，如何延续它的良好状态，关系重大，并且直接关系到第二阶段和第三阶段与挪威王国的合作项目。这才有苏东海先生来到贵州省的协调，才有专门的梭戛苗族生态博物馆管理运行人员编制的出现。

第二个事情在第一个事情基本解决之后，随即推进，即2000年8月、9月，分别在中国贵州六枝和挪威首都奥斯陆以及图顿生态博物馆举办的"中挪生态博物馆国际研讨班"。中国与挪威都需要一个关于在中国生态博物馆实践的理论总结。这也与中国与挪威的第二阶段和第三阶段的合作项目有关。两个国家都希望在中国的生态博物馆建设中，有一个对于世界文化贡献了什么的答案。苏东海先生在中国的研讨班上说："梭戛生态博物馆虽然建成开馆，但在理论支持的力度上是不够的。没有形成具有中国特色生态博物馆的理论体系。我们的生态博物馆既要符合国际生态博物馆的一般原则，又要有中国生态博物馆的理论创新。"[1]

---

[1] 胡朝相. 贵州生态博物馆纪实 [M]. 北京：中央民族大学出版社，2011：198.

## 第七章 生态博物馆理论建设与本土化发展

在中国的"研讨班"上，约翰·杰斯特龙和挪威的文化遗产学家达格都参加了中国的会议，在中国的会议上讨论了许多问题，但没有形成理论性文件。9月，"中挪生态博物馆国际研讨班"又在挪威举行。在挪威举行的会议上，出现了由达格起草的著名的中国生态博物馆理论纲领性文件"六枝原则"。"'中挪生态博物馆国际研讨班'第二阶段于2000年9月在挪威举行，为期10天，研讨班结束时，由挪威国家文物局副局长达格先生起草了贵州生态博物馆所遵循的《六枝原则》，经中挪双方研讨班成员讨论，一致通过。《六枝原则》一共九条。"[①] 这里的"九条"，与苏东海主编的《中国生态博物馆（纪念画册）》中的"六枝原则"略有不同。

对于这"九条"，胡朝相先生在其《贵州生态博物馆纪实》中有一系列的解读，反映了中国生态博物馆理论建设的一些路径和过程。

第一条有："各美其美，美人之美，美美与共，天下大同"。使用的是费孝通先生的话语，即希望中国有自己方式的解读。

第二条胡朝相认为体现了达格先生的遗产观。即遗产的价值是与人联系在一起的。

第三条体现了法国"里维埃定义"。"里维埃定义"说："生态博物馆是一种工具，它是由公共机关与地方族群共同构思、形塑和营运。公共机关的参与方式是提供专家、设备和资源，地方族群的参与，则是基于其本身的愿望、知识以及个别化的方式。"但胡朝相认为，这种管理模式对于贵州生态博物馆来说，是十分超前的，要付诸实施还要经历一个较长的过

---

[①] 第一条，村民是文化的真正拥有者，他们有权利按照自己的意愿去解释和认同他们的文化。第二条，文化的含义和价值只有与人发生联系并依据自己的知识得以界定和解释，文化的内涵必须得以加强。第三条，生态博物馆的核心是公众参与。文化是一种共同的和民主的构造，必须以民主的方式加以管理。第四条，当旅游业与文化保护发生冲突时，后者必须给予优先权。原件的文物是不应该出售的，但以传统工艺为基础的高质量的纪念品生产应该得到鼓励。第五条，长期的和历史的规划是至关重要的，在长远上损害文化的短期的经济利益必须得以避免。第六条，文化遗产保护必须融入整体环境的观点，在这个意义上，传统技术和物质文化资料是核心部分。第七条，观众有道德上的义务以尊重的态度实施自己的行为。他们必须遵守一定的行为准则。第八条，生态博物馆中没有固定的模式，他们因各自的文化不同和社会条件的差异而千差万别。第九条，社会发展在生态博物馆的建设中将是一个先导条件，人们生活的改善必须得到更多的重视，但不能以损害文化价值为代价。胡朝相. 贵州生态博物馆纪实 [M]. 北京：中央民族大学出版社，2011：212.

程。在笔者的调查中,"里维埃定义"的运行和管理在中国基本是失败的,但中国式样的运行却都有一些成功的例证。比如贵州时代的四个生态博物馆都在运行,有好有差。在中国的生态博物馆理论表述中,虽然"梭戛生态博物馆"长老会失败了,但也没有任何关于生态博物馆理论否认关于"里维埃定义"中的"地方族群共同构思、形塑和营运"的理论表述,反而是在"社区生态博物馆"建设中明确地提出了"政府支持、专家指导、居民主导"的"修正"原则。明显,这样的"修正",实际上是中国生态博物馆理论在现实发展中的一种理论变化与发展,它使得中国的生态博物馆理论表述更接近"里维埃定义"中的相关表述。

第四条让胡朝相先生爱恨交加,不过他总结出如下的理解:"生态博物馆是一个特殊的旅游景点,但它不是风景名胜区,也不是文物古迹之类的保护单位。就梭戛而言,它对游客非常有选择性,它属于深度的文化旅游,从梭戛开馆10年的接待情况来看,外宾居多,有法国、挪威、英国、德国、美国、日本、韩国、新加坡等国家,以及中国香港、台湾的客人,这些客人中绝大多数是专家学者,有人类学者、文化学者、民族学者、民俗学者、工艺美术学者等,国内亦然。梭戛生态博物馆是活着的文化,是活的文化空间。这种活态的文化需要观察和体验,需要对文化价值的发现,这就是生态博物馆只能是深度旅游之见解。"[1] 这种生态博物馆的理论总结是长期观察和研究的结果。在这一条上,其实中国生态博物馆民族民间有一些比较好的智慧,在生态博物馆融入景区运行之后,往往是互补的关系。比如贵州时代中的隆里生态博物馆,比如广西龙胜龙脊壮族生态博物馆,这两个生态博物馆都是现今景区里的重要景点。景区对于该生态博物馆的存在爱护有加,而参观该生态博物馆,也是不收费的。

第五条的"规划",第六条的"环境关系",第七条的"文化尊重",第八条的"生态博物馆"模式的开发性质,等,胡朝相先生都有自己的见解。他还认为第九条是专门为贵州的生态博物馆建设而写,因为这里有国家"扶贫"的背景。

在胡朝相先生的一系列论述中,有许多精辟的见解,应该都是中国生

---

[1] 胡朝相.贵州生态博物馆纪实[M].北京:中央民族大学出版社,2011:215.

态博物馆理论的非常有建树的表达:"博物馆是西方文化,生态博物馆也是西方文化,都是舶来品,约翰·杰斯特龙先生到中国来传播的是法国和挪威式的生态博物馆理念。法国的或者是挪威的生态博物馆都是法国和挪威社会政治、经济、文化的产物。法国和挪威都属于前工业时代的国家,他们没有二元社会,没有城乡的明显差别,无论是城市或是乡村的居民,他们的物质文化生活得到了极大的提高和改善,工业文明孕育了他们对文化的价值观,他们试图通过生态博物馆找回他们工业时代失去的文化记忆,包括物质的和非物质文化的记忆,这是工业社区居民一种'文化自觉'行动,他们成为生态博物馆中的当之无愧的文化主人。……客观地说,在贵州建生态博物馆是专家的热情和勇气,在专家的背后是政府的支持,梭戛社区的村民不知道什么是生态博物馆,村民的参与也是一种被动的参与。用苏东海先生的话来说,贵州生态博物馆是'专家指导,政府主导,村民参与'。在当今的中国民族地区特别是中国西部的贵州民族地区如果没有专家对生态博物馆理念的传播,村民是不可能自发地建生态博物馆的。要在贵州贫困的民族地区建生态博物馆,必须将生态博物馆的理念本土化,建具有中国特色的生态博物馆,这样的生态博物馆必须是国际认可的同时又符合中国国情的生态博物馆,而不是'土货'。"[1] 这种理论勇气和实践热情,是非常难得的。

这个"六枝原则"在后续还有一些发展。

# 第三节 "六枝原则"的理论贡献

在中国生态博物馆贵州时代的实践中,梭戛生态博物馆建成了,但这只是计划中的第一阶段,如何通过梭戛生态博物馆建设的"成功",推动第二、第三阶段中国与挪威王国的项目合作进程,是苏东海等人在梭戛生态博物馆举行了开馆仪式之后的,着重要思考的问题。而且,如何证明梭戛生态博物馆建设与实践是成功的,需要一个文件,或者说一个可以把握

---

[1] 胡朝相. 贵州生态博物馆纪实 [M]. 北京:中央民族大学出版社,2011:217-218.

的东西，这个东西还要与中国的实践吻合，以及让中国的"听众"也能理解和接受……这就是苏东海先生所说的"国际上认可，又符合国情"的要求。故在2000年的9月，"六枝原则"出现了。"六枝原则"的出现，是中国生态博物馆实践中的第一次理论总结，是后续在中国发展生态博物馆的纲领文件，也是中国生态博物馆在其理论上对世界生态博物馆理论的贡献。当然，这也是中国"交给"国际博物馆社会（挪威王国）的一份"答卷"，以保证中国生态博物馆建设的国际化状态和水平，以及谋求国际社会理解中国在建设生态博物馆中的一种努力。

对于"六枝原则"的理论贡献，已经有了不少的研究，但它需要历时与共时的共同解读。

第一条，"村民是文化的真正拥有者，他们有权利按照自己的意愿去解释和认同他们的文化。"这是对生态博物馆文化主人的界定，即生态博物馆建设首要的是必须尊重他们的文化，这是西方生态博物馆的第一原则。在这一原则中，关键是"村民"的界定和理解，在西方，这个村民可以理解为"原住民"，这是殖民主义的对应词语，也可以理解为"土著"，对应的是"外来者"。同样，对这些基础性词语的理解也有多种，比如"世居"，而且中国贵州省把"世居"的时间限定为200年……其实，重要的不是词语，重要的是词语背后的政治意识形态，所以，在尹绍亭先生的"民族文化生态村"实践中，只称为"住民"，没有使用"原住民"一词，就是为了把这样的词语中性化。同样，"六枝原则"中使用"村民"一词，也是使词语中性化的行为，也因为当时生态博物馆建设的地区主要为村落，所以"村民"一词也是当时生态博物馆的现实表现。但有意义的是，村民是一种文化身份的指代，其实，在中国，每一个村民的文化身份表征都是民族（minzu）。这就给后来中国生态博物馆发展的文化主人解释留下了余地，民族生态博物馆的民族表征，也可以说是这条原则在理论上的发展。村民之后，民族生态博物馆必然是中国生态博物馆建设的法理基础。村民可以是所有住在村落和社区里的统称，但划出文化身份，就是民族。这样，每一个少数民族的整体和个体，都是这一文化的主人，这一点似乎与中国的"民族平等"的政治理想一点也不矛盾，许多国家的民族文化发展的政策和策略，都可以在第一条的精神中得到解释这种生态博物馆文化主体的称呼，在社区生态博物馆建设的"国家文件"中，又有了变化，从

## 第七章 生态博物馆理论建设与本土化发展

原来的"村民"变化为"居民"。这一变化,也是中国生态博物馆理论的一个根本性的变化,而且是在时代变化的基础上发生的变化。在2000年后,中国由于基本实现了国家的工业化过程,国家的最小的基本行政单元从"村落"、街道统一向社区变化和发展。中国的类似西方工业化的社区行政单元,已经在2011年时基本形成,即此时中国生态博物馆的区域性质已经发生了变化,其生态博物馆的理论表述也随之变化,由"村民"变"居民"了。

第二条,"文化的含义和价值只有与人发生联系并依据自己的知识得以界定和解释,文化的内涵必须得以加强"。这一条解读的是生态博物馆原址保护和与人的关系问题,也可以说,活态是生态博物馆建设的重要指标,即村民要自己理解自己的文化,保护自己的文化,发展自己的文化。这是文化多样性表达的哲学基础认知,也是基于中国生态博物馆实践的一种解读,即生态博物馆的实践,不能离开本土。文化解释可以是多向性的,但一定要与人联系,要与某一个"生态"系统联系,不能孤立地看待文化。这一条比较深奥,看起来比较抽象,但表明生态博物馆对于文化的尊重和理解。这种精神,实际上也在中国后续的生态博物馆建设中,摆正文化与人的关系,于理论上多有开拓。故在社区生态博物馆建设的原则中,这样的文化主导者就明确地为"居民主导",即居民主导自己的文化和文化解释。在福建福州的生态博物馆建设中,有许多生态博物馆的展示点,连名字都是居民自己主导的结果。这一在中国生态博物馆理论上的变化,也是具有重大意义的。

第三条,"生态博物馆的核心是公众参与。文化是一种共同的和民主的构造,必须以民主的方式加以管理"。这一条强调生态博物馆建设的"公众参与",精神上没有问题,但在方法论的解释上,强调了民主管理。这一条是国内一些判断生态博物馆建设是否成功的一个标准答案,即"公众参与与否"、"民主管理与否"是成功与否的标准,参与了,管理了,就成功了,没有,就失败了。西方的生态博物馆理念中也很在意这样的标准,所以,这是引起争议最多的地方,也是生态博物馆理论概念发展文化生产最多的地方。因为在中国,参与了,管理了,有很多的解释,也有很多现实的做法。在梭戛生态博物馆,你看到有人管理、值守和运行,有人汇报文化和他们的工作,就可以认为是成功的,如果只看到"守摊"的,就失败了。在龙脊壮族生态博物馆里，每天都有游客不断地进出，需要时，管理员都会给你耐心解读壮族的"北壮"文化，但游客的需求每天都影响着这里壮族文化的变化，世事难料，因为游客的"需求"可能会把此生态博物馆的文化解读导向莫名的方向，影响生态博物馆的基本存在意义。如何判断这里生态博物馆的成功与失败呢？有时候，笔者看到一些资料，持"民族文化生态村"方式的学者批评生态博物馆是西方的理念，不符合中国实际，是失败的。民间资本运行的生态博物馆批评国家建设的生态博物馆是失败的，因为他们"守摊"的时候多，而自己这里天天有人。这一条引来这么多争论的原因是其民主意识形态的过度解释，因为文化是共同的构造，但不一定是民主的构造，所以也不必"以民主的方式加以管理"，但这一条一定是挪威专家的意识形态的结果。这也是在2005年时，中国就有人担心这是一种"文化殖民"，如果实行的是西方式样"以民主的方式加以管理"，那真的有这样的意味了。但是，对于这些，中国的历史文化和现实政治中早就有一系列的解释，在中国，没有人会否定民主，但一定不会是西方式样的民主，即无原则的"大民主"。比如在那坡黑衣壮生态博物馆建设，以及后来的运行和管理中，村民热情参与了建设，也有人一直在管理着此生态博物馆的运行。这里面当然包含了政府民主文化建设的资金投资，以及展示中心的布展和文化研究中的专家指导。但同时，这里的村民期望的旅游没有开展起来，村民所希望的生态博物馆带来游客也没有。这是成功，还是失败呢？

当然，在民族表征生态博物馆时代之后，社区生态博物馆的建设的理论指导原则中，实际上也在修正这样的理论探索和思考。社区建立起来了，生态博物馆的民族表征自然弱化，因为具有现代性的社区出现，自然是一个融合和弱化民族（minzu）的过程①，这也会反映在中国的生态博物馆建设之中。故原来在贵州时代出现的生态博物馆理论和概念，如前所述，也在改变和发展。

第四条，"当旅游业与文化保护发生冲突时，后者必须给予优先权。

---

① 但社区生态博物馆也不会刻意地削弱生态博物馆的民族表征，比如福州的社区生态博物馆群中，就有一个非常到位的、布展水平很高的"畲族服饰博物馆"。它几乎包含了中国畲族所有的服饰类型的文化表达。

## 第七章　生态博物馆理论建设与本土化发展

原件的文物是不应该出售的，但以传统工艺为基础的高质量的纪念品生产应该得到鼓励"。这一条主要是苏东海先生的生态博物馆理论认识，符合文化尊重的原则，也是不能够反对的原则，而且苏东海先生在主持贵州时代的生态博物馆建设与实践时，非常强调这一条。实践证明，这一理论认知是不太符合实际情况的，也给村落、社区的发展带来了一定的制约因素，影响了村落和社区的发展。比如在贵州省的四个生态博物馆的民族文化旅游开发都受到限制，至今都没有呈现由此带来的发展性。当然，这些地方都在原来的状态下有了很大的发展和变化，但都不是因为旅游开发而变化的，而是政府的直接支持带来的，比如新农村建设、美丽乡村建设、扶贫开发等等。所以，在贵州省雷山县建立西江千户苗寨景区的时候，贵州建设苗族文化博物馆，但极力回避"生态"二字的出现，就是对这种生态博物馆理论的过度解释的反应。不过，生态博物馆中的文化保护与旅游发生冲突时，文化优先这一原则却是要肯定的，故从来没有人说旅游开发可以不尊重民族文化的。

第五条，"长期的和历史的规划是至关重要的，在长远上损害文化的短期的经济利益必须得以避免"。这既是一个长期和短期的问题，也是一个操作上的问题，即要求生态博物馆建设不是一拍脑袋就可以决定的问题。这一条，对于中国生态博物馆建设的理论贡献很大，所以，后来在第二代、第三代生态博物馆建设中，都是这样来操作和建设的，它使得中国生态博物馆建设与实践更加理性和成熟。民族表征类型的生态博物馆建设，都是在完整的计划和规划中完成的，不但有政府的文化发展规划，也有相关公司和企业的旅游发展规划。在社区生态博物馆建设中，明确就是国家文物局的相关文件和一系列的项目工作安排。

第六条，"文化遗产保护必须融入整体环境的观点，在这个意义上，传统技术和物质文化资料是核心部分"。这是博物馆建设原址保护与生态博物馆原地保护的中国解读，不管是物质文化遗产，还是非物质文化遗产，在生态博物馆建设中的存在都要与整体环境关联起来。这应该是中国生态博物馆理论上的一次总结和发展。这种整体性原则在后来的中国生态博物馆建设中，已经成为一种重要原则，被博物馆学、民族学、人类学、历史学、生态学全面认可。当然，这一原则中的整体性是后来的发展，其最初时，就是为了强调信息资料中心布展中的"传统技术和物质文化资料"，即解读这些物质形态的东西要放到整个的文化形态中。这也是后来许多具有生态博物馆背景的民族文化旅游景区，在做文化景点的解读时必须遵循的原则。在这一点上，生态博物馆理论对于民族文化旅游景区的影响比较大。比如广西的东兴京族生态博物馆建设，它的文化整体性包含的内容，可能是所有生态博物馆建设中最为全面的。

第七条，"观众有道德上的义务以尊重的态度实施自己的行为。他们必须遵守一定的行为准则"。这一条是受到普遍欢迎的条款，它在生态博物馆社会服务教育的角度上，培育了中国观众在面对其他民族文化的基本道德要求。在中国，国家的民族政策中早就有类似条款，尊重少数民族文化也是中国数十年间的基本文化道德要求，但这在"六枝原则"中出现，也丰富了中国的生态博物馆理论建设。

第八条，"生态博物馆中没有固定的模式，他们因各自的文化不同和社会条件的差异而千差万别"。这是生态博物馆理念中的开放性精神之一，但在"六枝原则"中出现，奠定了中国生态博物馆建设的开放性原则。就是这一条的出现，为第二代、第三代生态博物馆建设提供了坚实的理论支撑，为中国生态博物馆的繁荣打开了道路。而且在林业、地质、农业遗产、环保、动物保护等方面产生了广泛影响，使得这些部分得以按照自己的生态观来理解和建设他们认为的生态博物馆。这方面可能是这一条理论表述在当时完全预想不到的，如此，会在中国生态博物馆的主流形式之外，拥有了丰富多彩的生态博物馆表现。

第九条，"社会发展在生态博物馆的建设中将是一个先导条件，人们生活的改善必须得到更多的重视，但不能以损害文化价值为代价"。这一条胡朝相认为是因为中国建立生态博物馆的地方都属于欠发展地区，所以才加上去的，并且说这一条在西方是没有的。尹凯也赞同这样的观点，但可能实际上不是这样，因为在西方的生态博物馆理论中，"社区发展"也是建立生态博物馆的重要工具理性之一，而这样的"社区发展"也可以理解为"社会发展"，故不一定说此条是专门为中国的欠发展而设置的，不过，因此而表述了生态博物馆可以是扶贫的一个路径之后，中国确实出现了这样的生态博物馆实践。比如诺邓家庭生态博物馆的出现，就是大理州一个副州长在诺邓村"扶贫"时的"作品"。有资料表明，山西的"太行三村"生态博物馆，最初建设的功能性表述，也是山西省文化厅把这里设置为扶贫点之后的成就。在陕西省的宜君县建设的生态博物馆,也是这样的扶贫项目。扶贫是中国生态博物馆建设的一种表达,也是一种意外的理论贡献。

不可否认,不管这样的"六枝原则"人们有多少认知和解读,它都是影响中国生态博物馆实践的理论纲领,后续的许多实践行为和理论发现,都与此有关。

"六枝原则"是中、挪两国专家共同建立和阐释的结果,也是在国际上普遍承认,或者赞赏的理论创新,在2005年6月举行的"国际生态博物馆论坛"上,关于中国的生态博物馆群的实践和理论的讨论,基本上都是围绕着"六枝原则"进行的。故"六枝原则"也对世界生态博物馆理论界有重要贡献。

## 第四节　中国生态博物馆三个时代的理论背景

中国生态博物馆建设的三个时代,在贵州时代,产生了中国生态博物馆理论的纲领性文件——六枝原则,在后生态博物馆时代,主要是明确的民族表征的生态博物馆的产生和一系列的理论解读和表达,而在社区生态博物馆时代,几乎又是"宿命"地回应和修正了贵州时代的一些理论难题,这到底是为了什么?要回答这个问题,笔者以为这与中国生态博物馆建设与实践中先后出现的三个理论背景有关,即第一代生态博物馆时的新博物馆学理论,第二代生态博物馆时以民族学为主的理论,第三代生态博物馆时以人类学为主的理论。是这三个理论给予中国的生态博物馆发展相应的理论支撑,促进了中国生态博物馆理论的发展。

博物馆学的研究对象为博物馆,新博物馆学的研究对象为生态博物馆。新博物馆学的理论和概念在前有述。

在中国的生态博物馆建设与实践中,推动这一实践过程的基础理论自然是博物馆学和博物馆学界的学者,而且主要是在博物馆学中称为新博物馆学的学者们,因为他们研究和推进的博物馆建设是一种新型的博物馆——生态博物馆。即要在以社区为单元的区域里,以其社区主导,专家指导,政府和有关机构支持的状态下,自主地建设生态博物馆,使得区域的活态文化成为生态博物馆的重要组成部分，使博物馆从静止状态（僵化和死亡）变化为活态的存在。故世界上的生态博物馆主要是在新博物馆学的理论家们推动下发生的。这在中国也不例外，中国生态博物馆的最早推动者苏东海就是一个著名的新博物馆学家，中国的生态博物馆建设正是在他的一手推动下展开的，并且以国际合作的方式展开的。这样，不管是以挪威为代表的西方新博物馆学理论，还是以中国苏东海等新博物馆学家为代表的新博物馆学理论，都是中国生态博物馆建设的基础和深刻的理论背景。

从根本上来说，新博物馆学理论植根于博物馆学，故其中的博物馆的现代性意义，作为工业化国家的基本文化标志，以及现代博物馆是整个国家和地方的社会服务教育的福利机构等设置，这个根本是不会变的。以现代科技的手段和技术对历史上的遗存（物质和非物质的）进行"布展"，以便全体居民理解和学习自己的历史和相关的科学技术文化等，这个根本也是不变的。但是，新博物馆学又在此基础上强调，要在一种新型的博物馆中活态地保护和展示区域性的文化。这给以静止状态保护文化的传统博物馆带来了挑战，但这样的新博物馆理论表述，却符合"生态文明"的发展要旨，所以，不管实现活态保护文化的路径有多少，新博物馆学都对传统博物馆学有许多挑战和思考。中国的新博物馆学思考和实践也是在这样的理论背景下展开的，并且具有自己的国情和特色。

在中国的生态博物馆实践和理论思考中，传统博物馆学的根本还在，比如"不收费"规定中的传统博物馆的社会服务教育的性质表现，"信息资料中心"的传统博物馆布展技术和方式，以及传统博物馆理论和方法在布展中的具体体现等。但在中国生态博物馆建设中，也出现了中国新博物馆理论探索，比如政府主导的生态博物馆建设形式，村民自主管理的探索（梭戛十二村长老会），"文化代理"的中国式样的具体应用，在中国村落为单元的生态博物馆展示区的建设尝试……这在"六枝原则"中都有许多归纳和总结。

可以说，在中国生态博物馆建设的第一个时代中，支撑中国生态博物馆建设的，主要为中国的新博物馆学理论。在其中，这些中国的新博物馆学家们，有许多的"知识再生产"和中国新博物馆学的发明和创造。在中国生态博物馆的贵州时代中，中国的新博物馆学家们，不但建设了中国的

## 第七章　生态博物馆理论建设与本土化发展

生态博物馆群，而且还创建了属于自己的中国新博物馆学理论，并且对于后续的中国自主发展生态博物馆建设，发挥了至关重要的作用，这一直是中国生态博物馆建设的理论基础。

但中国的新博物馆学，一直也是一个开放的姿态和领域，在影响学界的同时，还广泛地接纳其他学科对于生态博物馆的"生态"理解和解读。在中国生态博物馆的贵州时代里，因为是在特定的民族村寨中建设生态博物馆，故很早就引起了民族学界专家们的重视和参与。而且在后生态博物馆时代里，民族学理论在中国生态博物馆建设中，还扮演了极为重要的角色。

民族学的基本概念为"研究民族共同体的科学"，一般认为其起源于古希腊文，由·γos〔ethnos（族体民族）〕和λγos〔logos（科学）〕两字组成。这在英文中为Ethnology，法文中为Ethnologie，后来的"社会人类学"（Social Anthropology）和"文化人类学"（Cultural Anthropology），其研究对象和范围，大致与民族学相近。研究和记录民族，在世界文化历史中很早，但具体的专业的民族学和民族学家的出现，在19世纪中叶，以美国的L. H. 摩尔根、英国的E. B. 泰勒、J. F. 麦克伦南和瑞士的J. J. 巴霍芬等为代表。中国的民族学的研究对象就是民族（minzu），即主要为中国的民族，这与世界的民族学在关于民族的定义上有根本的区别。

由于中国的生态博物馆建设最初主要是在特定的民族村寨中进行的，使得民族学界开始参与了这一时期的生态博物馆建设，但这时候需要优先解决的是生态博物馆的理论基础问题，民族和民族文化只是一个对象问题，所以民族学理论只是一个配角的介入。但民族学对于在这样的地区进行生态博物馆建设具有天生的敏感和兴趣，所以，在"梭戛生态博物馆"一建成开放，最先进入该地进行调查研究和观察的是一批民族学家，而不是新博物馆学家。可以说，中国的民族学家一开始就很关心生态博物馆在民族地区建设，会给该地区的民族文化发展带来什么样的影响。比如在"梭戛生态博物馆"的调查中，民族学家得出的观察结果与新博物馆学家完全相反，新博物馆学家普遍认为"梭戛生态博物馆"的建设与实践是成功的，但民族学家则担心，这样的文化建设是"文化殖民"的结果。当然，"文化殖民"的观点比较极端，并没有得到普遍性的认同，也没有影响博物馆学界对于生态博物馆中国理论的认同和赞赏。但这样的理论争论，说明对于生态博物馆在中国的建设与实践，民族学界的介入比较深，虽然新博物馆学界并不太"喜欢"他们①，但他们的理论影响在后来的中国生态博物馆建设中日益增强。

对于民族学理论作为中国生态博物馆的理论背景，我们还可以从尹绍亭的"民族文化生态村"的项目实践说起。早在苏东海推进中国生态博物馆建设与实践的同时，尹绍亭先生就在云南以民族学中生态人类学的理论，来实践民族文化生态村的建设，目的和功能都大致相似，但路径不同，尹绍亭先生就是尝试和实验民族文化生态建设，该实践有村落的文化布展过程，但没有类似生态博物馆的"信息资料中心"的博物馆形式建设。而苏东海具有完整的博物馆理论和实践的工具，并且应用到实践中，最后形成固定的形式留存至今，故多少年过去后，尹绍亭项目在2008年时留下了一套关于应用人类学的思考著作之后，基本就"烟消云散"了，而苏东海推进的生态博物馆至今仍然"繁花似锦"，不断变化和发展，影响越来越大。但尹绍亭先生的以民族学理论为基础，自主探索民族文化生态意义的努力，表明民族学介入民族文化生态保护起始是比较早的。这也为民族学后来深度介入中国生态博物馆建设打下基础。

民族学深度介入中国生态博物馆建设自然在中国生态博物馆建设的后生态博物馆时代。在中国生态博物馆的贵州时代，生态博物馆就是生态博物馆，而西方的新博物馆学理论似乎不太喜欢"民族生态博物馆"的定义，一直认为生态博物馆的区域性比民族文化更为重要，但在贵州时代建设的四个生态博物馆中，有三个都是民族的，区域展示保护的自然为某某民族的文化和村寨，而不可能是西方意义上的纯粹社区。在今天回顾历史，笔者可以理解苏东海老人回避中国在生态博物馆上直接表述民族的问题，此可能不是一个学术问题，而是一个策略问题，因为苏东海当时面对的是西方的新博物馆学家们的社区生态博物馆概念，而且西方对于中国民族（minzu）的"误解"很深，如果明确地表述为某某民族文化的生态博物馆是会引起西方的新博物馆学家"误解"的，而且在镇山生态博物馆建设时，中国的生态博物馆建设还在处于挪威王国的资助状态中。笔者这样

---

① 苏东海先生在2005年后的一些表述中，只说云南、内蒙古等地区的后续发展情况（其中内蒙古还是虚假陈述），没有提到广西等地的一些生态博物馆实践，就与这样的因素有关，因为广西当时的"民族表征"的生态博物馆实践，大致是以民族学理论为主的理论背景了。

## 第七章 生态博物馆理论建设与本土化发展

说,也是基于在后来的隆里和堂安生态博物馆的建设,苏东海似乎没有关于更多的类似反对称呼"镇山生态博物馆"为"镇山布依族生态博物馆"的声音,之后,在他的一系列著述中,以及后来广西、云南等地的生态博物馆建设中,他也并没有什么反对意见,反而是更多的理解和支持。这也表明,在后生态博物馆时代里,民族学和中国的新博物馆学理论,在一定程度上达成了默契,这才有以广西"1+10工程"为代表的民族表征生态博物馆实践的出现。而民族表征类型的生态博物馆出现,也可以说是民族学理论介入中国生态博物馆建设的"理论盛宴"。

在后生态博物馆时代,新博物馆学的理论还在,但民族学理论成为了这个生态博物馆时代发展的重要理论支撑,因为生态博物馆保护和发展的就是民族文化和民族村落的区域社会。以生态博物馆的形式,以表征民族的生态博物馆存在,这里面的民族学理论自然有许多的应用和发展。比如"整体性保护的民族村落实践""文化殖民与民族自觉""民族文化资本化""民族文化旅游开发""民族文化自主性""生态博物馆的权属问题"等等。这些,在"交融与自生类型生态博物馆"建设中,都是不可想象的。在中国生态博物馆的贵州时代中,似乎一般的新博物馆理论不会讨论这些问题,但在民族表征类型生态博物馆中,则是必须讨论的理论问题,而且讨论的理论基础就是民族学理论。

从民族学的视角来讨论"整体性保护的民族村落实践",是由民族学的理论而使用生态博物馆的工具带来的,因为在生态博物馆建设实践中,文化的整体性保护是生态博物馆的主要议题之一,生态意义本身就具有整体性意义。尹绍亭先生的"民族文化生态村"的实践,就包含了整体性保护民族文化的思考和探索。但这样的议题在民族学中有自己的探索路径,而基于民族学的理论实践生态博物馆建设时,这样的理论思考使得两个学科发生契合,所以说这是一种"整体性保护的民族村落实践"。在生态学的意义上,民族村寨的民族文化整体性是如何被保护的,生态博物馆有实践的路径,但自然引发了民族学理论的思考。故整体性保护民族文化,保护的自然是一种整体性的生态,而不是某一个文化专项,文化的存在一定在一种完整的生态系统中,不会仅仅存在于某种割裂的状态中。这些理论思考,对于新博物馆学和民族学都是具有巨大启示意义的。

在中国的生态博物馆实践中,新博物馆学对于中国生态博物馆的实践赞赏有加，但民族学家却保持了应有的文化警惕性，质疑这样的生态博物馆建设与实践有"文化殖民"的危险，所以，在中国生态博物馆建设的第二个时代里，西方的投入资金退出，西方的生态博物馆理论主体性指导退出，而以民族学家为主的理论思想进入，国家的民族文化建设发展资金投入，实际上具有回答其对于第一个时代中"文化殖民"担忧的意义。故"文化殖民与民族自觉"也是民族表征类型的生态博物馆实践的民族学的理论思考和探索之一。即以生态博物馆的理论，结合中国的民族（minzu）的实际存在，中国也可以建设符合中国新博物馆学理论的生态博物馆。这样，"文化殖民与民族自觉"的对应关系，就可以在新博物馆学中得到解释。

在中国的民族表征类型生态博物馆建设中，利用民族文化的保护来发展地区的社会和经济，"民族文化资本化"是一个必然的过程。在中国第一个生态博物馆建设中，苏东海等专家们在计算中方投入中，曾经把梭戛的一系列文化计算为"价值"（货币），以增加中方投入资金的比例，即已经出现了民族文化资本化的"操作"，故在民族表征类型生态博物馆建设中，本身就有一个价值"计算"的需求，这样，民族文化资本化亦是民族学理论要思考的问题之一。

在中国生态博物馆实践的第二个时代里，"民族文化旅游开发""民族文化自主性""生态博物馆的权属问题"也被民族学理论关注，有些讨论的展开，还比较深刻地影响了中国生态博物馆的实践。

还有，在民族学介入生态博物馆建设，成为生态博物馆建设的重要理论支撑之后，一些生态博物馆的观念和称呼还发生了相应的变化，比如，在生态博物馆的贵州时代中，传统博物馆形态遗存为"信息资料中心"，这是新博物馆学所取的"名字"，其实际上就是一个小型的专题性质的博物馆，以此表明其是区域性展区的"信息资料中心"，其重要性是次要的，生态博物馆中的区域性展区才是最为重要的。但这个称呼在民族表征类型生态博物馆中，变成了"展示中心"，其意义又发生了细微变化，起码在一定程度上，这样的名称修改试图弱化传统博物馆的"痕迹"，表明这不是一个传统博物馆的遗存———一座小型的专题性质的博物馆，而就是一个文化的"展示中心"，以进一步强调生态博物馆的区域性展示意义。在尹绍亭先生的"民族文化生态村"项目试验中，使用的也是"展示中心"的名称，并且在村里的房子里有过这样的"展示"过程……故冥冥中他们都

## 第七章　生态博物馆理论建设与本土化发展

有着共同的认知和见解。这好像不是巧合。

在民族学家介入中国生态博物馆建设与实践，民族学理论影响中国生态博物馆建设之后，中国的一些人类学家也介入了中国的生态博物馆建设。

人类学的基本概念为：人类学（Anthropology），是一个学科群，它从生物和文化两个角度对人类进行全面研究。从词源上来说，亦认为起源于希腊，字面上理解就是有关人类的知识学问。在近代，最早使用人类学一词的是1501年一个德国解剖学家，他的一本关于人体解剖学的著作使用了"人类学"。在19世纪，该词泛指体质人类学，后来演化为类似民族学的泛指的一门学问，即关于人的生物性和文化性，以及二者关系的学问。

其实，中国的人类学和人类学家在许多时候与民族学和民族学家是混淆的，因为其基本的理论来源均同源，使用的经典都是历史上的人类学、民族学的基本经典，但也有一些区别，其最根本的是视角，民族学家和民族学基于民族（minzu）的视角，人类学和人类学家基于人类学的视角。

在中国的生态博物馆建设与实践中，人类学理论和人类学家介入的时间比较晚，大致在中国生态博物馆的社区博物馆时代才有比较明显的影响。人类学理论和人类学家影响中国的生态博物馆建设，可以从以下几点看出：一是社区生态博物馆的建设指导原则的改变，二是"第三代"生态博物馆的"展示中心"的名称变化，三是对于生态博物馆主体的主导性强调，四是社会参与性的开放等等。

中国生态博物馆建设的第一代生态博物馆原则为"政府主导、专家指导、村民参与"，这个指导原则在民族表征类型的生态博物馆建设中基本不变，但专家指导中没有了直接源于西方的新博物馆专家，其专家指导也由中国的新博物馆学家为主变成了以民族学家为主的专家指导，因为这一类生态博物馆建设，就是为了民族文化的整体性保护，就是为了利用生态博物馆工具，发展民族地区的社会和经济文化。但到了社区生态博物馆建设时代，这个生态博物馆建设的指导原则改变为"政府支持，专家指导，居民主导"，而这个生态博物馆建设原则的改变，就是基于人类学理论的介入和影响，因为这一时期中国生态博物馆建设面对的主要不是民族文化村落，而是社区（城乡社区），如果这个时候再使用民族学理论和视角，就显然不符合客观实际，而人类学理论的视角，就对于社区来说就更具有文化的普遍性意义。所以说，这一改变，背后包含着人类学理论的普遍影响。这也奠定了中国的人类学家和人类学理论影响的基础，故在"第三代"生态博物馆建设时期，各地生态博物馆论坛中有民族学家，但更多是人类学家，比如中央民族大学的一些学者。他们的意见和认知，开始广泛地影响中国生态博物馆的建设与实践。

在中国生态博物馆建设中，对于生态博物馆主体的主导性变化，在理论中也是一个比较敏感的问题，按照西方新博物馆学的理论，这个主体的主导性不明，是不符合新博物馆学理论原则的，这在"六枝原则"中有许多的讨论。这个理论问题在中国第一代生态博物馆建设中，有"文化代理"的辩论，在民族表征类型生态博物馆建设中，直接被忽略，但在社区生态博物馆建设中就不可能不做出解释，这就是"居民主导"的出现，而如此解读的理论依据就是中国的人类学理论，即在中国社区生态博物馆理论探索中，需要解决这个问题。也只能由人类学理论来回答这个理论问题，因为只有人类学理论可以回到西方生态博物馆理论的原点。

在中国生态博物馆建设中，第一个时代是国家给予村民建设了一批生态博物馆，对于这些地方的民族文化建设的社会作用是非常明显的，但村民和社会的参与度较低。第二个时代是国家和公司为了发展一些民族地区的社会文化和经济，在当地建设了一批生态博物馆，村民和社会的参与度明显提高，对于当地的社会文化和经济发展都有不同程度上的影响。但在"第三代"生态博物馆建设中，这个社会参与是完全开放的，而这个开放性的原则基于人类学理论的基本认知。这样的社会参与度高的开放也完全符合中国生态博物馆建设的发展实际，而这一阶段中，人类学理论作为中国生态博物馆建设主要影响源，也是符合客观实际的。

归总而言，这三个理论都在中国生态博物馆建设的不同时期发挥了自己的主导作用。

# 第八章
## 生态博物馆的"生命"思考

在前述的研究中,苏东海将生态博物馆建设的现实逻辑和哲学基础表述为"生态文明",即后工业化社会之后,人类会迎来一个称为"生态文明"的时代,人类的世界观中要具有生态意识,要努力维护地球生命的生态关系,这样,人类文化的发展才是现实和永续的。而在博物馆学中提倡"生态关系"的意义,其基本的实践性就是要建立博物馆的文化活态,实现博物馆的生命化,即"生态文明"需要的是"活态"的博物馆,不要"死的"博物馆,至少"活的"博物馆也要成为博物馆中的一种新形态,一种新方向。

从根本上来说,这就是生态博物馆中的"生命思考"。其目的就是利用生态博物馆这一"工具"活态地保护和尊重所有过去的和现在的文化。

## 第一节 生命态度与生态思考

关于博物馆的生命态度和生命思考是工业化过程中,博物馆作为现代性文明建设一种形式之后的思考。前述的博物馆概念中给予它的定义是:"博物馆是陈列、研究、保藏物质文化和精神文化的实物及自然标本的一种文化教育事业机构。"[①] 即博物馆是一种"存放"历史的地方,凡是在现实中能够归为历史或者说"无用"状态的事物,都是可以归属于博物馆的东西。而且在后来还演化为,具有现代性国家的建立,必须具有博物馆

---

① 《辞海》"博物馆"条。

这样的社会机构存在，才具备了一个现代国家的基础。中国在1905年建立了自己的第一个博物馆，就是一种建立现代国家的努力。现代博物馆的建立，大致是在17世纪到18世纪之间出现的事情，而这个时候正是西方由传统的国家形态转型为现代国家的过程，是他们建立了现代性国家必须具有博物馆存在的概念，从而影响到现代国家概念的基本表述。但是，博物馆保存和记录历史的意义在后现代时期受到质疑，即博物馆为什么要是一个过去的死亡历史的记录，为什么不是一个具有生态状态的存在，即在人类的"生态文明"中思考文化生命的活态意义。所以，在1972年，人们在生态文化与博物馆之间寻找一种新的文化理解的时候，像一个"玩笑"一样创造了一个世纪的关于生态博物馆的话题。

当法国人创造了"ecomuseum"（生态博物馆）一词之后，人们并不会认为这是一个先验的话语，而是一个对于现代性博物馆的一种严肃思考，如果一些过去的东西在放入博物馆之后，就会被赋予一种历史和死亡的状态，那这样基本不符合文化动态生命的意义。如何把文化演化中的动态与博物馆的静态结合起来，赋予博物馆现代性更具有活力的状态，至少给予博物馆一种发展的可能性，于是，生态博物馆的种种尝试和实验在全球开始了。

"户外"是生态博物馆思考的起点，把本应该存放在博物馆的物体从室内"搬"到室外，即让博物馆展品回归到原来的环境和场景中，使博物馆展品在"户外"的形式中获得一种关系，从而获得其博物馆展品的生态意义，使其博物馆展品"活化"，获得具有生命意义的呈现。这是生态博物馆发展的最早思考和探索，比如瑞典的"户外博物馆"。它的存在和思考，是后来生态博物馆生命态思考的最早源泉，世界上的生态博物馆实践多受其影响。当然，一些历史物品本身体积巨大，无法正常进入博物馆的室内，只能在室外呈现其历史状态，比如遗址、一些过于庞大的物体、无法移动的物体等等。它们本身就包含了博物馆展品与历史生存环境的关系，但这样的关系是在人为的博物馆户外安置中被发现的。在这种户外的生命思考中，人们把一些分散的巨大物体集中复现在某一个地方，成为最早体现生态博物馆关系的行为，使得人们认识到历史性的博物馆展品可以在某一种状态中获得"活化"，并且使博物馆本身可以具有生态意义。这种生态博物馆生命思考的进化，继续往前发展，就可以到达另外一个生态

## 第八章 生态博物馆的"生命"思考

博物馆的概念中,这就是"原址保护"。

"原址保护"本身起源于一些无法移动的历史文物展品的保护,是现代博物馆发展中的一种无奈之举,后来的生态博物馆发展观念中,"原址保护"一直是一个基本信条,是生态博物馆生命思考的重要组成部分和生态博物馆表现的基本形态。即不管生态博物馆处于什么样的类型,其"原址保护"都是一个基本要求,一定要在"原址保护"上生成其生态博物馆的诸多意义。在现实的生态博物馆实践中,也是其跨界到地质博物馆、文物考古博物馆、林业生态博物馆的连接点。这些生态博物馆,基本上都是基于"原址保护"来体现其生态的生命意义的。在"原址保护"概念中,其本质是一种整体性和整体观的体现,即"原址保护"的本质是为了一种包含展品全部意义和关系的展示,目的是完整地展示其所包含的文化信息,故这样的生态博物馆的生命思考,又要向"文化的整体性保护"的概念出发。

在生态博物馆的生命思考中,"文化的整体性保护"是一个核心命题,也是生态博物馆区别于一般意义博物馆的根本。一般意义的博物馆是一个历史记忆的存放地,一个服务于社会历史教育,以及表现国家现代性意义的机构,但生态博物馆所追求的就不仅仅止于此,它的生命思考一定会在"文化的整体性保护"上具有明确的回答。故在生态博物馆实践中,生态博物馆展区是整个区域性存在,展品一定会包含区域内所有的一切存在,物品、习俗、思想、人、人的生活状态,以及它们赖以生存的环境……生态博物馆的展示不一定能无所不在,但"文化的整体性保护"一定是它追寻的终极目标。在生态博物馆的实践中,绝对的"文化的整体性保护"是很难实现的,因为文化本身就是一个动态发展的过程,它会在时间长河中不断变化和流逝,不会停留在一个点上来实现生态博物馆的"保护"。但是,"文化的整体性保护",在生态博物馆生命思考中,是具有哲学本体论意义的。也是生态博物馆对于一般意义博物馆的"反叛"。一般意义上的博物馆就是把对于今天现代性社会有意义的历史放进博物馆,完成现代性国家转型中对于历史的意义点的记忆,是一种静态的对于文化的保护。而这样的文化保护是某个时间点的保存和保护,它在很大程度上割裂了历史、环境关系和意义,呈现给人们的就是文化的局部,带有片面性,不可能是文化的整体性状态。但生态博物馆实践则希望恢复所有的关系和环境，获得最后的"文化的整体性保护"的意义。这可能是生态博物馆生命终极的思考，但这样的思考在生态博物馆实践中，模糊和含混的地方太多，因为文化本身存在形式的局限性，使得人们对于实现"文化的整体性保护"的路径的理解是多种多样的。还有，每一个生态博物馆的实践行为，所面对的文化状态都是不一样的，这也是"文化的整体性保护"理解呈现多种多样的重要原因。在生态博物馆的"文化的整体性保护"的思考中，"文化的整体性保护"也不是一个普世化概念，它一定要受到区域性的限制，即"文化的整体性保护"与"博物馆区域性"是相对存在的。"文化的整体性保护"的背后，是"博物馆区域性"。

在生态博物馆的生命思考中，"博物馆区域性"是一个重要概念，即生态博物馆不但具有一个类似博物馆的展示区域（信息资料中心），也有一个包含所有关系和环境的区域认定，即生态博物馆除了具有传统博物馆的布展区域之外，还有一个与社区区域同等的生态博物馆区域性划定。这就是生态博物馆的"博物馆区域性"。这是一个在传统博物馆中没有的东西，在传统博物馆中，博物馆所展示的一切，全部体现在展馆的展厅中，而生态博物馆的主要"展厅"却不在这里，而是在被划定的区域中，被划定的生态博物馆区域，几乎与某一文化类型分布的区域同等，也几乎包含了这一划定的文化区域的所有时间和空间。这个前所未有的生态博物馆区域，就是生态博物馆的"博物馆区域性"表现的基础。对于生态博物馆的"博物馆区域性"，实际上人们研究得很少，对于它的理解和理论探讨也少。在生态博物馆实践中，人们可见的就是类似传统博物馆的展示中心，但对于其背后的区域性存在却很难有具体的把握。人们可以安静地参观生态博物馆的展示中心，其边界相对清晰，但对于在被划定的生态博物馆展示区域，却不是很明了。在展示中心的体验是一种对于博物馆的参观，但在一定的生态博物馆划定展示区域走动时，却很难找到参观的感觉和坐标，其就是一种游憩和体验的过程。其实，这正是生态博物馆的"博物馆区域性"希望达到的效果，也是生态博物馆实践与民族文化体验性旅游开发的结合，是许多民族文化旅游开发借助生态博物馆作为发展工具的理论依据。

生态博物馆实践的这种"博物馆区域性"，还为现代博物馆发展提供了一种可能性，即一些区域性文化的固有存在，本身就可以成为一种博物

## 第八章　生态博物馆的"生命"思考

馆存在的某一种形式，不一定需要某一个现代性建筑来标识此地博物馆。某一个街区，某一个奇特的地域存在，某一个具有深刻社会记忆的地域，都可以是一种区域性博物馆的存在。[①] 它们，同样可以与国家的现代性表达结合在一起。比如现在黄浦江外滩对岸的浦东与外滩老上海街区区域的对比，它们，就具有"博物馆区域性"的意义，一样能够从博物馆角度显示此地的国家现代性。

"博物馆区域性"对于生态博物馆的拓展性思维影响巨大。在生态博物馆区域性划定的初期，主要目的是理解生态博物馆中的展品与环境的关系，即看完展示中心的展品，再到一定区域中参观其活态状态，以实现文化整体性理解和保护的意义，但后来延伸出来片区都是生态博物馆的区域，整个县域都是一个露天的生态博物馆。而且在加入时间的扩展概念后，还出现了365天永不闭馆的区域性生态博物馆概念。比如浙江省的生态博物馆实践，他们还在2020年时，发明了野外博物馆的生态博物馆新概念，并且有了一定的实践。这使得"博物馆区域性"与现代中国的"大生态""全域旅游"等一系列新的发展概念发生了联系，既推动了中国生态主义实践的现代发展，也拓展生态博物馆的理论和实践领域。

生态博物馆的概念和理论是从西方传入中国的，在传入中国之初，就有一系列的中国化过程，但其中的"社区发展工具"却一直是中国生态博物馆实践中的一个重要概念，并且在中国的生态博物馆实践中，被多样化理解和应用。在最早的中国生态博物馆贵州时代，在建设生态博物馆这样的文化设施的同时，它就包含了少数民族地区区域性发展的概念，有些地方还直接与扶贫联系在一起，直接成为地区扶贫的一种举措。在中国生态博物馆的后生态博物馆时代，"社区发展工具"表现为"民族表征"的意义，即使用"社区发展工具"表现民族文化，以及谋求以此发展该地区的社会文化和经济等等。而在中国的"第三代"生态博物馆时期，"社区发展工具"完成了明确的回归，在建设城市社区生态博物馆中，被明确而广泛地应用，成为当时的生态博物馆实践的主流。中国是在2000年时明确地

---

[①] 比如北京东四的史家胡同博物馆（参见图志00103），它的博物馆就是一个经典的北京四合院，布展了关于胡同的人文历史，以及胡同建筑等等，既没有说自己是生态博物馆的认知中心，也没有划定其展示区域，但参观后自然就会把此博物馆与周边仍然存在的胡同和胡同中的生命态（日常社会生活和关系）关联起来。

转制为社区，替代原来源于农耕文化基础的村社和街道，以适应中国工业化、城市化的发展。在这样的历史大背景下，生态博物馆的"社区发展工具"概念被推上重要地位，与中国的发展大趋势密切关联。该概念在中国的生态博物馆实践一直都在使用，不过，在前期是一种变形应用，后期才回归"社区发展工具"的本来面目。在生态博物馆实践中，"社区发展工具"在西方早就被人们讨论，一开始就是为了使用它促进区域和地方社区的发展，其工具性一直非常明确。他们认为，生态博物馆的实践就是为了社区发展而出现和可以使用的工具，通过建设生态博物馆，以促进社区的文化进步，以及社会经济的发展。可以说，生态博物馆的发展性理论基础就在于此。在中国生态博物馆建设的初期，按照博物馆建设的社会教育机构的社会服务性质，中国的生态博物馆是不可以收费的，并且一直影响了中国生态博物馆的"社区发展工具"的意义表达，至今依然如此。在"第三代"生态博物馆出现时，"社区发展工具"才获得正名，故在福州三坊七巷生态博物馆中，这样的"社区发展工具"的概念才得到广泛应用。

"社区发展工具"概念对于生态博物馆的地区发展意义是重要和关键的，许多"社区发展工具"的理解和应用，促进生态博物馆与地方发展多种多样的关联性，地方利用生态博物馆的"社区发展工具"概念，发展了地方，但同时也促进了生态博物馆的实践与发展，扩展了生态博物馆实践的多重空间，比如在多元化生态博物馆发展中，既体现了生态博物馆的"社区发展工具"意义，也使得社会"收获"了更加多样性的生态博物馆。

从"户外"关系的发现，到最后的生态博物馆的"社区发展工具"概念，大致都是围绕生态博物馆的生命意义的思考而进行的，都是为了从传统博物馆的僵死的社会记忆中，回到博物馆的生命态中，以利于人们理解人类文化的不断演化和传承的关系，以改善现代社会发展对于传统文化的破坏性，使得文化永续而更具有历史感和未来的发展意义。

这种生命思考，在中国生态博物馆的发展中，后期还奇特地与中国关于"大生态"的发展理念联系和结合在一起了，并且在一定程度上融入中国生态发展的政治理念中，发挥了自己应有的作用。比如，在林业、地质、湿地保护、野生动物保护、农业遗产、自然环境保护等中，生态博物馆概念与其都有广泛融合和交融。再比如，生态博物馆在民族文化旅游开发、全域旅游拓展、现代设计、文化产业等发展方面，也有许多应用。

# 第八章 生态博物馆的"生命"思考

传统博物馆是现代国家的标识之一，但生态博物馆融入现代发展过程却更为深刻。这样的深刻源于人们对于人类文化生命的思考，以及对于动态的文化生命的理解。现代传统的博物馆是对于人类文化历史的一种理解，希望把博物馆作为连接现代与历史的一座桥梁，把过去的博物放入博物馆之后，也在某种意义上把它们打上了终结的烙印，但在现实中，人们还"生活"在历史里，历史的活态影响依然存在，故现代博物馆与历史的"割裂"，需要一种反思，以及对于文化生命感的一种态度。这也许就是生态博物馆出现对于传统博物馆的思考和"反叛"，希望以此来推动博物馆的发展和革新。实际上，生态博物馆的出现也是基于这样的文化逻辑，它要思考文化生命中的活态意义，以及对于博物馆的意义。博物馆不但可以保存历史记忆，也可以参与活态文化生命的运动和思考，也可以是一种推动现代博物馆向更为广阔的领域进步和发展的"工具"。

在这样的生态博物馆运动演化中，中国有幸在 1995 年的时候就引进和接受了这样的博物馆新观念，并且在一开始就按照中国的国情进行了生态博物馆的建设与实践，而且把生态博物馆发展为一个丰富多彩的中国体系，在一定程度上创造了具有世界意义的中国式样的生态博物馆历史，并且融入了中国"大生态"的发展中，这在世界上都是不多见的。

## 第二节 中国生态博物馆的"生态"

从梭戛生态博物馆建设之日起到现在，中国生态博物馆的历史已经有 20 多年了，在这 20 多年中，中国已经出现各种各样的生态博物馆百余个，可以说是世界上生态博物馆发展最好的国家。在这百余个生态博物馆中，"生态"和"博物馆"应该是生态博物馆理论思考的关键词，其中，第一个要回答的一定是生态博物馆的"生态"，而且是基于中国生态博物馆实践的"生态"。

生态（Eco-）源于古希腊 οικος，原意指"住所"或"栖息地"，现在通常表示生物的生活状态。在中国的词意中，多为美好的状态。"丹荑成叶，翠阴如黛。佳人采掇，动容生态。"（[南梁]萧纲《筝赋》）"邻鸡野哭如昨日，物色生态能几时。"（[唐]杜甫《晓发公安》）"目如秋水，

脸似桃花，长短适中，举动生态，目中未见其二。"（《东周列国志》第十七回）

生态学一词在 1865 年出现，是合并希腊字 logos（研究）和 oikos（房屋、住所）而成。海克尔（H. Haeckel，德国生物学家）首次定义生态学：是"研究动物与有机及无机环境相互关系的科学"。在今天，此词在多个领域得到展开，影响不仅仅局限于生物学，而且这种关于环境关系的研究定位深入到社会科学的多个领域，新博物馆学中的生态博物馆研究，就是其中之一。

中国的生态博物馆实践中，关于"生态"的理解也是基于博物馆文化与其环境关系而言的，其最为基本的点就是希望历史性的博物"回到"它的环境中去，明确地体现它的存在与现存环境关系和意义，从而使得历史性博物"活态"地表现在某种生命态中。在最初的《在贵州省梭戛乡建立中国第一座生态博物馆的可行性研究报告》的文件中就有明确的说明："传统的博物馆是将文化遗产搬移到一个特定的博物馆建筑中，与此同时发生的是，这些文化遗产远离了它们的所有者，远离了它们所处的环境。而生态博物馆是建立在这样一个基本观点之上，即文化遗产应原状地保护和保存在其所属社区及环境之中。从这种意义上讲，社区的区域等同于博物馆的建筑面积。"[①] 即生态博物馆与传统博物馆不同的基本点就在于博物馆与其生存的环境关系，如何体现这种环境关系？即生态博物馆面积就是社区的面积，故后来的生态博物馆要体现"生态"，就一定要具体划定生态博物馆的区域。

在中国生态博物馆实践的"生态"中，不同历史阶段的生态博物馆的"生态"表达是不一样的；不同性质和类型中的生态博物馆的"生态"表达也是不一样的。

在前一种状态下，它大致表现为以下几个方面：一是贵州时代生态博物馆中的"生态"表现；二是后生态博物馆时代的生态博物馆"生态"表现；三是"第三代"生态博物馆（社区博物馆）"生态"表现。

---

① 见内部资料《中国贵州省梭戛生态博物馆资料汇编·在贵州省梭戛乡建立中国第一座生态博物馆的可行性研究报告》第 5 页。张勇、徐美陵编，黔新出（图书）内资字第 091 号，1998 年。

# 第八章 生态博物馆的"生命"思考

## 贵州时代生态博物馆中的"生态"表现

在中国早期的生态博物馆建设中，生态博物馆的"生态"表达，也主要表现在信息资料中心的建设与生态博物馆区域的划定上。其基本的设计是，信息资料中心收集整个"长角苗"社区的文化信息资料，对整个的"长角苗"的苗族文化做一个全面的信息资料的收集整理，并且这个苗族区域文化的信息资料中心，使人们在这里可以看到整个生态博物馆区域内的文化状态。但在实践中，这样的信息资料中心就是一个"小型的专题文化博物馆"，是传统博物馆在一个特定地区的功能性表现。或者说是生态博物馆中的传统博物馆形态部分。在梭戛生态博物馆理念中，设计者还把整个梭戛 12 寨的"长角苗"区域视为一个博物馆区域，即梭戛生态博物馆的开放式的博物馆展区，展区中"展示"的就是"长角苗"的活态文化，从而实现梭戛生态博物馆的博物与文化环境关系的联结，表现生态博物馆与传统博物馆完全不同的样貌。这样，生态博物馆的"生态"就可以出现在参观者对于"长角苗"的文化体验中。以期望人们在参观生态博物馆中，看到的是一种活态的文化，而不是一种静态（死亡）的博物。这样一来，生活其中的人和物，以及时间、仪式、习俗、日常生活等等，在某种程度上都是生态博物馆的"展品"。

这，就是梭戛生态博物馆出现时的"生态"意义。这种意义的发明和生成，在后来也被人们讨论了很久，有多重正面和负面的意见。可能这样的讨论还会继续，但中国的生态博物馆建设与实践中的"生态"呈现，在中国生态博物馆的贵州时代的第一个生态博物馆建设中，就奠定了基础，则是不言而喻的。一个信息资料中心，加一个博物馆文化展示区域的划定，就是中国最初生态博物馆建设的经典模式，并且一直是其生态博物馆"生态"表达的主要实践过程。

在梭戛生态博物馆之后，中国生态博物馆贵州时代的第二个生态博物馆建设就在贵阳市花溪的镇山村开始了。在这个生态博物馆建设中，其"生态"表达一如梭戛生态博物馆的模式，也是信息资料中心+文化展示区域划定，但后来苏东海等生态博物馆专家们发现，其"生态"表达点发生了位移，因为有布依族文化表述的力量和观念进入，希望其信息资料中心的背后是整个的布依族文化区域。这种扩大化，让以苏东海为代表的中外生态博物馆专家们，尤其是苏东海先生难于理解和接受，如果把镇山村的信息资料中心与整个的布依族文化区域发生如此的连接，既不现实，也混淆了镇山生态博物馆的基本意义，因为这样的"生态"关系位移，会把此生态博物馆的生态关系模糊化，因为整个的布依族区域不可能与镇山生态博物馆信息资料中心关联，镇山村的布依族文化也代表不了整个的布依族文化。所以，苏东海先生不赞成这样的"生态"位移，但最后的建设在争论中不了了之，不过，这种"生态"关系位移，为后来中国生态博物馆建设中的"民族表征"埋下了伏笔。而且影响很大，使得原来的梭戛生态博物馆都逐步变成了"梭戛苗族生态博物馆"。

在生态博物馆的贵州时代里，隆里古城生态博物馆的"生态"表达，模式与梭戛生态博物馆相同，但使用的文化类型有了很大变化，因为它选择的区域是隆里的以古代建筑遗产为主的古城区域。在这里，信息资料中心+古城区域（包含区域内的人和物），其"生态"意义主要表现在作为物的古城众多遗存上，比如宗祠、古城墙、古建筑、古道、古桥、古井以及文化、日常生活、仪式、习俗等等。在信息资料中心的布展中，也是以这样的内容为主的。这种以不同的文化遗产为中心的"生态"表达，为后来的中国生态博物馆建设打开另外一条路径，不但可以在民族村落中建设生态博物馆，而且亦可以在历史遗存中建设生态博物馆，并且以此表现不同的生态关系。

贵州时代建设的最后一个生态博物馆是堂安侗族生态博物馆，它在"生态"表达中兼及了梭戛生态博物馆的村落、镇山布依族生态博物馆的民族、隆里古城生态博物馆的建筑遗产，所以，它一开始的名称就是堂安侗族生态博物馆。在这个生态博物馆的"生态"表达中，堂安就是一个典型的村落，即它是在传统的村落关系中建设的生态博物馆，信息资料中心+村落区域的模式依旧，但已经明确地表述为"侗族村落"，而不是别的村落，一开始的落脚点就在民族村落的生态文化标定上，故也不是整个的侗族文化区域。在堂安侗族生态博物馆中，其信息资料中心的修建采用了侗族的建筑式样，而且由侗族的师傅们按照侗族建筑的传统样式来进行建设和施工。这表面上好像是一个经济性质的，或者说工艺性质的行为，但它却具有一种生态关系的意义表达，表明侗族的建筑亦是一种文化遗产被包含在其生态博物馆的生态关系中。而这样的关系在隆里古城生态博物馆，则是一种主要的生态关系表述。因此可以说，在"生态"关系的表达中，堂安侗族生态博物馆呈现了一种多方位的生态关系。这也在后来中国的生态博物馆实践中，成为一种比较复杂的生态博物馆生态关系的范例。

## 后生态博物馆时代的生态博物馆"生态"表现

后生态博物馆时代的生态博物馆建设规模大大超越了贵州时代的生态博物馆建设，而且是完全自主的生态博物馆建设与实践，生态博物馆的"生态"表达发生了比较大的变化。在后生态博物馆时代，其生态博物馆建设不仅仅是新博物馆理论起作用，而且还直接包含了生态人类学的思想和理论应用。

这种生态人类学思想，在中国几乎与新博物馆理论中的生态博物馆理论同时进入中国，而且生态人类学还在云南省有类似生态博物馆的实践和实验，也在另外一个维度上追寻民族文化的生态保护与建设，还一度被认为是中国生态博物馆建设的形态之一，但他们多有生态意义的探索，却少有博物馆形态的现代联结和呈现，注重的是一种理论探索，而不是一种现代博物馆的形态建设，故它们没有留下具体的物态的遗产，但其生态思想和理论却影响着中国后生态博物馆时代的生态博物馆"生态"的表达。

在这样的历史和理论背景下，后生态博物馆时代的生态博物馆实践中的"生态"表达，基本上以各个不同的民族文化为基本依据，有什么样的民族文化，就呈现什么样的民族生态关系，即把生态博物馆中博物与民族文化联系在一起，建设以民族文化表征的生态关系。所以，在这里，其生态关系和意义的建立，都与此地的民族文化关联。

在后生态博物馆时代的生态博物馆实践中，广西的"1+10工程"生态博物馆群是这一时期的显著代表。这10个民族生态博物馆，基本表达了广西壮族自治区的民族分布和存在，以及他们特定的文化意义。

在壮族中，属于北部壮族文化的是龙胜龙脊壮族生态博物馆，属于南部壮族的是那坡黑衣壮生态博物馆，属于历史遗产呈现的是靖西旧州壮族生态博物馆。这三个生态博物馆所表现的民族文化不同，所以他们的生态意义的连接点是不一样的。龙胜龙脊壮族生态博物馆属于北部壮族，是比较早地与中原汉族文化发生交流与交融的地区，但却保留南方山地水田农耕的生计方式，以及一系列经过交流和交融之后的壮族文化与习俗，是广西壮族中"北壮文化"的典型代表。这个生态博物馆亦是以一个源于博物馆形态的信息中心+划定的区域、而成为一个生态博物馆的。其信息资料中心在这里被称为"展示中心"，也有民族学中生态人类学理论的明确影响。在这个生态博物馆里，除了在"展示中心"中展示北壮文化之外，博物馆区域也展示北壮文化，这是其"生态"表达的基本点，并且同时具有一个梯田遗产文化的标识，这亦是其"生态"表达的第二个连接点。

那坡黑衣壮生态博物馆的建立主要是为了广西南部"南壮文化"的一种民族表征，虽然在建设之初，当地人对于通过生态博物馆的建设，开发当地民族文化旅游开发的期望值很高，但几年下来，限于交通，民族文化旅游被开发的状态并没有出现，故现今的博物馆工具性就是"民族表征"。这个生态博物馆也是"展示中心"（博物馆形态）与区域（文化展示）的"生态"表达的经典连接。这里的壮族文化以生态博物馆的形式被"民族表征"，也有与上述龙胜龙脊壮族生态博物馆的"北壮文化"相互呼应的意义。

靖西旧州壮族生态博物馆区域内的壮族文化则是宋以后，此地壮族文化与汉族文化交流交融的结果，既有汉族屯民文化的内蕴，也有本地壮族先民文化的发展和演化的内涵，以及汉族建筑文化遗产的内容，因为这里既是民族村落，亦是一个古镇。故这个生态博物馆的"生态"表达，包含了"民族表征"与建筑遗产的双重内容。

在广西，关于瑶族的生态博物馆有二：一是南丹里湖白裤瑶生态博物馆，一是金秀坳瑶生态博物馆。一个最早进入其生态博物馆建设的实验，一个为最后完成的生态博物馆建设。这两个地方的瑶族都是早年从贵州迁徙到广西的瑶族，在一定程度上呈现了之后的瑶族文化，以及广西瑶族文化的大致状态。南丹里湖白裤瑶生态博物馆的建设是在此地民族文化旅游开发之后，为了配合民族文化旅游开发而进行的，而金秀坳瑶生态博物馆的建设更多的是为了民族文化的表征。这两个生态博物馆的"生态"表达与其他生态博物馆的表达无二，也是展示中心+展示区域（村落）的模式，但前者配合了里湖地区的民族文化旅游，后者就是一个瑶族村落。

在广西，苗族、侗族、京族都有一个生态博物馆出现。

第八章　生态博物馆的"生命"思考

融水安太苗族生态博物馆就是以民族村落为基本单元建立起来的经典民族文化生态博物馆，其"生态"表达的连接点就是本地的苗族文化以及村落。

三江侗族生态博物馆使得原来的"三江侗族博物馆"成为该三江侗族生态博物馆的"展示中心"。同时，把当地侗族文化表现浓郁的15个村寨划定为三江侗族生态博物馆的区域展示范围，在高定村亦挂上了"广西民族博物馆三江侗族生态博物馆工作站"的牌子，从而构成了完整的三江侗族生态博物馆。

东兴京族生态博物馆也是由原来的"东兴京族博物馆"扩建而成的，还包含国家非遗传承工作站的内容。

这三个生态博物馆的"生态"连接点都是民族文化区域，三江县几乎包含全县所有的侗族文化区域，暗合县里"全域旅游"的发展观念。融水苗族生态博物馆也是与特定区域的苗族文化进行生态文化连接的。东兴京族生态博物馆的生态连接几乎就是位于东兴所有的京族区域文化，因为中国京族文化地区并不大。

在广西的另外两个生态博物馆一个是基于客家的围屋遗产，一个是基于古商道和古商道上村落的建筑遗产，都与汉族的移民文化和国家在某一个时代的历史发展有关。故它们的生态博物馆的"生态"表达就是展示中心与遗产的连接。

在后生态博物馆时代，其他地区亦出现一系列的生态博物馆建设与实践，但以广西为代表，它在一定程度上体现了这个时代生态博物馆建设与实践的意义和形态。民族表征是其一，配合民族文化的旅游开发是其二，但也包含了民族文化保护、非物质遗产保护、民族学历史事件纪念等一系列内容，这些，笔者在前文已经有一定的论述。

## "第三代"生态博物馆（社区博物馆）"生态"表现

龙胜龙脊壮族生态博物馆、堂安侗族生态博物馆分别为后生态博物馆时代和贵州时代的生态博物馆，可以理解为村落变化为社区的生态博物馆的生态连接，关于它们的生态关系毋庸讳言，在前已经有明确的论述。在另外三个生态博物馆中，两个为城市社区，即街道直接转化而来的社区，与西方的社区概念最为接近。一个为农村社区，在这里，基本的村落形态没有变化，但国家行政的架构变了，故为农村社区，这与西方完全工业化、城镇化的社区差异较大。但这样的界定足以影响中国生态博物馆建设与实践的基本方向。

在这三个社区生态博物馆中，作为博物馆形态已经发生了很大变化，前两个时代中生态博物馆的信息资料中心和展示中心概念在这里都不是重要的事物，而变化为"社区生态博物馆中心馆"，因为每一个社区生态博物馆都不是一个单独的生态博物馆，而是一个生态博物馆群。福州三坊七巷社区博物馆、屯溪老街社区博物馆、安吉生态博物馆等，都是由数个形态和名称多样的生态博物馆组成。在福州三坊七巷社区博物馆中，不但有一个称为生态博物馆的群体存在，而且还有一群纪念馆、展示馆、民俗文化馆、前店后厂的作坊，也被纳入生态博物馆群内。在这里，生态博物馆区域就是整个福州三坊七巷社区，即其生态博物馆群的"生态"表达是生态博物馆与活态中社区的种种关系，整个社区就是一个展区，但它与一群生态博物馆构成不同的生态关系。这样，福州三坊七巷社区博物馆的活态，就如万花筒一样，是一个随时间不断变化的综合性质的生态博物馆世界（至少人们希望给予它这样的生态博物馆安排和想象）。这样的社区生态博物馆比之前两个时代的生态博物馆的生态关系，就要复杂得多，前者就是某一个民族与村落的文化，而后者却是多样化的历史文化包含，文化的、历史的、工艺的、艺术的、食品的、消防的、人物的、事件的、建筑遗产的……甚至也有民族的和习俗的，在这里，笔者就见到一个非常专业的畲族服饰文化博物馆。它的存在，也可以说进入了福州三坊七巷社区博物馆的生态关系中。

这个生态博物馆建设的初始动力是为了给予此地申请世界文化遗产地加码，但却为中国的社区类型的生态博物馆创造了一个复合体的生态博物馆群，其中一些文化类型非常独特，比如三坊七巷消防生态博物馆的出现，为世界生态博物馆建设之第一。

在福州三坊七巷社区博物馆中，它还有一个"福州三坊七巷社区博物馆中心馆"的概念。这个生态博物馆位于社区的一座私人大院子里，所有生态博物馆的概念解读，都是在这里被解读的，它在一定意义上统领社区内所有的生态博物馆，与整个社区构成一种生态博物馆的"生态"关系，

## 第八章 生态博物馆的"生命"思考

但同时,它也与其他生态博物馆构成了另外一种"生态"关系。

屯溪老街社区博物馆位于安徽黄山市,它也是由一个类似中心馆的生态博物馆与社区内的一个博物馆群构成的,其状态大致与福州三坊七巷社区博物馆相同,但它的中心馆却是在原来的社区博物馆基础上建设的,名称上是"信息展示中心",但对于原来的布展没有大的改变,只是增加了一块生态博物馆的牌子而已。在这里,其生态博物馆群多是概念上的赋能,形态上没有更多的建设和创造,它们的"生态"表达也是社区区域与展示馆的关系呈现。

在中国,这样的老式街区、古镇的历史文化旅游开发多如牛毛,但明确地使用生态博物馆工具的只有这两个地方。这里,中国生态博物馆的建设初始,是由国家资本投入,中国博物馆界学者主导,故社会服务教育是其基本职能,使得它具有不能收费的性质。但在社区生态博物馆这样的"第三代"生态博物馆实践中,对于所有的生态博物馆不收费不现实,因为社区生态博物馆群中所出现的生态博物馆,有许多是私人资本建设的,故在中国"第三代"生态博物馆中,他们有一个发明,即中心馆不收费,而其下的生态博物馆群,愿意收费的可以收费。而且要成为社区生态博物馆群中的某一生态博物馆,其边界也比较模糊,比如在福州三坊七巷社区博物馆中,就有店铺自称为生态博物馆的。在这样的发展变化中,其生态博物馆的生态表达和关系就比较复杂多样了。

安吉生态博物馆群在宣布建设完成时是13个,原来的安吉县博物馆经过认真投入和改造后,既是安吉县博物馆,也是安吉县生态博物馆中心馆,或者说"信息展示中心",但同时,安吉县动员了全县方方面面的力量,在12个乡镇建立了12个相对独立生态博物馆(专题馆),以及在村落(社区)单元中建设了数10个展示馆,并且形成了全县性质的生态博物馆层级关系,即中心馆+(专题)生态博物馆+(专题)展示馆,对应国家的行政建制的县+乡镇+村(社区、工厂),故可以说安吉生态博物馆群遍布县域各处。在它们的生态博物馆生态关系上,中心馆与全县地域构成一种生态关系,与其下的生态博物馆、展示馆亦构成一种生态关系。在各个生态博物馆,展示馆与各自的区域又构成一种生态关系。

在安吉,每一个生态博物馆都有一个对应生态文化关系。表现当地竹茶文化的有四个,表现历史文化的有三个,表现林业、桑蚕文化的有三个，表现移民、民族文化的有二个。这种生态博物馆的"生态"表达，基于安吉县的历史、民族和生业状态，包含了保护、现代性发展、以及产业文化的进步。比如在安吉，竹文化的历史悠久，且它的现代竹产业也已经发展到了极为精细的程度。这也是关于竹文化专题生态博物馆的生态关系之一。还有，在安吉县，生态博物馆与产业发展关系结合紧密，并且在民间已经形成了深入的发展认知。除了以上的12个被官方建设的生态博物馆之外，在民间，还有一些非常状态的生态博物馆，和也睡眠生态博物馆。这个生态博物馆不在安吉县的生态博物馆表述中，但对于此企业的发展作用巨大。这样的生态博物馆生态关系，在中国其他地方非常少见。

每一种专题的生态博物馆出现，就会呈现一种生态关系。有时候，生态博物馆的博物重要，还是这样的"生态"表达重要，是很难区分的。在安吉，把生态博物馆做出如此新意，并且直接促进现代产业发展，在全国也是不多见的。

在安吉县，生态博物馆中的生态关系丰富多彩，在文化促进经济社会方面，有许多有益的尝试，但是，这样的生态博物馆建设与实践还不仅仅局限于安吉，它还可以上升为整个浙江省的生态博物馆建设与实践的高度。在浙江，生态博物馆是以群的方式来建设的，除了湖州市安吉县生态博物馆群之外，还有丽水市松阳县生态（乡村）博物馆群，以及浙江舟山海洋渔业文化生态博物馆群等，每一个群都是由数10个独立的生态博物馆组成。在松阳，其生态博物馆建设与实践中，引进了现代设计，也为生态博物馆建立了新的生态关系，把历史文化与现代性连接，奇妙而新颖。在舟山群岛的岱山县，海洋渔业文化是这里生态博物馆群独特的生态关系展示，在世界上也不多见。在这里，有盐业生态博物馆、渔业文化生态博物馆可能不稀奇，但这里还有台风生态博物馆，有灯塔生态博物馆，有海防生态博物馆，就特色非常鲜明了，其包含的生态关系，以及生态博物馆的直接的生态展示方式，其活态的体验状态难于表述。

以上三个时代的生态博物馆中的生态关系，都有一个共同的贯穿其中的东西，就是其旅游产业的发展。如果说在贵州时代中，主要是生态博物馆的建立实验，那么，在后生态博物馆时代中，追求民族表征的同时，民族文化旅游开发就是所有生态博物馆建设的工具性赋能。而到了社区生态博物馆时代，不但旅游开发是直接的功能性表达，而且还花样百出，并且

第八章 生态博物馆的"生命"思考

利用中心馆不收费的设计，开放了其他生态博物馆收费的限制。这也是为了旅游。在这样的生态博物馆生态关系中，产业促进、多重资本参与、现代设计组合……互为表里，既促进了生态博物馆生态关系的发展，也促进了社会经济文化的进步与发展。

以上的生态博物馆呈现的生态关系是主线，但在中国，由于生态博物馆观念与其他学科的交叉影响，还有一个基本自主发展的生态博物馆发展线，它们也建成了一批不同性质的生态博物馆，在这样的生态博物馆中，其"生态"表达也是不一样的。

在以林业为主题的生态博物馆中，宁夏、新疆、福建等地的生态博物馆是国家的林业部门建设的，另外两个都是地方建设的，一个为茶，一个为杨梅。它们在理论上都与新博物馆学中的生态博物馆理论没有直接关系，而基本上是以生态学的理论为主。即天然地认为，它们的建设就是自然而然的生态博物馆。这种生态博物馆的生态关系，即博物馆的物质形态——一个博物馆，再加上一个林业展示区域的划定，自然就形成了生态博物馆的生态关系，所以，这些生态博物馆的博物馆部分都是非常专业的博物馆形态，但是主题是林业的自然环境表述。再加上生态展示区域划定，其生态博物馆自然成立，而且还可以说是生态学理论的一种回归。更为奇妙的是，这样的生态区域划定，往往是与森林的旅游区域高度融合，从而也是森林旅游的开发，等等。另外，在这样的生态博物馆展示区域的划定之外，还有保护区域的划定，把森林的保护与开发结合在一起。这在中国湿地类的野生动物保护中也是这样来处理的。

农业遗产主题的生态博物馆的生态关系，是建立在博物馆形态与农业生产区域之上的，即中国古代农业的一种生产方式之上的。江西的蚕桑丝绸生态博物馆是江西省的桑蚕丝绸研究所建设的，延川的碾畔黄河原生态民俗文化博物馆是一个中央美术学院的老师利用福特基金的支持而建设的。它们都与农业遗产有关，故属于此类的生态博物馆。但前者的生态关系是建立在江西的桑蚕丝绸文化之中，后者的生态关系是建立在北方农村的村落建筑遗产文化中的。它们的区域划定边界可能更为模糊，表现关联性的主要为文化。碾畔黄河原生态民俗文化博物馆中的生态关系表现可能更值得一提，因为其布展建筑全部为废弃的窑洞，布展博物主要为在陕北农村收集而来的物件，布展也由当地的农民自己实施……更少的专业博物馆的"干扰",更能够体现生态博物馆的生态关系和意义。

蔬菜瓜果主题的生态博物馆生态关系的基础是山东省的蔬菜在全国蔬菜的市场份额占70%,故这个类别的生态博物馆全部建设在山东是实至名归的。这几个生态博物馆除了专门的博物馆之外,依然划定了一定的生态博物馆展示区域。寿光的生态博物馆附近就是一片观赏蔬菜种植区,既是生态博物馆的生态关系表达,也是该博物馆的旅游观光区域,而且参观生态博物馆不收费,观赏蔬菜区域要收费。乐陵的生态博物馆有观光枣园区,定陶把附近的大棚蔬菜地化为生态博物馆的展示区域,都展示了生态博物馆的基本要素构成。

地质、环保为主题的生态博物馆也有着自己的生态表达,河南的生态博物馆与地质关联,也是地质部门建设的生态博物馆,宁夏的生态博物馆就是一段18米长的树化石的原址保护,江苏的生态博物馆与湿地保护、野生鹤类以及中国的鹤文化关联,枣庄的生态博物馆和青海的生态博物馆也与湿地保护关联,即它们都在生态博物馆的生态关系上有自己的关联点。在这一类生态博物馆建设中,生态学是其基本的理论指导,但形态全部是博物馆,而且有的博物馆比之一般意义上的博物馆还要大,比如青海的生态博物馆。河南的生态博物馆出现了许多地质的展示,比如各种石头类型,但其中却有中国古代的石灰窑的生态文化展示,以及中国特有的奇石和玉石文化表现,这是其生态表达。

在中国生态博物馆的"生态"中,让博物馆"动态"起来达到了一种极致的状态。这也可以认为是中国生态博物馆的一种发展。

## 第三节　中国生态博物馆的"博物馆"

生态博物馆源于具有现代性的博物馆,故博物馆一直是生态博物馆中的具体形态,在中国的生态博物馆建设与实践中,没有博物馆形态是不可想象的。

从1995年开始,到2020年,中国生态博物馆中的博物馆形态一直在不断地变化和发展中,出现了许多的状态和样貌。

最早在梭戛建设生态博物馆时,如何建设其博物馆形态是经过一系列

## 第八章　生态博物馆的"生命"思考

设计和讨论的。

首先是后来被称为"信息资料中心"的生态博物馆建筑应该是一个什么样的建筑？这在当时没有什么定规和可以明确理解和借鉴的东西，但有一条意见被人们看重，即这里的博物馆形态一定不能与城市里的博物馆建设等同，其建筑形态要与当地的民居和传统建筑风格要吻合。所以，梭戛生态博物馆被一个"热情"的建筑设计师设计成今天这个样子时，多数的专家都觉得梭戛生态博物馆的信息资料中心就应该是这个样子。其实这就是普通的"三柱五开间"，或者"三柱七开间"的中国传统民居的模仿，材料为青石、钢筋水泥，但屋顶覆盖了茅草，因为当时的梭戛苗人的住房，有瓦、有茅草，人们认为茅草最能够体现原始质朴。从房屋的功能性表达来说，有展厅，有接待研究者和观察者的住房，还有一个院子，院子里有一棵"约翰·杰斯特龙树"。

但这里有一个问题，即没有一个专家认为，也许这样的生态博物馆或许不需要这样的类似专题博物馆的构件。因为多数的参与专家都是博物馆专业的专家，建设生态博物馆而没有类似博物馆的建筑，是不可想象的。在新博物馆学之生态博物馆专家中，建设生态博物馆，它一定亦是博物馆的一种，不是别的什么。不过，在这样的探索中，这些新博物馆学家们，也觉得这样的新型博物馆在博物馆形态上，不能仅仅延续传统博物馆的建设模式，即这样的本质上为专题性质的小型博物馆设施，不能被称为"博物馆"，而应该具有另外的名称，所以，这样的小型博物馆设施在当时被定义为"信息资料中心"，以表明这一设施的功能与传统的博物馆设施有巨大的不同。另外，把这样的设施称为"信息资料中心"还有一个表达，即此生态博物馆的主要意义是在于"区域展示"，把一定区域定义为生态博物馆展示区域，在一定程度上比建设"信息资料中心"的设施更为重要，也就是说，生态博物馆的"区域性布展"是生态博物馆的主体。

这种定位在梭戛生态博物馆建设与实践中被淋漓尽致地表达了，以至于成为后来中国生态博物馆建设的经典。所以，后来的生态博物馆建设，一般都要在所选定的生态博物馆展示区域内，制作大量的标牌，视为一种博物馆的布展展示。这样一来，梭戛生态博物馆，在博物馆上具有两种布展，一是"信息资料中心"展厅的布展，二是划定区域内的布展。当然，在现实中，参观生态博物馆的人们，感知的主要是"信息资料中心"的布展，而对于划定的展示区域内的布展，却没有太明确的博物馆感知，因为这与游览和体验没有明确的边界。但这也是生态博物馆在后来与体验式旅游结合的连接点，使得许多的机构喜欢"使用"生态博物馆这一工具来发展旅游的根本原因。

有了"信息资料中心"这样的博物馆的形态，但它还不能像普通博物馆一样，把一些博物放进这个中心就可以了，还有一个前提，即对于此地民族文化的理解。梭戛建起"信息资料中心"的建筑后，为了使生态博物馆在根本上不同于传统博物馆，这些博物馆专家们还要求当地机构，对于梭戛"长角苗"十二寨，进行了一个专门的民族学调查，为中心的布展提供依据和实物。即对于生态博物馆的"信息资料中心"的布展作了不同于传统博物馆的规定。这也成为中国生态博物馆建设中的新业态，对于后来的中国生态博物馆建设，此行为就是后来"信息资料中心""展示中心""认知中心"的"规定动作"，是中国生态博物馆建设的经典。故可以说梭戛生态博物馆的文化实验过程，为后来中国生态博物馆的发展预定了所有的发展要素，其实践也证明，后来的中国生态博物馆建设，大致都是这样来做的。

归结而言，生态博物馆之与传统博物馆形态有以下几个方面的变化：

1. 名称变化为——信息资料中心（展示中心、认知中心）；
2. 建筑变化为——与当地建筑风格一致；
3. 展示变化为——信息资料中心展示和区域展示的双重展示；
4. 布展变化为——民族志调查后的布展；
5. 信息资料中心展示和区域展示一定要呈现一种博物与环境的关系，即两个布展可以互为表里。

就是这五个方面的变化，完成了传统博物馆到生态博物馆中博物馆形态的嬗变，展示了生态博物馆与传统博物馆的不同，以及独特的文化意义。也在生态博物馆理论上，呈现了这一方面的贡献。

在中国生态博物馆的贵州时代，除了梭戛生态博物馆之外，还有另外三个生态博物馆的建设，它们的博物馆形态部分，基本与梭戛生态博物馆相同，但也有自己的一些细微变化，并且都对后来的生态博物馆中的博物馆产生了一定影响。

镇山布依族生态博物馆是贵州时代的第二个生态博物馆，其博物馆形

## 第八章 生态博物馆的"生命"思考

态就与梭戛生态博物馆的博物馆形态不一样，镇山的"信息资料中心"，在建筑体量上要大许多，而且其建筑设计上更具有现代性意味，与当地布依族建筑的一致性较弱。其根本原因就是当时的参与建设者，希望它能具有整体的布依族文化的赋能，要"布展"的不仅仅是镇山布依族文化，所以，无形中改变了其博物馆形态的体量和风格，以适应表达整个布依族文化的要求。

这样的改变不为当时的中国新博物馆学家们接纳，但它却为后生态博物馆时代的生态博物馆建设开了先河。

在隆里古城生态博物馆和堂安侗族生态博物馆的博物馆形态建设中，以上的诸方面都有较好的表现，而且在"信息资料中心"建筑与当地建筑具有一致性上，做得最为到位。

在后生态博物馆时代里，中国生态博物馆的博物馆部分，在建筑上基本遵循了梭戛生态博物馆的原则，但名称上有了一个具有观念演化性质的变化，即从"信息资料中心"变化为"展示中心"。这种观念认为，在生态博物馆中，传统的博物馆形态并不是最为重要的存在，而区域性布展，以及博物馆布展活态化的过程对于人们的影响，比生态博物馆中类似博物馆的形态存在更为重要。这种思想，对于后来中国生态博物馆建设中的博物馆形态"涣散"，有很大的影响。比如在陕西宜君的生态博物馆中，其博物馆的布展就被分散在关于当地农耕文化的多个体验馆中，一些布展的雕塑，也被分布到实际的场景中，在一定程度上把博物馆（展厅）布展与区域布展混融。

在后生态博物馆时代中，不管称为"信息资料中心"，还是称为"展示中心"，其基本的性质未变，但在形态上却有许多出人意料的发展。

在广西的"1+10工程"生态博物馆建设中，类似镇山村的博物馆形态是主流，它就是表征整个民族文化，或者说表征某一民族支系的文化的。壮族的三个生态博物馆、瑶族的两个生态博物馆、汉族的两个生态博物馆、苗族的一个生态博物馆，均是完全按照生态博物馆的经典形态来完成的，但侗族和京族的两个生态博物馆却不是这样。京族的生态博物馆是在原来的京族博物馆中扩展而来，即开始建设的就是传统的京族博物馆，而后来经过扩展后，包容了其生态博物馆的内容，使得此地的京族博物馆，一个馆两块牌子。具体操作除了进行博物馆布展内容的改造之外，在

343

传统博物馆中加诸区域划定和区域展示的内容即可。广西京族生态博物馆的建设就与此类似。但是，有的时候这样的区域划定，可以是一种观念上的认定，也可以与旅游标牌的建设结合起来，即旅游区也是生态博物馆的布展区。

在广西，侗族的生态博物馆，亦是在原来的县级博物馆之上重建而来的，但它在基础之上按照生态博物馆建设的基本要素，健全了所有的部分，尤其是区域布展上，三江县下了很大的功夫。

在生态博物馆的贵州时代，生态博物馆有四个，后来贵州省又出现了一系列的生态博物馆，但基本没有以群的意识，但在广西的"1+10工程"的生态博物馆建设中，群的意识就比较浓烈，可以说，广西"1+10工程"的生态博物馆群的形式，也是开了生态博物馆群建设的先河的，但完备的生态博物馆群的建设，还在"第三代"社区博物馆时期。

在后生态博物馆时代，生态博物馆中的博物馆形态，云南的诺邓村的"诺邓黄遐昌家庭生态博物馆"值得一提。这是中国生态博物馆建设中唯一的一个建立起来的以"家庭"形态而存在的生态博物馆。从笔者的考察来看，其生态博物馆的一切要素均具备，主人的老屋建成了"展示中心"，展示区域划定为整个家庭的环境和院落，或者说为整个诺邓村的村落区域。其管理也是很严格的，自从被建成了家庭生态博物馆之后，老屋的一切都不允许随便修建了，被要求进行"修旧如旧"的管理，使得主人家建设民宿时，只好在旁边新修另外的屋子。

在"第三代"社区生态博物馆时代，博物馆形态开始泛化，博物馆形态中的区域划定和布展，在生态博物馆中一般都是既定要素，但一些生态博物馆的博物馆形态中，就不一定具有这样的要素，因为这样的生态博物馆的博物馆形态，共同依存的是一个区域，比如福州三坊七巷社区生态博物馆。

以群的方式来建设生态博物馆的博物馆形态，应该是"第三代"生态博物馆时代关于博物馆形态最为显著的特点。其中，以安吉生态博物馆群中的博物馆形态最具有代表性，以松阳生态博物馆群中的博物馆形态最具有创新性。

在前面的论述中，安吉生态博物馆群的博物馆构成有中心馆，有12个生态博物馆，有数10个展示馆，中心馆的形态与传统博物馆类似，如果没

## 第八章 生态博物馆的"生命"思考

有区域展示的概念，它就与一般的博物馆无异。12个生态博物馆才是按照生态博物馆理念建设的真正意义上的生态博物馆，其馆舍式样、功能呈现、布展观念和方式，都是经典的生态博物馆方式。但它作为生态博物馆群，与其他地方生态博物馆不一样的还有一个展示馆的层级，这个低一级的群体，实现了生态博物馆的形态的蔓延和涣散，它把博物馆形态向一种准博物馆形态发展，并且作为正规生态博物馆的前生态博物馆状态。在安吉，许多成型的生态博物馆都是从原来的展示馆发展而来的。这样的生态博物馆的发展路径，启示多多。

如果说安吉生态博物馆群的博物馆形态都还基本遵循生态博物馆建设的基本原则，但在松阳县生态（乡村）博物馆群中，却具有了更多的创新和挑战。在松阳，生态博物馆中的博物馆形态要素基本具备，但在这里，"展示中心"显得并不很重要，映入人们眼帘的生态博物馆形态，是一个经过现代设计师设计后的极为前卫的艺术表达的建筑。比如位于樟溪乡兴村的红糖作坊，望松街道王村的王景纪念馆，大东坝镇的石仓六村的契约博物馆，大东坝镇蔡宅村的豆腐工坊等等。这是一个叫徐甜甜的清华大学建筑设计师设计的。按照官方解读，"红糖工坊是集传统红糖加工、技艺体验、产品展卖、建筑艺术等于一体的综合性文旅项目，也是我县第一批乡村博物馆项目"。"王景纪念馆以'建筑舞台剧'的形式还原王景的一生。""契约博物馆，建筑的用地沿袭梯田的地势，与四周的村庄中心和交通流线相互呼应补充，延续并补接了村庄、广场、交通形成的环路关系，成为连接两个村庄重要的公共文化场所。"这些乡村生态博物馆，笔者都去实地调查和参观了，确实很具有现代性意义，创意也非常新颖，给人的视觉冲击力很大。据说这些设计在国外拿奖，获得好评，但笔者却在现实中难以把这些现代设计，与生态博物馆直接联系起来，不过，其吸引游客的工具性还是具有的。如何评价这样的"介入"，宽容地看待是可以的，但这样的设计进入生态博物馆建设，尤其是博物馆形态的建设，形式大于内容，也可以看成是生态博物馆形态的一种变形尝试。

在生态博物馆的博物馆形态中，支线上发生的形态演变又是一番风景。在这里，博物馆形态也有生态博物馆区域展示的观念，但具体的博物馆建筑就完全不是乡村和民族地区生态博物馆的样子了，其基本的趋向就是传统博物馆的建筑形式，当然，在建设中也会考虑其生态博物馆的主题性。比如江苏的保护鹤类野生动物的湿地生态博物馆的馆舍，是一只鹤的形态；青海湖生态博物馆的馆舍，是一朵巨型的浪花；山东寿光的中国蔬菜博物馆广场上，雕塑了两颗巨型的大白菜。这样的支线的生态博物馆建筑，只与主题关联，不与当地建筑文化保持一致。故在很大意义上来说，支线的生态博物馆建筑与一般意义上的博物馆建筑基本趋同，与当地的文化更没有直接的关联。另外，这样的生态博物馆有区域展示的要素，但在其中已经不被特别强调。当然，在其中也有一些例外，比如碾畔黄河生态文化民俗博物馆的馆舍是利用原来废弃的窑洞改造而成，再比如南昌江西蚕桑丝绸生态博物馆是利用原来的冷库改造而成，并且在其中还出售丝绸棉被。

在生态博物馆的博物馆形态部分，名称的改变，观念的改变，建筑形态的要求，功能上的多样、布展的变化等等，都是生态博物馆的一个重要方面，并且与"生态"表达一起，构成完整的生态博物馆发展链条，一环都不能少。

## 第四节　文化发明和文化实验

在梭戛生态博物馆建设的前期，贵州省文化厅的胡朝相先生，《中国博物馆》杂志的苏东海先生，安来顺先生，以及挪威的博物馆学家约翰·杰斯特龙先生……他们都对中国建设生态博物馆具有一种对于新事物的憧憬，认为在中国建设刚刚于国际上实验和流行的生态博物馆，是一件新奇而有意义的事情。这，亦是文化发明的天然动力和基本原因，人们希望在文化上有所创新和发明。

发明是一个科学词语，是人们应用自然规律，以求解决问题的创新方案、措施和成果，在今天的科学文化时代，这样的方法论已经成为科学理性的基本方法论，深刻地影响着科学研究的一切，并且逐步形成人们思维的一种既定方式。在生态博物馆这样具有创新性质的建设与实践中，亦是一种文化发明的理性思维过程，只不过很少有人把"文化"与"发明"连缀在一起来论述。但就中国的生态博物馆建设与实践来看，正是中国现代社会中重要文化发明了创新方案、措施和成果，把文化与发明连缀，是社

## 第八章　生态博物馆的"生命"思考

会科学借用自然科学方法论的说法。也许只有这样，才能表述中国生态博物馆建设与实践的创新性和影响力。

在1972年前，人们发明了许多被后来认为是生态博物馆前身的事物，比如"露天博物馆""遗址博物馆""整体博物馆""邻里博物馆"等等，但还没有一个具体的词语来界定这样的事物。1972年后，一次国际会议上，一个法国人把"生态"与"博物馆"连缀在一起，提出了"生态博物馆"，从而先验地发明了生态博物馆的概念，并且引起了人们的关注和讨论，以及具体的探索和实验，出现了一系列的成果和状态，开始了关于生态博物馆的文化发明过程。

几年后，以胡朝相为首的一些贵州省文化厅的人士，就开始谋划在贵州省进行生态博物馆建设与实践的文化发明了。

1995年，经过中外人士的共同努力，一份名为《在贵州省梭戛乡建立中国第一座生态博物馆的可行性研究报告》（中文本）[①] 的方案出炉，其文化发明的过程开始。到1998年10月，中国的第一个生态博物馆——梭戛生态博物馆建成，这样的文化发明有了"成果"。一时间，梭戛生态博物馆作为一个被"发明"出来的"文化成果"，在中国引起"轰动性"的影响，成为当时中国最具有影响力的文化事件。特别是在博物馆界，那就是世纪性的事件。苏东海把它与1905年晚清在中国建设的第一座博物馆相提并论，也不是没有道理的。

这个"研究报告"应该就是此文化发明的起点。

这个"研究报告"有六个方面：（1）关于生态博物馆；（2）梭戛生态博物馆的特殊意义和可能性；（3）设施建设和原状保护；（4）组织结构；（5）财政安排；（6）贵州省建立生态博物馆群的展望等。在其中，文化发明最大的意义在于，界定了中国的生态博物馆是什么。首先说明了生态博物馆与传统博物馆的区别。其次界定了生态博物馆，是一种文化的整体性保护。再次，生态博物馆的关键词是："社区区域、遗产、社区人民、参与、生态学和文化特性"。最后，界定了生态博物馆中的博物馆形态为"信息资料中心"。这个"研究报告"的执笔者是安来顺，但是"研究报

---

[①] 这里的中文本的意思是，此"研究报告"可能还要一份呈报给挪威国家有关部门的"外文本"，但具体情况不得而知，也没有机会见到这样的"外文本"。

告"的内容是中外专家集体讨论后的结果，包含以挪威专家和中国专家对于生态博物馆的基本认知。它的出现，是第一次使用中文对于生态博物馆的表达，也是中国式样的生态博物馆的文化发明。在科学的发明中，计划和措施是基础，而这样的"研究报告"也是这样的计划和措施。在这样的文化发明中，确定了生态博物馆做的是什么。

在这个"研究报告"中，概念和理念的发明主要表现在"关于生态博物馆"中，但具体实施的文化发明却表现在"信息资料中心是什么"之上。

"信息资料中心"的功能有：信息库、参观中心、工作场所、社会服务场所等。这是一个在功能上大大区别于传统博物馆的生态博物馆机构设计。当然，在实践中，"信息资料中心"多数做得很像一个小型的专题博物馆，尤其是在布展上。

这样的文化发明很快获得贵州省人民政府的批准，创新的计划和措施完成，进入了实施的具体过程中。作为文化发明而言，概念和理念的发明是最为重要的，但过程在中国生态博物馆的建设与实践中，也很重要。比如协调和对接两个国家的建设资金管理的各自规范，在制作信息资料中心的资料库之前，开展的梭戛"长角苗"的民族志调查，以及后来的梭戛生态博物馆管理人员的国家编制等一系列问题，苏东海先生等一系列中方人员都付出超人的智慧和努力，亦发明了很多具体的措施办法。它们也应该是文化发明的一个组成部分。

1998年，这一文化发明的成品出现，即梭戛生态博物馆的建成，而建成梭戛生态博物馆的标志为梭戛生态博物馆信息资料中心等一系列建筑落成、博物馆区域的划定，以及展厅布展的完成。

这个文化发明的全部，在中外的影响是非常大的，挪威为代表的西方博物馆专家虽然对于中国在建设生态博物馆方面的一些政府行为有自己的看法，认为政府介入过多，社区自主较少，但面对梭戛村的现实，以及中国的国情，他们也认可了"专家指导，政府主导，村民参与"的中国原则。这也是苏东海等人根据中国的国情总结出来的切实可行的具体措施，也是苏东海先生等人的文化发明，这在中国的生态博物馆理论中被表达为"生态博物馆的中国化"。实践证明，这样的文化发明是切合实际的。在生态博物馆的贵州时代，在后生态博物馆时代，甚至在"第三代"社区生态

## 第八章 生态博物馆的"生命"思考

博物馆时代（也有部分社会资金进入生态博物馆建设），"国家主导"是在中国建设生态博物馆的必由之路。

在生态博物馆的贵州时代，建设了四个生态博物馆，也有博物馆群的概念提出和文化发明，但不具体，而在后生态博物馆时代，这样的生态博物馆群被完整地发明出来，而且发明了一个总体的民族博物馆，松散地下辖和管理其他的是个生态博物馆的层级机构。笔者在广西民族博物馆调查时，至今在广西民族博物馆都有一个具体的专门机构对分布在广西各地的生态博物馆进行业务管理，而且每年还有专门的管理经费在民族博物馆经费中列支。这种博物馆群的模式发明之后，浙江省的生态博物馆建设中全部是这样的生态博物馆群模式，包括管理模式，而且资金规模和社会动员力度都非常大。

中国的生态博物馆建设与实践，发展到社区博物馆时代，有一个"瓶颈"制约了生态博物馆旅游开发的工具性，以及社会发展服务的功能，即生态博物馆不能收费，所以，在这个时代，人们又发明了一个"中心馆"的概念，即保持"中心馆"的不收费的规定，放开其他群内生态博物馆的收费与否的自主权，把生态博物馆的建设进一步推向了市场，以及文化产业的创新与发展。

这个在社区生态博物馆建设中发明的举措，在后来的影响是比较大的。比如在浙江的松阳县，其生态博物馆建设中，引入和采用现代设计的方式来做乡野的生态博物馆，这又引发了文化产业创新与发展的诸多文化发明。

生态博物馆中的生态性，源于生态学理论，但基于生态学中的林业、农业遗产、地质、环保、野生动物保护等方面，却反过来又深受生态博物馆的文化发明的影响，也在这些个领域开展了自己的文化发明。在林业、地质、环保、野生动物等一系列学科中，都有自己的学科专业的博物馆，但其中他们也引入生态博物馆的文化理念，在自然科学的博物馆中，加入民俗和文化的内容。比如，建于福建泉州市德化县的福建戴云山生态博物馆，其本来就是一个以林业科学为主的自然科学博物馆，但却自称为生态博物馆，并且在布展中，加入了很大部分的戴云山的民族文化布展内容，述说戴云山的林业自然生态与民族文化生态关系。再比如建于湖南靖州坳上镇响水村的中国靖州杨梅生态博物馆，不但布展了杨梅品种科学的内容，还布展了大量中国古代关于杨梅的神话、传说、故事，以及诗词歌赋等等。同时还划定了生态展示区域，即杨梅树林的参观游览区域。在江苏盐城的丹顶鹤湿地生态旅游区博物馆内，关于湿地和鹤类的科学是其生态博物馆的主要展示内容，但是，中国历朝历代的关于鹤的神话、传说、故事，以及与中国传统道教的世界观养成关系……都有详尽的布展，确实在展示了自然生态关系的同时，也包含中华文化的鹤类生态关系。这些，都是了不起的关于生态博物馆的文化发明。

在生态博物馆理念中，注重生态关系就一定会注重原址保护，这一点，被地质部门引入最多，所以，在中国的生态博物馆建设与实践中，基于原址保护的生态博物馆有河南的新乡凤凰山矿业生态博物馆，宁夏的贺兰山生态博物馆。生态博物馆中的原址保护，不是主要强调的地方，但在这样的文化发明中，就成了这些生态博物馆的主要依据和联想。比如宁夏的贺兰山生态博物馆就是依据一个巨大的树化石来联想整个贺兰山的生态关系的。

农业遗产类别的生态博物馆不像林业和地质类型的生态博物馆，是以部门和专业来建设的，而是由专业的文物局来建设的，凤堰古梯田移民生态博物馆、宜君旱作梯田农业生态博物馆都是。在这两个生态博物馆中，以"扶贫"为理由建设，也是中国生态博物馆的文化发明之一。这个发明的动机是为了调动扶贫资金来建设具有一定生态资源的地方，在建设生态博物馆的同时，利用农业遗产的生态景观，实现旅游开发。这在山西的太行三村生态博物馆中，其路径也是如此。

山东是全国的蔬菜生产大省，其以蔬菜瓜果为名称和内容，建设生态博物馆，它难于与上述几类生态博物馆讨论归属，但它也是蔬菜种植科学与蔬菜人文历史文化的生态关系的双重表达，也有蔬菜生态展示区域的划定和建设内容。这也是中国生态博物馆的独特的文化发明。在中国历史上，种植蔬菜的发明，与发明种植粮食一样古老，故在体现中国的农业遗产文化方面，不亚于表现梭戛苗族文化的重要性。

中国的生态博物馆建设，一般都会建设在村落、社区，以及森林、湿地、景观地等等，都有一定的区域体量，但云南诺邓村出现的诺邓黄遐昌家庭生态博物馆，刷新了区域下限的观念。这也是扶贫理由下的文化发明，同时亦是最小生态博物馆的一项文化发明。在《报告》（中文本）中，

## 第八章 生态博物馆的"生命"思考

有这样一段话:"生态博物馆决不排斥其它类型博物馆的存在,反之,使其他类型的博物馆更好地实现它们的任务。大型的、国家级的、省级的博物馆将会发现,它们与处于基层的、小型的生态博物馆之间的合作是非常有益的。"①

实验一词也源自科学研究,指的是科学研究的基本方法之一,把它用到文化上来,也是科学时代理性思想和思维的影响而致。

在 2005 年 6 月,贵州时代中的所有生态博物馆全部建设完成。此时,在贵州省的贵阳市,召开了一次国际性的生态博物馆的论坛,讨论生态博物馆的方方面面,生态博物馆的定义亦是主要议题。

在这次国际生态博物馆论坛中,苏东海发表了著名的"论坛小结"。他总结了三点:第一,生态博物馆的思想是在不断发展之中,我们并没有一个标准的定义。……我们的结论是没有稳固的、统一的定义,正是生态博物馆在发展中的一个特征。第二,生态博物馆的方法是在不断创新之中,我们并没有一个标准的模式。……我们的结论是不能也不应规定生态博物馆的统一模式,生态博物馆根据实际情况的方法创新应视为生态博物馆的另一个特征。第三,生态博物馆有没有核心的理念。

他最后说:"这次论坛带来了一些问题,解决了一些问题,又产生了一些问题,我们仍在前进中。这就是我最后的结论。"②

这也就是中国生态博物馆文化实验的基本论断。

生态博物馆没有标准定义、统一的模式、核心理念等,这样的"三无",把中国生态博物馆学界对于中国生态博物馆建设与实践的文化实验性质表述的准确而完备。这是 2005 年时出现的思想,经过了十几年之后,我们经历了后生态博物馆时代,经历了社区生态博物馆时代,经历了多元的、自主发展和理解的生态博物馆发展境况,蔬菜亦生态博物馆,家庭亦生态博物馆,茶叶、丝绸、蚕桑、竹、台风、海防、灯塔……也是生态博物馆,还有,现代设计也在"解读"生态博物馆,森林景区的布展也在使

---

① 见内部资料《中国贵州省梭戛生态博物馆资料汇编·在贵州省梭戛乡建立中国第一座生态博物馆的可行性研究报告》第 8 页。张勇、徐美陵编,黔新出(图书)内资字第 091 号,1998 年。

② 《中国博物馆·贵州省生态博物馆群建成暨生态博物馆国际论坛专辑》,2005(3):88.

用区域展区的概念，并且命名为"野外博物馆"，利用网络技术也在形成一种"网络生态博物馆""云生态博物馆"……只要与生态关系相联系，就可以解释和定义为生态博物馆。但是，中国的生态博物馆在这样的文化实验中获得了非凡的发展与进步。多种多样的生态博物馆层出不穷，多种多样的生态博物馆解读和阐释不断出现，好像距离既定的生态博物馆越来越远，但是，其生态意义却在很深的程度上融入了大生态思想中，融入国家的生态治理理念之中，融入生态文明的发展之中。也许，这就是中国生态博物馆实践与理论中"三无"的最伟大的成就。

最后，中国先进的政治理念中，已经提出了明确的"生态文明"的建设目标，而从中国生态博物馆实践而来的"生态"理念，自然也汇入了这样的地缘政治关系中。笔者在浙江的安吉调查时，有人说"两山理论"就起源于安吉，而安吉又是中国生态博物馆群最有表现力的地方，故中国生态博物馆的生态实验最后融入中国政治的生态文明大局，自然不是一种巧合，而是中国生态博物馆的文化发明和文化实验，对于中国生态文明发展的特定贡献。

# 后　记

　　笔者对于中国生态博物馆的研究始于 10 多年前，因为有一个机会我专题式调查贵州省的生态博物馆的情况，并且在调查中发现，这是一个有趣味的重要的研究议题。它的出现，在中国的学术历史上，充满了文化发明和文化实验性的意义，又从多个方面连接现代性和现代国家的概念，以及后来又与生态文明挂钩，进入了国家发展生态文明的政治理念。

　　在获得国家资助机会来进行这一研究时，自然欣喜。

　　在早期，它与民族文化保护和文化多样性概念契合，一度成为民族文化表征的重要工具和路径，以及民族文化多样性最好的表达；中后期又与社区发展结合，并且参与了产业和文化创意的过程，还是民族文化旅游开发，和地方性、地方感的建设与发现的最好工具之一。在自身探索中，还触动了其他多门类、多学科生态观的思考，并且参与其中，建设它们自己意义上的生态博物馆，在中国生态博物馆繁花似锦的主线景观之外，还有一些另类的生态博物馆出现，形成中国生态博物馆的"支线景观"，并且构成中国生态博物馆存在的重要组成部分。

　　两年多以来，跑遍了祖国的大江南北，追寻着中国生态博物馆前辈们的足迹，深切地体会到他们的文化发明和实验的艰辛和意义，以及对于真理孜孜不倦的追求精神，调查中苦乐自当。

　　在研究结束之际，感谢的话语自然多多，几乎想感谢我几年来遇见的每一个人，他们每一个人都像极了春天草原上的花朵，阳光下，笑意漾然。

笔　者

2021 年 6 月

# 参考文献

## (一) 外文文献

[1] Departamento de Servieios Edu-eativos Museos Eseolaresy Comunitarios Coordinaeion National de Museosy Exposiciones. In Memoris 1983-1988.

[2] Latour, B. 1988, The Pasteurization of France. trans. by Alan Sheridan and John Law Cambrige: Harvard University Press. 1993, We Have Never Been Modern, Harvard University Press.

[3] Kevin Walsh. The Representation of the Past: Museums and Heritage in the Post-modern World. London and New York: Routledge, 1992.

[4] Doninique Poulot. Identity as Self-Discovery: The Ecomuseum in France. Museum Culture: Histories, Discourse, Spectacles. Minneapolis: University of Minnesota Press, 1994: 70.

[5] Paula Findlen. Possessing Nature: Museums, Collecting and Scientific Culture in Early Modern Italy. Berkeley: University of California Press, 1996: 1.

[6] Peter Davis. Ecomuseuma: A Sense of Place. London and New York: Leicester University Press, 1999.

[7] Elisa P. Reis, The Lasting Marriage between Nation and State despite Globalization. International Political ScienceReview, Vol 25, No. 3, The Nation-State and Globalization: Changing Roles and Functions, Jul, 2004.

[8] Peter Davis. Ecomuseums and the Democratisation of Japanese Museology. International Journal of Heritage Studies Vol. 10, No. 1, March 2004.

［9］Museums Definition. Statutes of ICOM, 2007：1.

［10］Donatella Murtas Peter Davis. The Role of the Ecomuseo Dei Terrazzamenti E Della Vite. （Cortemilia，Italy） in Community Development, Museum and Society，Nov. 2009. 7（3）

［11］Peter Davis, Ecomuseum. A Sense of Place（2nd edition）. London and New York：Leicester University Press, 2011.

［12］Lee Jeong-Hwan-Y. Conservation of Korean Rural Heritage through the Use of Ecomuseums. Journal of Resources and Ecology. 2016. 3.

［13］Lee Jeong-Hwan, Yoon Won-Keun, Choi Sik-In, et al. 通过生态博物馆建设保护韩国乡村农业文化遗产（英文）. Journal of Resources and Ecology. 2016. Vol. 7 No. 3.

## （二）著作文献

［1］马克思恩格斯选集（第3卷）［M］. 中央编译局译. 北京：人民出版社, 1972.

［2］马克思恩格斯选集（第4卷）［M］. 中央编译局译. 北京：人民出版社, 1972.

［3］［美］罗伯特·达尔. 现代政治分析［M］. 上海：上海译文出版社, 1987.

［4］［德］安德里·奥恩希尔特. 新博物馆学［M］. 不来梅海外出版社, 1988.

［5］赵丽明主编, 周硕沂译注, 陈其光译注校订. 中国女书集成——一种奇特的女性文字资料总汇［M］. 北京：清华大学出版社, 1992.

［6］列宁选集（第4卷）［M］. 北京：人民出版社, 1995.

［7］马克思恩格斯选集（第1卷）［M］. 中央编译局译. 北京：人民出版社, 1995.

［8］［美］汉斯·摩根索. 国际纵横策论——争强权, 求和平［M］. 卢明华, 时殷弘等译. 上海：上海译文出版社, 1995.

［9］［古希腊］亚里士多德. 政治学［M］. 北京：商务印书馆, 1996.

[10] [古希腊] 西塞罗. 论共和国, 论法律 [M]. 王焕生译. 北京: 中国政法大学出版社, 1997.

[11] [德] 马克斯·韦伯: 民族国家与经济政策 [M]. 北京: 生活·读书·新知三联书店, 1998.

[12] 张勇、徐美陵编. 中国贵州省梭戛生态博物馆资料汇编 [M]. 黔新出（图书）内资字第 091 号, 1998.

[13] 吴志华主编. 政治学原理新编 [M]. 上海: 华东师范大学出版社, 1998.

[14] [德] 贝克等. 自反性现代化 [M]. 赵文书译. 北京: 商务印书馆, 2001.

[15] [德] 哈贝马斯. 现代性的哲学话语 [M]. 曹卫东等译. 北京: 译林出版社, 2004.

[16] [美] 华勒斯坦. 自由主义的终结 [M]. 郝名玮, 张凡译. 北京: 社会科学文献出版社, 2002.

[17] 吴秋林. 梭戛苗人文化研究——一个独特的苗族社区文化（贵州本土文化 2002 丛书）[M]. 中国文联出版社, 2002.

[18] [英] 肯尼斯·哈德森. 有影响力的博物馆 [M]. 徐纯译. 屏东: 台湾海洋生物博物馆, 2003.

[19] 苏东海主编. 中国生态博物馆（纪念画册）[M]. 北京: 紫禁城出版社, 2005.

[20] 赵丽明主编. 中国女书合集 [M]. 北京: 中华书局, 2005.

[21] 尹绍亭. 民族文化生态村理论与方法——当代中国应用人类学的开拓 [M]. 昆明: 云南大学出版社, 2008.

[22] 欧阳红艳编著, 永州市委常委、市委宣传部长董石桂主编. 女书传奇 [M]. 济南: 山东省人民出版社, 2008.

[23] 周冶陶, 官步坦编著. 世界唯一的女性文字——女书 [M]. 香港: 明华印书馆, 2009.

[24] 覃溥. 保护与传承少数民族文化的时代使命——广西民族生态博物馆"1+10 工程"建设实践. 覃溥主编. 守望家园: 广西民族博物馆与广西民族生态博物馆"1+10 工程"建设文集 [M]. 南宁: 广西民族出版社, 2009.

[25] 方李莉等. 陇戛寨人的生活变迁——梭戛生态博物馆研究 [M]. 北京：学苑出版社，2010.

[26] 胡朝相. 贵州生态博物馆纪实 [M]. 北京：中央民族大学出版社，2011.

[27] [波] 科拉科夫斯基. 经受无穷拷问的现代性 [M] 李志江译. 哈尔滨：黑龙江大学出版社，2013.

[28] 段阳萍. 西南民族生态博物馆研究 [M]. 北京：中央民族大学出版社，2013.

[29] 唐朝晖. 折扇——最后一位女书自然传人 [M]. 北京：十月文艺出版社，2016.

[30] 周来顺. 现代性危机及其精神救赎 [M]. 北京：人民出版社，2016.

[31] 尹凯. 生态博物馆：思想、理论与实践 [M]. 北京：科学出版社，2019.

[32] 潘守永. 生态博物馆自我认知与教育：第三代生态博物馆认知中心的实践探索 Pan Shouyong. Self-cognition and Self-education at Eco-museum: From "Information Center" to "Cognition Center" [J]. 科学教育与博物馆，2015，1（1）：35-38.

## （三）论文文献

[1] [法] 弗朗索瓦·于贝尔. 法国的生态博物馆：矛盾和畸变 [J]. 中国博物馆，1986（4）.

[2] [法] 乔治·亨利·里维埃. 生态博物馆——一个进化的定义 [J]. 中国博物馆，1986（4）.

[3] [美] 爱德华·P. 亚历山大. 什么是博物馆——博物馆的概念 [J]. 刘硕译. 文博，1987（2）.

[4] [加] 雷内·里瓦德. 魁北克生态博物馆的兴起及其发展 [J]. 苑克健译. 中国博物馆，1987（1）.

[5] [法] 雨果·戴瓦兰（Hugues de Varine）. 生态博物馆. 载 Wasseman 主编 Vagues. 1992.

[6] [美] 南茜·福勒. 生态博物馆的概念与方法——介绍亚克钦印第安社区生态博物馆计划 [J]. 罗宣, 张淑娴译, 冯承柏校. 中国博物馆, 1993 (4).

[7] 潘志平. 民族问题与民族分立主义——评 nation 的国家、民族一体理论 [J]. 世界民族, 1997 (1).

[8] 苏东海. 国际生态博物馆运动述略及中国的实践 [J]. 中国博物馆, 2001 (2).

[9] 余青, 吴必虎. 生态博物馆: 一种民族文化持续旅游发展模式 [J]. 人文地理, 2001 (6).

[10] 潘年英. 矛盾的"文本"——梭戛生态博物馆田野考察实录 [J]. 文艺研究, 2002 (1).

[11] 周真刚. 试论生态博物馆的社会功能及其在中国梭戛的实践 [J]. 贵州民族研究, 2002 (4).

[12] 周真刚, 胡朝相. 论生态博物馆社区的文化遗产保护 [J]. 贵州民族研究, 2002 (2).

[13] [德] 安德烈亚·豪恩席尔德. 新博物馆学 [J]. 宋向光编译. 博物馆研究, 2002 (2): 20.

[14] 许小青: 1903 年前后新式知识分子的主权意识与民族国家认同 [J]. 天津社会科学, 2002 (4).

[15] 周尚意, 朱立艾, 范芝芬. 城市交通干线发展对少数民族社区演变的影响——以北京马甸回族社区为例 [J]. 北京社会科学, 2002 (4).

[16] 杨圣敏、王汉生. 北京"新疆村"的变迁: 北京"新疆村"调查之一 [J]. 西北民族研究, 2008 (2).

[17] 魏娜. 城市社区建设与社区自治组织的发展 [J]. 北京行政学院学报, 2003 (1).

[18] 徐震. 台湾社区发展与社区营造的异同——论社区工作中微视与巨视面的两条路线 [J]. 社区发展季刊, 2004 (107).

[19] 周真刚, 唐兴萍. 浅说生态博物馆社区民族文化的保护——以梭戛生态博物馆为典型个案 [J]. 贵州民族研究, 2004 (2).

[20] [南非] 杰拉德·柯赛 (Gerard Corsane). 从"向外延伸"到

"深入根髓"：生态博物馆理论鼓励社区居民参与博物馆事业［J］．张晋平根据杰拉德·柯赛先生讲演稿整理编译，中国博物馆，2005（3）．

［21］［法］雨果·戴瓦兰．生态博物馆和可持续发展［J］．中国博物馆，2005（3）．

［22］［法］雨果·戴瓦兰．新博物馆学和去欧洲化博物馆学［J］．中国博物馆，2005（3）．

［23］［法］雨果·戴瓦兰．二十世纪60—70年代新博物馆运动思想和"生态博物馆"用词和概念的起源［J］．中国博物馆，2005（3）．

［24］［意］毛里齐奥·马吉（Maurizio Maggi）．世界生态博物馆共同面临的问题及怎样面对它们［J］．中国博物馆，2005（3）．

［25］［法］阿兰·茹贝尔（Alain Joubert）．法国的生态博物馆［J］．张晋平译，中国博物馆，2005（3）．

［26］［挪威］陶维·达儿（Torveig Dahl）．生态博物馆原则：专业博物馆学者和当地居民的共同参与［J］．中国博物馆，2005（3）．

［27］［瑞典］伊娃·贝格达尔（Ewa Bergdahl）．瑞典的生态博物馆［J］．中国博物馆，2005（3）．

［28］［意］玛葛丽塔·科古（Dr. Margherita Cogo）．生态博物馆：政府的角色［J］．中国博物馆，2005（3）．

［29］［巴西］特丽莎·克莉斯汀娜·摩丽塔·席奈尔（Dr. Teresa Cristina Moletta Scheiner）．博物馆，生态博物馆，和反博物馆：解决遗产、社会和发展的思路［J］．张晋平译．中国博物馆，2005（3）．

［30］［日］大原一兴（Kazuoki Ohara）．当今日本的生态博物馆［J］．张伟明译，中国博物馆，2005（3）．

［31］［菲］埃里克·巴博·罗如杜（Dr. Eric Babar Zerrudo）．地方感觉、力量感觉和特性感觉：菲律宾普里兰桑·艾西多·拉博拉多生态博物馆实践［J］．张晋平译．中国博物馆，2005（3）．

［32］［韩］崔孝升，郑镇周，申铉邀．体验实践型博物馆［J］．张晋平译．中国博物馆，2005（3）．

［33］［英］彼特·戴威斯（Peter Davis）．生态博物馆价值评估［J］．张晋平译．中国博物馆，2005（3）．

［34］［挪威］马克·摩尔（Marc Maure）．生态博物馆：是镜子，窗

户还是展柜？[J]. 张晋平译. 中国博物馆，2005（3）.

[35] 黄春雨. 理想与现实：生态博物馆必须的对接 [J]. 中国博物馆，2005（3）.

[36] 于·乌日格庆夫. 中国北方第一座蒙古族生态博物馆——内蒙古达茂旗敖伦苏木生态博物馆 [J]. 中国博物馆，2005（3）.

[37] 苏东海. 论坛小结 [J]. 中国博物馆，2005（3）：88.

[38] 苏东海. 中国生态博物馆的道路 [J]. 中国博物馆，2005（3）.

[39] 方李莉. 警惕潜在的文化殖民趋势——生态博物馆理念所面临的挑战 [J]. 民族艺术，2005（3）.

[40] 胡朝相. 贵州生态博物馆的实践与探索 [J]. 中国博物馆，2005（3）.

[41] 宋向光. 生态博物馆理论与实践对博物馆学发展的贡献 [J]. 中国博物馆，2005（3）.

[42] 李子宁. 从殖民收藏到文物回归：百年来台湾原住民文物收藏的回顾与反省 [M] //王嵩山主编. 博物馆、知识建构与现代性. 台中：台湾自然科学博物馆，2005.

[43] 杨志娟. 民族主义与近代中国民族觉醒——以近代中国北部、西部边疆危机为例 [J]. 兰州大学学报（社会科学版），2005（3）.

[44] 马德普，柴宝勇. 多民族国家与民主之间的张力 [J]. 政治学研究，2005（3）.

[45] 万勇. 构建和谐社区的意义及目标 [J]. 中国民政，2005（5）.

[46] 金立兴. 构建和谐社区：和谐社会建设的基础工程 [J]. 社会科学论坛，2005（11）.

[47] 刘旭玲，杨兆萍，谢婷. 生态博物馆理念在民族文化旅游地开发中的应用——以喀纳斯禾木图瓦村为例 [J]. 干旱区地理，2005（3）.

[48] [意] 毛里齐奥·马吉. 关于中国贵州省和内蒙古自治区生态博物馆考察报告 [J]. 张晋平译. 中国博物馆，2005（3）.

[49] [意] 毛里齐奥·马吉. 世界生态博物馆共同面临的问题及怎样面对它们 [J]. 张晋平译. 中国博物馆，2005（3）.

[50] 张誉腾. 台湾的生态博物馆：发展背景与现况 [J]. 中国博物馆，2005（3）.

[51] 雷内·里瓦德. 魁北克生态博物馆的兴起及其发展 [J]. 苑克健译. 中国博物馆, 2005 (1).

[52] 王欢. 新疆建立图瓦人生态博物馆的可行性研究 [J] 新疆师范大学学报（哲学社会科学版），2006（2）.

[53] 王建娥. 族际政治民主化：多民族国家建设和谐社会的重要课题 [J]. 民族研究, 2006 (5).

[54] 李应龙. 构建和谐社会从建设和谐社区入手 [J]. 求索, 2006 (3).

[55] 周真刚. 生态博物馆社区民族文化的保护研究——以贵州生态博物馆群为个案 [J]. 广西民族研究, 2006 (3).

[56] 刘艳. 生态博物馆发展创新初探——以贵州地扪侗族生态博物馆为例 [J]. 淮海工学院学报（社会科学版），2006（3）.

[57] 黄晓钰. 生态博物馆：对传统文化的保护还是冲击 [J]. 文化学刊, 2007 (2).

[58] 谢建社, 朱明. 构建和谐社区的社会学思考 [J]. 广东行政学院学报, 2007 (2).

[59] 谈志林, 张黎黎. 我国台湾地区社改运动与内地社区再造的制度分析 [J]. 浙江大学学报（人文社会科学版），2007（2）.

[60] 丛芸. 关于构建和谐社区的思考 [J]. 齐齐哈尔大学学报（哲学社会科学版），2007（2）.

[61] 王际欧, 宿小妹. 生态博物馆与农业文化遗产的保护和可持续发展 [J]. 中国博物馆, 2007 (1).

[62] 郑大华, 周元刚：“五四”前后的民族主义与三大思潮之互动 [J]. 学术研究, 2008 (7).

[63] 陈淑珍. 生态博物馆的拓展或另类：闽南文化生态保护实验区分析 [J]. 中国博物馆, 2008 (3).

[64] 肖星, 陈玲. 基于生态博物馆的民族文化景观旅游开发研究 [J]. 广州大学学报（社会科学版），2008（2）.

[65] 周俊满. 生态旅游：生态博物馆生态保护与旅游发展的平衡点. 广西民族大学学报（哲学社会科学版），2008（3）.

[66] 陈燕. 论民族文化旅游开发的生态博物馆模式 [J]. 云南民族

大学学报（哲学社会科学版），2009（3）.

[67] 甘代军. 生态博物馆中国化的悖论 [J]. 中央民族大学学报（哲学社会科学版），2009（2）.

[68] 平锋. 生态博物馆的文化遗产保护理念与基本原则——以贵州梭嘎生态博物馆为例 [J]. 黑龙江民族丛刊（双月刊），2009（3）.

[69] 张庆宁，尤小菊. 试论生态博物馆本土化及其实践困境 [J]. 理论月刊，2009（5）.

[70] 尹绍亭，乌尼尔. 生态博物馆与民族文化生态村 [J]. 中南民族大学学报（人文社会科学版），2009（5）.

[71] 钱宁. 对新农村建设中少数民族社区发展的思考 [J]. 河北学刊，2009（1）.

[72] 敖福军：对民族国家理论的反思 [J]. 经济学导刊，2009（33）.

[73] 张淑娟：关于民族国家的几点思考 [J]. 广西民族研究，2009（4）.

[74] 高永久，朱军. 民族社区研究理论的渊源与发展 [J]. 西南民族大学学报（人文社科版），2009（12）.

[75] 李迎生. 对中国城市社区服务发展方向的思考 [J]. 河北学刊，2009（1）.

[76] 王建娥. 民族分离主义的解读与治理——多民族国家化解民族矛盾、解决分离困窘的一个思路 [J]. 民族研究，2010（2）.

[77] 张金鲜，武海峰，王来力. 生态博物馆的特点、意义和角色——基于"中国模式"下的生态博物馆建设 [J]. 黑龙江民族丛刊（双月刊），2010（2）.

[78] 赵环宇."政治化"还是"文化化"：晚清时期西方民族国家理论对中国的影响 [J]. 黑龙江民族丛刊，2010（2）.

[79] 王建娥. 多民族国家包容差异协调分歧的机制设计初探 [J]. 民族研究，2011（1）.

[80] 安来顺. 国际生态博物馆四十年：发展与问题 [J]. 中国博物馆，2011. 合刊.

[81] 刘世风，甘代军. 生态博物馆运动的社会思想根源探析 [J].

东南文化, 2011 (5).

[82] 刘昱彤, 唐梅. 论族群认同在城市民族社区发展中的作用——以沈阳西塔为例 [J]. 民族论坛, 2011 (6).

[83] 张瑞梅. 生态博物馆建设与民族旅游的整合效应 [J]. 广西民族大学学报 (哲学社会科学版), 2011 (1).

[84] 张涛. 生态博物馆、旅游与地方发展 [J]. 西南民族大学学报 (人文社会科学版), 2011 (10).

[85] 刘渝. 中国生态博物馆现状分析 [J]. 学术论坛, 2011 (12).

[86] 王云霞, 胡姗辰. 理想与现实之间: 生态博物馆法律地位的尴尬 [J]. 重庆文理学院学报 (社会科学版), 2011 (6).

[87] 张成渝. 村落文化景观保护与可持续发展的两种实践——解读生态博物馆和乡村旅游 [J]. 同济大学学报 (社会科学版), 2011 (3).

[88] 单霁翔. 关于浙江安吉生态博物馆聚落的思考 [J]. 中国文物科学研究, 2011 (1).

[89] 赵洪雅. 生态博物馆参与性结构对比研究: 以加拿大上比沃斯和中国梭戛生态博物馆为例 [J]. 东南文化, 2012 (4).

[90] 高翠莲. 孙中山的中华民族意识与国族主义的互动 [J]. 中央民族大学学报 (哲学社会科学版), 2012 (6).

[91] 翟本瑞. 从社区、虚拟社区到社交网络: 社会理论的变迁 [J]. 兰州大学学报 (社会科学版), 2012 (5).

[92] 郭圣莉. 国家的社区权力结构: 基于案例的比较分析 [J]. 上海行政学院学报, 2013 (6).

[93] 周平. 多民族国家的国家认同问题分析 [J]. 政治学研究, 2013 (1).

[94] 李雪萍, 曹朝龙. 社区社会组织与社区公共空间的生产 [J]. 城市问题, 2013 (6).

[95] 陈轶, 吕斌等. 拉萨市河坝林地区回族聚居区社会空间特征及其成因 [J]. 长江流域资源与环境, 2013 (1).

[96] 李亚娟, 陈田, 王开泳, 等. 国内外民族社区研究综述 [J]. 地理科学进展, 2013 (10).

[97] 陈志永, 李乐京, 李天翼. 郎德苗寨社区旅游: 组织演进、制

度建构及其增权意义［J］. 旅游学刊, 2013（6）.

［98］陈轶, 吕斌等. 拉萨市河坝林地区回族聚居区社会空间特征及其成因［J］. 长江流域资源与环境, 2013（1）.

［99］文海雷, 曹伟. 生态博物馆与民族文化的保护与传承——以贵州与广西生态博物馆群为例［J］. 民族论坛, 2013（3）.

［100］唐晓岚, 石丽楠. 从社会公益属性看生态博物馆建设［J］. 南京林业大学学报（人文社会科学版）, 2013（2）.

［101］吕建昌, 严啸. 新博物馆学运动的姊妹馆——生态博物馆与社区博物馆辨析［J］. 东南文化, 2013（1）.

［102］潘守永. "第三代" 生态博物馆与安吉生态博物馆群建设的理论思考［J］. 东南文化, 2013（6）.

［103］金露. 生态博物馆理念、功能转向及中国实践［J］. 贵州社会科学, 2014（6）.

［104］黄亦君. 贵州生态博物馆文化保护与旅游开发关系研究［J］. 理论与当代, 2014（6）.

［105］王云霞, 胡姗辰. 理想与现实之间：生态博物馆法律地位的尴尬［J］. 重庆文理学院学报（社会科学版）, 2014（6）.

［106］汪春燕. 城市民族社区研究的文化意义撷析［J］. 黑龙江民族丛刊（双月刊）, 2014（4）.

［107］常士闾. "两个共同" 与当代中国多民族国家政治整合［J］. 民族研究, 2014（2）.

［108］马俊毅. 论现代多民族国家建构中民族身份的形成［J］. 民族研究, 2014（4）.

［109］扈红英. 修辞学视野下 "民族国家" 理论与 "多民族国家" 理论辨析［J］. 西北师大学报（社会科学版）, 2015（5）.

［110］张继焦等. 换一个角度看民族理论：从 "民族—国家" 到 "国家—民族" 的理论转型［J］. 广西民族研究, 2015（3）.

［111］谢菲. 生态博物馆社区发展实践及其困境——基于意大利和日本生态博物馆的思考［J］. 三峡论坛, 2015（5）.

［112］尹凯. 博物馆教育的反思——诞生、发展、演变及前景［J］. 中国博物馆. 2015（2）.

[113] 吴晓林，郝丽娜."社区复兴运动"以来国外社区治理研究的理论考察［J］. 政治学研究，2015（1）.

[114] 李大龙. 对中华民族（国民）凝聚轨迹的理论解读——从梁启超、顾颉刚到费孝通［J］. 思想战线，2017（3）.

[115] 李静玮. 流动的共同体：论族性变化的解释路径［J］. 云南民族大学学报（哲学社会科学版），2017（4）.

[116] 尹凯. 生态博物馆在法国：孕育与诞生的再思考［J］. 东南文化，2017（6）.

[117] 尹凯. 表征民族——中国生态博物馆运动的早期实践［J］. 博物院，2017（4）.

[118] ［日］井原满明. 生态旅游与生态博物馆：日本的经验［J］. 田乃鲁，李京生译. 小城镇建设，2018（4）.

[119] 吕殖. 浅议民族生态博物馆的集群化发展——对广西"1+10"生态博物馆模式的回顾与思考［J］. 中国博物馆，2018（2）.

[120] 杜韵红."乡土传统中生态博物馆之实验与实践［J］. 贵州社会科学，2018（2）.

[121] 石鼎. 从生态博物馆到田园空间博物馆：日本的乡村振兴构想与实践［J］. 中国博物馆，2019（1）.

[122] 张明. 现代性问题及其中国语境——中国现代性的特殊阐释及其学术争论［J］. 中国矿业大学学报（社会科学版），2019（6）.

[123] 陈曙光. 现代性建构的中国道路与中国话语［J］. 哲学研究，2019（11）.

[124] 汪行福. 复杂现代性与拉图尔理论批判［J］. 哲学研究，2019（10）.

[125] 褚宏启. 杜威教育理论中的现代性：历史地位与现实意义［J］. 教育史研究，2020（1）.

[126] 陈振航.《共产党宣言》中的现代性思想及其当代价值［J］. 哈尔滨学院学报，2020（1）.

[127] ［英］文森特·诺斯，［奥］史蒂芬·英格斯曼. 博物馆"新"定义被搁置了么——基于国际博物馆协会第25届大会讨论的批判性反思［J］. 张俊龙译. 博物院，2020（1）.

## （四） 其他

[1]《新疆日报》2014 年 7 月 5 日。

[2] http：//www.sina.com.cn 2004 年 4 月 8 日 9：35 新华网。

[3] 中国政府网 2011 年 8 月 23 日。

[4] "也可创造生态博物馆的作曲家的博物馆记录器"，《世界报》1979 年 7 月 8、9 日。

[5] 新华社北京 9 月 27 日电，《人民日报》1999 年 9 月 28 日第 2 版。

[6] 前国际博物馆协会秘书长、欧洲社区发展高级顾问雨果·戴瓦兰（Hugues de Varine），意大利社会和经济研究所教授毛里齐奥·马吉（Maurizio Maggi），中国文物报社副总编辑曹兵武. 遗产·生态·文化：中国生态博物馆观察—组来自贵州生态博物馆国际论坛的参会笔记［N］. 中国文物报，2005.10.14，第 004 版。

# 附件一
# 中国分省区生态博物馆名录表

| 省份 | 名称 | 地址 | 建立时间 | 性质 | 管理单位 | 名称来源 | 民族 | 展示文化 |
|---|---|---|---|---|---|---|---|---|
| 贵州 | | | | | | | | |
| 1 | 六枝梭戛苗族生态博物馆 | 贵州省六枝特区梭戛乡陇戛村 | 1998年10月31日 | 有编制 | 文广局 | 博物馆系统 | 苗族 | 苗族文化 |
| 2 | 镇山布依族生态博物馆 | 贵州省花溪区镇山村 | 2001年 | 无编制 | 文广局 | 博物馆系统 | 布依族 | 布依族文化 |
| 3 | 隆里古城汉族生态博物馆 | 贵州省锦屏县隆里古城 | 2003年 | 有编制 | 文广局 | 博物馆系统 | 汉族 | 古城遗产和汉族文化 |
| 4 | 堂安侗族生态博物馆 | 贵州省黎平县堂安村 | 2005年 | 有编制 | 文广局 | 博物馆系统 | 侗族 | 侗族文化 |
| 5 | 地扪侗族人文生态博物馆 | 贵州省黎平县地扪村 | 2005年1月 | 民间 | 文广局代管 | 先民间后纳入博物馆系统 | 侗族 | 侗族文化 |
| 6 | 西江苗族博物馆 | 贵州省雷山县西江镇 | 2008年9月 | 有编制 | 文广局 | 博物馆系统 | 苗族 | 苗族文化 |
| 7 | 黎平县岩洞镇铜关侗族大歌生态博物馆 | 贵州省黎平县岩洞镇铜关村 | 2015年 | | | 公司 | 侗族 | 腾讯基金会建设 |
| 8 | 上郎德苗族村寨博物馆 | 贵州省雷山县上郎德村 | 1996为村寨博物馆 | | | 民间村寨 | 苗族 | |
| 9 | 雷山县达地乡米阿生态博物馆 | | | | | | 苗族 | （尹凯）著作介绍 |

续表

| 省份 | | 名称 | 地址 | 建立时间 | 性质 | 管理单位 | 名称来源 | 民族 | 展示文化 |
|---|---|---|---|---|---|---|---|---|---|
| | 10 | 茶文化生态博物馆 | 湄潭县县城 | 2013年9月 | 有编制 | 文广局 | 博物馆系统 | | |
| | 11 | 小黄侗族大歌博物馆 | 贵州省从江小黄村 | | | | 民间 | 侗族 | （尹凯）著作介绍 |
| | 12 | 铜仁历史民俗文化生态博物馆 | | | | | | | 文章介绍 |
| 广西 | | | | | | | | | |
| | 1 | 南丹里湖白裤瑶生态博物馆 | 南丹里湖瑶族乡怀里村 | 2004年11月 | | 区民族博物馆 | 博物馆系统 | 瑶族 | 染织、铜鼓、歌谣、制度等文化、婚葬习俗、服饰、谷仓 |
| | 2 | 三江侗族生态博物馆 | 三江侗族自治县独峒乡 | 2004年11月 | 无编制 | 区民族博物馆 | 博物馆系统 | 侗族 | 鼓楼、风雨桥、服饰、织锦、歌舞、饮食、节日等文化 |
| | 3 | 靖西旧州壮族生态博物馆 | 靖西市新靖镇旧州村 | 2005年9月 | 无编制 | 区民族博物馆 | 博物馆系统 | 壮族 | 山歌、绣球、节日、婚俗等文化、土司遗存、壮剧 |
| | 4 | 贺州客家生态博物馆 | 贺州市八步区莲塘镇白花村 | 2007年4月13日 | 无编制 | 区民族博物馆 | 博物馆系统 | 汉族 | 围屋、饮食、客家历史、客家山歌 |
| | 5 | 那坡黑衣壮生态博物馆 | 那坡县龙合乡共和村达文屯 | 2008年9月26日 | 无编制 | 区民族博物馆 | 博物馆系统 | 壮族 | 服饰、山歌文化、族内婚制度、丧葬文化、干栏建筑、石质用具 |
| | 6 | 灵川长岗岭商道古村生态博物馆 | 灵川县灵田乡长岗岭村 | 2009年5月 | 无编制 | 区民族博物馆 | 博物馆系统 | 汉族 | 古民居、古墓葬、科举文化、宗祠文化 |

附件一：中国分省区生态博物馆名录表

续表

| 省份 | | 名称 | 地址 | 建立时间 | 性质 | 管理单位 | 名称来源 | 民族 | 展示文化 |
|---|---|---|---|---|---|---|---|---|---|
| | 7 | 东兴京族生态博物馆 | 东兴市江平镇万尾村 | 2009年7月29日 | 有编制 | 区民族博物馆 | 博物馆系统 | 京族 | 服饰文化、哈节、独弦琴、喃字、渔业生活 |
| | 8 | 融水安太苗族生态博物馆 | 融水苗族自治县安太村小桑村 | 2009年11月26日 | 有编制 | 区民族博物馆 | 博物馆系统 | 苗族 | 服饰、银饰、芦笙、饮食、节日等文化、婚恋习俗、吊脚楼 |
| | 9 | 龙胜龙脊壮族生态博物馆 | 龙胜各族自治县和平乡龙脊村 | 2010年11月15日 | 有编制 | 区民族博物馆 | 博物馆系统 | 壮族 | 梯田景观、农业生产、服饰、歌舞文化、干栏建筑、寨老制度 |
| | 10 | 金秀坳瑶生态博物馆 | 金秀瑶族自治县六巷乡古陈村 | 2011年5月26日 | | 区民族博物馆 | 博物馆系统 | 瑶族 | 服饰、度戒、饮食、婚恋、文化等、石牌制度、黄泥鼓 |
| | 11 | 龙胜三门红瑶生态博物馆 | 龙胜县三门村 | | | | 民间自称 | 瑶族 | |
| 云南 | | | | | | | | | |
| | 1 | 滇池流域生态文化博物馆 | 云南省昆明市官渡区昆明学院内博文楼2栋 | | 有编制 | | 昆明学院 | | 流域生态文化 |
| | 2 | 云南元阳哈尼历史文化梯田博物馆 | 云南省元阳县新街镇 | 2019年3月建成 | 有编制 | 县文广局 | 博物馆系统 | 哈尼族 | |
| | 3 | 云南·布朗族生态博物馆 | 西双版纳州勐海县章朗村 | 2006年为州宣传部建设 | 无编制 | | 综合 | 布朗族 | |

续表

| 省份 | 名称 | 地址 | 建立时间 | 性质 | 管理单位 | 名称来源 | 民族 | 展示文化 |
|---|---|---|---|---|---|---|---|---|
| 4 | 云南·云龙县诺邓村黄遐昌家庭生态博物馆 | 大理云龙县诺邓镇诺邓村组19号 | 2006年建设 | | 州文广局管理 | 个人 | 白族 | 白族文化 |
| 5 | 诺邓杨黄德家庭生态博物馆 | 大理云龙县诺邓镇诺邓村 | | | | | | 有批文，未建。 |
| 海南 | | | | | | | | |
| 1 | 番茅村生态博物馆 | 五指山市冲山镇番茅村 | | | | | | 文章说说，实际没有 |
| 四川 | | | | | | | | |
| 1 | 雅安生态博物馆 | 雅安市雨城区和平路 | 2016年7月 | 有编制 | 文广局 | 博物馆系统 | | |
| 甘肃 | | | | | | | | |
| 1 | 酒泉生态文化博览园 | 酒泉市肃州区酒金东路 | | | | 公司 | | 景区 |
| 新疆 | | | | | | | | |
| 1 | 新疆自然生态博物馆 | 新疆乌鲁木齐 | 2004年 | 有编制 | | 林业系统 | | 自治区林业局野生动物保护处建设 |
| 2 | 新疆林业自然生态博物馆 | 新疆乌鲁木齐 | 2014年 | 有编制 | | 林业系统 | | 在以上基础上的重建 |
| 青海 | | | | | | | | |
| 1 | 青海湖人文生态博物馆 | 海北州海晏县湟西一级公路 | 2017年 | | 省管 | 博物馆系统 | | |
| 2 | 吾屯村落画坊生态博物馆 | 青海黄南同仁县隆务河东岸的吾屯村 | | | | | 藏族 | 文章 |

附件一：中国分省区生态博物馆名录表

续表

| 省份 | 名称 | 地址 | 建立时间 | 性质 | 管理单位 | 名称来源 | 民族 | 展示文化 |
|---|---|---|---|---|---|---|---|---|
| 宁夏 | | | | | | | | |
| 1 | 宁夏贺兰山生态博物馆 | 宁夏石嘴山市大武口区小渠子沟内。约3.5公里 | 2009年5月 | | | 林业系统 | | 林业，或者地质部门 |
| 2 | 六盘山生态博物馆 | 宁夏固原市六盘山国家森林公园核心区 | 2010年4月 | | | 林业系统 | | 林业部门建设，为景区配套设施 |
| 陕西 | | | | | | | | |
| 1 | 凤堰古梯田移民生态博物馆 | 安康市汉阴县汉旋路35公里处 | 2012年挂牌 | 无编制 | 文物局 | 博物馆系统 | 汉族 | 农业遗产，文物局建设 |
| 2 | 碾畔黄河生态文化民俗博物馆 | 延安市延川县土岗乡碾畔村 | 2002年建设 | | | 民间自建 | 汉族 | 福特基金会资助 |
| 3 | 宜君旱作梯田农业生态博物馆 | 陕西省铜川市宜君县 | 2019年11月 | 无编制 | 文物局 | 公司 | 汉族 | 农业遗产，文物局扶贫建设 |
| 4 | 滕灿原生态种子博物馆 | | | | | 公司自称 | | |
| 山西 | | | | | | | | |
| 1 | 太行三村生态博物馆 | 长治市平顺县石城镇 | 2018年建成开放 | 无编制 | | 博物馆系统 | 汉族 | 省文物局2014年开始建设的扶贫项目 |
| 2 | 豆口村博物馆 | 长治市平顺县石城镇 | 2018年 | | | | 汉族 | 同上 |
| 3 | 白杨坡村博物馆 | 长治市平顺县石城镇 | 2018年 | | | | 汉族 | 同上 |
| 福建 | | | | | | | | |
| 1 | 福州三坊七巷社区博物馆 | 福州市三坊七巷社区 | 2011年8月 | 有编制 | | 博物馆系统 | 遗产 | 为一个生态博物馆群 |

371

续表

| 省份 | | 名称 | 地址 | 建立时间 | 性质 | 管理单位 | 名称来源 | 民族 | 展示文化 |
|---|---|---|---|---|---|---|---|---|---|
| | | 闽台宋江阵博物馆 | 福建省厦门市临翔区莲塘村 | 2007年 | 无编制 | 私人 | 私人 | 汉族 | 企业家出资。台湾专家建设方案 |
| | 2 | 永定土楼生态博物馆 | 福建省永定县、南靖、华安三县 | | | | | | 文章建议 |
| | 3 | 戴云山生态博物馆 | 福建泉州市德化县 | 2019年6月 | 有编制 | | 林业系统 | | 林业部门建成 |
| | | 武夷山森林生态博物院 | 福建省南平市武夷山市 | | | | 林业系统 | | 林业部门在建 |
| | | 培田古村落生态博物馆 | 福建省龙岩市连成县宣和乡培田村 | | | | | | 文章建议 |
| 浙江 | | | | | | | | | |
| | 1 | 安吉生态博物馆群（十二个） | 湖州市安吉县 | 2012年 | 有编制 | | 博物馆系统 | | 为一个生态博物馆群 |
| | 2 | 温州泽雅传统造纸生态博物馆 | | | | | | | 文章介绍 |
| | 3 | 松阳县生态（乡村）博物馆群 | 丽水松阳县 | 2017年 | 有编制 | | 博物馆系统 | | 为一个生态博物馆群。现代设计进入 |
| | 4 | 舟山中国海洋渔业文化生态博物馆群 | 舟山群岛岱山县东沙镇等地 | 2012年建成 | 有编制 | | 博物馆系统 | | 为一个生态博物馆群，改造了多个博物馆 |
| | 5 | 丽水·百山祖国家公园野外博物馆 | 丽水市百祖山 | 2020年4月 | | | 公司 | | 创新，异形 |
| 安徽 | | | | | | | | | |
| | 1 | 屯溪老街社区博物馆 | 安徽黄山市屯溪区老街社区 | 2011年 | 有编制 | | 博物馆系统 | | 为一个生态博物馆群 |

附件一：中国分省区生态博物馆名录表

续表

| 省份 | 名称 | 地址 | 建立时间 | 性质 | 管理单位 | 名称来源 | 民族 | 展示文化 |
|---|---|---|---|---|---|---|---|---|
| 2 | 隋唐运河水文化生态博物馆 | 皖北地区是隋唐运河 | | | | | | 文章建议 |
| 3 | 安徽池州古村落 | | | | | | | 文章建议 |
| 江西 | | | | | | | | |
| 1 | 南昌江西蚕桑丝绸生态博物馆 | 黄马乡省蚕桑茶叶研究所内 | 2012年6月 | | | 公司 | | 属于研究所景区一个部分 |
| 北京 | | | | | | | | |
| 1 | 南海子麋鹿苑生态博物馆 | 北京大兴南海子 | | | | | | |
| 2 | 北京史家胡同生态博物馆" | 北京市东城区 | | | | | | |
| 辽宁 | | | | | | | | |
| 1 | 蛇岛生态博物馆 | 大连 | | | | | | 旅游景点 |
| 2 | 辽宁环境博物馆 | 沈阳 | | | | | | |
| 3 | 沈阳铁西老工业区居民旧址博物馆 | | | | | | | 文章介绍 |
| 4 | 中国工业博物馆 | 沈阳市铁西区 | | 有编制 | | 博物馆系统 | | |
| 吉林 | | | | | | | | |
| 1 | 长白山生态博物馆 | 通化市东昌区金厂镇 | | | | | | 旅游 |
| 2 | 集安长白山生态博物馆 | 通化市集安市麻线乡上活龙村 | | | | | | 旅游 |
| 3 | 吉林省长白山人参博物馆 | 通化市滨江西路4079号 | | | | | | |

373

续表

| 省份 | | 名称 | 地址 | 建立时间 | 性质 | 管理单位 | 名称来源 | 民族 | 展示文化 |
|---|---|---|---|---|---|---|---|---|---|
| | 4 | 吉林长影旧址博物馆 | 长春市 | | | | 公司 | | 遗址，旅游景区 |
| 河北 | | | | | | | | | |
| | 1 | 邯郸市磁县水生态博物馆 | 邯郸市磁县 | | | | | | 设计方案 |
| 湖南 | | | | | | | | | |
| | 1 | 上甘棠古村生态博物馆 | 江永县上甘棠村 | 2009年 | 有编制 | | 博物馆系统 | 汉族 | 省文物局扶贫项目 |
| | 2 | 江永女书生态博物馆 | 湖南省永州市江永县浦美村 | 2002年建成"女书文化园" | 有编制 | | 博物馆系统 | 汉族 | |
| | 3 | 中国杨梅生态博物馆 | 靖州坳上镇响水村 | 2013年6月 | 无编制 | | 地方 | 侗族 | 中国林业学会授牌 |
| 河南 | | | | | | | | | |
| | 1 | 新乡凤凰山矿业生态文化博物馆 | 新乡市凤泉区路王坟乡 | 2017年12月 | | | 地质部门 | | 遗址，地质部门。景区 |
| | 2 | 郏县临沣古寨生态博物馆 | 河南郏县临沣古 | 2013年揭牌 | | | 文物局 | 汉族 | 只有牌子 |
| | 3 | 新县豫南民俗（生态）文化博物馆 | 河南省新县 | | | | | | （尹凯）著作中介绍 |
| | | | 河南省南阳市社旗县的赊店镇 | | | | | | |
| 江苏 | | | | | | | | | |
| | 1 | 常州运河生态博物馆 | 常州市 | | | | | | 文章介绍 |
| | 2 | 江苏·盐城丹顶鹤湿地生态旅游区博物馆 | 盐城市亭湖区（海堤线） | 2010年 | 有编制 | | 环保部门 | | 湿地保护、野生动物保护 |

附件一：中国分省区生态博物馆名录表

续表

| 省份 | 名称 | 地址 | 建立时间 | 性质 | 管理单位 | 名称来源 | 民族 | 展示文化 |
|---|---|---|---|---|---|---|---|---|
| 山东 | | | | | | | | |
| 1 | 枣庄月亮湾湿地自然生态博物馆 | 枣庄市山亭区城头镇月亮湾 | 2015年 | | | 环保部门 | | 湿地保护、野生动物保护 |
| 3 | 寿光中国蔬菜博物馆 | 山东省寿光市 | 2010年 | | | 公司 | 汉族 | 景区 |
| 4 | 乐陵中国金丝小枣文化博物馆 | 山东省乐陵市 | 2012年9月 | | | 公司 | 汉族 | |
| | 定陶定陶蔬菜生态博物馆 | 菏泽市定陶区黄店镇 | 2019年1月 | 无编制 | 文物局 | | 汉族 | 省扶贫项目 |
| 内蒙古 | | | | | | | | |
| 1 | 敖伦苏木蒙古族生态博物馆 | 内蒙古达茂旗敖伦苏木 | 声称2005年建成 | | | | 蒙古族 | 经过调查，实际不存在 |
| 广东 | | | | | | | | |
| | 潮汕华侨生态博物馆 | | | | | | | 文章介绍 |
| 台湾 | | | | | | | | |
| 1 | 桃园市立大溪木艺生态博物馆 | 桃园市 | | | | | | 文章认为 |
| 2 | 台北市北投生活环境博物园区 | 台北市北投 | | | | | | 文章认为 |
| 3 | 台北县黄金博物园区 | 台北县 | | | | | | 文章认为 |
| 重庆 | | | | | | | | |
| 1 | 黔江小南海武陵山民俗生态博物馆 | 重庆市黔江区小南海镇后坝村 | 2019年建成 | 有编制 | | 公司 | 土家族 | 景区建设 |

375

# 附件二
## 中国生态博物馆图志

## 目录

00001 云南诺邓村黄家家庭生态博物馆

00002 云南诺邓村黄家家庭生态博物馆

00003 云南西双版纳州西定乡布朗族生态博物馆

00004 贵州黎平铜关侗族大歌生态博物馆

00005 贵州黎平铜关侗族大歌生态博物馆

00006 贵州从江小黄侗族大歌生态博物馆

00007 贵州茶文化生态博物馆

00008 贵州茶文化生态博物馆

00009 广西南丹里湖瑶族生态博物馆

00010 广西三江侗族生态博物馆

00011 广西三江侗族生态博物馆

00012 广西靖州壮族生态博物馆

00013 广西贺州客家围屋生态博物馆

00014 广西贺州客家围屋生态博物馆

00015 广西那坡黑衣壮生态博物馆

00016 广西灵川县长岗岭商道古村生态博物馆

00017 广西灵川县长岗岭商道古村生态博物馆

00018 广西东兴京族生态博物馆

00019 广西融水安太苗族生态博物馆

## 附件二：中国生态博物馆图志

00020 广西融水安太苗族生态博物馆
00021 广西龙脊壮族生态博物馆
00022 广西龙脊壮族生态博物馆
00023 广西金秀瑶族生态博物馆
00024 广西金秀瑶族生态博物馆
00025 浙江安吉生态博物馆中心馆
00026 浙江安吉生态博物馆中心馆
00027 浙江安吉和也睡眠生态博物馆
00028 浙江安吉永裕竹产业生态博物馆
00029 浙江安吉上张山民文化生态博物馆
00030 浙江安吉畲族生态博物馆
00031 浙江安吉马村桑蚕文化生态博物馆
00032 浙江安吉马村桑蚕文化生态博物馆
00033 浙江安吉马村桑蚕文化生态博物馆
00034 浙江安吉清风馆（竹扇文化生态博物馆）
00035 浙江松阳生态博物馆中心馆
00036 浙江松阳生态博物馆石仓契约博物馆
00037 浙江松阳生态博物馆石仓契约博物馆
00038 浙江松阳生态博物馆石仓风俗馆
00039 浙江松阳生态博物馆石仓风俗馆
00040 浙江松阳生态博物馆新村红糖作坊
00041 浙江松阳生态博物馆王景纪念馆
00042 浙江松阳生态博物馆王景纪念馆
00043 浙江舟山岱山中国海洋渔业生态博物馆
00044 浙江舟山岱山灯塔生态博物馆
00045 浙江舟山岱山中国台风生态博物馆
00046 浙江舟山岱山中国台风生态博物馆
00047 浙江舟山岱山兰秀博物馆
00048 安徽屯溪生态博物馆中心馆
00049 安徽屯溪古玩博物馆
00050 安徽屯溪万翠楼博物馆

00051 山西平顺太行三村生态博物馆
00052 山西平顺太行三村生态博物馆白杨坡村
00053 陕西碾畔黄河原生态文化民俗博物馆
00054 陕西汉阴古凤堰古梯田移民生态博物馆
00055 陕西汉阴古凤堰古梯田移民生态博物馆
00056 陕西宜君旱作梯田农业生态博物馆
00057 福州三坊七巷消防生态博物馆
00058 福州三坊七巷社区生态博物馆中心馆
00059 福州三坊七巷唐城宋街遗址博物馆
00060 福州三坊七巷福州海上丝绸之路展示馆
00061 福州三坊七巷美术馆
00062 福州三坊七巷
00063 福州三坊七巷福建民俗博物馆
00064 福州三坊七巷华侨主题馆
00065 福建戴云山生态博物馆
00066 福建闽台宋江阵博物馆
00067 山东寿光中国蔬菜博物馆
00068 山东寿光中国蔬菜博物馆
00069 山东乐陵小枣文化博物馆
00070 山东菏泽定陶蔬菜生态博物馆
00071 山东枣庄月亮湾湿地生态博物馆
00072 河南新乡矿业生态博物馆
00073 河南新乡矿业生态博物馆
00074 河南临沣古寨生态博物馆
00075 湖南靖州中国杨梅生态博物馆
00076 湖南江永中国女书生态博物馆
00077 湖南江永中国女书生态博物馆
00078 湖南江永上甘棠古村生态博物馆
00079 四川雅安生态博物馆
00080 宁夏石嘴山贺兰山生态博物馆
00081 宁夏固原六盘山生态博物馆

附件二：中国生态博物馆图志

00082 青海海晏西海镇青海湖生态博物馆
00083 江苏盐城丹顶鹤湿地生态博物馆
00084 江西南昌县桑蚕丝绸生态博物馆
00085 贵州梭戛生态博物馆
00086 贵州梭戛生态博物馆
00087 贵州镇山布依族生态博物馆
00088 贵州黎平堂安侗族生态博物馆
00089 贵州黎平堂安侗族生态博物馆
00090 贵州隆里古城生态博物馆
00091 贵州隆里古城生态博物馆
00092 贵州隆里古城生态博物馆杰斯特龙塑像
00093 重庆黔江小南海武陵山民俗文化生态博物馆
00094 云南元阳哈尼梯田文化博物馆
00095 云南元阳哈尼历史文化博物馆
00096 内蒙古二连浩特伊林驿站遗址博物馆
00097 内蒙古新巴尔虎右旗诺门罕战役遗址博物馆
00098 内蒙古新巴尔虎右旗思歌腾博物馆
00099 内蒙古满洲里国门遗址博物馆
00100 内蒙古满洲里国门遗址红色展览馆
00101 吉林长春长影旧址博物馆
00102 辽宁沈阳铁西中国工业博物馆
00103 北京东四史家胡同博物馆

00001 云南诺邓村黄家家庭生态博物馆

00002 云南诺邓村黄家家庭生态博物馆

附件二：中国生态博物馆图志

00003 云南西双版纳州西定乡布朗族生态博物馆

00004 贵州黎平铜关侗族大歌生态博物馆

00005 贵州黎平铜关侗族大歌生态博物馆

00006 贵州从江小黄侗族大歌生态博物馆

附件二：中国生态博物馆图志

00007 贵州茶文化生态博物馆

00008 贵州茶文化生态博物馆

383

00009 广西南丹里湖瑶族生态博物馆

00010 广西三江侗族生态博物馆

附件二：中国生态博物馆图志

00011 广西三江侗族生态博物馆

00012 广西靖州壮族生态博物馆

00013 广西贺州客家围屋生态博物馆

00014 广西贺州客家围屋生态博物馆

附件二：中国生态博物馆图志

00015 广西那坡黑衣壮生态博物馆

00016 广西灵川县长岗岭商道古村生态博物馆

中国生态博物馆实践与理论研究

00017 广西灵川县长岭岗商道古村生态

00018 广西东兴京族生态博物馆

附件二：中国生态博物馆图志

00019 广西融水安太苗族生态博物馆

00020 广西融水安太苗族生态博物馆

00021 广西龙脊壮族生态博物馆

00022 广西龙脊壮族生态博物馆

附件二：中国生态博物馆图志

00023 广西金秀瑶族生态博物馆

00024 广西金秀瑶族生态博物馆

00025 浙江安吉生态博物馆中心馆

00026 浙江安吉生态博物馆中心馆

附件二：中国生态博物馆图志

00027 浙江安吉和也睡眠生态博物馆

00028 浙江安吉永裕竹产业生态博物馆

00029 浙江安吉上张山民文化生态博物馆

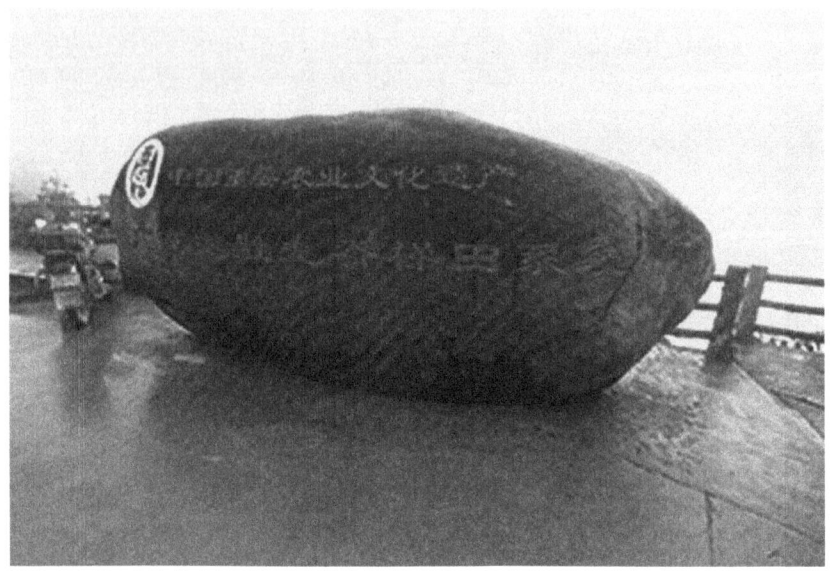

00030 浙江安吉畲族生态博物馆

附件二：中国生态博物馆图志

00031 浙江安吉马村桑蚕文化生态博物馆

00032 浙江安吉马村桑蚕文化生态博物馆

00033 浙江安吉马村桑蚕文化生态博物馆

00034 浙江安吉清风馆（竹扇文化生态博物馆）

附件二：中国生态博物馆图志

00035 浙江松阳生态博物馆中心馆

00036 浙江松阳生态博物馆石仓契约博物馆

00037 浙江松阳生态博物馆石仓契约博物馆

00038 浙江松阳生态博物馆石仓风俗馆

附件二：中国生态博物馆图志

00039 浙江松阳生态博物馆石仓风俗馆

00040 浙江松阳生态博物馆新村红糖作坊

00041 浙江松阳生态博物馆王景纪念馆

00042 浙江松阳生态博物馆王景纪念馆

附件二：中国生态博物馆图志

00043 浙江舟山岱山中国海洋渔业生态博物馆

00044 浙江舟山岱山灯塔生态博物馆

中国生态博物馆实践与理论研究

00045 浙江舟山岱山中国台风生态博物馆

00046 浙江舟山岱山中国台风生态博物馆

附件二：中国生态博物馆图志

00047 浙江舟山岱山兰秀博物馆

00048 安徽屯溪生态博物馆中心馆

00049 安徽屯溪古玩博物馆

00050 安徽屯溪万翠楼博物馆

附件二：中国生态博物馆图志

00051 山西平顺太行三村生态博物馆

00052 山西平顺太行三村生态博物馆白杨坡村

00053 陕西碾畔黄河原生态文化民俗博物馆

00054 陕西汉阴古凤堰古梯田移民生态博物馆

附件二：中国生态博物馆图志

00055 陕西汉阴古凤堰古梯田移民生态博物馆

00056 陕西宜君旱作梯田农业生态博物馆

00057 福州三坊七巷消防生态博物馆

00058 福州三坊七巷社区生态博物馆中心馆

附件二：中国生态博物馆图志

00059 福州三坊七巷唐城宋街遗址博物馆

00060 福州三坊七巷福州海上丝绸之路展示馆

00061 福州三坊七巷美术馆

00062 福州三坊七巷

附件二：中国生态博物馆图志

00063 福州三坊七巷福建民俗博物馆

00064 福州三坊七巷华侨主题馆

中国生态博物馆实践与理论研究

00065 福建戴云山生态博物馆

00066 福建闽台宋江阵博物馆

附件二：中国生态博物馆图志

00067 山东寿光中国蔬菜博物馆

00068 山东寿光中国蔬菜博物馆

413

00069 山东乐陵小枣文化博物馆

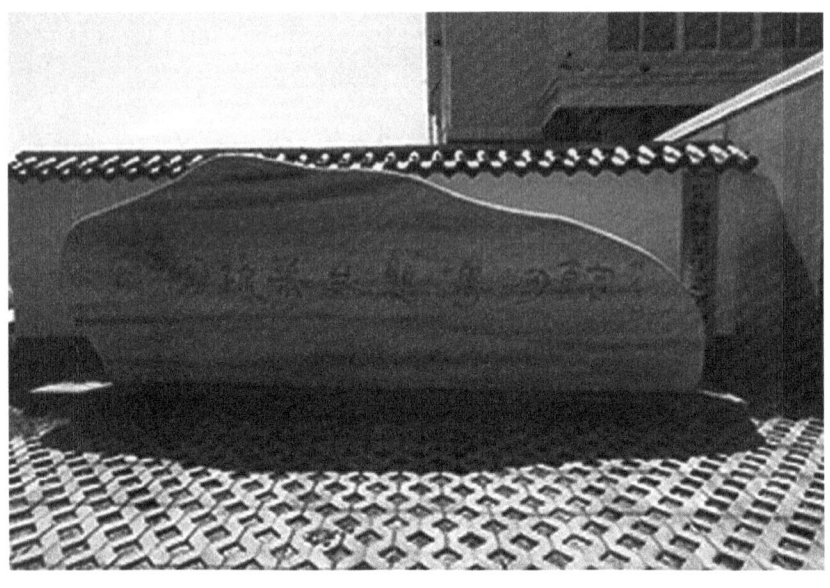

00070 山东菏泽定陶蔬菜生态博物馆

附件二：中国生态博物馆图志

00071 山东枣庄月亮湾湿地生态博物馆

00072 河南新乡矿业生态博物馆

415

00073 河南新乡矿业生态博物馆

00074 河南临沣古寨生态博物馆

附件二：中国生态博物馆图志

00075 湖南靖州中国杨梅生态博物馆

00076 湖南江永中国女书生态博物馆

00077 湖南江永中国女书生态博物馆

00078 湖南江永上甘棠古村生态博物馆

附件二：中国生态博物馆图志

00079 四川雅安生态博物馆

00080 宁夏石嘴山贺兰山生态博物馆

00081 宁夏固原六盘山生态博物馆

00082 青海海晏西海镇青海湖生态博物馆

附件二：中国生态博物馆图志

00083 江苏盐城丹顶鹤湿地生态博物馆

00084 江西南昌县桑蚕丝绸生态博物馆

00085 贵州梭戛生态博物馆

00086 贵州梭戛生态博物馆

附件二：中国生态博物馆图志

00087 贵州镇山布依族生态博物馆

00088 贵州黎平堂安侗族生态博物馆

00089 贵州黎平堂安侗族生态博物馆

00090 贵州隆里古城生态博物馆

附件二：中国生态博物馆图志

00091 贵州隆里古城生态博物馆

00092 贵州隆里古城生态博物馆杰斯特龙塑像

00093 重庆黔江小南海武陵山民俗文化生态博物馆

00094 云南元阳哈尼梯田文化博物馆

附件二：中国生态博物馆图志

00095 云南元阳哈尼历史文化博物馆

00096 内蒙古二连浩特伊林驿站遗址博物馆

00097 内蒙古新巴尔虎右旗诺门罕战役遗址博物馆

00098 内蒙古新巴尔虎右旗思歌腾博物馆

附件二：中国生态博物馆图志

00099 内蒙古满洲里国门遗址博物馆

00100 内蒙古满洲里国门遗址红色展览馆

00101 吉林长春长影旧址博物馆

00102 辽宁沈阳铁西中国工业博物馆

附件二：中国生态博物馆图志

00103 北京东四史家胡同博物馆